역사와 함께하는
과학이야기

역사와 함께하는
과학이야기

| 주완철 • 권영욱 지음 |

사이플러스
Science plus

머리말

1.

역사 속의 과학기술의 위상

'역사를 잊은 민족에게 미래는 없다'라는 단재 신채호의 유명한 말이 있다. 비슷하게 '역사를 통해 배울 줄 모르는 사람이나 국가는 스스로의 존재를 부정하는 것'이라는 말도 있다. 시간의 흐름 속에서 현재는 과거와 미래가 만나는 접점이므로 과거에 일어난 다양한 일들을 정확히 인식해야만 오늘을 살아가는 올바른 지혜와 내일을 설계하는 식견을 마련할 수 있다는 깊은 뜻이 이 말에 담겨 있다고 하겠다. 자연과학을 하는 입장에서 보면, 역사는 인간이 대자연의 무대에서 연출해 내는 드라마다. 따라서 정확한 역사인식을 위해서는 흐르는 시간 속에서 인간과 자연이 상호 작용하는 과정을 살펴 볼 수 있어야 한다. 그러나 지금까지의 역사기록은 인간이 연출해 내는 사회현상에만 치우쳤었다. 대자연의 섭리와 자연에 대한 이해가 역사 이해에 필요하다는 것은 20세기 전반까지만 해도 널리 받아들여지지 않았었던 것이 사실이다.

예컨대 왜 메소포타미아의 문명을 점토 문명Clay culture라 하고, 이집트의 문명을 파피루스 문명Papyrus culture이라고 하는가? 이들 고대 문명이 이루어진 물적 토대와 함께 물적 토대가 주는 한계에 대해 명확하게 이해할 수 있어야 이들 고대 문명에 대한 평가를 공정하게 할 수 있을 것이다. 중세 유럽에 있었던 종교개혁은 로마 기독교의 독선과 비리가 '면죄부'라는 현상으로 표출된 것이 그 시발점이었지만 당시 구텐베르크가 발명한 인쇄술의 영향으로 대중매체의 영향력 커졌었다는 점을 간과하면 어떻게 종교개혁이 성공할 수 있었는지를 파악하기 어렵게 된다. 우주의 중심에 움직이지 않는 지구가 있고 그 지구의 중심에 로마가 있다고 생각했던 종교지향적인 중세 유럽의 사회풍토 하에서 교도적인 교권을 휘둘렀던 교회가 코페르니쿠스의 지동설을 지지한 갈릴레오를 종교재판에 회부하여 파면하고 그가 사망할 때까지 가택 연금했으며, 코페르니쿠스의 저서 《천체의 운동에 대하여》는 1616년부터 1835년까지 220년간 금서禁書였었다는 사실에서 과학이 사회에 미치는 파장이 엄청나게 클 수도 있다는 것을 알 수 있다. 18세기 후반 영국에서 일어난 산업혁명이 19세기에 영국이 '해가 지지 않는 대영제국'을 이룩하는 데 미친 영향이 컸다는 것은 잘 알려진 사실이지만, 그 영향에 대한 과학기술적 인과관계를 정확하게 파악하여야 비로소 그것이 시사하는 역사적 교훈을 얻어 낼 수 있을 것이다. 과학기술은 2차 세계대전 후에 양과 질에서 비약적으로 발전하여, 상당수의 천연소재를 인공합성물로 대체했으며, 인공위성, 반도체, 컴퓨터 기술이 융합된 통신 기술은 세계를 지구촌화하였고, 더 나아가 에너지 생산 기술과 저장 기술, 유전공학의 발전, 로봇의 지능화 등은 세계인의 생활환경과 사회질서의 대전환을 예고하고 있다. 과거에는 10년이면 강산도 변한다고 하였으나, 이제는 1년 안에 강산이 여러 번 변하는 21세기에 진입하였다. 가히 새로운 패러다임의 사고를 필요로 하는 시대가 왔다고 할 만하다.

저자는《역사와 함께 하는 과학사》를 통하여 역사에서 얻는 지혜를 바탕으로 오늘날 과학기술 발전이 사회에 미치는 순기능과 역기능을 포괄적으로 살펴보고자 한다. 이제 우리는 우리의 삶에 과학기술의 성과가 지대한 영향을 미치는 시대에 살게 되었다. 따라서 과학기술에서의 성과와 함께 과학기술의 흐름을 이해하지 않고서는 개인의 삶은 물론이고 국가와 사회의 현재와 미래를 균형적으로 조망하였다고 할 수 없게 되었다. 이 책이 독자들에게 오늘의 현실을 조율하고 내일의 건전하고 뜻있는 삶을 설계하는 데 도움이 될 수 있기를 바란다.

2.
과학사의 현주소

과학사가 오늘날의 학문적인 위상을 확립하게 된 것은 20세기 후반에 비약적 발전을 이룬 과학기술이 세계를 지구촌화하는 추진력이 되었다는 공감대가 형성되면서부터라고 할 수 있다.

과학사의 연륜年輪은 1892년 라피뜨Pierre Laffitte, 1823~1903가 파리의 프랑스 대학College de France에서 과학사 강의를 시작한 것을 그 시발점이라고 할 수 있을 것이다. 그러나 싱거Charles Singer, 1876~1960 등이 1920년대에 런던 대학University of London에서 과학사 강좌를 개설하고, 사튼George Sarton, 1884~1956 등이 1913년부터《Isis》라는 전문 학술지에 기고했던 글을 모아서《과학사 개론Introduction to the History of Science》이라는 제목의 책 3권을 1927년부터 1948년 사이에 발행한 점 등을 고려할 때 학문으로서의 과학사의 시작은 1920년대로 보아야 할 것이다.

20세기 후반에 진입하면서 17세기 과학혁명을 어떻게 조명할 것인가에 대한 상반된 시각이 나타났다. 즉 과학 발전은 과학 속에서 얻어진 지식의 축적에 의하여 점진적으로 변천해가면서 이루어진다는 프랑스의 쿠아레Alexandre Koyré, 1892~1964의 내적 요인에 근거를 둔 시각과 이와는 반대로 과학 발전은 단지 사회적 테두리 안에서 유발된 현상이라는 헤센Boris Hessen, 1893~1936, 버날John D. Bernal, 1901~1971, 머튼Robert K. Merton, 1910~2003 등이 주장한 외적 요인에 근거를 둔 시각이 그것이다. 특히 중국의 모택동주의의 신봉자로 알려진 니담Noel J. T. M. Needham, 1900~1995은 저서 《중국의 과학과 문명Science and Civilization in China》에서 대상을 인식함에 있어서 동양인과 서양인의 근본적인 차이점을 강조하면서도 외적 요인의 중요성을 강조하는 유물론적 시각을 제시하였다.

이들의 시각의 차이는 코페르니쿠스의 지동설에 대한 해석에서도 잘 나타난다. 잘 알다시피 지동설은 17세기 과학혁명의 중심에 있었던 우주관에 관한 이론이다. 쿠아레는 코페르니쿠스의 지동설을 BC 2세기의 히파르쿠스와 2세기의 프톨레마이오스와 같은 고대 천문학자들로부터 이어온 우주에 대한 호기심과 과학적 탐구의 결과로 해석하였다. 즉 과거부터 쌓여 온 천문학적 지식이 코페르니쿠스가 행성의 운동에 대한 연구를 하도록 동기를 부여하고 기초 자료를 제공하여 결과적으로는 천체 과학의 발전을 가져오게 되었다는 것이다. 이러한 시각에 대해 과학 발전의 모든 동기와 과정에 대한 의미 부여를 과학 내부에서만 찾는다는 비판이 있을 수 있다. 이에 반해 헤센, 버날, 머튼 등의 시각은 지동설이라는 혁명적인 과학적 업적은 대단한 것이지만 이는 어디까지나 중세 교권의 교도주의와 왕권의 봉건주의를 타파하려는 르네상스 시대의 사회적 풍토 속에서 이루어진 시대적 변혁의 한 부분에 불과하다고 하는 것으로, 과학 외적인 면에 치우친 감이 있다.

1970년대에 과학철학자 쿤Thomas S. Kuhn, 1922~1996은 그의 저서 《과학 혁명의 구조The Structure of Scientific Revolution》에서 과학발전에 대한 시각을 패러다임paradigm이란 개념으로 설명하였다. 패러다임이란 과학에 적용되는 세계관, 논리적 배경, 실증의 방법, 동원된 수단 등 모두를 포괄하는 개념이다. 쿤에 따르면 학문의 진보는 보통의 경우에는 그 내면적 지식의 축적에서 이루어지지만 기존의 인식 방식으로는 도저히 인식이 불가능한 상황에서는 새로운 패러다임의 외적 요인에 의한 인식 방법이 필요하다는 것이다. 예를 들어 뉴턴 역학이 아리스토텔레스 역학을 대체하고, 그 뉴턴 역학이 다시 상대성 이론과 양자 역학으로 대체되는 과정은 이와 같은 주장을 뒷받침주고 있다. 따라서 쿤의 과학사에 대한 철학은 어떻게 보면 테제thesis, 正로서의 내재적 요인과 안티테제antithesis, 反로서의 외부적 요인 사이의 상호작용과 그 속에서 한 차원 발전한 과학적 세계관을 창출해 가는 합合, synthesis으로서의 변증법적 시각이라 할 수 있다. 이러한 시각은 21세기 과학사의 현주소를 이해해 가는 보편적이고 타당한 근간이 되어야 한다고 본다.

과학사에서 17세기 과학혁명이 논쟁의 중심이 된 이유는 17세기를 전후하여 자연의 섭리와 현상에 대한 인식방법론에 근본적인 변화가 생겼기 때문일 것이다. 17세기 이전까지의 방법은 자연현상을 구체적인 검증 없이 감각과 경험을 바탕으로 어떻게 합리적으로 설명할 수 있는가에 초점이 맞춰진 관념적인 인식에 근거한 것이었다면, 17세기 이후부터는 과학의 방법은 실증적이고 구체적인 동시에 가능한 한 정량적으로 되어야 한다는 인식이 받아들여졌다. 이러한 인식방법론의 차이에 따라서 17세기 이전의 과학은 '자연철학'이라 하며 17세기 이후의 '과학' 또는 '과학기술'과 구분하기도 한다.

20세기 후반의 눈부신 과학기술의 발전은 엄청난 사회변혁을 초래하고 있는 반면, 과학사라는 학문은 그 연륜이 짧아, 아직도 체계화된 분야라기보다는 관심 있는 많은 사람들이 참여하여 개척해 나가야 하는 영역이며, 그런 과정에서 나름대로의 식견들이 검증되고 여과되면서 성장해 가는 시발점에 있다고 보는 것이 타당할 것이다. 오늘날 과학기술의 발전의 결과로 우리의 세계관과 생활양식은 과거와는 비교할 수 없을 정도로 급속히 변화하고 있다. 다행스럽게도 정치, 경제, 사회, 문화 등 모든 분야에서 과학기술이 미치는 효과에 대한 인식이 새롭게 이루어지고 있으며, 더 나아가 과학기술의 영향을 고려하여야만 자신의 분야에 대한 위상을 올바르게 찾을 수 있다는 정서가 이루어지고 있다. 이는 매우 고무적인 현상이며, 과학과 타 분야와의 연관성을 탐구하는 학문인 과학사의 학문적, 사회적 발전 가능성이 높다는 것을 뜻하는 것으로도 해석할 수 있다고 본다.

주 완 철 작성
권 영 욱 수정

차례

역사와 함께하는

과학이야기

제 1 부

자연철학이 태동한 배경

제 1 장

호미니드의 길고도 놀라운 여정

일반적으로 과학의 시초는 BC 6세기경 그리스Greece에서 시작된 자연철학Natural Philosophy에서 그 뿌리를 찾고 있다. 그렇다면 그 이전에 있었던 메소포타미아나 이집트의 고대문화 속에서는 과학이란 요소를 찾아보기 어렵다는 이야기가 된다. 그러나 그리스의 자연철학을 이해하기 위해서는 메소포타미아와 이집트 등 고대문화의 영향을 고려해야만 한다는 것 역시 엄연한 사실이다.

BC 7천 년에 메소포타미아의 예리코에 도시국가가 있었다. 이는 그 이전부터 이 지방에 인간집단이 형성되었으며 그 종족 고유의 문화가 있었다는 증거로 보아야 할 것이다. 이와 같이 문화의 시작을 이루어 낸 인류의 발자취를 추적해 우리들의 과거를 발견하고 선조들의 흔적을 찾아보는 것은 과학사의 뿌리를 지혜롭게 이해한다는 점에서 뜻깊은 일이라고 생각된다. 따라서 올바른 과학사에 대한 입문은 인류학, 고고학, 지질학, 그리고 역사 등에 대한 사전 지식을 바탕으로 해야 한다고 할 수 있다.

인류 역사에서 BC 1만 년경은 매우 의미가 많은 시기이다. 인류학적으로 보면, 인류는 길고 긴 시간에 걸쳐 여러 단계의 진화를 거쳐 오다가, BC 1만 년경에 오늘날의 인류와 직접 맞닿은 현대인으로 진화하게 된다. 지질학적으로는 BC 1만 년은 200만 년 전에 시작된 홍적세가 끝나면서 제3기Tertiary 시대가 끝나는 시점이며, 60만 년 전에 시작된 제3빙하기가 끝나는 시점이다(그림 1.1). 이런 점에서 우리가 오늘날 알고 있는 인류의 역정은 지질학, 인류학, 고고학 등의 검증을 통하여 얻어진 파노라마라고 할 수 있을 것이다.

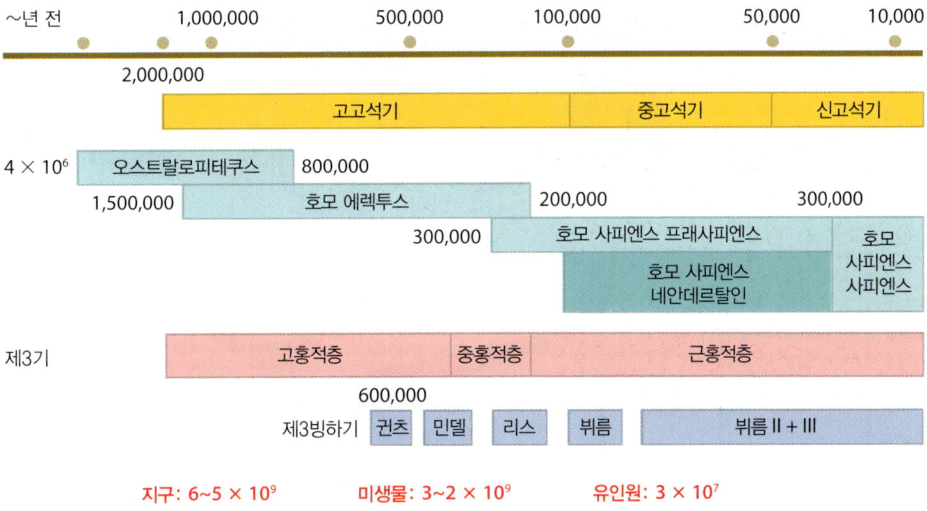

그림 1.1 지질학적, 기후학적, 인류학적 연대표. 숫자는 현재까지의 시간을 년단위로 나타낸 것임.

1.

유인원의 역정歷程

흘러간 시간 속에서 역사를 연출해 낸 인간의 족적을 탐구하는 학문을 인류학이라고 하고, 조상들이 이루어낸 역사의 대상을 탐구하는 학문을 고고학이라고 한다. 이들 학문 분야는 19세기 중반에 발전하기 시작했다. 세계 여러 곳에서 발굴된 인류의 선조들이 남긴 유적에 대해 형태학, 생리학, 생태학의 시각에서 비교분석한 결과와 지질학과 아르곤과 탄소 등의 동위원소분석법에 의한 검증을 거쳐서 인류의 시원始原은 유인원이라는 결론에 도달하게 되었다(그림 1.2). 그리고 그 유인원類人猿, Anthropoid의 조상은 약 9천만 년 전 아프리카에 서식하던 플레시아다피스Plesiadapis며, 이들이 7천만 년 전 여러 종류의 원숭이로 진화했던 것으로 보고 있다. 약 3천만 년 전 아프리카 대륙에서 대지진이 발생하여 남북 방향으로 단층 분열이 일어났다. 그 결과 대륙의 서쪽은 험준한 산맥지대로 융기하고 동쪽에는 바다까지 이어지는 광활한 평지가 형성되었다. 서쪽에 살던 원숭이는 빽빽한 산림 속에서 포식동물을 피하고 먹이를 찾아 네 발로 나무와 나무 사이를 돌아다니며 살아가는 종전과 같은 원숭이의 생활을 연장하면서 상황에 적응했지만, 동쪽에 살던 원숭이는 평지에 노출된 자신을 적으로부터 보호해야 하는 상황에 적응하여 눈높이를 높여 먼 곳까지 관찰할 수 있도록 뒷발을 디디고 설 수 있게 진화를 하게 되었다. 이들 직립 원숭이의 후손 중에서 유인원이 나타나게 되었다. 유인원은 먹이를 포집해야 하는 환경에 적응하여 앞발이 긴 팔과 손의 형태로 진화

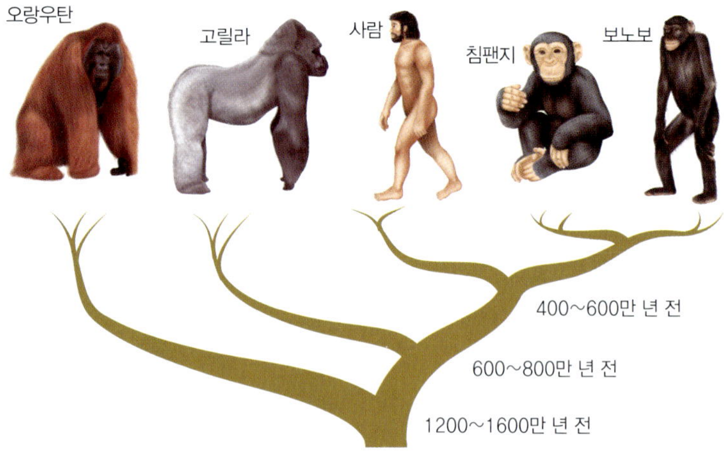

그림 1.2 인류 진화 나무.

했다. 9백~6백만 년 전에는 마지막 유인원 종인 파라메니피테쿠스Paramenipithecus가 아프리카의 케냐와 북부 인도에 나타났었다. 이로부터 4백만 년 전에 이르는 사이에 침팬지, 고릴라, 오랑우탄이 등의 유인원Pongid으로 진화했으며 바로 이 시점부터 인류Hominid의 역사가 시작된다. 지각변동으로 일찍이 아프리카 본토에서 분리되어 지금도 지난날의 자연환경이 잘 보존되어 있는 아프리카 대륙 남동쪽에 있는 마다가스카르Madagascar 섬에는 지상의 포식동물을 피해서 나무 위에서 서식하는 여우원숭이를 비롯하여 여기에서 진화된 여러 형태의 수많은 원숭이들과 유인원들이 서식하고 있어 9천만 년 전의 흔적을 보여주고 있다.

2. 호미니드가 연출해 낸 구석기 시대

인류학적으로 4백만 년~80만 년 전의 시기를 오스트랄로피테쿠스Australopithecus 시대로 분류하고 있다. 그 뒤를 이어 2백만 년 전에 살았던 호모 하빌리스Homo habilis의 흔적이 아프리카 탄자니아Tanzania의 올두바이Olduvai 골짜기와 아프리카 남단 마카판Macapan 지방에서 확인되었다(그림 1.3).

도구를 사용하는 사람이라는 뜻으로 이름 붙여진 호모 하빌리스는 자연에 적응하면서 수동적으로 살아가는 유인원과는 다른 능동적인 삶을 살았었다. 이들은 자연 속에서 살아남기 위한 방법을 끊임없이 개발해 내는 삶을 살았던 것이다. 인류가 유인원

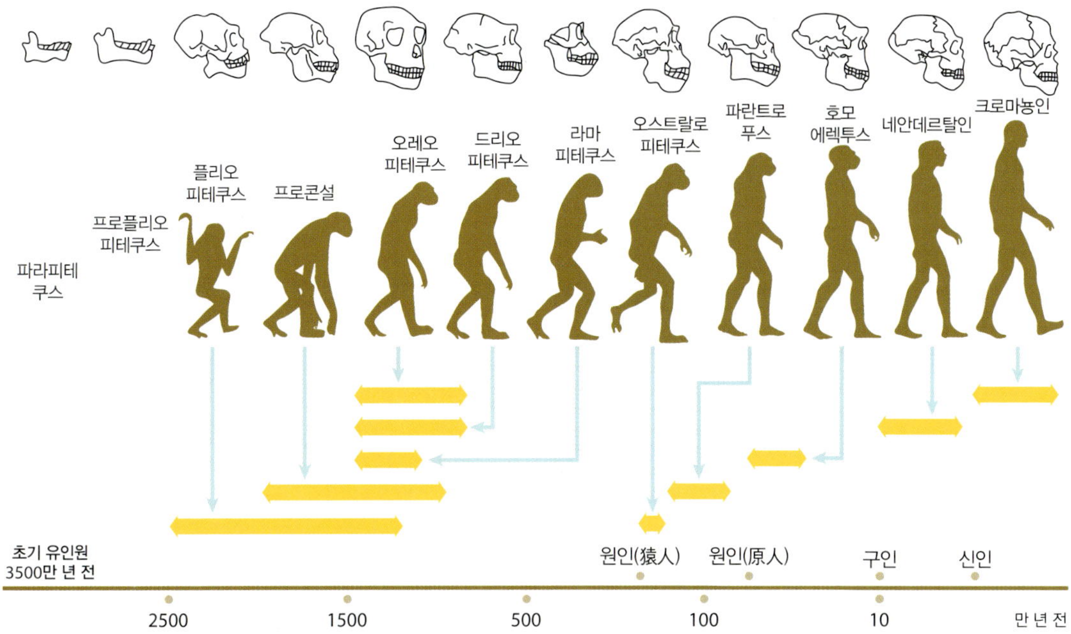

그림 1.3 인류의 진화 과정.

과 완전히 구분된 것은 바로 2백만 년 전 호모 하빌리스가 했던 도구의 개량이 그 시작이라고 할 수 있을 것이다.

이들은 돌끼리 부딪히면 돌이 부서지고 돌을 던지면 돌에 맞은 나무나 동물이 훼손되거나 치명상을 입는다는 사실을 알게 되면서 돌을 식량을 획득하고 적으로부터 자신을 보호하는 생존 수단으로 이용하는 방법을 깨닫게 되었다. 이때부터 인류가 스스로의 삶의 방식을 디자인한 구석기 시대가 시작되어 1만 년 전까지 이어지게 된다. 이 시기에는 의, 식, 주의 원천은 대자연이었으며, 그 속에서 원시적인 채집과 수렵을 통하여 얻은 것들을 '손에서 입으로' 먹어 버리는 시대였다. 이 때문에 구석기 시대의 생활 양상의 특징을 작은 무리를 이루어 사는 무집단無集團, 정해진 방향 없이 아무 곳으로나 이동하는 무방향無方向, 그리고 식량 등을 저장하지 않고 사는 무저장無貯藏의 시기로 규정하기도 한다.

호모 하빌리스는 돌이 부서질 때 생기는 날카로운 돌을 칼처럼 사용하여 사냥한 동물의 표피를 벗기고 고기를 잘라 내어 먹거나 긴 나무의 끝에 고정하여 창을 만들고 이를 방어도구로 이용했다. 아직 완전히 서서 걸어 다닐 수 있을 정도는 못 되었으며 사용했던 석기도 무척 단순했으나, 이들의 두뇌는 유인원에 비하여 현저하게 발달했던 것으로 보인다. 이때부터 인류는 살아남기 위해 끊임없이 사고하면서 두뇌가 발달하게 되었고, 직립 보행을 하면서 대퇴골이 발달하게 되었으며, 사용하던 석기도 필요에 따라 가공하여 사용하게 되었다. 이러한 이유에서 두뇌의 크기, 대퇴골의 발달 정도, 사용한 석기의 발달 정도 등으로 화석 등으로 발견되는 인류 조상의 진화한 정도를 가늠할 수 있게 되었다.

초기 인류로 분류되는 호모 에렉투스Homo erectus는 직립인간이라는 뜻으로 붙여진 이름이다. 이들 역시 150만 년 전에서 30만 년 전까지 구석기 시대의 대부분을 살아왔다. 흥미로운 것은 호모 에렉투스는 탄자니아 지방은 물론 북부아프리카, 중부유럽, 아시아중국 베이징, 동남아시아인도네시아 자바 등 아메리카 대륙을 제외한 지구상의 전 영역으로 퍼져 나갔다는 사실이다. 이 점은 이들이 진취적이고 강인한 정신력을 가졌었다는 증거가 되겠지만, 다른 면에서 보면, 제3빙하기60만~1만 년 전의 영향이 매우 컸다는 것을 의미한다. 즉 60만 년 전에 시작된 제3빙하기가 빙하기-간빙기-빙하기로 변화하는 과정에서 최대 15°C 정도의 기온의 편차가 길게는 1~2만 년 짧게는 2~3천 년 동안 계속되면서 자연환경이 지속적으로 바뀌었고, 이러한 변화에 적응하기 위하여 이들이 이합집산을 반복하면서 지구상의 광범위한 영역으로 퍼져 나가면서 나타난 현상이라고 할 수 있다. 이들은 50만 년 전 처음으로 불로 고기를 구워 먹고 창끝에 불을 붙여 맹수를 쫓는 등 불의 활용법을 알게 되었다. 그러나 이들이 사용했던 석기는 단순한 찍개, 몸돌로 된 주먹도끼, 긁개, 찌르개 정도로 아주 단순한 것이었다.

반면 30만~3만 년 전에 살았던 고대인인 호모 사피엔스 프래사피엔스Homo sapiens praesapiens와 네안데르탈인Homo neanderthalensis의 경우에는 지적으로 상당히 발달한 인류로서 빠른 발전을 이루었던 것으로 보인다. 이들은 정밀한 도끼와 정교한 찌르개를 사용했고, 프랑스 무스티에Mouster에서 발견된 긁개와 공예품, 역시 프랑스의 오리냐크Aurigrac와 솔뤼트레Solutre에서 발견된 부싯돌로 만든 칼, 뼈로 만든 찌르개와 창끝석기 등에서 보이는 것처럼 상당히 발전된 석기들을 사용했다. 이들은 이전보다 큰 무리를 지어 동굴에서 살면서 몰이사냥을 했던 것으로 보아 주거지 개념과 공동체 의식을 갖고 있었던 것으로 보인다. 또한 죽은 사람의 무덤을 만들었다는 사실로부터 사후세계에 대한 관념이 싹텄던 것으로 보이는데, 이것이 아마도 인류의 신앙의 시작인 것으로 추정된다. 중부 유럽에는 네안데르탈인이 살았었다. 이들은 빙하기의 악천후도 견뎌 낸 강인하고 적극적이며 진취적이었던 종족이었던 것으로 보이지만 결국에는 멸종했다.

3만 년 전 구석기 시대의 끝 무렵에는 현대인의 전단계인 근대인으로서 지혜롭다는 뜻으로 이름 붙여진 신인新人 또는 호모 사피엔스Homo sapiens sapiens, 3만~1만 년 전의 시대에 진입하게 된다. 이 시대에는 몰이사냥을 통해 형성된 생활공동체의 개념이 가족으로 구체화되었다. 가족끼리 동굴이 아닌 움막에서 살면서 한 가족 안에서 남녀노소

그림 1.4 빌렌도르프의 비너스상. 1908년 오스트리아 빌렌도르프(Willendorf) 근교의 22,000~24,000년 전 구석기 시대 지층에서 발견된 11.1 cm 키의 조각상.
출처: Wikimedia Commons.

의 역할 분담이 이루어졌다. 사냥한 동물의 털과 가죽으로 옷을 만들어 입었으며, 사슴뿔로 만든 작살, 뼈로 만든 바늘과 낚시 바늘, 낫, 화살촉 같은 세석기細石器가 출현하게 되는 등 생활양식에서 커다란 변화가 생겼다. 이전보다 안정된 생활을 하게 되면서 인구가 늘어나서 더 이상 수렵과 채집만으로는 늘어난 식량 수요를 감당할 수 없었을 것이다. 이 무렵부터 인류는 동물을 잡아 가축으로 키우거나 주거지 주변에서 작물을 재배하는 원시적인 농사를 짓기 시작했다. 또한 이들은 벽이나 암벽에 몰이사냥의 장면이나 용맹한 동물 그림과 사암砂巖이나 상아로 비너스 상과 같은 예술작품을 남겼다그림 1.4). 이들은 사냥이 잘되기를 빌거나 풍요로움에 대한 소망을 표현한 것이라 추정된다. 죽은 사람을 땅에 묻고 무덤을 만드는 매장 풍속이 생겨났는데, 이로부터 종족의 생활공동체 인식을 바탕으로 한 민속신앙의 한 단면을 엿볼 수 있다.

제3빙하기가 끝나는 뷔름Würm III기 말엽5만~1만 년 전에는 빙하기와 간빙기가 1~2천 년 정도 간격으로 비교적 자주 일어났다. 기후변동으로 일어난 자연환경의 변화에 따라 당시 중앙아시아에 살고 있던 호모 사피엔스인 크로마뇽Cro-Magnon인이 지구 전역으로의 퍼지는 대이동이 일어났다. 이것은 인류의 최후의 대규모 이동으로 이 결과 아시아인, 아프리카인, 백인, 호주인 등의 인종의 출현을 보게 되었다. 이전에는 인류가 살지 않았던 아메리카 대륙과 대양주로의 이동도 이때 이루어지게 된다.

이 과정에서 아주 초보적인 언어와 생활 풍습을 같이 하는 동질성을 갖고 동일한 운명체라는 유대감을 갖는 생활공동체로서 부족사회가 형성된다. 오늘날에도 이러한 원시문화의 틀 속에서 수렵과 채집에만 의존하여 살았던 조상의 흔적들을 아프리카의 짐바브웨와 오스트레일리아 등지에서 살고 있는 토착원주민들의 생활 속에서 찾아볼 수 있다.

그림 1.5 호모 사피엔스의 이동 경로.

제2장

현대인이 개척한 멋진 신세계

구석기 말에는 가족의 개념이 싹트고 초보적인 부족이 형성되기 시작했다. 집단을 이루는 구성원의 수가 늘어나면서 이때까지 이어온 수렵과 채집의 방식만으로는 충분한 식량을 구할 수 없게 되었다. 이때부터 인류는 가축을 키우는 방법을 터득하게 되었고, 점차적으로 식량과 의복, 그리고 집까지 모든 생활필수품을 가축에서 조달하는 유목이 새로운 생활양식이 되어서 BC 1만 년에서 BC 8천 년 사이에 이어졌다.

유목 생활에서 가축은 생명줄이었으므로 일상생활의 모든 것이 가축을 잘 키울 수 있도록 바뀌었다. 가축을 키우기 위해서는 계절과 환경의 변화에 따라서 목초와 물이 있는 곳으로 끊임없이 자리를 옮겨야 했으므로 최소한의 생활 도구를 갖고 간단히 접을 수 있는 천막에서 생활했다. 어디로 이동해야 할지를 잘 아는 사람은 경험이 많은 (따라서 나이도 많은) 사람이었으므로 그가 곧 집단의 지도자가 되었다. 점차 가축과 유목 인구가 증가하면서 목초와 물이 있는 지역에 대한 쟁탈전이 벌어지기 시작했다. 이러한 배경으로 유목민과 그 후손들은 용맹스러울 수밖에 없었을 것이다. 나중에 나타나는 유목 민족의 국가들이 어느 한 곳에 머물러서 통치하기보다는 정복에 치중하게 된 것도 이런 배경에서 이해할 수 있다.

같은 시기에 한 지역에 정착하여 보리와 같은 작물을 재배하는 초보적인 농경 생활을 시작한 사람들도 있었다. 농작물을 재배하는 것은 가축을 키우는 것보다 더 어려운 일이었고, 더구나 초기 농작물에서 거둘 수 있는 식량은 그 양이 작았기 때문에, 처음에는 농업이 차지하는 비중이 매우 작았었다. 하지만 시간이 지나면서 유목집단은 규모와 수가 커져간 반면 자연이 제공할 수 있는 초지는 한계가 있으므로 목초에 대한 수요와 공급 사이의 균형이 깨지게 되었다. 결국에는 BC 8천 년경부터는 농경 생활이 주류를 이루게 되었다. 신석기 시대로 접어든 것이다.

1.

문명의 싹을 틔운 신석기 혁명

농경을 하려면 비옥한 토지와 온화한 기후 조건이 필요하다. 중국의 황허 강 유역, 메소포타미아의 티그리스Tigris 강과 유프라테스Euphrates 강 유역과 이집트의 나일Nile 강 유역이 이러한 조건을 충족하는 곳이었으므로 자연스럽게 이들 지역에서부터 농경 사회가 만들어지게 되었다. 차차 농경인구가 늘어나면서 이들 지역은 인류 문명의 발상지가 된다.

농경사회로 진입하면서 인간은 자연을 대하는 시각과 자세를 혁명적으로 바꾸는 전환점을 맞게 된다. 농경사회 이전에는 인간은 채집과 수렵에서 또는 가축에서 식량을 얻었다. 이는 식량을 자연이 주는 대로 받기만 하는 수동적인 자세라 할 수 있다. 반면, 농경시대에는 농사를 잘 짓기 위해서 끊임없이 연구와 노력을 기울여야 했다. 식량을 얻기 위해 적절한 곳에 정착하여 집단을 이루며 수로를 개발하고 밭에 씨앗을 뿌려 곡식을 수확하고 저장하고 재생산했다. 즉 인간에게서 생존 방법을 창출해야 하는 능동적인 자세가 요구되었던 것이고, 이는 자연을 대하는 자세가 이전 시대의 수동적 자세에서 180도 바뀐 것이다. 생존과 자연에 대한 자세가 바뀌면서 여러 가지 발명이 이루어졌다. 농경에 필요한 생산수단으로서 석매, 맷돌, 절구 등 농경석農耕石과 곡물을 담고 저장해 두는 도기 등이 출현했고, 소, 말, 양 등을 운송수단 및 동력으로 이용하기 시작했다. 이로써 인간은 인류 역사상 처음으로 자신들의 삶의 방식을 디자인하기 시작했고, 그 결과로 '유집단有集團, 유방향有方向, 유저장有貯藏'의 특징을 보여주는 신석기 시대가 나타나게 되었다(그림 2.1).

농경이 도입되면서 인간의 사회는 많은 변화를 겪게 되었다. 곡식을 저장하면서부터 개인 재산의 개념이 생기게 되었고 농경 집단의 규모가 커지면서 자신의 재산을 보호하고자 하는 소유주와 그런 소유주의 권리를 보호하는 권력을 갖는 통치자도 생기게 되었다. 이러한 변화는 도시국가의 출현으로 이어졌다. 메소포타미아의 예리코Jericho에서 발굴된 유적은 BC 7천 년에 있었던 초기 도시국가의 모습을 보여주고 있다. 이와 같은 사회적 변화가 점차 확대되면서 사람들 사이의 교류가 활발해져서 신석기 말엽에는 같은 언어와 풍습, 유사한 생활양식과 사고방식을 공유하는 종족이 형성

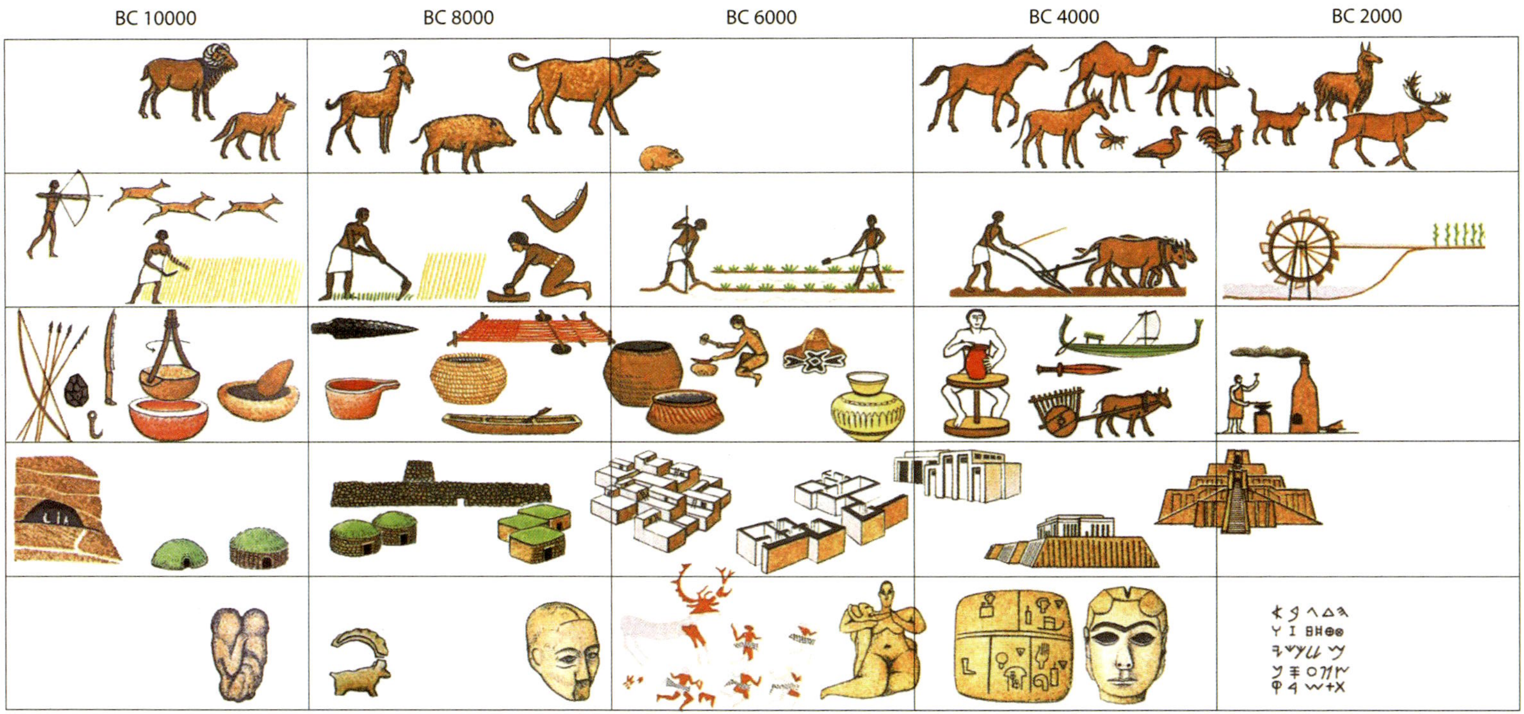

BC 10000: 고석기 말~중석기 시작, 수렵 및 채집에서 소유 개념 시작, 가축의 시작(양, 개), 타석기에서 마석기로 발전, 움막형 집 출현

BC 8000: 초기 신석기 시대, 농업 경제 출현(저장, 재생산), 밀 재배 및 가축사육(산양, 소, 돼지), 돌그릇, 네모난 점토벽 돌집 출현, 예리코 도시국가 탄생(**BC 7000** 성벽 및 초계탑), 석고로 된 두개골상(신석기 혁명)

BC 6000: 신석기 시대, 베틀 이용, 배 생산, 도자기(요업), 구리제품 및 도장 출현, 메소포타미아 지방에 인구 정착(관개시설 개발), 도시국가들(터키 동북부 차탈회위크 지방) 출현, 암벽에 수렵 그림, 점토로 된 어머니상

BC 4000: 선사시대(중동에 토기문화 시작), 다양한 가축들(말, 노새, 낙타, 거위, 닭, 벌 등), 밭갈이 농작, 우차, 돛단배, 도자기, 돌림틀, 청동기 주물, 사원 등, 상형문자(수메르)

BC 2000: 역사시대(중동), 물레방아 발명, 철기 생산, 표음문자 사용(페니키아인)

그림 2.1 BC 10000년~BC 2000년 시기의 생활 기구 변천 과정.

그림 2.2 신석기 혁명이 발생한 지역과 시기 및 혁명의 전파 경로.

되고 각 종족마다의 고유문화가 만들어지게 되었다. 이 '문화의 시작'은 장차 현대인이 대자연속에서 이루어내는 드라마의 시발점이 되었다는 점에서 대단히 중요한 의의가 있기 때문에 이를 '신석기 혁명Neolithic Revolution'이라고 부르기도 한다. 이러한 변화는 티그리스 강과 유프라테스 강이 있는 메소포타미아에서 시작되어, BC 7천 년 이후에는 이집트 나일 강 하류와 독일의 도나우 강 하류 유역으로 전파되었다(그림 2.2).

2.

현대인이 디자인한 야금술의 위력

BC 6천 년~BC 4천 년 사이에는 금속이 인류 문명에 도입되었다. 이집트의 시나이Sinai 반도에는 매장량이 풍부한 구리 광산이 있다. 이집트인들이 구리의 원광석을 가열하면 구리를 얻을 수 있다는 것을 알게 된 다음에 구리를 이용한 도구가 만들어지게 된 것이다. BC 6천 년경에는 터키 지역에서, BC 5천 년경에는 페르시아 지역에서 구리를 사용한 흔적을 볼 수 있다. 하지만 구리는 너무 무르고 열에 약하며 쉽게 모양이 변하기 때문에 실용적으로 널리 쓰이기에는 매우 부적합했다.

BC 4천 년대 말경에는 이러한 구리의 단점을 보완한 청동이 발명되었고, 이후 청동을 이용한 도구가 널리 쓰였던 청동기 시대가 도래했다. 청동은 구리와는 달리 단단하지만 구리처럼 비교적 쉽게 가공할 수 있는 장점이 있다. 청동은 갑옷, 방패, 창, 칼 등 무기 제작에도 사용되었다. 이와 같이 청동은 방위와 경제면에서 매우 중요한 소재가 되어 청동기의 발전은 가히 폭발적으로 이루어졌다. 청동은 구리에 주석을 섞은 합금이다. 청동과 같이 유용한 특성을 갖는 합금을 발견하게 된 배경에는 금을 만들고자 하는 연금술의 노력이 있었을 것으로 추측된다. 원광석을 가열해야 얻어지는 구리와는 달리 금은 금속 상태로 얻어지므로 구리를 얻기 훨씬 이전부터 금은 알려져 있었을 것이다. 금은 반짝이는 광택이 변하지 않으며 무척 귀했기 때문에 고대 이집트에서는 금을 불변 불멸을 상징하는 것으로 여겼다. 구리가 처음 원광석에서 추출되었을 때는 아마도 이를 금이라고 생각했을 것이다. 그러나 구리는 금과 다른 색을 갖고 있고, 금과 달리 광택이 사라지는 것을 보고 적잖이 실망했을 것이다. 곧 구리가 금과 가깝다는 생각에 여러 가지로 구리를 이용한 연금술을 했을 것이고, 그 과정에서 구리와 주석의 합금인 청동도 발견되었을 것이다. 금을 금이 되도록 하는 '그 무엇인가'가 있다고 여기다가, 더 나아가 다른 물질도 '그 무엇인가'로 처리하면 금이 될 수 있다는 믿음이 생기면서 연금술이 시작된 것으로 보인다. 나중에 '그 무엇인가'는 '현자의 돌Philosopher's stone'이라 불리게 되면서 많은 연금술사가 추구하는 대상이 되었고, 연금술은 근대까지 그 영향을 미쳤다.

청동기 시대를 거치면서 인류는 금속을 다루는 기술인 야금술을 많이 발전시켰다. 메소포타미아, 이집트, 터키의 아나톨리아Anatolia, 중국 등에서 발굴된 왕족의 무덤에서 발견된 청동기 유물 등을 통해서, BC 3천 년경에는 금속을 다루는 기술이 달군 금속을 두드려서 모양을 만드는 단조鍛造를 넘어 틀에 녹은 금속을 틀에 부어 모양을 만드는 주조鑄造를 할 수 있게 되었다는 것을 알 수 있다. 청동기 시대를 이은 철기 시대에 철제 도구들을 제작했던 기술은 청동기 시대를 거치면서 얻은 기술을 기반으로 한다고 할 수 있다. 철도 구리와 마찬가지로 원광석을 가열하여 얻을 수 있지만 구리보다 더 높은 온도와 특수한 반응 조건이 필요하다. 또한 가공과정에서도 철은 구리보다 훨씬 높은 온도가 필요하다. 그러므로 인류가 청동기 시대를 거치지 않았었다면, 철기 시대를 열수 없었을 것이라고 추정할 수 있다. 유럽의 발칸 반도에 살던 도리아 족은 철기로 된 무기를 처음으로 사용한 것으로 알려져 있다. 이들은 철제 무기로 무장된 강력한 군사력으로 BC 1200년경에 오늘날의 그리스 지역으로 진출했다. 뒤에서 살펴보겠지만, 이 사건이 과학철학을 태동한 고대 그리스를 형성하는 바탕이 된다. 이런 점에서 야금술은 사회질서와 환경에 변혁을 가져오는 바탕이 되었고, 역사의 흐름을 결정하는 동력으로 작용하기도 했다.

3.
점토와 파피루스의 증언

그림 2.3 이라크 니네베(Nineveh)에서 발견된 아시리아 시대의 쐐기문자가 적힌 점토판 사진. 가로 51 cm, 높이 55 cm.

출처: Walters Art Museum.

그림 2.4 로제타 돌 사진. 맨 위에는 이집트 상형 문자, 중간에는 민중 문자, 맨 밑에는 고대 그리스 어가 새겨져 있다. 가로 72 cm, 높이 114 cm.

출처: Image Library of Christian Theological Seminary.

인류 역사에서 인간이 이룬 업적 중 가장 으뜸인 것을 꼽는다면, 그것은 아마도 문자를 고안하고 이 문자를 기록으로 남기는 방법을 개발한 것이 아닐까 한다. 인류 최초의 문자 기록은 메소포타미아인과 이집트인이 만들었다. 메소포타미아인은 진흙으로 점토판을 만들고 거기에 쐐기 문자를 새긴 후 햇볕에 말리는 방법을 썼고 이집트인은 나일 강변에서 자라는 파피루스의 줄기를 이용하여 판지板紙형으로 만들고 거기에 상형문자를 기록했다. 이러한 문자 기록 덕분에 우리는 당시의 사회상을 들여다 볼 수 있게 되었으며, 바로 이러한 이유로 메소포타미아와 이집트 시대 이후를 '역사시대'라 부른다. 또한 이러한 배경으로 메소포타미아 시대의 문명을 점토문명이라고 하며 이집트 시대의 문명을 파피루스 문명이라고도 한다.

문자를 처음 고안해낸 것으로 알려진 메소포타미아의 수메르 사람들이 처음에 사용한 문자는 상형문자였다. 그러나 얼마 안가서 이들의 상형문자는 쐐기문자Cuneiform로 써진 표의表意 문자로 바뀌었다가, 다시 표음表音 문자로 전환되었다. 이들이 사용한 표음 문자에는 처음에는 약 2,000자가 있다가 점차 그 수가 1,200자, 700자로 줄다가 나중에는 40자 정도로 간소화되었다고 한다(그림 2.3). 이집트의 상형문자는 BC 3천 년경 수메르의 상형 문자에서 나온 것으로 추정된다. 메소포타미아의 경우와는 달리, 이집트의 상형문자의 수는 700개 정도로 내내 유지되었다. 이집트의 상형문자가 완전히 해독된 것은 로제타의 돌Rosetta stone이 발견되면서부터이다(그림 2.4). 로제타 돌은 1799년 프랑스 나폴레옹 군이 이집트의 알렉산드리아Alexandria 동쪽 60 km 지점에 있는 아르라쉬드ar-Rashid, 영어 이름 Rosetta란 마을에 요새를 구축하다가 발견한 돌로서 이 돌의 상단, 중단, 하단에는 동일한 내용이 이집트 상형문자또는 신성문자, 이집트 민중문자, 고대 그리스 어로 기록되어 있다. 프랑스인 언어학자 샹폴리옹Jean-Francois Champollion, 1790~1832은 이를 이용하여 이집트 상형문자의 음가音價를 완전하게 해독했고, 이로써 이집트의 모든 기록은 해독이 가능하게 되었다.

4.

메소포타미아와 이집트가 뿌린 과학기술의 씨앗

메소포타미아와 이집트는 고대 문명의 발상지다. 이들 문명 속에서 여러 가지 기술이 개발되었고, 자연에 대한 관점이 형성되어서 이후에 고대 그리스의 과학이 태동하고 발전할 수 있는 토대가 되었다. 이런 점에서 메소포타미아와 이집트의 자연관과 기술 수준을 알아보는 것은 과학사를 조망하기 위해서 반드시 선행되어야 하는 과정이라 할 수 있다.

모든 자연 현상은 조물주가 만들어 낸다는 생각은 그 뿌리를 알 수 없을 정도로 오래된 것이다. 메소포타미아에서도 이러한 관점에서 자연을 보았던 것 같다. 더 나아가 인간 개개인의 운명 역시 조물주의 손에 달려 있다는 운명론을 믿었던 것 같다. 이 시대에는 하늘의 별의 움직임으로부터 사람의 운명을 점치는 점성술이 성행했는데, 그 근저에는 이 운명론이 있었다. 같은 맥락에서 질병도 조물주가 인간에게 내리는 벌로 생각했다. 따라서 병을 고치려면 조물주와 '대화를 할 수 있는' 제사장을 통해서 조물주의 용서를 구해야만 했다. 직접 사원에 가서 제사를 올리거나 제사를 대신해주는 제사장에게 공양물을 바쳤다. 이에 반해 이집트에서는 윤회론적 세계관이 더 지배적이었다. 카르낙Karnak 신전의 오벨리스크에 새겨진 기록 등에서 이집트인의 윤회에 대한 믿음을 엿볼 수 있다. 이집트인들은 인간이 죽으면 일단 영계靈界를 지배하는 오시리스Osiris 신의 세계에 가서 머물었다가 언젠가는 환생한다고 생각했다. 왕과 같은 권력자가 죽으면 시신을 잘 보전하기 위하여 미라를 만들고 밖으로 나오는 문이 있는 피라미드에 보관하는 풍습은 이런 믿음에서 나온 것이다. 미라를 만들기 위해서는 해부와 시신 보존을 위한 약품에 대해 잘 알아야 했다. 이 과정에서 신체부위에 대한 구체적인 지식과 약초에 대한 지식을 알게 되면서 경험 의학이 발달하게 되었다. 당시 메소포타미아의 권력가와 재력가도 병 치료를 위해 이집트를 찾아왔다고 한다. 19세기 초에 발견된 에드윈 스미스 파피루스Edwin Smith papyrus에 기록된 인체 조직에 대한 설명과 에버스 파피루스Ebers papyrus에 기록된 약초 기록 등으로 보아서 이집트의 의술은 많이 발달된 것으로 보인다.

이렇게 서로 인접한 두 지역에서 서로 다른 세계관이 나타난 이유는 아마도 두 지역의 지리적 기후적 환경이 서로 달랐기 때문일 것이다. 두 지역 모두 큰 강을 중심으로 이루어졌다. 강은 범람하여 홍수를 일으키는 등 인간의 생명과 생활에 지대한 영향을 미친다. 이 두 지역의 강이 범람하는 방식이 서로 크게 달랐기 때문에 이 현상을 바라보는 인간의 심리와 자연현상에 대한 인식에 서로 다른 방식으로 영향을 주었을 것이라 생각한다. 메소포타미아 지역은 그리 높지 않은 산맥으로 둘러싸인 분지라서 비가 오면 자주 강이 범람한다. 즉 강이 시도 때도 없이 범람했고, 이를 인간에 대한 조물주의 벌로서 피할 수 없는 것으로 받아들이면서 운명론적 세계관이 형성된 것이 아닐까 하는 생각이 든다. 반면에 이집트의 나일 강의 범람은 반드시 일 년에 한 번 태양과 시리우스Sirius, 개자리 별이 동쪽 하늘에 함께 뜰 때 예외 없이 되풀이된다. 이 밖에도 해가 뜨고 지며 꽃이 피고 지는 등 반복적으로 일어나는 여러 가지 자연현상을 보면서 사람도 여기서 예외일 수 없다는 시각에서 윤회론적 세계관이 만들어졌다고 생각된다.

다음으로 고대 문명에서 사용했던 달력에 대해 알아보도록 하자. 고대 문명은 모두 농경 사회였으므로 계절의 변화를 정확하게 예측하는 것이 매우 중요한 일이었다. 계절의 변화를 정확하게 예측하기 위해서는 1년의 길이를 정확하게 재는 것이 가장 먼저 이루어져야 하는 일이다. 메소포타미아에서는 음력과 양력을 썼다. 음력에서 1년은 354일이었고 양력에서는 360일이었다. 반면 이집트에서는 양력 하나만 썼는데 이들의 1년은 정확히 365일이었다. 사실 1년의 길이를 정확하게 재는 것이 그리 쉬운 일은 아니었을 것이다. 아마도 낮과 밤의 길이가 같은 춘분과 추분 사이의 간격이나 해 뜨는 위치가 황도와 적도가 이루는 각도 23.5도를 중심으로 커졌다 작아졌다를 반복하는 과정의 주기를 측정했거나 항성을 이용한 방법 등이 이용되었을 것으로 추정된다.

인류가 처음으로 사회생활을 시작했을 때 가장 먼저 필요했던 것은 언어가 아니라 수數라고 한다. 필요한 물품을 얻을 수 있는 물물교환이 서로 모르는 사람들을 우호적으로 만나게 하는 가장 중요한 계기였을 것이며, 여기서 가장 중요한 것은 숫자를 표현하는 방법이었을 것이다. 처음에는 숫자를 땅에 막대기로 표시하여 교환하고자 하는 물품의 수를 세었을 것이다. 메소포타미아와 이집트는 각자 독자적인 수의 체계와 표기법을 발전시켰다. 메소포타미아에서는 쐐기문자를 이용한 60진법을 사용했고(그림 2.5), 이집트에서는 신성문자Hieroglyph를 이용한 10진법을 사용했다(그림 2.6). 메소포타미아의 방법이 훨씬 간편했는데, 그 이유는 메소포타미아 지역이 동양과 서양을 연결하는 교역로의 중간 지점이어서 활발한 상행위에 적합한 체계가 발달할 수 있었던 것으로 이해된다. 미국 콜럼비아 대학에 있는 플림턴 박물관에 소장된 쐐기문자 점토판에는 $a^2 + b^2 = c^2$의 피타고라스의 정리를 연상케 하는 숫자들이 나열되어 있다

25 = 2(10) + 5 = 

38 = 40 − 2 = 

$524{,}551 = 2(60^3) + 25(60^2) + 42(60) + 31 =$ 

그림 2.5 메소포타미아의 쐐기문자로 나타낸 숫자.

1 수직막대기 또는 한 획

10 뒤꿈치 뼈 또는 멍에

10^2 두루마리 또는 새끼줄

10^3 연꽃

10^4 지적하는 손가락

10^5 올챙이 또는 모캐류

10^6 놀라는 사람 또는 우주를 지배하는 신

$13{,}015 = 1(10^4) + 3(10^3) + 1(10) + 5 =$ 

그림 2.6 이집트 상형문자로 나타낸 숫자.

(그림 2.7). 이는 메소포타미아 사람들이 기하학적 지식을 알고 있었다는 증거라 할 수 있다. 아마도 티그리스 강과 유프라테스 강이 범람할 때마다 유실된 토지의 경계를 신속하게 복구하여 분쟁을 줄이고 세금 징수에 차질이 없도록 대처하기 위한 노력의 결과로 만들어졌을 것이다.

이외에도 메소포타미아에서는 원의 둘레는 지름의 3배이고 원의 면적은 반지름의 제곱의 3배라는 것을 알고 있었다. 즉 원주율π 값 3.141592 대신 3을 쓴 것이다. 이 π의 값이 이집트에서는 3.125로 더 정확했으며, 이는 이집트 건축술의 발달과 무관하지 않을 것이다. 이집트에는 석재 유물이 많은데 이는 아마도 스웨넷Swenett, 지금의 아스완Aswan 지방에서 화강암이 많이 나왔기 때문일 것이다. 세계 7대 불가사의 하나로 꼽히는 기자Giza의 대피라미드Pyramid of Khufu 또는 the Pyramid of Cheops는 여기에서 채취한 석재

그림 2.7 쐐기문자로 피타고라스의 정리를 나타낸 점토판 사진과 이에 대한 해석. 표의 맨 오른쪽 칸은 줄의 번호를 나타낸다. 11번째 줄의 숫자를 아라비아 숫자로 표시하면 맨 왼쪽에는 1 33 45, 두 번째 칸에는 45, 세번째 칸에는 1 15가 적혀 있다. 이들은 60진법이므로 10진법으로 바꾸면 순서대로 5625(= 1 × 3600 + 33 × 60 + 45), 45, 75(= 1 × 60 + 15)가 된다. 빗변의 길이가 75이고 직각을 낀 한 변의 길이가 45인 직각삼각형의 다른 한 변의 길이는 60이 된다($45^2 + 60^2 = 75^2$). 여기서 $(45/69)^2 =$ 0.5625가 되고, 이 숫자는 첫째 칸의 숫자와 연관된다.

출처: Wikimedia Commons.

를 나일 강을 따라 기자까지 운반하여 세운 것으로 밑변 수직 각도의 오차가 1/27,000로 아주 정밀하다. 또한 이집트 남부의 아부심블Abu Simble에 있는 람세스 2세Ramses II의 지하 궁전과 룩소르Luxor에 있는 람세스 2세의 사원과 카르낙 사원 등에서 당시의 건축 기술의 높은 수준을 엿볼 수 있다. 이에 반해 메소포타미아 건축물은 진흙 벽돌로 지어져서 오랜 세월을 지탱하기 어려웠기 때문에 메소포타미아의 문화 유적들은 별로 남아 있는 것이 없다.

점토와 파피루스로 남은 기록 덕분에 우리는 메소포타미아와 이집트의 문명이 오늘날 우리의 눈으로 보아도 경외스러울 정도로 융성했다는 것을 알 수 있다. 하지만 이들 문명은 이 책에서 다루고자 하는 과학과는 거리가 있다. 오늘날 받아들여지는 과학의 개념은 개개인이 자연 현상에 대한 호기심에서 출발하여 능동적이고 주체적인 탐구 과정을 거쳐 쌓인 지식의 체계이다. 이 개념에 비추어 보면, 메소포타미아와 이집트인들이 이룬 문명과 문화는 개인과 사회가 유지되기 위하여 주변 환경에 적응하는 과정에서 얻어진, 즉 수동적으로 동기가 부여되고 필요가 충족되면 활동을 멈춘 다분히 공학적 속성의 활동에서 나온 결과물이라 할 수 있다.

하지만 공학은 과학의 동기를 유발하고 과학은 또한 공학의 발전 동기를 제공해주는 상호 인과관계가 있다. 이런 관점에서 메소포타미아와 이집트의 문명은 그리스 자연철학이 나오게 되는 토양과 씨앗을 제공했다고 보아야 한다.

역사와 함께하는

과학이야기

제2부

서구의 자연철학: 고대부터 르네상스까지

제3장

자연철학의 선구자 고대 그리스

과학은 18세기 초반까지는 자연철학Natural philosophy이라고 불렸었다. 철학의 사전적 정의가 '인간이나 세계에 대한 지혜 · 원리를 탐구하는 학문'이므로 자연철학은 자연에 대한 인간의 인식체계 및 가치관 정도로 이해할 수 있을 것이다. 정밀하고 복잡한 실험 장치로 자연에서 일어나지 않는 현상을 만들어서 연구하는 오늘날의 과학에 대한 이미지와는 사뭇 다르게 자연 그 자체를 있는 그대로 이해하고 인생관과 종교관 등 다른 인식체계와 통합하려는, 이름 그대로 철학의 한 분야였다. 자연철학은 중세 시대는 물론 르네상스와 과학혁명을 거쳐 18세기까지 이어져 왔고, 19세기 중반을 넘어서면서 그 내용과 자연을 보는 시각이 이전의 것에서 사뭇 달라지게 되면서 과학Science이라는 새로운 이름을 갖게 되었다.

이러한 자연철학의 전통은 BC 6세기 경 고대 그리스에서 시작되었다. 고대 그리스 이전에 이집트와 메소포타미아 등의 문명이 있었고, 같은 시대에 있으면서 그리스보다 강성했던 페르시아와 같은 다른 문명도 있었지만, 이들 문명에서는 자연철학이 시작되지 못했다. 자연스럽게 "고대 그리스의 어떠한 점이 다른 문명과 달라서 자연철학이 고대 그리스에서 시작되었을까?" 하는 질문이 나오게 된다. 여러 가지 설명이 있겠지만, 아마도 이집트와 메소포타미아 문명의 영향을 받아들일 수 있는 지정학적 요소와 함께 자연의 현상을 철학적 탐구의 대상으로 삼도록 관용한, 다양성을 보장한, 민주적이고 정치사회적인 여건이 중요하게 작용했을 것이라 본다.

1.

인도유럽어족의 이동과 그리스의 민주적 민족성 형성

BC 2000년경에 '인도유럽어족Indo-European languages의 대이동'이라는 사건이 있었다. 인도유럽어족이라는 용어는 19세기의 언어학자들이 만들어낸 개념으로 언어학적인 동질성과 종족마다의 특유한 문화적 유사성에 근거한 통괄적인 종족개념이다. 인도유럽어족의 뿌리는 중앙아시아의 흑해 북부 지역에 살았던 기마 민족이다. 이들은 정복을 일삼았던 호전적인 집단으로서 BC 2000년에서 BC 1800년 사이에 여러 방향으로 이동했다. 이것을 제1차 인도유럽어족의 이동이라고 한다(그림 3.1). 이 과정에서 슬라브족, 인디아족의 일부, 페르시아족, 라틴족, 켈트족, 게르만족 등 여러 종족이 형성되었고, 이들을 통칭하여 인도유럽어족이라고 한다.

이 과정에서 그리스 종족의 형성 과정은 아주 특이한 양상을 보여준다. 육로를 통해서 중앙아시아에서 그리스로 가려면 발칸 반도를 거쳐야 한다. 그리스 종족의 조상들이 발칸 반도를 지날 때에 이 지역은 메소포타미아와 이집트 문화를 받아들여 이미 문화적으로 발달한 곳이었다. 그리스인의 조상이 이 지역을 지날 때 원주민과 마찰이 없을 수는 없었을 것이다. 하지만 시간이 지남에 따라서 이들은 원주민의 언어 체계를 받아들이는 등 원주민의 우월한 문화에 동화되고 융합되었다. 이들은 정착했다가 이동하기를 반복하면서 그리스 지역에 퍼졌다. 이 과정에서 전설, 풍습, 신앙 등 사상과 생활방식이 동질화된 큰 집단을 이루면서 아이올리스Aeolia, 이오니아Ionia, 아카이아Achaea 등의 그리스 종족을 이루게 되었다. 그리고 오늘날의 그리스 본토와 펠로폰네소스Peloponnesos 반도, 에게Aege 해안의 여러 섬에 최종적으로 정착했다. 이러한 민족 형성

그림 3.1 제1차 인도유럽어족의 이동 경로.

과정은 그리스인의 민족성에 큰 영향을 준 것으로 보인다. 즉 메소포타미아인과 이집트인이 한 곳에 정착하여 농경 생활을 하면서 수직적인 사고방식과 보수적인 뿌리 의식을 가진 것과 비교하여, 그리스인들은 이주 민족이기 때문에 뿌리 의식이 약하고 자신들의 운명을 스스로 개척하는 진취적이면서 개방적이고 수평적인 사고를 하는, 오늘날의 시각으로 보면 민주적인 민족성을 갖게 되었다. 크레테Crete의 미노아 문명Minoan civilization, BC 1500년경과 펠로폰네소스의 미케네 문명Mycenaen civilization, BC 1300년경은 이들의 후손이 만든 것이다. 이와 비슷한 과정을 거쳐서 이루어진 문명으로 인디아족이 이뤘던 인더스 문명Indus civilization과 메소포타미아 족이 이루었던 히타이트 문명Hittite civilization 등이 있다.

도리아인의 이동이라고도 불리는 제2차 인도유럽어족의 이동은 BC 1200년경 발칸 반도 북부 지방에 있던 인도유럽어족에 속하는 도리아인이 그리스 쪽으로 이동하면서 시작되었다(그림 3.2). 도리아인은 이미 청동기 시대에서 철기 시대로의 전환기에 진입하여 우월한 철제 무기를 소유하고 있었으며, 제1차 때와는 달리 아주 짧은 시간에 그리스 전역과 지중해 연안에까지 진출했다. 그 영향으로 그리스 본토에 살고 있던 이오니아인, 아이올리스인, 아카이아인들은 동쪽으로 밀려 이동하게 되었다. 이들은 분할되고 재편성되면서 펴져 나가 그리스 전역과 지중해 동부와 소아시아 연안 등지에 새로운 도시국가를 세우게 되었다. 이런 과정에서 에게해 연안의 모든 도시국가들은 직간접적인 피해를 입었고 번성했던 미노아 문명과 미케네 문명도 이때 완전히

그림 3.2 제2차 인도유럽어족의 이동 경로.

파괴되었다.

그리스의 민족성은 도시국가들의 시책에도 자연스럽게 반영되어 도시국가들에서 중앙집권적인 세습적 정치 체제는 존재하지 않았다. 제사장의 권한도 제한적일 수밖에 없었고 정치 지도자는 그 집단에서 가장 능력 있고 존경받는 사람을 선출했으며 중요한 국사는 민회Polis에서 결정했다. 도시 국가 간의 관계는 서로가 싸워 이겨야 하는 투쟁 대상이 아니라 상호 독자성을 존중하면서 공존하는 수평적 유대감이 조성되었다. 이러한 토양 위에서 자연스럽게 그리스의 초기 민주주의 이념이 발생하게 되었다.

시간이 흐르면서 제2차 인도유럽어족의 이동의 여파로 확장된 그리스의 영토에는 다시 인구가 넘쳐나게 되었다. BC 8세기~BC 6세기에는 이오니아인, 아이올리스인, 아카이아인, 도리아인, 코린트인 등이 중심이 되어 중부 이탈리아와 시실리Sicily 지방으로 진출하여 식민지를 건설했다. 이들 지역은 인구가 적고 토양이 비옥했으므로 이전까지 해오던 어업에 더하여 농업이 주요 산업이 되었다. 또한 비슷한 시기에 그리스인들은 마르마라Marmara해 연안, 흑해 연안, 프랑스 남부 지방 등으로 진출하여 교역의 영역을 확장했다(그림 3.3).

각 식민지의 통치자는 본토에서 선정하여 파견했지만 통치는 식민지마다 자율적으로 이루어졌다. 따라서 고대 그리스는 여러 종족이 그리스 본토와 식민지에 세운 도시 국가의 집합체라 할 수 있다. 이를 범그리스 연합pan Greece league이라고 부른다. 각 도시국가들은 각자의 개성에 맞는 독자적인 방식에 따라 자율적으로 운영되었으며, 이

그림 3.3 고대 그리스의 식민지.

들 사이에는 서로 수평적인 관계 속에서 조화로운 유대 관계를 갖고 있었다. 이는 마치 서로 판이하게 다른 조각들이 모여 조화로운 예술품을 이루는 모자이크에 비유하여 볼 수도 있을 것이다. 대표적 민주주의 국가인 아테네와 대표적 권위주의 국가인 스파르타가 공존했었다는 사실이 이러한 범그리스 연합의 성격을 잘 보여준다고 할 수 있다.

범그리스 연합 시대의 모습은 이들이 통치했던 지역 곳곳에 남아 있는 유적들을 통해서 엿볼 수 있다. 특히 파에스툼Paestum에 있는 포세도니아Posedonia 신전과 아테네의 아크로폴리스Acropolis에 있는 파르테논Partenon 신전, 아크로폴리스 바로 아래의 아고라Agora 광장 옆에 있는 테세이온Theseion 신전 등은 현존하는 대표적인 도리아식 건축물로 유명하다.

그리스 지역에서 이루어진 범그리스 연합은 그리스식 민주주의 이념 하에 이루어진 하나의 응집 현상이다. 비슷한 시기에 지중해 동쪽 연안에는 아랍어와 헤브루어를 쓰는 셈Sem족이 세력을 키우고 있었고, 조로아스터Zoroaster교 이념을 갖는 페르시아 제국, 유교의 이념하에 한족을 중심으로 훈족, 몽골족, 튀르크족, 티베트족이 이룬 중국이 성장하고 있었다. 이들은 문명화 초기에 인류가 이념적, 언어적 또는 종교적 동질성과 이해관계를 매개로 대국으로 발전하는 대표적인 양상이라 할 수 있다.

2.
그리스 자연철학의 황금시대 도래와 그 토양

정신문화적 배경

BC 450년을 전후한 150년간 고대 그리스는 황금시대를 구가하면서, 이전에도 없었고 이후에도 1000년 가까운 세월 동안 없었던 자연철학을 탐구했고, 이 자연철학의 바탕 위에 근대와 오늘날의 자연과학 또는 과학이 성립되어 있다. 당연히 "왜 다른 나라나 다른 시대가 아니라 고대 그리스에서 자연철학이 나타났을까?"하는 질문이 생길 수 있다. 이에 대한 답은 고대 그리스 사람들의 정신문화적 배경에서 찾을 수 있다.

인도유럽어족의 이동 과정에서 형성된 수평적이고 진취적인 민족성과 민주적 이념을 바탕으로 범그리스 연합이 형성된 과정은 앞에서 설명했다. 이러한 배경에서 그리스인들은 이상적인 인간상으로서 심신이 건강한 사람을 신격화했다. 그리스 사람들의 세계관은 호메로스Homeros의 장편 서사시 《일리아드Iliad》와 《오디세이Odyssey》에서 묘사된 인간과 신의 모습에서 확인할 수 있다. 즉 트로이Troy 전쟁 이야기를 통하여 미케네의 아킬레스Achilles 장군이 용맹하고 정의감이 강하며 용서와 화해를 아는 몸과 마음이 건강한 존재이며 위대하고도 이상적인 신격화된 인간상으로 묘사되었다. 그리고 그리스 신의 세계에는 인간 세계에서와 마찬가지로 희로애락, 사랑, 질투, 미움 등의 감정이 존재하며, 모든 신들은 각각의 속성을 지니고 있어 그 속성에 걸맞은 행동을 한다. 예컨대 헤라Hera, 아테나Athena, 아프로디테Aphrodite와 같은 미모의 여신들이 서로 가장 아름다운 여신으로 등극하기 위하여 갈등을 겪고 싸움을 한다거나, 오디세이의 주인공으로 등장한 왕이 바다의 신 포세이돈Poseidon의 괴롭힘을 받고 아테나 여신은 왕을 도와서 위기에서 구해준다는 등의 이야기들은 인간 세계의 이야기를 신의 세계까지 확대시켰다고 볼 수 있다. 이와 같은 그리스인의 세계관은 그리스의 모든 신의 조각물들이 '포세이돈'에서 보듯이 대체로 사람의 모습을 하고 있다는 점에서도 확인할 수 있다(그림 3.4). 이러한 신에 대한 태도는 신을 인간이 감히 범접할 수 없는 존재로 인식했던 메소포타미아나 동양의 신에 대한 관념과는 근본적으로 차이가 있다고 할 수 있을 것이다.

이러한 그리스인들의 이상적인 인간관은 BC 776년 펠로폰네소스의 엘리스Elis, 현재의 Olympia에서 개최된 제1차 올림픽의 이념 속에서도 찾아볼 수 있다. 여러 도시 국가들에서 올림픽 경기에 참가하는 선수들은 육체적으로 정신적으로 정정당당하게 자신의 기량과 힘을 과시함으로써 이상적인 그리스인의 모습을 표현하고자 했다. 경기에서 우승한 사람에게는 성수星樹인 올리브 나뭇가지로 만든 월계관을 쓰는 영예가 주어졌고 그를 위한 대대적인 축하 잔치가 열렸다. 또 고향으로 돌아가서는 명예시민의 대우를 받으면서 그림이나 시의 소재가 될 정도로 유명해지고 불멸의 존재로서 신격화되기도 했다.

그림 3.4 BC 2세기경 밀로스 섬에서 제작된 포세이돈 조각상.

그리스 사람들의 이러한 세계관은 자신의 운명을 스스로 개척하면서 심신이 건강한 위대한 그리스인으로 살아가야 한다는 평범하고도 높게 평가받을 만한 생활철학을 만들었다. 이런 생활철학은 곧 사람들에게 제약이 없이 자유롭게 생각하고 행동할 수 있는 무한한 공간을 마련해주어, 그리스인들이 자연 현상에 대한 원리를 논리적으로 설명할 수 있는 근거를 찾아내도록 하는 호기심과 지식욕을 불러일으켰을 것이다. 이와 같은 정신문화적 토양 위에서 그리스인들은 그리스 문화는 물론 메소포타미아나 이집트 문화 속에서 자연철학의 소재를 발굴하여 자연철학을 태동시켰을 것이다.

정치사회적 배경

고대 그리스 자연철학을 이해하는 데 있어서 또 하나 고려되어야 할 점은 그 당시의 사회상이다. 정신문화적 배경이 자연철학의 발전에 적합한 토양을 제공해 주었어도 그것이 구현되어야 하는 사회 정세가 불안하고 어지럽다면 그 성과를 기대하기는 어려운 일이다. BC 6세기 초에 있었던 솔론Solon, BC 638~BC 558?의 정치 개혁은 자연철학의 태동에 직접적인 영향을 주었던 것으로 보인다. 앞서 살펴본 것처럼 왕이나 제사장을 중심으로 한 중앙집권제 국가였던 메소포타미아와 이집트와는 달리 고대 그리스는 수평적인 문화와 체제를 갖추었다. 그 바탕 위에 BC 594년에 있었던 솔론의 정치 개혁은 민주주의 정치를 실현하는 길을 활짝 열었다. 그 내용을 보면, 인신매매 금지, 토지소유상한제, 세금 누진제, 모든 사람은 법 앞에서 평등하다는 원칙, 비상사태 시 대응방안은 국민투표로 정한다는 규정 등이다. 이는 오늘날의 민주주의적 사고방식과 비교해 봐도 손색이 없으며, 이것이 바로 민주주의하면 고대 그리스, 고대 그리스하면 민주주의를 연상케 하는 이유이다. 솔론의 정치 개혁은 모든 국민들의 호응과 신뢰를 받았고, 도시국가들 간의 결속을 강화하게 했다. 이와 같은 국력의 결집이 BC 500~479년 동안 있었던 2번에 걸친 페르시아의 침공을 물리칠 수 있는 원동력이 되었다. 당시 에게해 건너편 소아시아에는 막강한 페르시아제국이 있었다. 영토의 크기로 보나 객관적인 국력으로 보나 그리스는 페르시아의 적수가 되지 못할 상황이었다. 그런 페르시아가 BC 490년 지중해 쪽으로 진출하고자 그리스를 침공했다. 그리고 그리스 군은 아테네에서 30 km 떨어진 마라톤Marathon에서 다리우스 1세Darius I, BC 550~BC 486의 페르시아 군을 격퇴했다. 이후 BC 479년에 다시 다리우스의 아들 크세르크세스Xerxes, BC 519~BC 465왕이 이끄는 페르시아의 대함대를 맞아 31개의 도시 국가의 연합군은 살라미스Salamis 해협에서 대승을 거두었다. 승리를 거둔 그리스는 이후 페리클레스Pericles, BC 495~BC 429와 같은 뛰어난 지도자를 맞아 BC 450년을 전후하여 약 150년 동안 황금시대를 구가했다. 세계적인 문화유산인 아크로폴리스가 세워진 것도 바로 이때의 일이다.

이상에서 본 바와 같이 그리스에서 자연철학이 태동하고 꽃피우게 된 것은 우연적인 것이 아니라 그리스의 정신, 문화, 정치, 사회적 배경이라는 토양이 있었기에 가능했던 것이라 할 수 있다.

3.
고대 그리스를 빛낸 자연철학자들

자연철학은 BC 450년을 전후한 고대 그리스의 황금시대에 싹이 텄다. 당시 그리스 사람들은 자연과 자연에서 일어나는 여러 가지 현상을 어떻게 인식하고 어떻게 설명해야 하는가 하는 문제의식을 갖고 있었다. 그들은 호기심을 충족시키기 위해서 끊임없이 관찰하고 사고를 하면서 합리적인 논리를 도출하려는 시도를 했다. 이는 분명히 다른 민족의 역사에서 보이는 종교적인 개념이나 자연을 활용하고자 하는 기술적인 개념과는 구별되는 태도이다. 어쩌면 고대 그리스인들이 갖고 있었던 세계관과 생활철학의 바탕이 없었으면 자연철학은 일어나지 않았을 수도 있을 것이다.

고대 그리스인들의 자연에 대한 사고 과정은 플라톤에 이르러 우리말로 '인식'으로 번역되는 episteme란 용어로 표현됐다. 이는 자연현상을 객관적인 실증적 사실에 근거하여 이해하려는 오늘날 우리가 사용하는 과학적 과정에 비교하면 오히려 철학적인 측면이 강하다고 할 수 있다. 영어의 철학을 뜻하는 단어 philosophy는 어원이 sophia로서 철학은 '지혜를 얻기 위한 학문'을 뜻한다. 과학과의 개념적 차이점을 굳이 찾으면 철학은 지혜wisdom에 과학science은 지식knowledge에 상응하는 내용을 함축하고 있다고 할 수 있다. 즉 고대 그리스의 자연철학은 어느 한 대상에 대한 실험을 통해 축적된 사실을 수식을 활용하여 정량적으로 설명하려고 하는 현대 과학이 함축하고 있는 의미와는 달리, 형이상학적인 논리 형성과 지식 축적이라는 점에서 철학적 측면이 강하다. 어떤 면에서는 고대 그리스 시대의 과학은 자연철학이라는 철학의 한 분야로 이해하는 것이 맞을 것이라 생각된다. 이제 고대 그리스와 헬레니즘 시대의 주요 자연철학자와 이들의 자연철학에 대해 알아보자(그림 3.5).

밀레투스의 3현과 사원소

메소포타미아와 이집트에서 꾸준하게 천체와 지구 자연에서 일어나는 여러 현상들에 대해 관찰하고 기록한 것은 이를 통해 얻는 지식을 바탕으로 조물주의 뜻을 이해하고 조물주의 뜻에 따라 일어나는 것으로 여겨졌던 일식, 월식, 홍수, 밀물, 썰물 등 자연현상을 예측하고자 하는 인간적이고 소박한 염원과 종교적 이념의 표현이라고 볼 수 있다. 그러나 메소포타미아와 이집트에서는 관찰된 사실들에 대한 지식은 축적했지만 자연현상에 대한 근본적인 원리를 체계화하려는 시도는 없었던 것으로 보이며, 바로 이 점이 그리스인들이 했던 방식과 크게 차이가 나는 점이다. 즉 그리스 사람들은 일상적인 자연과 천체현상에 대한 지속적인 관찰을 통해 새로운 사실을 알아내는 것

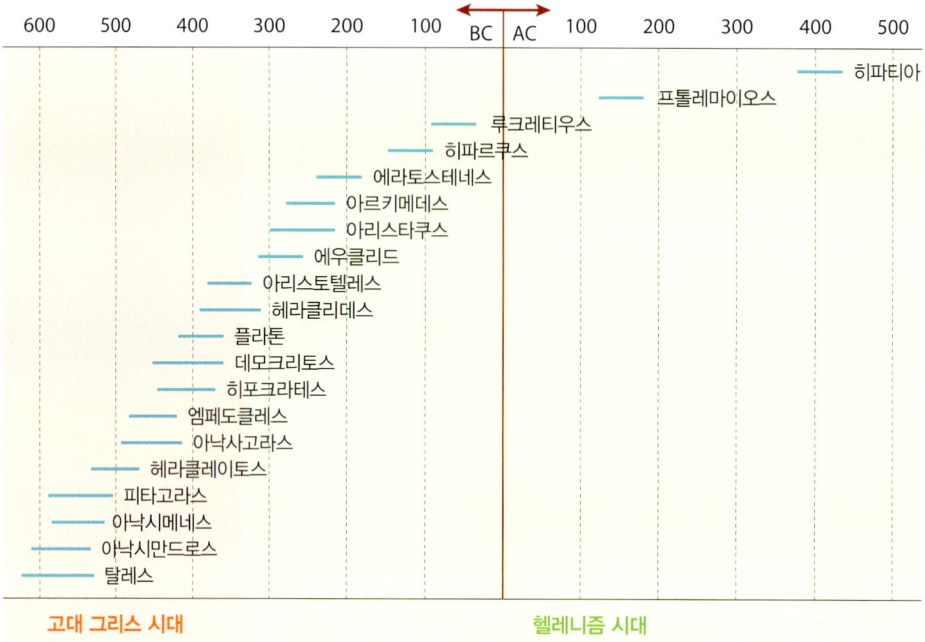

그림 3.5 고대 그리스와 헬레니즘 시대 주요 자연철학자의 연대표.

도 중요하지만, 그와 같은 현상에 대한 원리를 추구하고 논리를 체계화하는 것이 그보다 더 중요하고 가치가 있다고 본 것이다. 달리 말하면, 그리스 사람들에게는 자기 주위에서부터 시작하여 자기가 속해 있는 대자연과 더 나아가서 전체 등에 대하여 그 존재와 운동 및 변화에 대한 관심을 기울였으며, 그 어떤 질서와 체계에 예속되었을 법한 우주cosmos가 최대 관심의 대상이었다. 예를 들면, 그리스 사람들은 다음과 같은 질문들에 대해 답을 얻고 싶어 했다. 인간이 살고 있는 지구는 어떤 것이며, 지구 위에 있는 하늘은 어떻게 공중에 걸려 있는가? 해는 떴다 지고를 반복하고 달은 보름달이 되었다 없어지고 또 다시 보름달이 되는 것으로 보아서 이들의 운동에는 규칙성이 있는 것 같기도 하지만, 다른 한편으로는 일식과 월식과 같은 불규칙성도 나타나는 것은 어째서인가? 전혀 예상할 수 없이 나타나는 지진 같은 천재지변 현상은 어떻게 생기는가? 그리스 사람들은 이런 문제에 대한 원리를 이해하기 위한 과학적인 접근을 시도했었다. 당시 그리스의 식민지인 소아시아의 '밀레투스Miletus의 3현賢'으로 불리는 탈레스Thales, BC 625~BC 545, 아낙시만드로스Anaximander, BC 611~BC 547, 아낙시메네스Anaximenes, BC 585~BC 525 등이 바로 이에 해당하는 그 최초의 사람들이다.

탈레스는 과학사에서 과학의 창시자라고 일컬어지는 인물이다. 그는 젊은 시절에 그리스, 메소포타미아, 이집트 등을 두루 여행하면서 견문을 넓혔다. 그는 이 과정에서 동일한 대상에 얽힌 전설들이 가는 곳마다 각양각색이라는 사실에 주목했다. 예를 들어, 거대한 하늘이 어떻게 꺼지지 않고 지탱되고 있는지에 대해, 어느 곳에서는 괴력을 가진 신이 하늘을 받치고 있다고 하고, 다른 곳에서는 눈에 보이지 않는 투명한 벽이 하늘을 지탱하고 있다고도 하고, 또 다른 곳에서는 기둥 네 개가 하늘을 떠받치고 있다는 등 서로 다른 설명을 한다는 것이다. 이와 비슷한 예는 다양하게 많이 있다. 지진을 조물주가 인간에게 내리는 벌이라고 하기도 하고, 또는 바다의 신 포세이돈의 소행이라고도 하며, 번개를 제우스Zeus 신이 노하여 만들었다고 하기도 하고, 또는 조물주가 인간에게 보내는 경고성 메시지라는 등이다. 이런 사실들에 접한 탈레스는 정말로 조물주가 이 세상 만물을 창조했다면 한 현상에 관한 전설은 지역에 상관없이 서로 비슷해야 할 터인데, 그렇지 않고 지역마다 각양각색이라는 사실에 대한 의구심을 갖게 되었다. 더 나아가 탈레스는 과연 조물주가 이 세상 만물을 창조했을까? 조물주의 피조물인 세상 만물이 보이는 현상은 인간의 능력으로는 이해할 수 없는 것일까? 등의 생각을 하게 되었다. 결국 그는 이에 대한 답으로 자연현상의 바탕에는 인간의 능력으로 얼마든지 이해가 가능한 원리principle가 있으며, 그 원리를 구성하는 요소element가 있을 것이라는 결론에 도달했다. 그는 자연에서 보이는 땅흙, 물, 공기가 각각 고체, 액체, 기체의 세 가지 상태로 있다는 사실과 물이 얼음, 물, 수증기로 고체, 액체, 기체 상태로 변화할 수 있는 특성을 보인다는 사실에서 착안하여 '물'을 만물의 구성 요소라고 생각하고, 자연의 현상을 물의 변환 원리로 설명하려고 했다. 즉 지구땅는 물 위에 떠있는 쟁반과 같은 것이며 하늘은 그 물 위에 걸쳐 있는 모형을 제시하고, 이 모형을 바탕으로 지진은 큰 파도에 의하여 지구가 흔들리는 현상이라고 설명했다(그림 3.6). 이런 식으로 탈레스는 메소포타미아와 이집트 문화 속에 수많은 과학의 소재가 담겨 있음을 인식했다. 이러한 탈레스의 인식 방법은 그의 주장이 옳고 그름과는 상관없이 나름대로 자연의 존재와 자연현상을 논리적으로 설명하려고 했던 시도였으며, 이로써 귀납과 연역 과정을 거쳐서 이루어지는 자연철학의 하나의 전형이라고 할 수 있다. 이외에도 탈레스는 이집트에 갔을 때 피라미드의 높이를 재는 방법을 알아내었고, BC 585년 3월 28일에 있었던 일식을 예언했으며, 이등변삼각형의 밑변의 각이 서로 같다는 것을 증명했다는 등의 일화가 전해지고 있다. 이러한 사실로부터 탈레스가 오늘날의 과학의 관점에서 보아도 뛰어난 과학자였음을 알 수 있다. 이러한 이유에서 역사는 탈레스를 시초의 과학자로 기록하고 있다. 그는 이오니아학파Ionian school를 만들어 교육을 통한

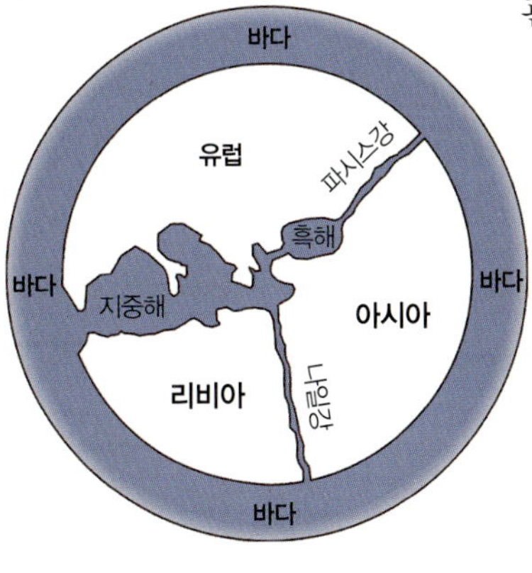

그림 3.6 탈레스의 세계관.
출처: Wikimedia Commons.

자연철학 개발에도 힘썼으며 밀레투스의 3현 중 한 사람으로서 인정받게 되었다.

3현 중의 한 사람인 아낙시만드로스는 탈레스의 제자라고 알려져 있다. 그는 자연을 구성하는 원소로 탈레스가 주장했던 땅, 물, 공기 세 가지 이외에도 불이 있다고 주장했다. 사람들은 건조한 날씨가 계속되면 자연적으로 불이 나는 것을 원시시대부터 경험해 왔다. 또한 물을 불로 가열하면 물이 없어지는 현상, 나무를 불로 가열하면 재만 남는 현상 등 많은 자연적 변화 과정에서 불이 밀접히 관계되었음을 아낙시만드로스는 간파했다. 그는 또 이 네 가지 조성 요소들은 그 무게에 따라 자연에서 배열되어 무거운 것은 아래쪽으로 가라앉고 가벼운 것은 위로 올라간다고 여겼다. 즉 돌, 모래, 흙 등으로 구성된 땅은 무거워서 아래쪽에 있고 그 다음 물이, 그리고 땅과 물보다 가벼운 공기는 그 위에 있으며 공기보다 더 가벼운 불은 더 위로 퍼져 올라간다는 것이다. 그의 주장에 따르면, 이들 네 원소가 상호작용하면 물질물체에 들어 있는 조성이 바뀌고 조성 변화에 따라서 무게가 변화하게 된다. 흙을 불로 가열하면 흙의 일부는 수증기가 되고 나머지는 마른 흙으로 남게 되고 물을 가열하면 물이 더 가벼운 공기로 변하는 현상 등은 모두 이런 원리로 설명될 수 있다. 닫힌 통 안에 촛불을 켜놓고 통을 수증기로 가득 채운 다음 조그만 구멍을 통해 촛불을 관찰하면 처음에는 촛불이 명확하게 보이지 않다가 어느 정도 시간이 지나면 촛불의 윤곽이 명확하게 보이게 되는데, 이러한 관찰에 대해 그는 통 안에 있던 물방울이 촛불에 의해 다른 원소인 공기로 변했기 때문이라고 설명했다. 또 물고기 화석은 태양열에 의하여 가벼운 수분은 공기로 변하고 유기생명체가 고체로 남은 결과라고 했다. 정리하자면, 아낙시만드로스의 주장은 자연의 존재에서 보이는 질서는 무게에 의하여 결정되며 흙, 물, 공기, 불의 네 원소의 상호작용에 의한 변화에서 얻어지는 생성물의 질서도 역시 무게의 논리로 설명할 수 있다는 것이다.

3현 중의 나머지 한 사람인 아낙시메네스는 아낙시만드로스의 제자이다. 그는 아낙시만드로스의 자연 질서의 원인이 무게라는 주장에서 한 걸음 더 나아가 그 무게를 좌우하는 요인은 바로 집합의 정도라는 주장을 했다. 즉 흙은 집합 정도가 가장 크기 때문에 무겁고 불은 집합 정도가 가장 작아서 가볍다고 했다. 더 나아가 집합 정도가 크면 그 속성이 흙과 같이 차갑고 집합 정도가 작으면 그 속성이 불과 같이 따스하다고 했다. 이 원리에 따라서 땅 방향으로 변화하는 것은 밀집되어지는 과정이며 그 속성은 더 차가워지게 되고, 불 방향으로 변하는 것은 분산되는 과정이고 그 속성은 더 따뜻하게 된다는 것이다. 그는 더 나아가 자연의 질서를 정하는 것은 물과 공기 두 원소가 근본이며, 물이 더 밀집되면 땅이 되고 공기가 더 분산되면 불이 된다고 했다.

아낙시메네스는 자신의 원리를 뒷받침하기 위하여 다음과 같은 예를 사용했다. 손바닥에 입김을 세게 불면 차갑게 느껴지고 약하게 불면 따뜻하게 느껴지는데, 이는 세게 부는 경우 손바닥 부근의 공기가 입김의 힘에 의하여 집합 정도가 높아지면서 차갑게 느껴지는 것이고 약하게 부는 경우는 입김의 공기가 손바닥 넓은 공간으로 분산되어 집합 정도가 낮아지기 때문에 따뜻하게 느껴진다는 것이다. 이와 같이 아낙시메네스는 자연의 존재 질서가 집합의 정도, 즉 양에 의해서 설명될 수 있다고 주장했다. 결국 아낙시만드로스나 아낙시메네스의 주장은 흙, 물, 공기, 불의 4원소의 존재는 무게라는 속성에 의하여 그리고 그 무게는 집합이라는 속성에 의해서 결정되는 질서이며, 이들 4원소를 구성하는 근본 원인은 원천적으로 동일하다는 것을 암시하는 것이라고 할 수 있다.

이상에서 본 것처럼 밀레투스 3현의 여러 주장에서 자연의 질서에 대한 인식을 논리적으로 체계화하려는 태도를 볼 수 있다. 이점은 오늘날 과학에 임하는 자세와 크게 다르지 않다는 점에서 주목할 만하다.

수의 철학자 피타고라스

피타고라스Pythagoras, BC 570~BC 490는 밀레투스의 맞은편에 있는 사모스Samos 태생으로 지리적으로나 시기적으로 보아 탈레스의 영향을 많이 받은 것으로 추측된다. 그는 이집트와 바빌로니아 등에서 공부한 후 40세를 전후하여 고향 사모스로 돌아왔다. 그러나 사모스의 참주 폴리크라테스의 폭정이 불만스러워 곧 당시 그리스의 식민지였던 이탈리아 남부에 있는 도시 국가인 크로톤Crotona으로 옮겨 가고 그곳에서 피타고라스학파Pythagorean school를 설립하여 철학, 수학, 자연과학 분야에서 많은 학문적 업적을 쌓고 제자들을 양성했다. 피타고라스와 그의 제자들은 정치적 활동도 했는데, 이 때문에 정치적 갈등이 생겼다. 그 결과로 제자 38명이 살해당하는 사건이 일어나서 피타고라스는 크로톤 근처의 도시 메타폰툼Metapontum으로 피신했다가 그곳에서 살해되었다. 피타고라스학파는 엘리트 의식과 권위주의가 강한 폐쇄적이고 배타적인 집단이었던 것으로 알려져 있다. 이러한 이유로 이들이 만든 연구 업적은 모두 피타고라스의 이름으로 발표되었기 때문에 실질적으로 연구한 사람에 대하여는 제대로 알려진 것이 거의 없다.

피타고라스는 지구가 태양계의 중심이라고 생각했다. 행성들이 땅으로 떨어지지 않고 계속 지구 주위를 돌고 있는 것은 이들이 지구를 중심으로 하는 투명한 수정구水晶球의 표면을 따라서 원운동을 하기 때문이라고 했다. 행성의 배열은 수성, 금성, 태양, 화성, 목성, 토성 순서로 지구에서 멀어지고 토성 너머에는 항성이 있으며 항성 너머에는 아무 것도 없다는 유한우주론有限宇宙論을 주장했다. 이와 같은 행성의 배열은 메소포타미아와 이집트의 천체 관측 기록에 근거하는 것이지만, 피타고라스는 여기서 한 걸음 더 나아가 행성의 수가 여섯 개인 것은 우연이 아니고 그 안에 조물주의 큰 뜻이 담겨 있다고 믿었다.

피타고라스는 모든 자연과 사회 현상을 수數와 연관시켜 이해하려고 했다. 현악기의 소리의 높고 낮음은 현의 길이와 굵기와 관련되는 수에 의하여 이루어지는 질서이며, 음향은 인간사회의 정신적 세계를 조율한다고 했다. 정사면체, 정육면체, 정십이면체 등 정다면체가 정삼각형, 정사각형, 정오각형으로 구성된다는 것도 피타고라스에 의하여 알려졌다. 그는 형태와 수를 연관시켜 얻어지는 수열數列, 즉 형상수figurate number를 사회 현상과 연관하여 의미를 부여하기도 했다(그림 3.7). 예를 들어 점을 배열하여 정삼각형을 만들 때, 변의 길이를 늘이면 정삼각형 안에 들어가는 점의 개수가 1기본, 3, 6, 10, ...의 수열을 만드는데 이들을 삼각수라 했으며, 이런 수열과 연관된 현상은 정삼각형의 각이 예각이라는 점에서 첨예한 현상을 의미한다는 식이다. 같은 방식으로 정사각형에 대한 사각수는 원만한 사회현상, 정오각형에 대한 오각수는 복잡한 사회현상이라는 해석을 붙였다. 또 완전수完全數, perfect number와 이와 관련된 수의 개념도 만들었다. 예를 들어, 6의 약수 1, 2, 3을 합하면 원래의 수 6이 되는데 이런 성질을 갖는 6과 같은 수를 완전수라 한다. 완전수와 대비되는 수의 개념은 몇 가지가 있는데, 예를 들어 8의 경우 약수 1, 2, 4의 합은 7이 되어 원래의 수 8이 안되며 이런 성질을 갖는 8과 같은 수를 부족수deficient number라 했다. 기독교에서는 이런 주장에 따라서 하느님이 이 세상을 창조할 때 6일이 걸렸기 때문에 이 세상은 완전한 존재인 반면, 노아의 홍수 때 배를 타고 피난하여 살아남은 사람은 8명이므로 그 후손들이 만든 인간사회는 선과 악이 공존하는 불안전한 사회라는 해석을 내리기도 했다. 이외에도 220의 모든 공약수의 합은 284이고 284의 모든 공약수의 합은 220이 되는 것을 발견하여, 이와 같은 수를 친화수親和數, amicable number라 불렀으며 이런 신비스러운 수를 몸에 지니고 있으면 액운을 면할

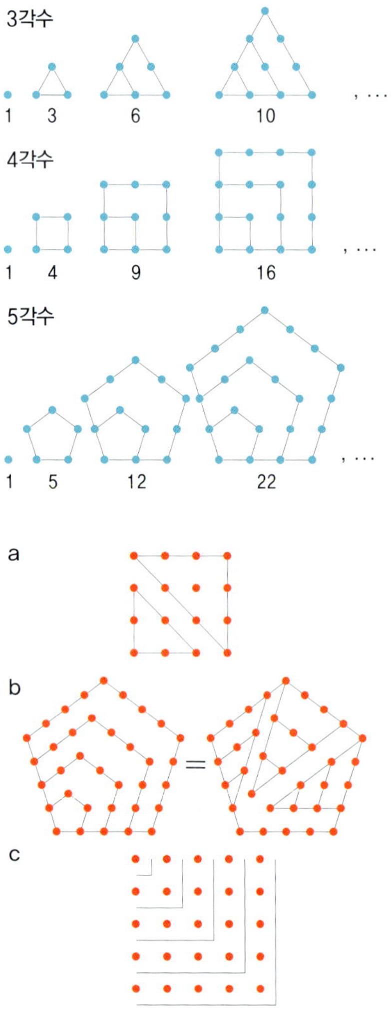

a: 임의의 4각수는 연속하는 두 3각수의 합이다.
16(네 번째 4각수) = 6(세 번째 3각수) + 10(네 번째 3각수)

b: N번째 5각수 = N + 3 × (N − 1)번째 3각수

c: $1 + 3 + 5 + 7 + \cdots + (2N - 1) = N^2$

그림 3.7 피타고라스의 형상수의 예.

수 있다고 생각했다. 피타고라스는 "직각삼각형에서 빗변을 한 변으로 하는 정사각형의 넓이는 다른 두 변을 각각 한 변으로 하는 정사각형의 넓이의 합과 같다"는 피타고라스의 정리로 잘 알려져 있다. 피타고라스는또는 그의 제자는 이 정리에 근거하여 무리수가 있다는 것을 알게 되었다.

결론적으로 피타고라스는 수 자체가 신비성을 지닌 개념이라고 믿었으며, 수의 특성에서 그 철학적 의미를 찾으려고 했다. 이처럼 수의 질서 체계로써 자연과 사회의 상호관계를 설명할 수 있다고 보았던 그의 자연철학은 밀레투스 3현의 세계관과 아주 대조적이라 할 수 있다.

범그리스 과학자들의 '변화'에 대한 자연철학

밀레투스의 3현이 주창한 4원소설이 자연의 존재 원리에 대한 설명을 하기 위한 이론이었다면, 그 다음으로 관심을 끌었던 주제는 '존재의 변화'에 대한 해석이었다. 자연의 모든 것은 유동성을 지니고 있어 항상 변화했고 현재도 계속 변화하며 앞으로도 계속 변화해나간다. 그렇기에 자연에는 불변하는 것은 존재하지 않는다. 나무가 타면 재가 되고, 여름에 푸르고 무성하던 나무가 가을이 오면 단풍이 들고 겨울이 오면 앙상한 나뭇가지만 남는 등 그 변화 속도가 비교적 빠를 때는 변화한다는 사실이 쉽게 인지되지만, 노화현상과 같이 변화 속도가 느리고 변화량이 미미할 때는 외견상으로는 변화하지 않는 것처럼 보여도 오랜 시간이 지나면 결국 그 변화가 확인된다. 그러나 이처럼 변화한다는 사실은 확실하지만 그것을 설명한다는 것은 그리 쉬운 일은 아니다. 그 이유는 변화를 규정할 수 있는 공통된 원리와 인자들이 무엇인가를 먼저 알아야 비로소 설명이 가능하기 때문이다. 이와 같은 관점에서 헤라클레이토스Herakleitos, BC 535?~BC 475?는 A가 B로 변하는 것은 근본적으로 A의 존재원리가 정당하지 않기 때문에 그것이 부정되고 그와 상반되는 원리에 근간을 둔 B로 변하는 것으로, 따라서 B라는 현상 속에는 A에서의 요인이 완전히 소멸되었다고 봐야 한다고 주장했다. 예컨대 차가움과 뜨거움, 건조함과 습함, 가벼움과 무거움, 선과 악처럼 서로 상반되는 요인이 존재하며, 자연 현상에서 보이는 변화는 한 요인 완전히 사라지고 이에 대응하는 다른 요인이 나타나는 과정으로 인식할 수 있다는 것이다.

반면 엘레아학파Eleatic School를 대표하는 파르메니데스Paramenides, BC 510?~BC 450?는 변화는 확실히 존재하지만, 그것은 오직 외면적 요인에 의한 외양적 현상일 뿐 내면적 요인은 창조되지도 소멸되지도 않는 불변적인 것이라고 했다. 그는 동일한 대상에 대해서도 미각이나 시각이 사람마다 제각기 다를 수 있다는 점을 예로 들면서 외면적 요인에 대한 감각적 인식은 오류를 범할 수 있으므로 오로지 내면적 요인에 대한 이성적

인식만이 정당화될 수 있다고 주장했다. 따라서 꽃이 피었다가 지고 다음해에 다시 피는 현상은 오직 외형적인 시각적 인식에 불과하며, 그 내면에는 종자라는 불변하는 요인이 내재되어 계승되고 있음을 간과해서는 안 된다는 것이다. 그는 헤라클레이토스의 변화론에 대해서도 A가 B로 변할 때 A를 이루는 요인이 B 안에는 없다고 하는 것은 마치 무에서 유가 생기는 것과 같은 것으로 이런 일은 이루어질 수 없다고 반박했다.

역시 엘레아학파에 속하는 엠페도클레스Empedocles, BC 490?~BC 430?는 흙, 물, 공기, 불 등의 4원소는 근본적으로는 동일한 요인으로 되어 있으며, 다만 그 집합 상태에서 차이가 있다고 주장했다. 그는 놋쇠 용기容器를 이용한 실험으로 공기도 물질의 한 형태임을 입증했다(그림 3.8). 이 용기의 윗부분에는 가느다란 관이 연결되어 있고 밑면에는 작은 구멍이 여럿 뚫려 있어 마치 화초에 물을 줄 때 쓰는 물뿌리개의 물이 나오는 부분과 비슷한 기능을 할 수 있도록 되어 있다. 위의 관 입구를 손으로 막고 이 용기를 물에 넣으면 용기 안으로 물이 들어오지 않지만, 관을 열은 채로 물에 넣으면 용기 안으로 물이 들어온다. 또 용기를 물로 가득 채운 다음 용기를 물 밖으로 들어 올릴 때, 관 입구를 막고 하면 물이 빠져나가지 않지만, 관 입구를 막은 손을 떼면 물이 금세 빠져나간다. 엠페도클레스는 이 실험에서 관의 입구를 막지 않고 물속에 넣을 때 용기 안으로 물이 내부로 들어가는 것은 집합 상태가 조밀한 물이 집합 상태가 느슨한 공기를 밀어내고 공간을 차지하기 때문이라고 했다. 또 관 입구를 막았을 때 허공에 있는

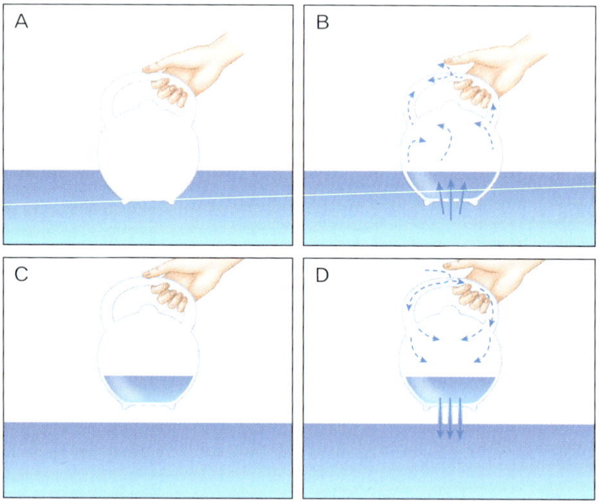

그림 3.8 엠페도클레스의 용기 실험. 용기의 바닥에는 여러 개의 구멍이 있고, 손잡이에도 구멍이 하나 있어 엄지손가락으로 막을 수 있게 되어 있다. 손잡이 구멍을 막고 용기를 물에 넣으면 용기에는 물이 들어오지 않지만(A), 손잡이 구멍을 열면 용기 안으로 물이 들어온다(B). 손잡이 구멍을 막은 채 용기를 들어 올리면 용기의 물은 빠져 나가지 않고(C), 손잡이 구멍을 열면 물이 빠져나간다(D).

용기의 물이 빠져나오지 않거나 물이 용기 안으로 들어가지 못하는 현상은 모두 물과 공기 사이의 밀고 밀리는 힘이 서로 같기 때문이고, 두 경우의 차이는 단지 전자의 경우에는 용기 안에 물이 들어 있고 후자의 경우에는 공기가 들어 있는 점뿐이라 했다. 이러한 설명의 결론으로 그는 물이나 공기는 다 같은 속성을 지닌 물질이라는 주장을 펼쳤다.

이와 같이 엠페도클레스는 물질물체의 형태의 변화를 그 물질을 구성하는 근원물질내면적 요인은 변하지 않고, 다만 근원물질의 집합상태가 변하여 나타나는 것으로 이해한 것이다. 더 나아가 그는 집합 상태의 차이를 설명하기 위해서는 불변하는 내면적 요인도 중요하지만 감성의 역할도 살펴봐야 한다고 했다. 마치 인간 사회에서 보면 사랑이 있는 곳에는 사람들이 모이고집합 미움이 있는 곳에는 서로 흩어지는 것처럼 자연에도 근원 물질 사이의 이합집산에 인력과 척력이 작용하는데 상태에 따라서 두 힘의 세기가 바뀌어 이들의 상대적 세기에 의해 물질의 형태가 결정된다고 주장했다.

다음은 밀레투스의 마지막 전형적인 철학자인 아낙사고라스Anaxagoras, BC 510?~BC 428의 자연관을 살펴보자. 그는 BC 461년 아테네의 유명한 정치가 페리클레스가 아테네로 초빙할 정도로 존경받던 철학자였다. 그는 파르메니데스와 엠페도클레스의 주장을 보완하여, 사랑과 미움과 감성 외에도 물성을 지배하는 또 다른 근원들, 예를 들면, 차가움과 뜨거움, 습함과 건조함 같은 것들을 고려해야 한다고 주장했다. 즉 나무, 식물, 과일 등은 각각 그 성질의 근원이 되는 종자가 있으며 이들의 성질을 좌우하는 근원들이 이미 햇빛, 흙, 물 안에 존재해 있다는 것이다. 즉 '어느 것에나 모든 것이 들어 있다'는 논리이다.

BC 5세기 중엽에 활동한 밀레투스의 레우키포스Leucippus, BC 5세기경와 트라키아Thracia의 데모크리토스Demokritos, BC 460?~BC 370? 등은 엘레아학파가 주장한 내면적 요인의 실체를 탐구하여 원자론을 주장했다. 이들은 자연에 존재하는 모든 물질은 더 이상 나눌 수 없는 불변하는 입자인 원자atom로 이루어져 있다고 했다. 이들의 주장에 따르면, 원자의 이합집산의 정도에 따라 물질의 고체, 액체, 기체의 형태가 생기고, 물체의 운동은 원자에 작용하는 인력 또는 척력의 결과이다. 각 물질은 그 자체의 특성에 상응하는 크기와 모양을 갖는 원자로 구성되어 있어, 예를 들어 쓴맛은 작고 각이 난 원자의 집합이고 단맛은 둥글고 보통 크기의 원자의 집합이며 흑, 백, 적, 황 등의 색도 원자의 모양과 배열의 차이에서 오는 현상으로 설명했다. 물론 레우키포스나 데모크리토스는 물질을 더 나눌 수 없는 상태까지 나눌 수 있는 기술이 없었던 시대를 살았으므로 이들이 원자가 있다는 증거를 직접적으로 본 것은 아니었다. 그러므로 이들이 주장하는 원자의 개념은 물질을 구성하는 불변하는 내면적 요인이라는 점에서 어디까지나

형이상학적 판단이다. 이들의 주장에서 핵심은 자연의 현상과 변화는 원자의 이합집산으로 일어나는 것이고 우리가 감각으로 인지하는 것은 부수적으로 나타나는 외면적인 현상에 불과하다는 것이다.

범그리스의 자연 철학자들의 자연관을 종합적으로 정리하자면, 헤라클레이토스와 파르메니데스의 변화에 대한 시각과 그 외의 자연 철학자들의 보완적 논리들은 당시로서는 불가피하게 실증적 사실보다는 형이상학적 발상에 근거하여 그 근원을 추구한 논리 전개일 수밖에 없었기 때문에 부득이 인식에 대한 각자의 철학적 성향이 바탕이 될 수밖에 없었다는 것을 알 수 있다.

플라톤과 아리스토텔레스

BC 490~BC 479년 사이에 두 차례 있었던 페르시아와의 전쟁에서 승리하고 맞은 그리스의 황금시대에는 수많은 철학자가 나왔다. 특히 페리클레스가 선정을 베풀었던 아테네는 그 중심에 있었다. 플라톤Platon, BC 428?~BC 348?과 아리스토텔레스Aristoteles, BC 384~BC 322은 이 시기의 대표적인 자연철학자이다(그림 3.9).

플라톤의 철학의 핵심은 이데아idea 이론이라 할 수 있다. 이 이론에서는 완전하고 불변하는 실재의 개념인 이데아가 있다고 본다. 그리고 이에 대응하여 불완전하고 가변적인 물질의 세계가 동시에 존재한다. 이데아의 세계는 완전한 세계로서 신의 세계라 할 수 있으며, 물질의 세계는 불완전한 세계이고 인간이 사는 세계라 할 수 있다. 인간에게는 이상이 있는데, 이 이상은 최고의 가치관이며 불변하는 것이다. 하지만 동시에 인간은 속세에 살면서 세태에 순응하면서 살아야 하는데 이는 인간의 가변적인 측면을 보이는 것이다. 즉 인간에게는 불변하는 내면적 요인과 가변적인 외면적인 요인이 섞여 있으며, 인간이 이루는 사회도 마찬가지로 이상과 현실이 공존한다. 이 관계는 마치 물체와 그림자와의 관계와 같이 불가분의 관계이다. 이러한 이데아 사상은 변화에 대한 헤라클레이토스의 가변론적 시각과 파르메니데스의 불변논적 시각을 절충하여 한 차원 높은 논리를 창출해 낸 것으로 정, 반, 합의 변증법적 논법을 연상케 한다.

플라톤의 자연관과 우주관은 이데아 이론을 기본 틀로 하고 있다. 즉 합리적 이성을 갖는 조물주가 이상적인 설계도를 갖고 세계를 만들었는데, 질료가 갖고 있는 한계가 있어서 불완전한 세계가 만들어졌다는 것이다. 하지만 불완전한 물질세계를 잘 들여다보면 조물주의 설계 원리를 알 수 있게 된다는 것이다.

플라톤의 천체관은 공 모양의 지구를 중심으로 태양, 달, 행성 등이 지구 주위를 도는 천동설의 모형이다. 다른 천체관과의 차이점은 지구 주위의 모든 천체가 천구의 표면에 놓여 있거나 천구의 표면을 따라 원운동을 하는 점이다. 달과 태양의 궤도는 서

그림 3.9 아테네 학당(School of Athens). 르네상스 화가 라파엘로(Raffaello Sanzio de Urbino, 1483~1520)가 그린 프레스코 벽화. 중앙에 플라톤과 아리스토텔레스가 스승과 제자로 묘사되었다.

로 비스듬히 되어 있고, 각자의 속도로 지구 주위를 회전한다. 동시에 천구는 전체가 하루에 한 바퀴 회전하여 지구 자전에서 나오는 현상을 설명했다. 즉 가만히 있는 지구만 빼고 천체의 모든 것은 균일한 원운동을 한다.

물질의 본질에 대한 플라톤의 생각은 엠페도클레스의 4원소설과 피타고라스의 수학적 원리를 결합한 것이다. 같은 크기의 정사각형 6개를 3차원적으로 조합하면 정육면체를 만들 수 있다. 마찬가지로 같은 크기의 정삼각형을 조합하면 3개의 서로 다른 정다면체가 만들어진다. 가장 작은 것은 정사면체이고, 정팔면체 정이십면체도 만들어진다. 정오각형의 조합으로 만들어지는 정십이면체까지 총 다섯 가지의 정다면체가 가능하다(그림 3.10). 오늘날에는 이들을 플라톤의 고체Platonic solids라고 부르지만, 아마도 피타고라스 시절에도 알려져 있었던 것 같다. 플라톤은 이들 중 정삼각형과 정사각형으로 이루어진 4개를 4원소에 대응시켰다. 가장 작고 날카롭게 생긴 정사면체는 불에 대응하고, 정팔면체는 공기, 정이십면체는 물에 대응한다. 정오각형으로 이루어진 정십이면체는 4원소에는 대응하지 않지만, 정다면체 중 가장 구에 가까운 모양을 갖고 있어 우주 전체에 대응하는 것으로 보았다. 흙은 가장 안정한 모양을 갖는 정육면체에 대응한다. 정이십면체물를 분해하면 삼각형 20개가 나오는데, 이를 재조합하면 $20 = 2 \times 8 + 4$의 관계식에 따라서 정팔면체공기 두 개와 정사면체불 하나가 만들어질

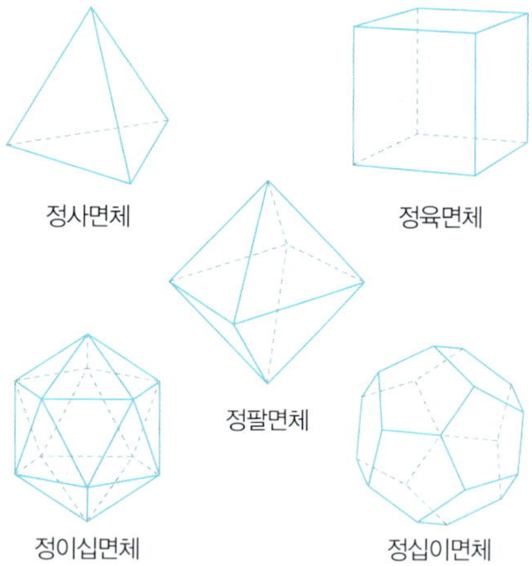

그림 3.10 플라톤의 정다면체.

수 있다. 즉 4원소 중 한 원소에서 다른 원소로 변환이 되는 원리로 수학을 동원하여 설명한 것이다. 흙에 해당하는 정육면체는 정사각형으로 이루어져 있어 위의 설명이 직접 적용되기 어렵다. 하지만 정육면체의 면의 수6, 꼭지점의 수8, 모서리의 수12는 정팔면체의 꼭지점의 수6, 면의 수8, 모서리의 수12와 정확히 대응하는 것은 이들을 구성하는 동질적인 내면적 요인이 있다는 것을 나타낸다. 이러한 논리를 바탕으로 4원소에 대응하는 정다면체 사이에는 보다 근원적인 연결 관계가 있다고 보았으며, 이러한 원리는 4원소에도 적용된다고 했다. 이것은 변화라는 자연현상에 대한 파르메니데스의 내면적 요인의 불변성과 헤라클레이토스의 외형적 가변성을 접목하여 발전시킨 개념이라 할 수 있으며 그의 이데아 사상의 불변적인 몸체와 가변적인 그림자 사이의 관계와 연결된다고 볼 수 있다. 플라톤은 교육기관인 플라톤학파Platonic Academy를 창설하여 계몽 사업에도 공헌했다.

이제 고대 그리스의 위대한 자연철학자 아리스토텔레스의 주장을 살펴보기로 하자. 그는 철학과 과학의 여러 방면에 걸쳐 많은 저작을 남겨 르네상스 이후까지 2000년 동안 인류의 자연관과 세계관에 커다란 영향을 미쳤다. 그의 물질에 대한 이론은 아낙시만드로스가 시작해서 플라톤까지 이어져 온 4원소설과 헤라클레이토스와 엠페도클레스가 주장했던 서로 대립하는 성질뜨거움-차가움, 습함-건조함에 대한 이론을 종합하여 한 단계 더 정교하게 가다듬은 것으로 보인다(그림 3.11). 이 이론에 따르면 뜨거움-차가움과 같이 서로 대립하는 성질 사이에서는 어느 하나가 다른 것으로 바뀔 수는 없지만, 이들은 또 다른 종류의 대립하는 성질습함-건조함 중 하나와 공존할 수 있다. 따라서 차가움-건조함 또는 차가움-습함 등의 조합이 가능하며 이러한 조합이 각각 4원소 중 흙과 물에 대응한다. 마찬가지로 뜨거움-건조함의 조합으로 불이 되고 뜨거움-습함의 조합으로 공기가 된다.

그림 3.11 아리스토텔레스의 4원소설.

이러한 관점은 한 물질을 적절한 조작을 통하여 전혀 다른 물질로 바꾸는 가능성을 시사하는 것으로서 구리나

납 등을 가공하면 금을 만들 수 있을 것이라 믿었던 연금술의 철학적 근거를 제공했다는 비판을 받기도 했다. 또한 아리스토텔레스의 이론은 데모크리토스가 주장한 원자의 존재를 부정했다는 점에서 비판받기도 한다. 하지만 원자의 존재가 입증되었다는 사실 하나만으로 아리스토텔레스가 틀렸다고 평가한다면 이는 너무 단편적이고 성급한 것이다. 오히려 그의 4원소 이론의 원소의 개념은 현대 화학에서 사용하는 원소의 개념과 비슷한 점이 있어 이런 점에서는 그가 물질의 본질에 대해 선구자적인 견해를 가졌었다고 볼 수도 있다.

아리스토텔레스는 생물학 분야에서도 많은 기여를 했다. 관념적인 것을 중시했던 스승 플라톤과는 달리 그는 관찰 등 경험적으로 얻은 지식을 중시했으며, 이런 태도는 특히 생물학 분야에서 빛이 났다. 그는 어류 120종, 곤충 60종을 포함하여 520종의 동물에 대한 기록을 남겼다. 이 중에는 그의 가르침을 받았던 알렉산더 대왕이 정벌 전쟁을 수행하면서 수집한 동식물 자료를 그에게 보내준 것에 대한 내용도 들어 있고, 그가 직접 해부하여 신체 부분에 대해 알아낸 내용 등도 들어 있다. 이와 같이 방대하면서도 세밀한 관찰 자료를 바탕으로 그는 형태와 무성생식-유성생식, 태생-난태생 등 생식 방법을 기준으로 동물을 분류했다. 이를 통해서 그는 고래가 물고기와 다르게 태생 동물이라는 사실을 밝혀내기도 했다. 그의 분류법은 17세기 린네의 분류법이 나올 때까지 이어졌다. 그는 또한 사람을 포함한 모든 생물은 하등생물에서 고등생물로 진화한다는 주장을 펴기도 했다. 이러한 근거로 그를 원시적인 선형진화론Linear evolution theory의 선구자로 보는 시각도 있다. 반대로 그의 주장은 무생물에서 사람까지 발달 정도에 따라 동물의 종류를 나열했을 뿐, 각 단계에서의 진화 과정에 대한 내용이 빠져 있기 때문에 그를 진화론자로 볼 수 없다는 주장도 있다.

아리스토텔레스는 천체구조에 대한 이론도 제시했다. 그의 천체 모형에는 피타고라스가 주장한 것과 비슷하게 지구를 중심으로 하는 투명한 구가 여럿 있고, 그 표면에 별들이 놓여 있다. 따라서 별들은 모두 지구를 중심으로 동심원 운동을 한다. 이러한 천체 구조는 그의 운동 이론과 연결되어 있다. 그는 물체의 운동을 자연스러운 운동과 부자연스러운 운동으로 구분했다. 자연스러운 운동에는 천체의 운동과 같은 원운동과 지면에 대해 수직 방향으로 위와 아래로 움직이는 운동이 있다. 이 중 원운동은 시작도 끝도 없이 계속되면서 조화로운 운동이므로 달 너머의 천상에 어울리는 운동이라고 했다. 달 아래에 있는 물체에 대해서는 자연스러운 운동은 상하운동이다. 이 운동은 물체를 움직이게 하는 행위자또는 능동자나 동인의 양에 의존한다. 땅의 일부인 돌이 아래로 떨어지고, 공기와 불이 위로 올라가는 것은 이들 각각에 상응하는 행위자의 많고 적음에 따르는 자연스러운 운동이다. 큰 돌은 작은 돌보다 행위자가 많으므로 더 빠르게 낙하 운동을 할 것이다. 반면, 수평운동은 대표적인 부자연스러운 운동이다. 수평으로 쏜 화살이 처음에는 수평운동을 하지만 결국에는 아래로 떨어져서 운동을 그만두게 되는 것은 이 운동이 부자연스러운 운동이기 때문이다. 세게 쏜 화살이 더 멀리 날아가는 이유는 이 화살에 더 큰 행위자가 작용했기 때문이다.

아리스토텔레스의 천체관과 운동 이론을 보면 억지스러운 내용이 많아서 그가 경험을 중시한 자연철학자였다는 평가가 무색하게 느껴질 정도이다. 하지만 그가 경험을 중시했다는 것을 보여주는 증거가 그의 이론 곳곳에서 나타나기도 한다. 예를 들어, 그는 물체가 물속에서 낙하할 때 그 속도가 공기 중에서보다 느리다는 것을 관찰하고 물체를 둘러싸고 있는 매질이 운동에 대해 저항한다고 생각했다. 그리고 이 생각을 연장하여 화살이 날아가다가 땅에 떨어지는 것은 화살의 운동에 대한 공기의 저항이 있기 때문이라고 생각했다. 그는 이런 생각을 더 확장하여 운동하는 물체의 속도는 저항에 반비례하며, 만약 저항이 없다면 운동하는 물체는 내내 일정한 속도로 한 방향으로 계속해서 운동할 것이라고 주장했다. 그리고 여기에서 더 나아가 이런 현상이 실제로 일어나지 않으므로 공기도 저항을 갖고 있다고 결론지었다. 이는 공기도 매질로 채워져 있기 때문이며, 따라서 진공은 있을 수 없다고 주장했다. 진공을 부정하는 것은 공기도 입자인 원자로 구성되어 있고 원자 사이의 공간은 진공이라고 주장한 데모크리토스의 원자론을 부정하는 것이다. 천체와 지상의 물체를 포괄하여 운동에 대한 아리스토텔레스의 주장은 관찰과 경험한 사실들을 형이상학적인 사고를 거쳐 논리적으로 이론화한 것으로 평가할 수 있다.

그는 지질현상에 대해서 이론을 제시하기도 했다. BC 479년에 있었던 시실리 섬 에티나Aetina 화산 폭발에 대해서, 숯과 같은 성분이 땅 속에 다량 묻혀 있다가 해변에 치는 파도에 밀려들어간 공기와 만나 연소되는 현상이라고 설명했다. 이는 대체로 화산 폭발이 해변에서 일어난다는 관찰과 숯이 공기 중에서 타는 현상을 결부시킨 해석일 것이다.

이상에서 본 바와 같이 아리스토텔레스는 자연, 천문, 생물, 지질 등 다방면에 걸쳐 관찰된 사실에 대해 나름대로의 해석을 제시했다. 그의 이론 중 상당수는 17세기 과학혁명이 일어날 때까지 2000년 가까이 비판 없이 받아들여졌다. 이렇게 된 데에는 여러 가지 이유가 있을 것이다. 우선, 아리스토텔레스가 가졌던 권위가 크게 작용했을 것이다. 그는 자연철학은 물론 철학, 논리학, 윤리학, 시 등 매우 넓은 영역에 대해 탐구했고, 리케이온Lykeion, 영어로 Lyceum이라는 교육 기관을 세워 후학을 양성하여 아리스토텔레스 학파를 이루기도 했다. 이러한 면모로 보아 학자로서 아리스토텔레스가 가졌던 권위는 당대는 물론 후대까지도 매우 컸을 것이다. 그가 알렉산더 대왕의 스승이었던 점, 고대 그리스 이후에 나타난 헬레니즘제국이 알렉산더 대왕의 정신을 이었던 점 등도 그의 권위를 더했을 것이다. 몸으로 하는 일을 천시하여 노동은 노예의 몫으로만 생각했던 고대 그리스와 헬레니즘 시대의 사회적 풍토가 그의 주장을 실험적으로 검증하는 일이 거의 없도록 했을 것이고, 이후에 나타난 로마와 중세 유럽의 시대에서는 자연 현상에 대해 철저하게 무관심했던 것이 또 하나의 이유가 될 것이다. 그리고 아마도 아리스토텔레스의 이론이 자연의 거의 모든 방면에 걸쳐 전체적으로 잘 짜인 큰 이론의 틀을 형성했다는 점이 중요한 이유일 것이다. 비록 그의 이론이 부분적으로 현상에 맞지 않거나 논리적으로 모순되더라도 사물의 본질과 천체, 생명, 지질 등 모든 자연현상을 아우르는 전체 이론에 대해 쉽게 반대 의견을 제기하기는 어려웠을 것이다.

하지만 아리스토텔레스와 다른 이론이 전혀 없었던 것은 아니다. 아리스토텔레스와 같은 시대를 살았던 헤라클리데스Heraclides, Ponticus BC 390~BC 310는 천체가 지구를 중심으로 하루에 한 바퀴를 도는 것이 아니라 반대로 지구가 자전을 한다는 주장을 했다. 사실은 지구 자전은 히케타스Hicetas, BC 400?~BC 335?가 먼저 주장했으나 거의 무시되었었고, 헤라클리데스의 주장 역시 당시에는 받아들여지지 않았다. 그는 또한 금속과 수성이 태양 주위를 도는 천체 모형을 제시했다. 이들 두 행성은 해질 때와 해 뜰 때에만 태양 주위에서 관찰되고, 밝기가 날마다 변하고, 수성이 금성보다 더 멀리 있는 것처럼 보인다. 이러한 현상은 피타고라스와 아리스토텔레스가 주장한 지구를 중심으로 하는 동심원 구조의 천체 모형으로는 설명할 수 없는 것이다. 이를 설명하기 위해서 헤라클리데스는 태양이 지구 주위를 돌고, 수성과 금성은 태양 주위를 도는 모형을 제시했다(그림 3.12). 이 모형에서 태양이 지구 주위를 도는 궤도를 주원主圓, Deferent이라 하고 수성과 금성이 태양 주위를 도는 궤도를 주전원週轉圓, Epicycle이라 하는데, 헤라클리데스가 처음 주장한 이후로 이 개념은 천동설 이론에서 많이 활용하는 개념이 되었다.

그림 3.12 헤라클리데스의 천체관.

또한 헬레니즘 시대의 아리스타르코스Aristarchus, BC 310?~BC 230?는 자신의 천체 관측에 근거하여 천동설을 부정하고, 태양과 항성은 움직이지 않으며, 지구가 다른 행성들과 같이 태양 주위를 회전하고 있고, 지구는 자전축을 가지고 회전하는 동시에 달은 지구 주위를 회전한다는 지동설을 주장했다. 보통 지동설은 코페르니쿠스가 처음 주장한 것으로 알려져 있지만 사실은 아리스타르코스가 시초이다. 그는 이런 주장으로 신을 모독했다고 하여 고소당하기도 했었는데, 이 역시 지동설을 주장하다가 형벌을 받은 갈릴레오보다 훨씬 앞서는 일이다.

히포크라테스

'히포크라테스 선서'로 잘 알려진 히포크라테스Hippocrates, BC 460~BC 370는 의학의 아버지라고도 불린다. 그리스의 의술은 사원에서부터 발달되었던 것으로 알려져 있다. 이는 질병을 조물주가 인간에게 주는 처벌이라 여겼던 당시에 병을 고칠 수 있는 유일한 방법은 신과 대화할 수 있는 사람, 즉 제사장이 기도를 하는 것으로 받아들여졌기 때문에 당연한 일이라 하겠다.

이러한 풍토에서 히포크라테스는 이집트에서 경험의학에 대한 많은 정보를 받아들여 일반화할 수 있는 합리적인 의학적 논리를 연구했다. 그는 히포크라테스 학파Hippocratic School를 세웠고, BC 400년경 제자들과 공동으로 가장 오래된 의학 서적이라고 할 수 있는 《히포크라테스 전집Hippocratic Corpus》을 저술하고 4액설四液說을 주장했다. 이 이론에 따르면 사람의 몸에는 명랑함을 주는 붉은 색의 혈청액血清液, 노여움의 원인이 되는 황담즙黃膽液, 우울함의 원인이 되는 흑담즙黑膽液, 게으름의 원인이 되는 점액粘液 등 네 가지 체액體液이 있으며, 이들이 조화롭게 있으면 건강하고, 조화가 깨져서 어느 하나가 너무 많거나 적으면 병이 발생한다는 것이다. 물론 이 이론은 아리스토텔레스의 4원소설과 마찬가지로 잘못된 이론이지만 병은 몸 안의 각 기관의 건강한 정도에 달려 있다는 관점을 발전시킨 점에서 병을 신이 내린 벌이라고 생각하는 기존의 관념으로부터 탈피하고 있음을 의미한다. 이 4액설은 헬레니즘 시대에 와서 다른 논리로 대체되게 된다.

4.
그리스 자연철학의 쇠퇴

앞서 설명한 것처럼 BC 594년에 솔론이 단행한 정치 개혁을 시작으로 그리스는 민주적인 국가로 발전했다. 중간BC 500~479에 두 차례에 걸친 페르시아의 침공이 있었지만, 모든 국민과 도시 국가들이 단결하여 이 시련을 이겨낼 수 있었다. 하지만, 이 전쟁에서는 서로 손을 잡고 싸웠던 아테네와 스파르타가 전쟁이 끝난 다음에는 그리스 내에서의 주도권을 놓고 서로 경쟁하는 사이가 되어 버렸다. 아테네는 민주주의 국가인 반면 스파르타는 군주가 통치하는 권위주의 국가로서 서로 지향하는 방향이 달랐고, 각자가 주변의 도시 국가와 연합하여 연맹을 이루면서 그 연맹의 대표 주자가 되었기 때문에 두 세력이 충돌하는 것은 시간 문제였을 것이다.

아테네의 정치가 페리클레스는 스파르타와 충돌하는 날이 올 것을 예견하고 그에 대비할 시간을 벌 목적으로 BC 446년에 스파르타와 30년 평화조약을 체결했다. 하지만 아테네를 중심으로 하는 에게해 연안 도시 국가의 연맹과 스파르타를 중심으로 하는 그리스 남서부에 있는 도시 국가의 연맹 사이의 상호 불신은 점점 깊어지고 급기야는 BC 430년 펠로폰네소스 전쟁이 일어나서 BC 404년까지 계속되었다. 이 전쟁은 결국 스파르타의 승리로 끝났지만 양쪽 모두 엄청난 국력을 소모했다. 엎친 데 덮친 격으로 전염병이 그리스 전역을 휩쓸어서 그리스 전체가 피폐해졌다.

페리클레스는 전쟁 중인 BC 429년에 전염병으로 사망했다. 펠로폰네소스 전쟁 이후 그리스 반도에서의 주도권은 스파르타가 쥐게 되었고, BC 371년에는 다시 전쟁으로 테베Thebe에 넘어갔다. 오래된 내전으로 그리스는 국력이 소모되고 사회적으로 불안하게 되었다. 마침 그리스 반도 북부에 있던 마케도니아Macedonia 왕국이 세력을 확장하고 있었다. 마케도니아 인들은 그리스어를 쓰기는 하지만 그리스 사람들에게서 야만인 취급을 받았었는데, 필리포스 2세 시대에는 세력이 크게 확장되어 저항하는 도시 국가들을 제압하고 BC 337년에 코린토스 동맹을 창설하면서 그리스의 지배자가 되었다. 이로써 민주적인 정치 형태를 바탕으로 하던 도시 국가 중심의 고대 그리스는 종말을 맞게 되었고, 도시 국가가 만들어 주는 사회적 문화적 환경 속에서 발전하던 고대 그리스의 자연철학 역시 중단될 수밖에 없었다. 대신 필리포스 2세의 대를 이은 알렉산더 대왕이 동방정벌을 통해 영토를 확장하면서 새로운 문화적 중심지로 떠오르게 된 이집트의 알렉산드리아가 그리스 자연철학의 전통을 잇게 되었다.

제 4 장

헬레니즘과 무세이온

헬레니즘Hellenism은 그리스인을 뜻하는 그리스어의 hellen에서 유래한 개념으로서 고대 그리스의 정신과 이를 바탕으로 이룩된 문명을 의미한다. 역사적으로는 마케도니아의 알렉산더 대왕이 동방정벌을 완성하고 사망한 BC 323년부터 로마가 이집트 땅에 있던 프톨레마이오스 왕조를 멸망시킨 BC 30년까지의 약 300년을 헬레니즘 시대라 한다. 알렉산더 대왕은 서쪽으로는 이집트부터 동쪽으로는 인도의 북부에 이르는 거대한 제국을 건설하고, 여기에 그리스의 문화를 도입하면서 동시에 페르시아 등 동방의 문화를 받아들였다. 이러한 알렉산더 대왕의 정책은 그가 죽은 후에도 이어졌으며, 특히 프톨레마이오스 왕조의 이집트에서 꽃을 피웠다. 헬레니즘 문화는 왕성한 학술과 예술 활동으로 나타났다. 특히 헬레니즘 시대에는 국가가 학술과 예술 활동을 직접 지원했다는 점에서 고대 그리스 시대와는 차이가 있다. 오늘날의 국립 학술원에 해당하는 무세이온은 헬레니즘 시대의 분위기를 상징적으로 나타낸다고 할 수 있다. 자연철학 분야에서도 헬레니즘 시대에 뛰어난 성과가 많이 나타났다.

1.

알렉산더 대왕 등장과 헬레니즘의 태동

마케도니아는 BC 7세기경 그리스 반도 북부에 형성된 도시국가이다. BC 7세기

~5세기 동안 그리스를 주도했던 아테네의 입장에서 보면 동쪽의 페르시아, 서쪽의 테베, 남쪽의 스파르타 등 강력한 국가들에 둘러싸여 있어 이들에 대한 경계를 게을리 할 수 없었으나, 북쪽의 마케도니아는 자신들과 뿌리가 다른 미개한 민족이 만든 2류 국가일 뿐이었다. 그러나 마케도니아의 입장에서는 자신들도 그리스와 같은 아리안족이며 그리스어를 쓰는 등 그리스와 자신들을 대등하게 생각했다. 이들은 그리스가 방심하여 견제를 하지 않는 동안에 힘을 축적하고 영토를 조금씩 넓혀 왔었다. 필립포스 2세는 마케도니아의 영토를 크게 확장했으며, BC 5세기 말부터 시작된 아테네와 스파르타간의 갈등으로 이들의 세력이 모두 약화된 틈을 타 그리스를 침공하여 BC 338년에 그리스를 마케도니아 왕국에 편입시켰다. 이로서 아테네를 중심으로 이루어진 정치, 사회, 문화는 물론 찬란한 자연철학의 업적을 쌓았던 고대 그리스 시대는 종말을 맞게 되었다.

필립포스 2세는 그리스를 제패한 것에 만족하지 않고 페르시아는 물론 그 동쪽 너머까지도 세력을 확장하려는 큰 뜻을 품었던 것으로 보인다. 하지만 그리스를 제패한 지 2년 만에 그는 그의 그리스 식민 정책에 불만을 품은 테베 사람에게 암살당해서 그 뜻을 펼칠 기회를 갖지 못했다. 대신 그의 뜻은 왕위를 이어 받은 그의 아들이 펼치게 된다. 가장 어린 나이에 가장 짧은 기간에 가장 넓은 영토를 정복한 장군으로 유명한 알렉산더 대왕Alexander, the Great, BC 356~BC 323이 바로 그의 아들이었다.

그림 4.1 알렉산더 대왕의 원정 경로.

BC 336년 20살의 젊은 나이로 왕위에 등극한 알렉산더는 선왕의 유지를 받들어 BC 333년에는 이집트를 점령하고 알렉산드리아Alexandria를 점령지의 수도로 삼았으며 BC 331년에는 페르시아를 침공하여 주요 거점 도시인 바빌론Babylon, 수사Susa, 페르세폴리스Persepolis를 점령했다(그림 4.1). 그는 모든 점령지에서 왕으로 추대되었다. 따라서 알렉산더 대왕은 마케도니아의 왕인 동시에 여러 점령지의 왕이기도 했으므로 그를 왕중 왕King of Kings이라고도 부른다.

페르시아를 정복한 후 알렉산더 대왕은 왕위 즉위식을 페르세폴리스에서 오리엔트 식으로 거행했는데, 이를 못마땅하게 여긴 부하 장군들이 불만을 토로하자 그들을 엄벌했다고 한다. 이 일화에서 동방정벌에 대한 알렉산더의 생각을 읽을 수 있다. 일반적으로 정복자는 피정복자의 입장을 고려하지 않고 자신들의 방식을 일방적으로 강요한다. 이런 생각에 젖어 있는 부하 장군들의 입장에서는 정복자인 자신들이 피정복자의 방식에 따라 왕위 즉위식을 치르는 것을 이해하기 어려웠을 것이다. 알렉산더 대왕이 왕위 즉위식을 오리엔트 식으로 하기로 했을 때는 그가 오리엔트의 전통을 존중한다는 것을 나타내고자 하는 뜻이 있었을 것이다. 페르시아의 왕으로 오르기 전에 그는 이미 마케도니아의 왕이었다. 이로써 인도유럽어족의 아리아족이 이룬 그리스와 그리스의 사상을 대표한다고 할 수 있다. 그는 여기에 페르시아의 왕으로 대변되는 오리엔트의 전통을 더하고자 했던 것이다. 이렇게 그리스의 합리주의와 오리엔트의 전통주의를 접목시키고자 했던 그의 시도는 후대에서 헬레니즘이라 부르는 사상의 근원이 되었다.

알렉산더 대왕은 페르시아를 정복한 후 점령지의 현지인을 활용하는 식민 정책을 펴면서 승승장구하면서 인도의 인더스 강 북부까지 진출했다. BC 333년에 시작해서 BC 323년까지 10년 만에 아테네에서 5,000 km 떨어진 곳까지 펼쳐진 대제국을 이룬 것이다. 현지인을 활용한 식민정책은 전선이 본국에서 멀어짐에 따른 불가피한 선택이었을 것이다. 즉 마케도니아에서 직접 병력과 물자를 보급 받는 것이 점점 더 어려워지게 되자 현지에서 병력과 물자 보급을 해야 했고, 이를 위해서 현지인들을 마케도니아인과 마찬가지로 중요하게 기용해야 했으며 심지어 이들 사이의 통혼도 장려해야 했다. 그러나 5,000 km에 이르는 광대한 제국은 너무 넓어 병력과 물자 보급에서 차질이 생길 수밖에 없었다. 또한 일부 점령지역에서는 소요가 이는 등 문제점도 발생했다. 이에 알렉산더는 인더스 강 북부에서 동진을 멈추고 수사로 회군했다. 이후 이집트를 넘어 서쪽으로 진출하려는 계획을 세우던 중 BC 323년 갑자기 열병에 걸려 33살의 젊은 나이로 사망하였다.

2.
후계자전쟁과 프톨레마이오스 왕조의 탄생

알렉산더 대왕이 갑자기 죽자 권력에 공백이 생겨 고관과 장군들 사이에 세력 다툼이 일어나게 되었다. 그 결과 마케도니아 왕국의 전체 영토를 알렉산더 휘하에 있던 고관과 장군들이 마케도니아, 소아시아, 메소포타미아, 이집트, 트라키아의 5개 지역으로 나눠서 통치하게 되었다(그림 4.2). 그 후 후계자 자리를 놓고 이들 사이에 서로 밀고 밀리는 세력 다툼이 벌어져서 약 20년 사이에 거의 모든 통치자들은 전사했다. 다만 이집트의 프톨레마이오스 1세Ptolemaios I Soter, BC 367~BC 283만은 이 싸움에 깊이 관여하지 않아 영토와 지위를 지킬 수 있었다.

프톨레마이오스 1세는 전투에서는 용맹한 장군이었고 행정가로서의 능력도 탁월할 뿐 아니라 역사기록을 하는 등 문화면에서도 해박한 식견을 갖춘 문무를 겸비한 유능한 통치자였다. 어린 시절에는 알렉산더 대왕과 함께 자랐고 커서는 알렉산더 대왕의 경호실장을 했었기 때문에 알렉산더 대왕의 헬레니즘적 발상을 가장 정확히 파악할 수 있었다. 그는 그리스의 합리주의와 자연철학에 대해서도 잘 알고 있었으므로 이러한 그리스의 전통을 계승하고 발전시키기 위해 힘썼다. 이로서 알렉산더 대왕의 시대는 짧게 끝났지만 그가 남긴 헬레니즘적 이념은 이집트의 알렉산드리아에서 구현되었다고 할 수 있다.

알렉산더 대왕의 동방정벌은 헬레니즘 시대를 연 업적 이외에도 동양과 서양의 문화교류의 계기를 마련해주었다는 역사적 의의도 갖는다. 오늘날 다시 조명 받는 간다

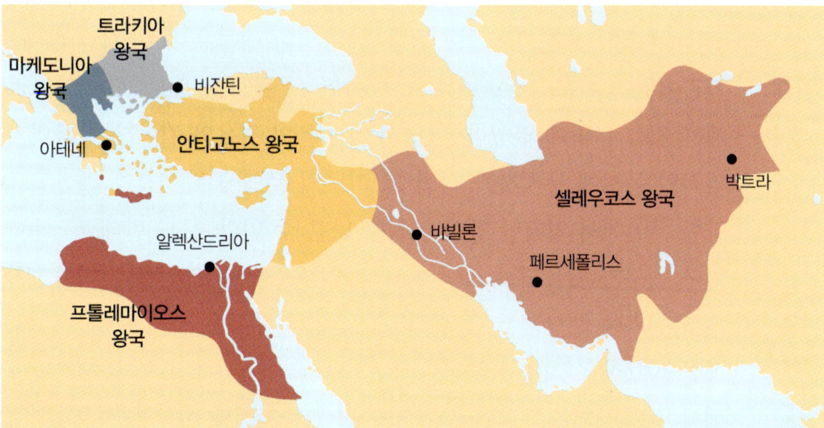

그림 4.2 알렉산더 대왕 사후 후계자 전쟁으로 분할된 영토.

라 문명Gandhara civilization에서 검증되듯이 동서 문화교류의 계기를 마련하였고, 후일 중국의 장안현재의 시안을 시발점으로 로마에 이르는 무역 통로였던 비단길Silk road의 역할을 담당하여 동서 문물교류에 이바지할 수 있었던 터전을 마련해 주었다.

3.

헬레니즘의 상징 무세이온

프톨레마이오스 1세가 추구했던 헬레니즘 사상은 그가 설립한 교육 및 연구 기관인 무세이온Museion을 통해서 잘 드러난다. 프톨레마이오스 1세는 그리스의 문화적 전통과 자연철학에서의 업적은 물론 그 이전에 있었던 이집트와 메소포타미아 문화에 대해서도 잘 알고 있었다. 무세이온은 이들을 계승하고 발전시키기 위한 목적으로 BC 300~290년에 이집트의 북쪽 항구도시 알렉산드리아Alexandria에 만들어졌다. 무세이온에서는 자연철학 등 다양한 방면의 학술 연구와 함께 교육이 이루어져서, 오늘날의 국공립연구소나 대학교와 비슷하다고 볼 수 있다. 무세이온이 설립될 장소로 알렉산드리아가 선택된 데에는 아마도 이 도시가 역사적으로 유서가 깊고 규모도 적당히 크며 이집트에 있지만 그리스와 메소포타미아 지역과도 가까운 교통의 요지라는 점 등이 감안되었을 것이다.

프톨레마이오스 1세는 무세이온이 구현해야 할 이념으로 첫째 헬레니즘의 정신을 계승 발전시키고, 둘째 복지사회를 건설하며, 셋째 과학과 문화 창달에 주력하며, 넷째 적극적인 재정적 지원을 국가에서 할 것임을 밝혔다. 기록에 의하면 이 무세이온의 규모는 매우 커서 마치 궁궐과 같았고 이를 국가가 소유하고 국가 재정으로 운영했다고 한다. 무세이온 이전에도 탈레스, 피타고라스, 플라톤, 아리스토텔레스, 히포크라테스 등이 세운 교육기관들이 있었다. 그러나 이들은 모두 개인의 재정에 의존하는 사설 기관이었기 때문에 무세이온에 비하면 그 규모도 작고 활동 영역과 성과 면에서도 한계가 있을 수밖에 없었다. 반면 무세이온의 경우와 같이 통치자의 이념이 건전하고 합리적인 동시에 통치자가 직접 그 기구의 운영에 적극적인 관심을 보이는 경우에는 다양한 분야에서 엄청난 양의 업적이 나올 수 있다. 물론 반대로 잘못된 목적으로 국가의 연구 기구가 활용되면 상당한 재앙을 초래할 수도 있을 것이다. 무세이온은 다행스럽게도 전자에 해당되는 경우로서 수많은 인재들을 불러들여 아무 근심 걱정 없이 연구에만 몰두할 수 있게 했고, 그 결과로 BC 250년을 전후한 약 100년 동안 다양한 방면에서 수많은 업적들을 창출하여 헬레니즘 시대를 이끌었었다.

4. 무세이온을 빛낸 자연철학자들

프톨레마이오스 1세는 주변 국가, 특히 그리스와의 교류를 통하여 이오니아 문화를 받아들이고자 노력했다. 그 일환으로 그리스 곳곳에 있는 서적 등을 사들이거나 빌린 후 복사하거나 번역하여 책자로 만들고 이들을 무세이온의 도서관에 비치하였다. 물론 무세이온 도서관에는 히포크라테스와 그의 제자들이 이룬 업적을 집대성한 《의학전서》와 같이 무세이온의 학자들이 저술한 서적도 함께 비치되었다. 이렇게 모인 장서의 규모가 70만 권 정도로 무세이온은 당시에는 세계에서 가장 큰 도서관이었다.

프톨레마이오스 1세부터 BC 30년에 죽은 마지막 통치자 클레오파트라 여왕까지 프톨레마이오스 왕조의 전체 기간을 통해 무세이온은 지속적으로 집권자의 지원을 받았다. BC 250년을 전후한 약 100년 동안 집중적으로 많은 자연철학자들이 무세이온을 통해서 배출되었던 것은 절대로 우연히 이루어진 것은 아니었다. 이제 무세이온의 자연철학자 중 대표적인 사례를 살펴보기로 하자.

에라토스테네스Eratosthenes, BC 276~BC 194는 무세이온이 배출한 자연철학자들 중에서 무세이온의 혜택을 가장 많이 받은 사람이라 할 수 있다. 그는 무세이온의 훌륭한

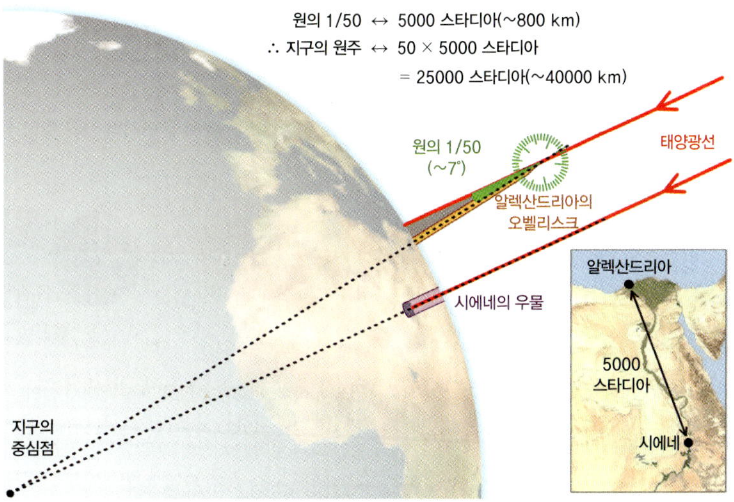

그림 4.3 에라토스테네스의 지구 둘레 측정 방법. 해가 시에네의 우물 한 가운데에 있을 때, 알렉산드리아에 있는 오벨리스크의 그림자가 이루는 각도를 측정하여 이로부터 시에네–지구 중심–알렉산드리아가 이루는 각도를 계산하고, 이로부터 지구의 둘레를 계산했다.

출처: Wikimedia Commons.

시설과 아무런 불편함 없는 생활을 누리며 천체에 대한 연구를 수행했다. 그는 알렉산드리아에 있는 오벨리스크의 그림자와 시에네Syene, 현재의 Aswan에 있는 우물에 비친 해의 위치를 이용하여 최초로 지구의 둘레를 계산했다(그림 4.3). 그가 계산한 지구의 둘레는 46,250 km로 실제 값 40,075 km 적도 둘레에서 약 15% 정도 차이가 난다. 이 계산 값의 정확성도 중요한 의미를 갖지만 그가 기하학적 논리를 이용해 정량적인 값을 계산한 사실은 헬레니즘 시대의 자연철학이 이전 시대의 형이상학적인 자연철학에서 탈피했음을 알 수 있는 대표적인 사례로 꼽을 수 있다.

히파르코스Hipparcos, BC 190~BC 120는 월식 중에 관찰한 것을 근거로 달의 크기를 지구의 1/4로 그리고 지구와 달 사이의 거리를 384,000 km로 계산했다(그림 4.4). 이 값은 실제 값384,400 km과 비교하여 1% 정도만 차이가 나는 아주 정확한 값이다. 그는 또한 화성의 역행 운동에 대해서 그리스의 헤라클리데스가 주장한 주전원의 원리로 그리고 속도변화에 대해서는 이심離心, eccentric의 논리로 풀어낼 수 있을 것이라는 의견을 제시하기도 했다. 주전원은 주원을 따라 이동하는 점을 중심으로 하는 작은 원 궤도를 뜻하며 이심이란 궤도 중심이 약간씩 이동하는 현상을 말한다.

의학 분야에서는 헤로필로스Herophilos, BC 335?~BC 280?와 에라시스트라토스Erasistratos, BC 310?~250?가 활약하였다. 이들은 미라를 만들면서 쌓인 이집트의 경험적 지식과 그리스식의 합리적인 접근 방식인 해부학 연구 결과를 바탕으로 동맥과 정맥이 있고 혈액이 순환한다는 것을 알아내었다. 물론 이들이 혈액 순환의 원리를 알아낸 것은 아니다. 혈액 순환의 원리는 17세기에 영국의 하비가 밝혀내었다. 맥박을 물시계로 측정하

월식을 이용한 달과 지구의 크기 비교

달의 직경(D_m) : 지구의 직경(D_e) = 1 : 4

월식을 이용한 지구에서 달까지의 거리 측정 원리

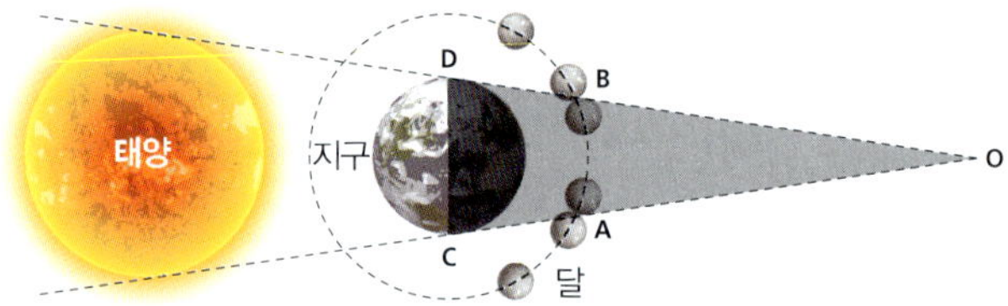

월식 시작부터 달이 완전히 가릴 때까지 걸리는 시간 = T_1
달이 완전히 가려서 걸린 시간 = T_2
달이 다시 보이기 시작한 다음 완전한 원이 되기까지 걸리는 시간 = T_3

$T_2/T_1 = AB/D_m$ → AB를 계산
AOB = 0.5° (실측) → OC를 계산
$AB/CD = AB/D_e = OA/OC$ → OA를 계산
지구–달의 거리 = OC − OA = 384,000 km

그림 4.4 히파르코스의 달에 대한 천문학적 측정 방법.

여 건강 상태를 추정하는 척도로 삼았다. 또한 뇌 해부를 통하여 신경계통의 존재와 기능을 확인했고 췌장과 십이지장을 발견하여 소화계통에 대한 의학적 지식을 넓혔다. 즉 이들의 업적은 구체적인 실험 방식인 해부를 통해 혈액, 신경, 소화 기관들의 존재와 기능을 확인한 것으로 의학을 이전 시대보다 훨씬 실증적인 학문으로 발전시켰다고 평가된다.

에우클리드Eucleides, BC 300년경. 유클리드라고도 함는 저서 《원론Stoicheia》 13권을 써서 이집트와 메소포타미아 시대부터 피타고라스와 플라톤을 거쳐 내려오는 수학의 여러 정리들을 체계적으로 정리하고 증명하였다. 여기에는 평면기하학과 입체기하학은 물론 정수론, 무리수 등 수학의 다양한 분야에 대한 논의가 들어 있다. 우리가 중고등학교 수학 시간에 배우는 기하학은 에우클리드가 집대성한 학문체계라는 뜻에서 에우클리드 기하학이라고도 한다. 19세기 초 리만이 비非에우클리드 기하학 분야를 개척하기 전까지는 에우클리드 기하학이 기하학의 전부였다. 에우클리드 기하학은 논리적 탁월성 때문에 여러 교육 과정의 기초 교과로 가르쳐 왔고, 심지어는 훗날 예수회가 중국에 기독교를 선교할 때에도 사용되었다.

아르키메데스Archimedes, BC 287~BC 212는 이탈리아 반도에 속한 섬 시실리의 도시국가 시라쿠스Syracus 출신으로 한 때 무세이온에서 활동했다(그림 4.5). 그가 명성을 얻게 되자 시라쿠스의 왕 히에론 2세Hieron II가 청하여 고향에 돌아가 활동하며 고향을 위해 많은 공을 세웠다. 아르키메데스에게는 왕관과 얽힌 유명한 일화가 있다. 어느 날 히에론 2세가 아르키메데스에게 새로 만든 왕관이 순금으로 만들어졌는지 아닌지를 확인해 달라는 부탁을 했다. 이에 대한 답은 왕관의 밀도를 측정하면 얻을 수 있다. 밀도는 질량을 부피로 나눈 값이므로 왕관의 질량과 부피를 알아내면 된다. 질량은 무게를 재면 쉽게 알 수 있지만, 부피는 왕관처럼 모양이 복잡한 물체에 대해서는 쉽게 측정하기 어렵다. 아르키메데스는 이 문제에 대해 고심하던 중 목욕을 하게 되었는데, 목욕통에 몸을 담구는 순간 이 문제를 해결할 수 있는 방법을 깨닫게 되었고 너무 기쁜 나머지 '유레카Εύρηκα, 나는 알았다'라 외치면서 목욕탕에서 뛰쳐나왔다고 한다. 하지만 일화는 아르키메데스보다 200년 뒤의 사람이 쓴 기록에 나온 것이라서 이 일화의 진위에 대해서는 논란이 있는 것 같다. 이 일화와 관련된 그의 업적은 '아르키메데스의 원리'로 알려진 "액체에 잠긴 물체는 물체가 밀어낸 액체의 무게와 같은 힘으로 떠오른다"는 액체의 부력에 대한 것이다.

그림 4.5 수학 분야의 노벨상이라고도 불리는 필드메달. 아르키메데스의 얼굴이 새겨져 있다. 뒷면에는 구와 원통에 대한 아르키메데스의 증명을 나타내는 그림이 있다.
출처: Wikimedia Commons.

아르키메데스는 지레를 이용하여 물체를 들어 올리는 데 필요한 힘은 받침점과 힘점의 거리에 반비례한다는 지렛대의 원리도 알아냈다. 그는 히에론 2세에게 “받침점과 긴 지레만 있다면 지구도 들어 올릴 수 있다”고 장담을 했다는 일화도 있다. 그는 이 지렛대의 원리를 이용하여 시라쿠스 도시의 해안으로 침입하는 로마군의 함대에 무거운 돌 세례를 퍼부어 이들을 격퇴하고, 오목 거울을 이용하여 태양빛을 집중시켜서 적의 배에 불을 내었다고도 한다. 그는 구와 구에 외접하는 원통, 그리고 이 원통 안에서 만들어지는 원추의 부피의 관계를 계산하여, 원통 : 원 : 원추의 부피의 비가 3 : 2 : 1가 된다는 계산을 했으며, 미분계산의 원리도 알아내었다. 이상에서 보는 바와 같이 아르키메데스는 물리 현상에 대한 탐구에 수학적 접근을 최초로 시도했고 훗날 수리물리학으로 발전하게 될 학문 분야의 길을 열었다.

소스트라토스Sostratos, BC 3세기경는 위대한 건축가로서 알렉산드리아 외항에 있는 파로스Pharos 섬에 110 m 높이의 등대용 탑을 건설했다. 이 등대는 백색 석회석으로 도색되어 있어서 낮에는 햇빛을 반사하고 밤에는 탑 앞에 소나무 기름을 이용해 불을 켜서 빛을 만들고 탑에는 승강기의 원리를 이용한 장치에 수많은 금속판 거울을 매달아 이 빛을 반사시켜서 지나가는 선박들을 안내했다고 한다. 이 등대는 규모와 기술의 수준으로 알렉산드리아 도시의 위용을 과시해서 당시 7개의 불가사의 중 하나로 꼽힐 정도였으나, 1326년의 지진으로 완전히 파괴되어 지금은 그 흔적조차 볼 수 없게 되었다.

위의 몇 가지 예에서 보는 바와 같이 무세이온 학자들의 자연철학은 천체, 의학, 자연과학, 공학 등 여러 분야에서 상당한 수준으로 발전했다. 이들의 연구 내용을 보면 기하학, 물리적 원리, 해부 등 실험적 근거에 입각한 정량적이고 구체적인 인식 방법을 사용했다는 점에서 그리스 자연철학자들의 형이상학적 방식과는 궤를 달리하는 한 차원 높은 수준의 것이라 할 수 있다.

5.
무세이온을 이해 못한 로마와 이슬람의 칼리프

무세이온은 프톨레마이오스 왕조 이집트의 첫 번째 왕이었던 프톨레마이오스 1세부터 마지막 왕 클레오파트라까지 일관되었던 국가적 관심사였다. 그러나 무세이온의 상황이 항상 같았던 것은 아니다. 지중해 건너 이탈리아 반도에서 발흥한 로마공화국의 세력이 나날이 커지고 팽창하면서 마케도니아BC 164, 스페인, 카르타고, 코린트BC 149~BC 146를 차례로 정복했다. 이런 상황에서 이집트로서는 국방에 신경을 쓰지 않을 수 없었고, 당연히 무세이온에 대한 재정지원에도 영향이 있을 수밖에 없었을 것이다. 그럼에도 불구하고 왕실에서는 상황이 허용하는 최대한의 지원을 했던 것으로 보인다.

예를 들어 BC 48년에 알렉산드리아에서 '카이사르 내전'이라 불리는 소요가 발생하여 그 여파로 도서관에 있던 4만여 권의 장서가 모두 불에 타버린 적이 있었는데, 클레오파트라 여왕이 당시 페르가몬 지방을 점령한 로마의 권력자 안토니우스Marcus Antonius, BC 83?~BC 30에게 요청하여 페르가몬 도서관에서 약탈한 도서 약 20만 권을 기증받았다고 한다. 그러나 BC 30년 클레오파트라 여왕의 자살로 프톨레마이오스 왕조의 종말이 오고 이집트가 로마의 지방행정구역의 일부로 전락하는 역사적 소용돌이 속에서 무세이온은 급격히 쇠퇴의 길에 접어들게 되었다. 이집트가 망한 후에도 무세이온은 로마의 지원으로 유지되었지만, 로마가 동로마와 서로마로 분열되는 300년경부터 쇠퇴가 가속화되었다. 기독교화된 로마의 테오도시우스 황제의 명령으로 391년에 알렉산드리아의 신전을 파괴했고, 642년 이집트를 점령한 이슬람의 칼리프 우마르가 무세이온 도서관에 있던 모든 서적을 소각시킴으로써 무세이온의 흔적은 완전히 사라지고 말았다.

돌이켜보면 클레오파트라의 죽음은 헬레니즘 시대에서 기독교 중심의 정교일치 사상으로 통치되었던 중세의 암흑기로 이행하는 역사적인 분기점을 상징하는 사건이라 할 수 있다.

제 5 장

자연철학의 불모지 로마의 천 년

로마는 BC 7세기경에 건국되어, 서로마는 493년까지 1000년 넘게 그리고 동로마는 1453년까지 2000년 넘게 지속하였다. 인류 역사에서 한 나라가 이렇게 오랜 시간 동안 존속되었던 경우는 로마뿐이다. 로마는 서유럽 전역과 동유럽의 상당 부분을 다스렸었기 때문에 이후에 이어지는 유럽의 역사에서 로마가 끼친 영향은 매우 넓고 깊다. 우선 로마는 유럽을 문명화하였다. 게르만독일, 갈리아프랑스, 브리튼영국 등 야만족이 살던 지역을 점령하고 로마의 발달된 문명과 문화를 전파했다. 특히 국가 제도, 법률, 도시 건설, 건축, 군사 등의 부문에서 그 영향이 두드러졌다. 그리고 로마는 기독교를 국교로 받아들여서 결과적으로 유럽을 기독교화했다. 한 마디로 로마는 중세 이후 유럽 역사의 바탕을 제공했다. 그런가 하면, 로마는 그리스와 헬레니즘제국을 멸망시켜서 고대 그리스의 학문과 예술 활동의 맥을 끊어 중세 암흑기 시대가 오도록 했다는 오명도 받는다. 자연철학도 로마 시대로 넘어 오면서 크게 위축될 수밖에 없었다.

1. 로마공화정의 등장

로마의 역사는 BC 7세기경 소규모 농업을 주업으로 하는 아주 작은 도시공화국에서부터 시작했다. BC 510년경 왕정을 폐지하고 귀족 중심의 공화정으로 이행했으며,

BC 450년 귀족과 평민 모두에게 적용되었던 성문법인 12표법을 제정하는 등 국가의 틀을 만들어 나아갔다. 대외적으로는 이간離間과 지배支配의 방법으로 점진적으로 주변 도시공화국들을 병합하여 BC 290년경에는 이탈리아 내륙 전역을 장악할 정도로 막강한 세력으로 성장했다. 그 후 지속적인 팽창정책으로 이탈리아 반도 너머로 영토를 확장했다. BC 264년부터 BC 146년 사이에 있었던 3차에 걸친 포에니Poeni 전쟁으로 지중해 건너 아프리카에 있던 경쟁자 카르타고Carthago를 멸망시킨 다음 바로 발칸 반도로 진출하여 마케도니아를 정복하고BC 146, 그 여세를 몰아서 그리스BC 146와 소아시아의 페르가몬 왕국BC 133을 정복했다. 또한 BC 201년에 끝났던 제2차 포에니 전쟁 직후에 오늘날 스페인 지역을 정벌하여, BC 130년경부터는 로마는 서쪽으로는 스페인까지 동쪽으로는 소아시아까지 펼쳐진 광대한 영역을 다스리는 대제국으로 성장하게 되었다. 아마 이렇게 오랜 세월에 걸쳐 성장한 역사가 있기 때문에 "로마는 하루아침에 이루어지지 않았다"는 말이 나왔을 것이다.

이로서 모든 권력은 로마에 집중되었고 조세와 공납貢納은 전부 로마로 흘러들어갔다. 그리고 경제활동 영역이 팽창됨에 따라 로마의 경제는 단순한 농업경제 체제에서 금융경제 체제로 전환되었다. 이러한 환경 변화에 적응하지 못한 이탈리아 반도 전역의 자작농들은 점차 몰락하여 로마로 몰려들면서 빈민층을 형성하게 되었고 점령지에서 차출된 노동력은 로마로 이송되어 로마건설의 노예로 전락했다. 반면 이러한 변화에 빨리 적응하고 대처한 로마의 상층계급은 권력은 물론 경제권까지 확보하여 아무 일 하지 않고도 호의호식하는 생활 방식에 빠지게 되었고, 급기야 로마는 사치와 향락이 넘치고 각종 부정부패와 권력형 비리가 난무하는 도시가 되었다. 빈부차가 극심해지고 특권층과 일반인 사이의 괴리감이 커짐에 따라서 사회는 점점 더 불안하게 되어 BC 135년 시실리의 농민 봉기를 시작으로 BC 70년경까지 소아시아에서 이탈리아 내륙에 이르기까지 각종 소요와 거센 항전이 속출했다. 검투사와 노예가 주동하여 일어났던 유명한 '스파르타쿠스의 반란'도 이 시기에 일어났다. 평민과 농민의 이익을 대변하여 이러한 문제를 해결하고자 농지개혁 등 개혁적인 정책을 추진했던 호민관 그라쿠스 형제형 티베리우스 그라쿠스BC 163~BC 132, 동생 가이우스 그라쿠스BC 154~BC 121가 모두 원로원의 하수인에 의하여 암살당하는 사건도 이 시기에 일어났다. 지금 로마에는 이들 그라쿠스 형제의 뜻을 기리기 위하여 그들의 이름을 딴 그라쿠스 언덕이 있다.

BC 60년 당시 원로원은 비교적 영향력 있는 집정관들이었던 폼페이우스Pompeius, BC 106~BC 48, 크라수스Marcus Licinius Crassus, BC 115?~BC 53 그리고 카이사르Julius Caesar, BC 100~BC 44 세 사람에게 사태 수습을 위임했다. 이렇게 세 사람이 전권을 나눠 갖고 로마의 정치를 이끌었던 상황을 삼두정치라고 한다. 그러나 크라수스가 BC 53년 시리아 지방 소요 진압에서 전사하여 삼두정치의 근간은 무너져버렸고 남은 두 사람 사이에서 권력 쟁탈전이 벌어졌다. 폼페이우스는 BC 49년 원로원을 움직여 카이사르에게 현지의 군대를 해산하고 로마로 귀환할 것을 명령하게 했다. 이는 갈리아 지방을 평정하고 그 지방의 민심을 잘 수습하여 정치적 지도력까지 높이 평가받던 카이사르를 제거하기 위한 계략이었다. 이 계략을 간파한 카이사르는 '주사위는 던져졌다'라는 유명한 말을 남기고 갈리아와 이탈리아의 국경을 이루는 루비콘 강을 건너 로마로 진격했다. 결국 폼페이우스는 이 권력다툼에서 밀려 이집트로 도주했다가 BC 48년 죽임을 당했다. 권력을 독차지한 카이사르는 BC 46년 오랫동안 공화정의 실권을 쥐고 있던 원로원의 지배를 제거하고 모든 권한을 행사할 수 있는 1인 독재 정치체제를 구축하고 여러 가지 개혁을 단행했다. 이집트 원정에서 알게 된 역법을 로마에 도입하여 율리우스력曆을 시행한 것도 이 시기였다. 그러나 카이사르 역시 BC 44년 공화정을 되살리고자 했던 원로원과 손잡은 자신의 경호 실장 브루투스에 의하여 암살당했다.

카이사르가 죽자 권력의 중심은 당시 페르가몬 지역을 관장하고 있던 안토니우스와 카이사르의 양자인 옥타비아누스Octavianus, BC 63~AD 14에게 넘어가게 되었다. 그리고 곧 이 둘은 곧 세력다툼을 하게 되었다. BC 30년 옥타비아누스와의 싸움에서 진 안토니우스가 자살했다. 안토니우스 편에 서서 이집트의 안전을 도모하고자 했던 클레오파트라 여왕도 함께 자살하면서 프톨레마이오스 왕조도 마감했고 옥타비아누스는 로마의 권력을 잡게 되었다.

로마 공화정의 시대는 로마가 팽창하던 시기였다. 그들은 영토 확장 등 권력지향적인 시책에 집중하여 도로정비, 수로개척, 군 장비 개발 등의 분야에서는 기술이 매우 뛰어난 수준으로 발전했다. 하지만 가시적이고 실용적인 목적에만 치중했던 로마 공화정의 시대적 분위기 속에서 자연철학은 관심을 끌지 못했고, 오히려 고대 그리스와 헬레니즘 등 이전 시대의 수준에서 후퇴하는 상황을 맞게 되었다.

2.
정책이 실종된 권력의 난맥亂脈 속에 지새운 로마제국

안토니우스와의 내전에서 승리한 옥타비아누스는 당시 로마의 세력권 내에 있던 17개 행정구역 중 비교적 안정된 10개 주는 원로원의 관할 하에 두고 분쟁이 빈발하는 변방의 7개 주는 자신이 직접 관장했다. 로마 군단의 대부분은 변방의 속주에 있었으므로 이는 옥타비아누스가 군사권을 독점했다는 뜻이 된다. 실제로 옥타비아누스는 BC 31년부터 8년간 매년 집정관에 선출되는 등 로마의 최고 권력자가 되었다. 그러면서도 원로원과의 관계를 원활하게 하여 BC 27년 원로원이 그 답례로 존엄한 사람이라는 뜻의 아우구스투스Augustus라는 칭호를 부여했고, BC 2년에는 국부國父라는 칭호를 부여했다. 그는 재임기간 내내 원로원을 대우하는 등 겉으로는 공화정 체제를 유지했지만, 실제로는 모든 권력을 손에 쥐고 행사했으며 그 권력을 후계자에게 물려주었기 때문에 역사는 그를 로마제국을 연 초대 황제로 본다. 아우구스투스 이후 로마는 2세기 동안 안정된 로마제국을 유지했다. 그는 재임 중에 여러 가지 정책을 정비했는데, 이 중 상당수는 로마가 멸망할 때까지 이어졌다.

14년 아우구스투스가 죽고 권력은 그의 양자인 티베리우스에게 넘어갔다. 원로원은 아우구스투스의 공적을 기려 그를 신격화하기로 결정했다. 이후 235년까지 로마는 안정된 체제를 유지했다. 영토는 이전보다 더 넓어져서 북쪽으로는 브리타니아와 라인 강까지 동쪽으로는 페르시아까지 확장되었다. 이 시기를 '로마에 의한 평화가 이루어진 시기'라는 뜻으로 'Pax Romana'라고도 한다. 하지만 후대 역사가들의 관점에서 보면 로마제국이 멸망하게 된 여러 가지 문제가 만들어지고 악화된 것도 이 시기다. 로마가 지속적으로 영토 확장을 하게 된 이면에는 정복을 통해 획득한 재화와 노예의 노동이 로마제국의 성장의 바탕을 이루고 있었다. 그러나 시간이 지나면서 이민족들이 나날이 강해졌기 때문에 영토 확장이 이전같이 이루어지지 않았다. 북쪽의 게르만족은 이전보다 훨씬 호전적으로 변해 국경을 넘어 약탈해가는 횟수가 늘어갔고, 동쪽에는 강력하고 호전적인 사산제국Sasanian Empire이 등장하여 국경을 유지하기 위해서 더 많은 힘을 써야 했다. 영토 확장이 중단되자 노예와 재물을 획득하는 것이 불가능해졌지만 긴 국경을 지키기 위해 많은 군단을 유지해야만 했다. 군단을 유지하기 위해서는 막대한 재정 지출이 필요했기 때문에 제국의 경제에 큰 짐이 되었다. 약탈로 얻는 수입은 줄어든 반면 지출은 더 늘어났으니 더 많은 세금을 걷어야 했고 더 많은 화폐를 발행해야 했다. 넘쳐나는 화폐는 인플레를 일으켰고 주산업인 농업의 동력인 노예의 수는 줄었기 때문에 제국의 경제 상황은 크게 위축될 수밖에 없었다. 전선이 로마에서 멀어지고 적과 대치하는 시간이 길어지면서 로마의 시민만으로 전선을 지킬 수 없게 되자 속주의 이민족 출신을 군단에 받아들이게 되었다가 급기야는 군대가 이민족의 손에 넘어가게 되었다. 영토가 확장되자 변방에서 이민족과의 충돌도 잦아졌다. 70년과 185년경에는 라인강 지역 게르만족의 봉기가 있었고, 이탈리아 반도에서도 간헐적인 소요가 있었다. 종교적인 이유로 유태교와 마찰을 빚어 66년부터 135년 사이에 세 차례에 걸친 유태인의 봉기가 예루살렘에서 있었다. 특히 132년에서 135년 사이에 있었던 제3차 유대 독립 전쟁이 진압되면서 유태인들은 살던 곳에서 내쫓겨서 1948년 오늘날의 이스라엘을 건국될 때까지 1800년의 긴 세월을 유랑하는 처지에 놓이게 되었다.

3세기에 접어들면서 로마는 대내외적으로 많은 어려움에 처하게 되었다. 정치 상황도 매우 불안해져서 235년에서 284년까지의 불과 50년 동안에는 26명의 장군 출신이 황제로 등극하거나 황제임을 자처하는 상황이 일어났다. 이 시기를 '군인황제시대'라고 부른다.

284년 디오클레티아누스 황제가 등극하여 군인황제시대의 혼란을 수습하고 통치권을 확립했다. 그는 로마제국의 불안 요인 중 통치효율의 비효율성이 중요하다고 판단하고 로마제국을 동로마와 서로마로 나누고 각 로마제국에 정제Augustus와 부제Caesar를 하나씩 두어 방위분담을 하고 로마를 나누어 통치하는 사두정치체제Tetrachia를 도입했다. 로마는 서로마제국의 중심으로 유지되었고 동로마제국의 중심은 비잔틴Byzantine, 현재의 이스탄불에 두었다. 디오클레티아누스 자신은 비잔틴에서 동로마제국을 관장하면서 동시에 로마제국 전체를 통치했다. 이로써 로마는 잠시 안정을 찾았지만, 경제 실정을 무시한 성급한 조세 개혁 등에 대한 국민의 저항이 일어나서 이 시도는 20년 만에 실패하고 말았다. 306년에 황제로 등극한 콘스탄티누스Constantine the Great, 272~337, 재위 306~337는 탁월한 정치력을 발휘하여 분할됐던 동·서 로마를 재통합하고 비잔틴을 콘스탄티노플Constantinople로 개칭하고 제국의 수도로 삼았다. 콘스탄티누스 황제는 최초의 기독교인 황제로 알려져 있다.

여기서 잠시 기독교와 로마제국과의 역사를 살펴보도록 하자. 기독교는 잘 알려져 있듯이 예수 그리스도가 일으키고 전파한 종교이다. 그가 태어난 예루살렘은 유대교를 믿는 유대인들의 땅이었으므로, 기독교는 유대교의 영향을 여러 면에서 받았다. 특히 야훼Yahwe만이 유일한 신이라고 하는 유일신 사상은 유대교와 기독교의 중요한 공통점이자 다른 민족의 종교와 비교할 때 가장 큰 차이점이다. 로마제국은 카이사르나 아우구스투스 등을 신격화하는 등 여러 신을 믿는 다신교 사상을 갖고 있었다. 다신교인 로마의 입장에서는 유대교나 기독교의 신을 부정할 필요는 없었지만, 유대교도와 기독교도가 자신들의 신을 부정하는 것은 불편할 수밖에 없었다. 66년부터 135년 사이에 있었던 유대 독립전쟁이 유독 치열했던 것도 다른 민족과 달리 유대인들은 자신들이 인정할 수 없는 신을 믿는 로마인의 통치를 받아들일 수 없었던 것이 중요한 이유였을 것이다. 유대 독립전쟁 이후 유대인들은 예루살렘에서 쫓겨나서 고향을 잃고 방랑하는 신세가 되었는데, 로마의 입장에서는 유난히 심하게 저항하는 식민지를 다스리

그림 5.1 395년 동로마와 서로마로 분리된 로마제국의 영토.

기 위한 부득이한 선택이었을 것이다. 유대인의 운명과는 별개로 기독교의 교세는 나날이 커져서 로마에도 상당수의 기독교인이 생겨났다. 64년 네로 황제가 로마 대화재를 일으키고 그 죄를 기독교인에게 뒤집어씌우는 등의 박해가 있었지만, 전반적으로 로마제국의 초기에는 그 정도가 심하지 않았었다. 로마의 정세가 혼란스러워지자 황제들은 권위를 세우기 위해 스스로를 신격화하기도 했는데, 이를 적극적으로 부정하는 입장인 기독교는 심한 박해의 대상이 될 수밖에 없게 되었다.

313년 콘스탄티누스 황제는 기독교를 로마의 종교의 하나로 공인하는 밀라노 칙령을 발표했다. 이런 배경에 대해서는 독실한 기독교 신자였던 그의 어머니의 영향이 작용했다는 것부터 그가 내전을 통해 얻은 자신의 황제 지위를 공고히 하기 위한 방편으로 종교의 힘을 이용했다는 것까지 다양한 해석이 있다. 이후 테오도시우스 1세는 한편으로는 기독교를 국교로 선포하여 내정 안정을 꾀했고392 다른 한편으로는 페르시아와 게르만 등 주변 국가들과 평화조약을 체결하여 로마는 잠시나마 평화로운 시대를 맞았다. 하지만, 395년에 그가 죽으면서 영토를 두 아들에게 나눠 준 후 로마는 또 다시 로마는 동로마와 서로마로 나뉘었고 이후 이들은 서로 다른 운명을 겪게 되었다(그림 5.1). 동로마는 1453년 오스만제국에게 멸망할 때까지 1000년 넘게 더 이어졌지만, 서로마는 게르만족의 침입으로 시달리다가 493년에 멸망했다. 당시 유럽 대륙에는 게르만족이 비록 그 수는 적지만 넓게 퍼져 있었다. 스칸디나비아 지방의 북 게르만현재의 스웨덴, 노르웨이, 덴마크인의 조상, 동 게르만, 흑해 북쪽연안 지방의 동고트Ostrogoths와 서고트Visigoths, 오데르강 유역의 반달Vandal과 부르군트Burgundians, 라인강 북쪽 연안의 프랑크Frank, 남부 독일의 롬바르드Lombard, 그리고 서 게르만영국 앵글로색슨(Anglo-Saxon), 독일, 네덜란드인의 조상이 그들이다. 370년경 중앙아시아에 있던 훈족이 유럽으로 진출하자, 이에 밀린 게르만족들이 서유럽과 남유럽 방향으로 이동게르만의 대이동하면서 로마의 영토를 침범하게 되었고, 급기야는 서로마를 멸망시키고 서로마의 주인이 되었다. 이후로 로마의 역사는 콘스탄티노플을 중심으로 그리스 정교를 믿는 동로마의 역사가 되었다.

3.
로마에서 실종된 고대 자연철학

로마는 건국부터 서로마제국이 멸망할 때까지 1000년 넘는 역사를 이어갔다. 그리고 서로마제국 멸망 후에는 동로마제국이 또 다시 1000년을 견뎌냈다. 나중에 설명하겠지만, 동로마는 유럽 세계가 르네상스 시대를 열면서 1500년간 잊혀졌던 고대 그리스의 사상을 새로이 받아들이는 과정에서 중요한 연결고리의 역할을 했다. 하지만 자연철학의 입장에서 보면 로마는 일관되게 권력 지향적 사회였다. 공화정 시대에는 영토 확장이 그리고 제국 시대에는 확장된 영토에 대한 지배권 강화가 가장 중요한 국가적 정책이었다. 이전 시대에서 보았듯이 과학 발전의 가장 기본적인 토대는 개인적인 호기심과 합리적인 사고인데, 로마는 이러한 토대가 만들어지기 어려운 사회였다. 그렇다고 로마 사회가 완전히 학문을 도외시했던 것은 아니다. 예를 들어 로마의 상류층은 그리스 출신 학자들을 후원하기도 했고 그리스의 학문을 자신들의 고급스러운 문화적 수준을 과시하는 데 사용하기도 했다. 하지만 이러한 학문적 활동이 사회적인 조류를 이루어내지 못했었다. 로마인들은 직접 학문 활동에 참여하기보다는 그리스 학문을 감상하거나 그 결과물을 활용하는 데 더 관심이 많았다. 그래서 그리스 학문은 주제별로 선별되어 로마에서 수용되었다. 수학과 의학은 실용성이 많았으므로 수용되었고, 논리학과 수사학 등도 용도가 있으므로 수용되었다. 하지만 형이상학과 인식론 등의 분야는 난해하면서 별 용도도 없으므로 깊이 있는 관심의 대상이 아니었다. 자연철학 역시 피상적인 수준에서만 받아들여졌을 뿐이다.

과학과 관련하여 로마에서 가장 특징적인 활동은 과학의 대중화라 할 수 있다. 공화정 시대에는 바로Marcus Terentius Varro, BC 116~BC 27, 키케로Marcus Tullius Cicero, BC 106~BC 43, 루크레티우스Titus Lucretius Carus, BC 99~BC 55, 비트루비우스Marcus Vitruvius Pollio, BC 1세기 경 등이 제국 시대에는 켈수스Publius Juventius Celsus, 67~130, 세네카Lucius Annaeus Seneca, BC 4~AD 65, 플리니우스Gaius Plinius Secundus Major, 23~79, 마르티아누스 카펠라Martianus Minneus Felix Capella, 5세기 등이 여러 가지 주제에 대한 대중과학 서적을 저술했는데 주된 내용은 고대와 헬레니즘 시대의 그리스 과학철학자들이 만든 업적을 소개하고 해설하는 것이었다. 특히 플리니우스가 쓴 《자연사Naturalis Historia, 영어명 Natural History》는 저술의 양, 주제의 다양성 등에서 주목할 만하다. 《자연사》는 백 명이 넘는 그의 조수들이 2천 권 넘는 책을 읽고 여기에서 2만여 개의 소재와 주제를 추려서 그 내용을 정리한 백과사전이라 할 수 있다. 여기에는 여러 가지 중요한 과학적 사실이 정확하게 설명되기도 했지만, 외눈 종족, 외다리 종족 등 황당한 주장도 들어 있다고 한다.

그러나 학문의 발전이라는 측면에서 보면, 2000년이 넘는 역사에 비해서 로마가 한 역할은 무척 초라하다. 중세 이전의 과학사에서 비중 있는 인물로는 천문학 분야의 프톨레마이오스Claudius Ptolemaeus, 영어명 Claudius Ptolemy, 83?~168?와 의학 분야의 갈레노스Claudius Galenus, 129~199 뿐이라 해도 과언이 아니다.

먼저 프톨레마이오스에 대해 설명하기로 하자. 로마인들은 이전 문명에서 믿었던 것과 같은 천체관을 갖고 있었다. 즉 지구를 둘러싼 투명한 구가 있고 그 구의 표면에 항성과 행성이 고정되어 있다고 믿었으며, 이 구가 회전하는 것으로 천체의 움직임을 설명했다. 그리고 항성의 움직임을 관찰하고 기록하기 위해서 하늘을 12등분하고 각 영역을 특징짓는 별자리 이름으로 이들을 구분했다. 이들 별자리를 배경으로 태양과 달은 한 방향으로 일정한 속도로 이동한다. 이에 반해 행성들은 속도가 일정하지 않을 뿐더러 움직이는 방향도 몇 주 또는 몇 달 간격으로 왼쪽에서 오른쪽으로 이동하다가 반대로 오른쪽에서 왼쪽으로 이동하는 '겉보기 역행운동逆行運動, apparent retrograde motion'을 보인다. 이 현상은 특히 화성의 경우에 두드러지게 나타난다. 이런 사실은 이미 이집트와 메소포타미아 시대부터 알려져 있었지만, 이에 대한 적절한 설명은 없었다. 헬

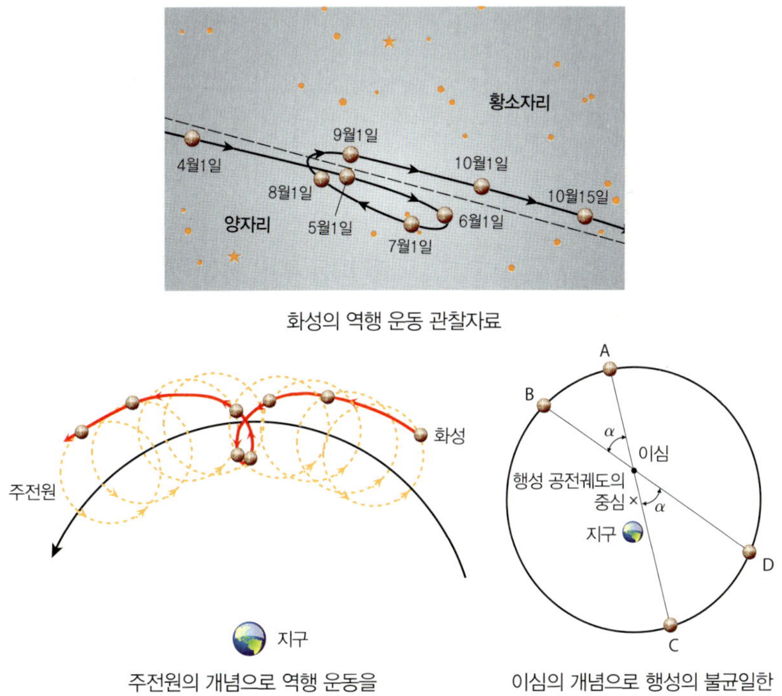

화성의 역행 운동 관찰자료

주전원의 개념으로 역행 운동을 설명하는 방법

이심의 개념으로 행성의 불균일한 속도를 설명하는 방법

그림 5.2 화성의 겉보기 역행운동과 이에 대한 프톨레마이오스의 설명.

레니즘 시대의 천문학자 히파르코스는 주전원과 이심의 개념을 이용하면 이 현상을 설명할 수 있다고 제시했다. 프톨레마이오스는 바로 이 개념을 이용하여 화성의 역행 운동과 속도변화를 논리적으로 설명할 수 있었으며 그 후 16세기까지 이 논리는 별 비판을 받지 않고 계승되었다(그림 5.2).

특히 프톨레마이오스는 이전의 여러 천문학자들이 주장한 내용을 정리하고 자신의 주장을 더해서 13권의 《천문학 집대성Megale Syntaxis tes Astoronomias》이란 제목의 저서를 남겼다. 이 저서는 나중에 아랍어로 번역된 책 《알마게스트Almageste》로 더 많이 알려졌다.

갈레노스는 로마 시대의 명의로 알려졌고, 그의 저술은 후대에 많은 영향을 주었다. 그는 고향인 터키의 옛 도시 페르가몬에서 외과 의사로 일했으며 로마제국을 여행하면서 자연철학과 의학에 대한 견문을 넓혔다. 그의 업적은 페르가몬 입구에 있는 아스클레피오스Asclepius, 그리스 신화의 의학과 치료의 신 의료원의 유적에서도 확인할 수 있다. 그는 히포크라테스의 의학, 헬레니즘 시대의 헤로필로스와 에라시스트라토스의 해부학과 자신이 직접 원숭이, 양, 소, 개 등 동물을 해부하여 얻은 지식을 바탕으로 심장과 혈액의 이중계에 대해 '갈레노스의 3영설'이라 불리는 다음과 같은 이론을 주장했다(그림 5.3). 즉 섭취한 음식물은 위에서 우유와 같은 상태로 변해 간에 도달한 후 혈액 덩어리가 되었다가 '자연의 영natural spirit'에 의하여 정맥혈이 되고, 정맥은 음식물에서 온 각종 영양분을 신체 각 부위에 수송하여 신체 조직과 기관이 기능을 하도록 한다는 것이다. 신체의 각 부위는 그 기능에 따라 필요한 영양소의 성분과 양이 다르고 따라서 정맥의 운동은 전진 또는 후진 운동과 같은 규칙적인 것이 아니며 오히려 불규칙적인 운동을 한다. 수송된 영양분이 다 소모되면 정맥혈의 수명도 끝나게 된다. 동맥혈의 원천은 심장이다. 호흡된 공기의 일부가 '생명의 영vital spirit'에 의하여 폐정맥을 거쳐 심장의 좌심실에 들어와 격막을 통하여 우심실에 스며든 탁하고 검은 정맥혈을 신선하고 맑은 동맥혈로 바꾸어 신체에 생명력을 불어넣고 인간의 생활 능력을 관장한다. 그리고 동맥혈의 일부는 다시 뇌로 올라가 '동물의 영animal spirit'에 의하여 신경계통을 관장하는 작용을 하며 자기 기능을 완수하면 소멸된다는 것이다. 갈레노스는 그때까지 알려진 의학 지식에

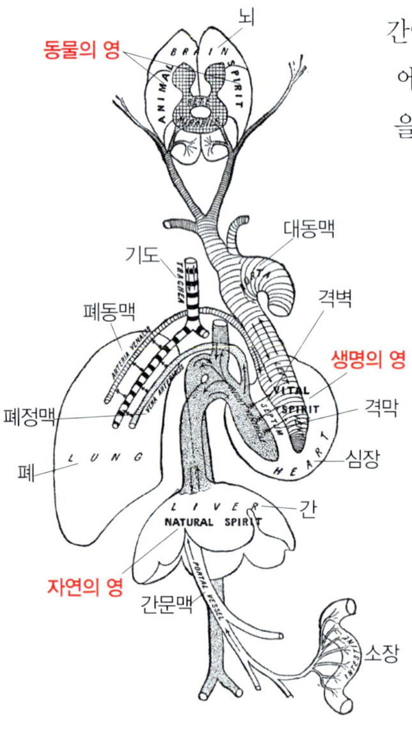

그림 5.3 갈레노스의 3영설.

이 3영설을 추가하여 13권의 의학 서적 《의술Tegni》을 펴냈다. 이 책의 내용은 중세 시대까지 의서 교본으로 사용되었을 뿐 아니라, 훗날 이슬람 세계를 거쳐 유럽에 유입되어 널리 확산되었다.

로마 역사의 1000년 동안 과학사에서 언급할 만한 사람이 별로 없다는 점은 안타까운 일이다. 더구나 이들이 자신들이 쌓은 업적으로 이름을 얻었다기보다는 이전 시대의 선배들이 쌓은 업적을 집대성한 저작을 통해서 명성을 얻었다는 점을 생각하면 더욱 그렇다. 하지만, 달리 생각하면 로마 시대의 과학은 시대가 어떤 상황을 만드느냐에 따라서 과학의 명운이 크게 달라질 수 있다는 역사적인 교훈을 주는 중요한 사례로서 역할을 했다고 볼 수 있다.

제6장

중세의 종교와 자연철학

보통 유럽의 중세 시대는 기독교, 교황, 봉건영주제, 장원 경제 등의 용어로 대변되기도 한다. 자연철학의 입장에서 보면, 중세 시대는 발전이 없었다는 의미에서 또는 학문 활동이 억압되었다는 의미에서 암흑기라고도 표현된다. 이런 시각들을 포괄적으로 담아, 유럽의 중세 시대의 시작은 기독교의 세력이 크게 확장하고 서로마가 멸망한 5세기 후반부터 시작했다는 시각이 일반적이다. 그러나 중세 시대의 끝에 대해서는 르네상스가 시작한 14세기라는 의견부터, 종교개혁으로 교황의 영향력이 크게 위축된 16세기라는 의견, 심지어는 산업혁명의 영향으로 생산구조가 바뀐 18세기라는 의견까지 다양한 의견이 있다. 과학의 변천 과정을 다루는 이 책에서는 과학혁명의 상징으로 받아들여지는 코페르니쿠스의 지동설이 제기된 16세기 중반을 중세 시대의 끝으로 보기로 하자. 이 시점은 이탈리아에서 시작한 르네상스가 유럽 전역에 퍼져서 새로운 학문적 조류가 성과를 나타내기 시작하는 시점과 일치한다.

비록 이 시기의 자연철학의 수준이 고대 그리스와 헬레니즘 시대보다 떨어졌지만, 그 다음에 나타날 과학혁명이 이 시기에 배태되었다는 점을 생각하면, 겉으로 드러나지 않는 내면적인 변화가 있었다는 뜻이 될 것이다. 실제로 중세 시대를 거치면서, 유럽에서는 인구가 늘어나고, 산업이 발전했으며, 농업을 필두로 여러 분야에서 기술적인 발전을 이루어 생산성이 향상되었다. 또한 중동 지역과 북부 아프리카 그리고 유럽의 서쪽 끝에 있는 이베리아 반도를 통치했던 이슬람의 세력이 고대 그리스와 헬레니즘 시대의 학문을 이어받아 발전시키고 있었다. 유럽의 기독교권은 십자군 전쟁을 통해서 이슬람권의 발전된 문물을 받아들일 기회를 얻었으며, 이를 계기로 잊혀졌던 고대 그리스와 헬레니즘 시대의 과학철학도 다시 유럽에 소개되었다.

1.
서로마는 게르만에 소멸되고 게르만은 라틴 정교에 정복되다

게르만 족은 로마의 영토 밖에 있었던 라인강 동쪽에 있던 종족으로 훗날 동고트, 서고트, 반달, 앵글로-색슨, 롬바르드 족 등으로 분화되었다. 이들은 부족사회를 이루고 살았으며, 중세 이전까지는 국가의 형태를 갖추지 않았었다. 부족의 족장은 전사들의 모임인 시민회에서 선출하였고, 대부분의 의사 결정은 시민회가 주도했다. 족장은 무기와 식량 등을 전사에게서 받고 싸움에서 전사단을 지휘하였고, 전사단은 족장에게 충성하는 대가로 가족의 생명과 일정 수준의 수입을 보장받았다. 이는 지배층과 피지배층 사이의 충성과 의무의 관계로 유지되는 제도로서 나중에 중세 시대에 나타날 봉건제도의 씨앗이라 할 수 있다.

3세기경에는 게르만인의 일부가 로마의 용병이 되거나 소작인으로서 로마의 변경 지대에 정착하기 시작했다가 점차적으로 게르만인으로만 편성된 군대가 만들어졌고, 나중에는 로마의 변방은 게르만 용병이 지키게 되었다. 4세기에 동쪽에서 훈족이 압박하여 들어왔다. 훈족은 서쪽으로는 라인강, 남쪽으로는 도나우강, 북쪽으로는 스칸디나비아 남부, 동쪽으로는 이란에 이르는 커다란 세력을 이루고서 서유럽의 중심으로 향했다. 그리고 이들에게 밀려서 게르만족이 대대적으로 이동하면서 유럽의 판도에 커다란 변화가 생겼다. 서로마는 동고트 등 게르만족들과 연합하여 훈족의 침입을 물리칠 수 있었다. 그러나 곧 동고트족은 쇠약해진 서로마를 점령하고 라벤나Ravenna를 수도로 하는 동고트 왕국Ostrogothic Kingdom, 493~555을 세웠다. 서고트족은 더 서쪽으로 나아가 이베리아 반도에 정착하여 에스파냐 왕국을 세우고 기독교를 받아들여 로마인과 공존했다. 반달족은 서고트가 점령한 이베리아 반도를 지나 아프리카 북부를 차지했다. 이외에도 영국 땅은 앵글로-색슨족이, 프랑스와 독일은 프랑크족이, 프랑스의 동부와 독일의 남부는 부르군트족이, 이탈리아 북부는 롬바르드족이 차지하고 자신들의 왕국을 세웠다(그림 6.1).

동로마의 유스티니아누스 1세Justinianus the Great, 482?~565는 과거 대로마제국의 재건을 위해 노력했다. 그는 로마를 지탱해 온 12표법과 인간의 평등과 윤리를 강조한 스

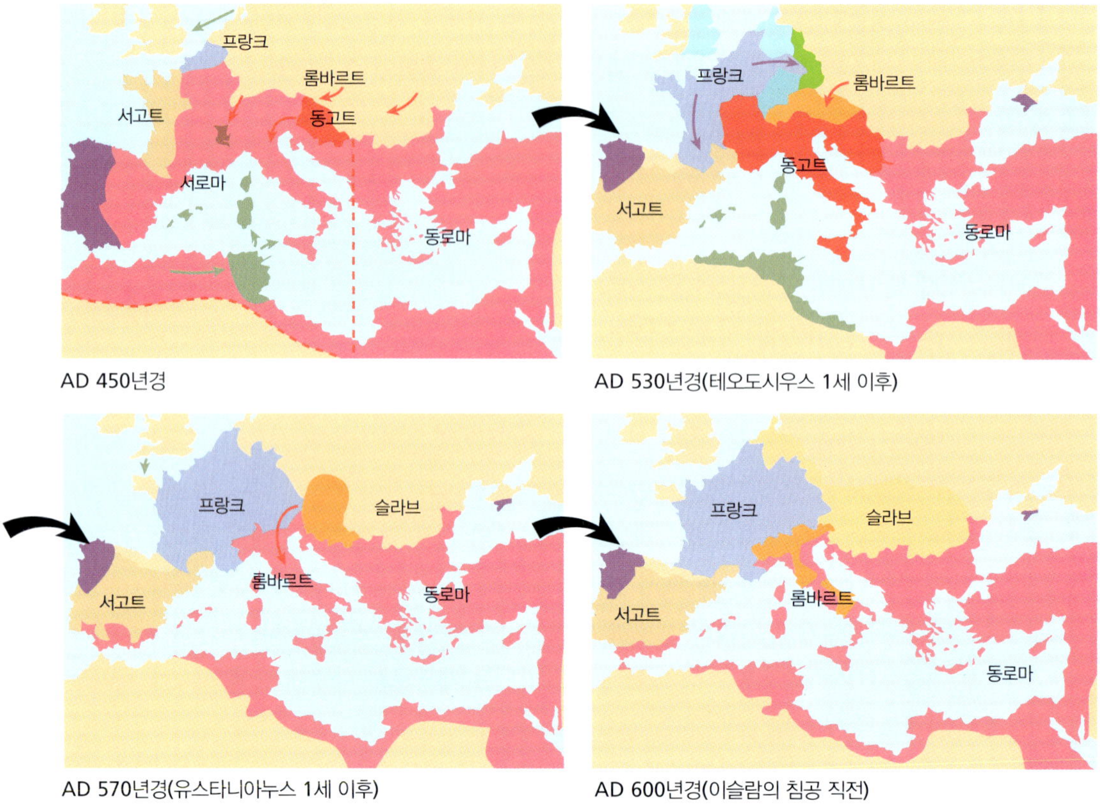

그림 6.1 중세유럽의 세력판도의 변천 과정.

토아철학의 영향을 받아 성립되었던 자연법Jus Naturale을 토대로 집대성한 유스티아누스 법전을 탄생시키는 등 여러 가지 개혁을 단행하였다. 신학에도 깊은 관심을 보여 교회의 교리와 이론을 정리하여 그리스 정교에서는 성인으로 추앙받기도 한다. 또한 532년에 일어난 니카 봉기로 소실된 성 소피아Hagia Sophia 대사원을 537년에 현재의 웅장한 모습으로 재건했다. 그는 과거 로마의 세력권이었던 아프리카 북부의 반달 왕국Vandal Kingdom, 429~534을 물리치고 서로마를 지배하던 동고트 왕국도 멸하여 실지를 탈환했다. 그러나 그가 죽자 동로마는 그가 정복한 지역의 대부분을 잃어버렸고, 서로마는 다시 게르만의 롬바르드족에게 점령되고 말았다. 또한 스페인 영역을 지배하던 서고트 왕국Visigothic Kingdom, 419~711은 711년 우미야드 왕조의 이슬람권에 편입되었다.

한편 갈리아 지방을 중심으로 하는 동게르만의 프랑크족은 오데르강, 다뉴브강 그리고 라인강 영역의 유럽 북, 중, 서부 쪽으로 세력을 확장하고 5세기 중엽에 프랑크 왕국을 세웠다. 751년에 481년부터 군림하던 메로빙거 왕조Merovingian dynasty를 무너

그림 6.2 카를 대제 시대의 프랑크 왕국의 영토와 주변 국가.

뜨리고 카롤링거 왕조Carolinger dynasty, 764~911가 들어섰다. 유명한 카를 대제Karl the Great, 742?~814, 재위 800~814는 카롤링거 왕조의 두 번째 왕이다. 그는 서로마 영역을 점유했던 롬바르드 왕국Lombard Kingdom, 568~774을 멸한 다음 북유럽의 색슨족의 세력을 평정하여 현재의 독일, 프랑스, 이탈리아의 영토를 아우르는 거대한 제국을 건설했다(그림 6.2). 799년 당시 로마 교황이었던 레오 3세Leo III를 도와 로마시의 소요를 진압하자 교황은 800년 이에 대한 보답으로 카를 대제를 서로마의 황제로 임명하였다. 당시 서로마는 동로마의 간섭을 받고 있었기 때문에 여기서 벗어나고자 카를 대제의 힘을 이용하려 한 것이다. 동로마는 처음에는 카를 대체를 황제로 승인하지 않았다가 812년이 돼서야 승인했다. 하지만, 그를 '프랑크인 황제'라 칭하는 등 완전한 로마의 황제로 인정한 것은 아니었다. 카를 대제가 황제로 임명된 것은 원시종교를 믿던 게르만족이 로마정교로 개종한 것을 의미하며 동시에 유럽 역사의 주인공이 로마인에서 게르만인으로 바뀐 것을 상징적으로 보이는 사건이라 하겠다. 다른 한편으로는 종교가 정치에 관여할 수 있는 길을 터주어 중세의 정교일치 제도의 시작점이 되는 사건이기도 하다.

카를 대제의 사후 프랑크 왕국은 라인 강을 기준으로 동프랑크와 서프랑크로 분할되면서 후일의 독일과 프랑스의 출현을 예고한다. 동프랑크 지역에서는 이전부터 내려오던 부족공Herzog 제도를 유지하고 있었다. 카롤링거 집안의 혈통이 단절되자 911년에 부족공들 중에서 국왕을 선출하는 제도가 도입되어 색슨의 하인리히 1세Heinrich I가 동프랑크의 황제가 되었다. 그의 아들이 카를 대제에 못지않은 영걸 오토 대제Otto the Great, 936~973이다. 오토 대제는 왕권을 확립하고 주변 부족들의 소요를 힘으로 진압했다. 그의 세력의 중심에는 수도원의 사제와 승려들이 있었다. 사제는 결혼을 하지 않기 때문에 영지에 대한 세습권이 없으므로 왕이 임명하는 후계자가 영지를 물려받게 된다. 오토 대제는 사제를 임명하는 권한을 활용하여 사제와 승려를 부족공에 대항하는 왕권의 수호자로 만들었다. 실제로 사제와 승려로 이루어진 기사군騎士軍은 규모와 능력 면에서 부족공의 군대보다 뛰어났다. 오토 대제는 카를 대제와 마찬가지로 로

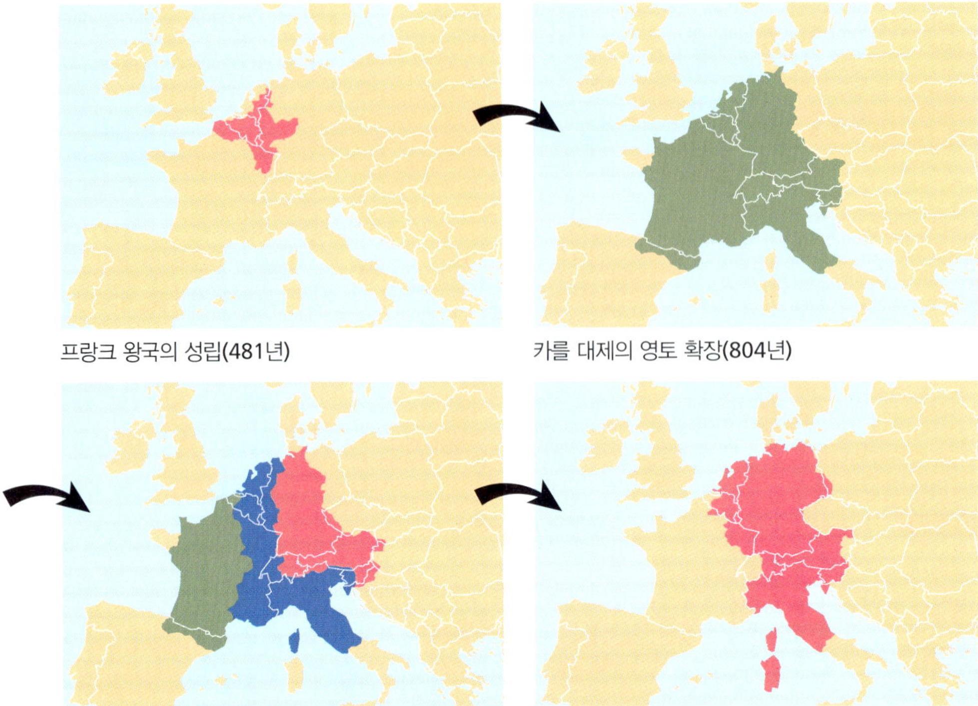

프랑크 왕국의 성립(481년) / 카를 대제의 영토 확장(804년) / 카를 대제 사후 분할된 프랑크 왕국(843년) / 신성로마제국(962년)

그림 6.3 프랑크 왕국과 신성로마제국의 영토.

마제국의 재건을 이루고자 당시 무정부 상태나 다름없던 이탈리아를 3번이나 원정했고, 962년 로마 교황 요하네스 12세로부터 로마황제의 왕관을 받아 신성로마제국Holy Roman Empire을 세웠다. 신성로마제국은 약 2세기 동안 독일과 이탈리아 북부를 지배하는 세력으로 군림했다. 역대 황제들은 로마 교황으로부터 왕관을 받은 뒤에 황제로 등극했는데, 이 또한 기독교권의 정교일치 양상의 하나로 이해할 수 있다(그림 6.3).

종교의 힘이 강해지면서 이전에 없었던 양상의 크고 작은 충돌이 일어났다. 신성로마제국의 황제와 로마교황과의 사이에서 불협화음이 자주 일어나기도 했다. 교황 그레고리오 7세가 성직자 임명권을 교회로 가져오려고 하자 신성로마제국의 황제 하인리히 4세가 반발하여 일어났던 사건인 '카노사의 굴욕'은 이러한 갈등의 대표적인 사례라 할 수 있다. 교황이 황제를 파문하고 귀족들이 교황의 편을 들게 되자 황제가 굴복하여 1077년 1월 28일 교황을 찾아가 용서를 구했기 때문에 세속 권력이 기독교에 대한 굴복한 것을 상징하는 사건이 되었다. 또한 로마의 기독교와 비잔틴의 그리스 정교 사이에 벌어진 성상파괴iconoclasm 운동과 같은 교권을 사이에 둔 갈등도 일어났다.

2.

이슬람의 등장과 이유 있는 급부상

7세기에 접어들면서 이제까지 역사의 전면에 나선 적이 한 번도 없었던 아라비아 Arabia에 이슬람Islam 세력이 등장했다. 아라비아는 대체적으로 사막지대에 띄엄띄엄 오아시스 도시가 형성되어 있는 생활환경이 척박한 지역이다. 여기 사는 사람들은 기독교권의 인도유럽어족과는 다른 셈Sem 족이다. 이들은 동쪽의 페르시아와 서쪽의 동로마의 거대 세력에 이용당해 왔고 셈족끼리도 서로 불신하여 갈등과 분쟁이 끊이지 않았었다. 이런 이유로 아라비아는 7세기 이전까지는 역사적으로도 정치적으로도 중요한 곳이 된 적이 없었다. 하지만 아라비아의 위치상 이들은 오래 전부터 이집트, 페니키아, 아시리아, 페르시아, 그리스, 인도, 동로마, 서로마 등 고대 문명권과 교류하여 왔으며, 그 결과로 아라비아에는 유대교, 기독교는 물론 미트라교, 조로아스터교, 마니교 등 여러 종교가 섞여 있었다. 이슬람교의 중요 성지인 메카Mecca는 기독교의 구약성서에 나오는 아브라함이 발견한 샘물이 있다고 알려진 곳이다. 이 메카에서 무함마드 Muhammad, 영어 Mahomet, 571~632가 이슬람교를 창시하였다. 그러므로 이슬람교가 유대교와 기독교에서처럼 아브라함을 조상으로 받들고 유일신을 믿는 것은 결코 우연스러운 일은 아닐 것이다.

무함마드는 610년경 메카 근교의 동굴에서 명상수행을 하던 중 대천사 가브리엘의 계시를 받아 이슬람의 예언자가 되었다. 그는 유일신 알라Allah의 전지전능함, 만물의 창조, 최후의 심판, 천국과 지옥 등에 대해 설교하였다. 그는 생명의 존중, 도덕적 타락에 대한 각성, 당시 정치상의 혼란, 불공정한 경제 질서, 사회 계급 의식 등에서 오는 차별을 비판하고 모든 사람은 알라신 앞에 평등하다는 주장을 했다. 처음에는 메카에서 포교를 시작했으나, 그의 평등 이념이 메카의 지도층으로부터 호응을 얻지 못하여 실패했다. 이후 메디나Medina로 옮겨 포교에 성공하였다. 이슬람교에서는 포교에 성공한 622년을 이슬람 기원인 해로 삼아 이슬람력 원년Hegira이라고 한다. 그 후 무함마드는 630년 메카로 돌아와 동조자들과 함께 다신교에서 여러 신을 모시던 메카의 카바Kabah를 유일신인 알라신만을 신봉하는 장소로 정화하는 등 이슬람교의 시작을 알렸다. 632년 무함마드가 세상을 떠났다.

이슬람교의 경전인 코란Koran은 무함마드의 사후에 그의 어록을 집대성한 것이다. 코란에서는 사람을 인종 및 종교에 따라서 차별하지 못하도록 했고, 학문을 정진하는 것은 숭고한 신앙생활을 하는 것보다 더 높은 것이라고 가르쳤다. 이는 이슬람교가 태동한 7세기 아라비아 반도와 그 주변의 사회, 역사, 문화적인 상황과 무함마드가 개인적으로 겪은 여러 가지 역경에서 배운 교훈을 반영한 것으로 해석된다. 이슬람교의 이러한 사상은 훗날 이슬람교가 스페인에서 인도까지 연결된 광대한 제국으로 팽창하고, 같은 시대의 유럽에서와는 달리 인간 이성을 중시하고 학문을 장려하는 정책을 이어가게 된 중요한 배경이다.

이슬람교는 유대교와 기독교의 영향이 있던 곳에서 발흥했기 때문에 이들 종교와 유사한 점이 많다. 예를 들어 아담, 노아, 아브라함, 모세 등 기독교의 구약성서에 나오는 인물들은 모두 예언자로 추앙받는다. 그러나 기독교와는 달리 예수를 메시아로 인정하지 않고 여러 예언자 중 한 사람으로 보고 있는데, 이는 유대교도 마찬가지이다. 이슬람교에서는 가장 나중에 나타난 예언자인 무함마드가 최후의 예언자이다. 이슬람의 교리는 6신信 5행行의 교리라고도 한다. 6신은 알라신, 천사, 경전, 예언자, 내세, 천명天命 등 여섯 가지를 믿는 것이며 5행은 고백, 예배, 단식, 희사喜捨, 순례 등 행해야 하는 다섯 가지를 뜻하며, 이를 다하는 사람을 신자라는 뜻의 무슬림Muslim이라 부른다.

이슬람의 종교적 이념 하에 정교일치를 표방하고 출발한 이슬람의 초기의 정통 칼리프 시대630~660에는 평등 이념에 따라 계승자를 뜻하는 칼리프Calif, 즉 지도자를 선거로 선출했다. 초대 무함마드에 이어 2대 칼리프인 아부 바크르는 무함마드의 뜻을 받들어 포교를 위한 전쟁을 수행하여 칼리프가 된 지 2년 만에 동로마제국에 속해 있던 시리아와 팔레스타인의 상당 부분을 차지했다. 이후로도 지속적으로 팽창 정책을 써서 동로마에 속해 있던 이집트로 진출하고 페르시아를 병합했다. 이렇게 급속하게 이슬람이 팽창할 수 있었던 배경에는 몇 가지 이유가 있었다. 첫째는 동로마와 페르시아가 서로 오랫동안 다투면서 국력이 쇠퇴했던 시기와 이슬람이 포교 전쟁을 시작한 시기가 서로 잘 맞았었다. 실제로 여러 번의 전투에서 페르시아는 싸우지 않고 뒤로 물러났다고 한다. 두 번째는 이슬람에서는 군인들에게 현금으로 봉급을 주었는데, 이것이 시장 경제를 활성화시키는 동력으로 작용하여 동로마나 페르시아 치하의 침체된 경제 체제보다 큰 호응을 얻었었다. 마지막으로 이슬람은 피정복자에게 강제적으로 개종을 요구하지 않아서 팽창 정책에 대한 반발이 강하지 않았었다는 점이다. 이슬람교에서는 6신 5행을 준수하면 형제이지만 이를 준수하지 않더라도 이슬람의 이념을 훼손하지 않으면 형제가 아닐 뿐이지 배격의 대상은 아니다. 당시 페르시아 정복지에는 이슬람교를 믿는 사람은 전체 인구의 10% 수준이었다고 한다. 이런 정책이 있었던 배경에는 아마도 고대로부터 교역이 많았었기 때문에 다른 문화권에 대해 배타적이지 않았던 사회적 분위기가 한 몫 했을 것이다. 이슬람을 믿지 않는 사람들에게는 대신 인두세人頭稅를 부과했는데, 이를 통한 세수입으로 경제적 효과도 크게 나타났다. 이러

그림 6.4 이슬람제국의 영토.

한 이유로 당시의 정치사회적 환경에서 지배자의 폭정과 억압 속에서 빈곤과 상호 불신 속에서 살던 모든 피지배계층 사람들에게 이슬람은 희망과 풍요를 약속하는 것으로 보였을 것이다. 따라서 많은 사람들이 무슬림이 되기를 원하게 되고 자연스럽게 이슬람권이 급속도로 팽창할 수 있게 되었다(그림 6.4).

칼리프 조를 무너뜨리고 들어선 우미야드 왕조Umyyad Dynasty, 661~750는 지도자를 선거로 선출하는 제도를 없애고 세습 왕조제도를 시행했다. 이 시대에는 이전 칼리프 시대의 시책들을 계승 발전시켜 스페인의 대부분, 북부아프리카, 아라비아 반도, 페르시아, 중앙아시아, 인더스에 이르는 영역을 영향권에 두는 거대한 제국을 건설했다. 691년에는 예루살렘에 있는 성전산聖殿山에 반석교회Dom of the Rock라고 불리는 금색 돔 지붕에 8각형으로 된 웅장한 사원을 건설했는데, 이것이 후일 십자군전쟁의 빌미를 제공하기도 했다. 750년 우미야드 왕조를 무너뜨리고 아바시드 왕조Abbasid Dynasty, 750~1258가 세워졌다. 우미야드 왕조의 마지막 왕자 압드 알 아흐만은 스페인으로 피신했다가 여기에서 다시 우미야드 왕조 국가를 세워 1031년까지 이 지역을 다스렸다. 우미야드 왕조와 아바시드 왕조 시대에는 이슬람의 지도자들이 학문을 장려하는 여러 가지 정책을 시행했다. 그 덕분에 유럽 대륙에서는 권력 다툼과 종교의 권위 때문에 자연철학이 설 자리가 사라져 갔던 그 시기에 그리스의 자연철학의 전통이 살아남을 수 있는 기회를 이슬람권에서 얻게 되었다. 이슬람권에는 이후에도 여러 곳에서 여러 왕조가 나타났다가 사라지면서 서로 각축했다. 주 무대는 처음에 우미야드 왕조 시대에 차지했던 지역이지만 이슬람교가 다른 민족에도 전파되면서 아라비아인이 아닌 다른 민족이 이슬람 국가를 세우기도 하여 이슬람권의 영향은 서쪽으로는 스페인까지 동쪽으로는 인도와 중국에까지 이르렀다.

이슬람의 세력이 스페인으로 진출한 사실은 역사적으로 매우 의미 있는 사건이다. 왜냐하면, 이때부터 이슬람의 문물과 문화가 중세 유럽에 직접적인 영향을 주었기 때문이다. 1492년 이슬람의 세력이 스페인에서 완전히 밀려날 때까지 800년 가까운 기간 동안 유럽의 기독교와 아랍의 이슬람 세력은 스페인에서 때로는 공존하면서 문화적 교류를 했고 때로는 서로간의 전쟁을 치루면서 각축했다. 이 과정에서 아랍의 여러 가지 문물이 유럽으로 흘러들어 갔고, 더러는 매우 중대한 영향을 남기기도 했다. 예를 들어, 나중에 프랑크 왕국을 이루게 되는 카를 대제의 할아버지인 찰스 마텔은 기병 부대를 만들고 갑옷, 투구, 창, 활 등의 병기를 개량하여 막강한 군사력을 이루어 프랑크 왕국이 성립하기 위한 중요한 기반을 마련했는데, 이러한 군사적 발전은 모두 이슬람 군과의 전쟁을 통해서 들어온 것이다. 732년 프랑스 북서부의 투르Tours에서 있었던 이 전쟁의 이전까지는 유럽의 군대는 로마 군에서 배워 온 보병 부대만 있었지만, 아랍의 군대는 이전부터 기병 부대를 갖고 있었던 것이다.

11세기에는 지중해를 가운데에 두고 북쪽의 기독교와 남쪽의 이슬람의 거대한 양대 종교 세력권이 이루어졌다. 이들은 나중에 십자군 전쟁으로 서로 충돌하게 되었고 이 전쟁의 여파로 중세 암흑기의 유럽에서는 자연철학의 지평에 커다란 변화가 일어나게 된다.

3.
자연철학과 종교 사이에서 갈등하는 아브라함의 자손들

종교는 신의 존재에 대한 무조건적인 믿음을 전제로 하고 말세론과 내세론을 바탕으로 모든 자연현상을 신의 섭리에 의한 것으로 보는 데 반하여 자연철학에서는 자연현상에 대한 실증적, 논리적, 객관적 인식을 추구하므로 신, 말세, 내세 등의 관념은 배척될 수밖에 없다. 따라서 종교계가 자연철학에 대하여 경계심을 갖고 이단시하는 것이나 자연철학이 종교를 실증적이지 못하다는 이유로 거부하는 것은 어쩌면 운명적이라고 밖에 할 수 없을 것이다. 앞서 살펴본 것처럼 중세 시대에는 기독교와 이슬람교가 지중해를 중심으로 양대 세력권을 형성했다. 이 둘은 모두 아브라함의 후예임을 자처하는 종교이다. 이슬람권에서는 국가들이 출범부터 정교일치를 기치로 내세운 종교 국가였고, 기독교권에서도 프랑크 왕국 이후로는 정교일치 사회가 만들어져서 교회의 영향력이 커져만 갔었다. 종교와 자연철학이 갖고 있는 근본적인 차이점 때문에 중세 시대의 자연철학의 길은 두 진영 모두에서 순탄할 수 없었다.

이러한 관계는 자연철학을 포함한 학문에 대한 종교의 폭력적 사건으로 쉽게 알 수 있다. 기독교권에서는 391년 테오필로스 주교가 알렉산드리아의 무세이온의 후신인 세라피움Serapium을 폐쇄한 것, 415년 알렉산드리아의 주교 키릴로스가 무세이온의 여성 수학자 히파티아Hypatia 355~415를 살해한 사건, 529년 유스티아누스 황제가 아테네에 있던 아카데미와 아리스토텔레스가 세운 리케이온 같은 교육기관을 폐쇄한 일 등이 대표적인 사례이다. 13세기에는 아리스토텔레스의 철학을 수도원과 대학에서 가르치는 것을 금지하기도 했다. 이슬람권에서도 642년 알렉산드리아를 점령한 칼리프 우마르가 무세이온을 폐쇄하면서 도서관에 소장된 모든 장서를 불태워버린 사건이 있었으며, 10세기 말에는 코르도바Cordoba에서 외래 학문과 관련 서적을 불태운 사건이 있었다. 이러한 상황 속에서 학문 탐구는 숨을 죽일 수밖에 없었다. 설사 모든 학문이 다 사라지지 않았더라도 학문은 종교권력의 시녀로 전락하여 종교의 입장을 뒷받침하기 위한 도구로서만 그 명맥을 유지할 수 있었다.

하지만 두 진영에서 자연철학이 겪은 경로는 서로 사뭇 다르게 나타났다. 사실은 같은 기독교권이지만 동로마와 서로마 지역에서 나타난 자연철학의 전개 과정도 차이가 있었다. 서로마 지역에서는 서로마가 멸망하고 여러 번 주인이 바뀌는 등 정치적 불안의 연속이어서 자연철학이 이루어질 수 없었다. 8세기 말에 이르러 프랑크 왕국이 유럽을 평정한 후에 정치적 안정을 찾게 되었지만, 이후로는 정교일치가 국가의 통치 이념이 되면서 자유로운 학문 활동이 위축되었다. 반면 동로마는 상대적으로 정치적으로 안정했기 때문에 어느 정도의 학문 활동이 가능하였고, 그 덕분에 고대 그리스 시대의 학문이 맥을 이을 수 있었다. 이 지역에는 고대 그리스의 영향이 남아 있었고 그리스어를 아는 사람들도 적지 않아서 고대 그리스 철학자의 저작이 남아 있었고 이를 탐구하는 학자들도 있었다. 하지만 동로마에서도 학문은 쇠퇴의 길을 걸었던 것은 마찬가지였고 단지 그 쇠퇴의 속도가 상대적으로 느렸을 뿐이라고 보아야 할 것이다. 플라톤의 이데아 사상은 기독교의 사상과 비슷한 점이 많았기 때문에 교회의 관심을 끌었으나, 합리성과 논리성을 추구하는 아리스토텔레스의 사상은 배척되었다.

동로마는 서아시아와 닿아 있었기 때문에 자연스럽게 고대 그리스 학문이 서아시아로 전파되는 다리 역할을 했다. 이 역할은 5~6세기에 가장 활발했는데, 그 배경에는 동로마에서 있었던 종교적 분쟁이 있었다. 즉 동로마에서는 기독교의 교리 논쟁이 수차례 있었고, 이 과정에서 이단으로 몰린 사람들이 박해를 피해 시리아와 페르시아 등 서아시아 지역으로 도피하여 거기에서 기독교와 함께 고대 그리스의 학문을 전달했던 것이다. 특히 그 중에는 지금의 로마가톨릭의 교리인 삼위일체 사상과 다르게 예수를 인간으로만 보았던 네스토리우스 주의자들도 포함되어 있었는데, 이들 중에는 고대 그리스 학문을 하는 학자들이 많이 있었다. 이들은 페르시아에 뿌리를 내려 페르시아에 영향력을 행사하는 사람들이 많이 나타났고, 이러한 배경으로 고대 그리스의 학문이 이 지역에 전파되었다. 특히 이들은 그리스어 원전을 시리아어로 번역하는 사업을 펼쳤다.

이슬람권은 비록 교리상으로는 매우 강력한 정교일치 체제를 갖춰야 하겠지만, 실제적으로는 그러한 이념을 실현할 수 있는 사정이 되지 못했다. 정복지를 다스리기 위해서는 관료 조직이 필요하고 관료 조직을 유지하기 위해서는 지식이 있는 사람들이 필요한데, 이에 필요한 인력을 아랍인만으로 채울 수는 없었던 것이다. 당연히 현지의 페르시아 인들이 대거 활용되었는데, 이들 중에는 이전 시대에 고대 그리스의 문화를 수용한 사람들의 후손이 포함되어 있었다. 자연스럽게 고대 그리스 학문에 대한 관점도 이어 받아서 고대 그리스 원전들이 대거 아라비아어로 번역되는 사업으로 이어졌다. 이에 더하여 자신들에게 적극적으로 반대하지 않으면 이를 수용했던 이슬람교의 관용적인 태도, 몇 칼리프가 펼쳤던 학문장려 정책 등이 겹치면서 이슬람권의 자연철학은 고대 그리스의 전통을 이어받고 독창적인 연구 성과도 더하면서 후대에 이어주는 역할을 하게 되었다.

이와 같은 사정으로 중세 기독교권이 남긴 자연과학의 업적은 거의 없다고 할 수 있다. 6세기경 필로포노스Philoponus, Johannes 490?~570?는 아리스토텔레스의 능동자의 개념을 정량적인 '운동량' 개념으로 대체하여 사물의 운동을 설명했다. 그는 모든 물체는 일정한 운동량을 갖고 있어 마찰 등 방해 요인이 없으면 그 물체는 원래부터 하던 운동을 지속한다고 주장했다. 천체의 조화로운 운동은 천체의 운동을 방해하는 요인이 없기 때문에 지속되며, 날아가던 화살이 중간에 떨어지는 것은 마찰에 의해 운동량이 줄어들었기 때문이라는 것이다. 이러한 설명은 모든 자연현상을 신의 섭리에 의한 것으로 보는 종교계로부터 거센 비판을 받고 이단시되었다. 운동량에 대한 논의는 한동안 단절되었다가 13세기 저명한 종교철학자 토마스 아퀴나스Thomas Aquinas 1224?~1275가 과학적 관점을 종교적 인식에 접목시키는 철학적 시도를 하면서 이어졌다. 그는 천체의 조화로운 운동은 신이 천체를 창조할 때 천체에 일정한 운동량을 부여했기 때문에 가능한 것이므로, 이는 곧 신이 존재한다는 증거라고 주장했다. 그 후 14세기에 뷔리당Jean Buridan 1295~1363은 운동량을 임페투스impetus라는 개념으로 표현하고 그 논의를 확장했는데, 그도 임페투스를 사물이 신으로부터 부여받은 속성이라고 설명하여 종교계의 비판을 모면하기도 했다. 다른 분야와는 달리 생명과 관련된 의술은 교리와 상충되지 않는다고 여겨져 히포크라테스나 갈레노스의 의서는 수도원에서 교육되었다. 9

세기 이탈리아 남부 살레르모Salermo에서 발전된 의술은 아주 유명했다고 한다.

과학철학이 겪었던 극심한 침체와는 대조적으로 중세 시대에 기술은 많은 발전을 보았다. 특히 농업기술이 발전하여 여러 가지 새로운 곡물을 작물화했고, 농기구 개발, 영농법 개선 등으로 식량 생산이 늘어났다. 또한 수차水車와 풍차가 개발되어 사람이나 동물의 힘 대신 자연의 힘으로 동력을 이용하게 되었으며, 베틀을 발명하여 직물생산이 증대되었고, 항해기술이 발전하여 대형 범선이 등장했다. 그리고 중국에서 이슬람권을 통해 건너온 제지기술, 인쇄술, 나침반, 화약 등은 모두 중세 시대의 산업발전에 중요한 역할을 했다.

이슬람권은 인접한 비잔틴제국과 멀리 인도와 중국과 교류하면서 고대 그리스와 헬레니즘은 물론 인도와 중국의 발달된 자연철학과 문화를 접하고 있었다. 이들은 외래문화를 적극적으로 수용하여 고대의 모든 분야의 모든 서적들을 아랍어로 번역하는 대역사를 전개했다. 이에 관여한 주역들은 이집트, 시리아, 페르시아, 인디아 사람들이 많았고 내국인은 상대적으로 적었다고 하는데, 이로서도 이슬람권의 학문과 문화에 대한 태도를 짐작할 수 있다. 일부 학자들은 700~1000년 사이에 있었던 이슬람권의 번역문화를 혼성문화라고 부르기도 한다. 이러한 배경으로 이슬람권은 고대 문화와 자연철학을 계승해가게 되고 당대의 다른 나라의 문화도 흡인하여 발전시킬 수 있었다. 이제 이슬람권의 혼성문화의 역사적 의의를 살펴보도록 하자.

정통 칼리프 조를 이은 우미야드 왕조는 수도를 다마스쿠스Damascus로 정하고 많은 자연철학자들을 이곳으로 초빙하여 연구 활동을 할 수 있도록 적극적인 지원을 아끼지 않았다. 앞서 언급한 반석교회도 이 때 건립되었으며, 8세기 초에는 천문대를 건설하여 천문 연구도 수행했다.

우미야드 왕조를 이은 아바시드 왕조의 제2대 칼리프 알 만수르Al Mansur, 714~775, 재위 754~775는 많은 자연철학자들을 수도 바그다드Bagdad로 초청해 활발한 연구를 하도록 지원했으며 773년에는 인도의 유명한 천문학자 칸카Kanka를 초빙하여 수학과 천문학이 발달한 힌두의 자연철학 문헌을 아랍어로 번역하도록 했다. 제4대 칼리프 알 마문Al Mamun, 재위 813~833은 828년 바그다드에 '지혜의 집'을 세우고 많은 과학자를 초빙하여 고대 자연철학 등 많은 외래문화를 아랍어로 번역하는 대대적인 사업을 벌였다. 이 사업의 주역은 후나인 이븐 이샤크Hunayn ibn Ishaq, 809~873와 그의 아들 이샤크 이븐 후나인이었는데 이들은 천문, 의학 및 자연에 대한 서적을 중점적으로 번역했다. 특히 고대 로마의 프톨레마이오스의 저작 《천문학 집대성》을 아랍어로 번역하여 《알마게스트》라고 불렀는데, 이 책은 이후 동서양을 막론하고 중요한 천문학 자료가 되었다. 또 의학 분야의 갈레노스의 방대한 의서들, 히포크라테스의 《의학전서》, 자연철학분야의 아리스토텔레스의 《자연학》, 에우클리드의 《원론》도 번역했다. 수학 분야에서는 크와리지미 또는 알크와리지미(Abu Ja'far Muhammad ibn Musa al-Khwarizmi), 780~850가 인도의 수열과 계산법에 대한 서적을 아랍어로 번역했다. 이 번역서에서 그는 오늘날 우리가 사용하는 수 체계와 같이 0을 포함하는 인도의 10진법 수 체계를 소개했다.

번역 사업을 통하여 얻은 자연철학의 지식은 이슬람권의 독자적인 학술 활동으로 이어졌다. 829년에는 바그다드에 천문대를 건립하고 메소포타미아의 점성가들을 초빙하여 운영했으며 그 중 한 사람인 알 바타니 Al-Battani, 858?~929의 관측과 측정은 프톨레마이오스의 결과보다 더 정확했다고 한다. 의학 분야에서는 후나인의 제자였던 알 라지 Al Razi, 865~925, 라제스(Rhazes) 또는 라지스(rasis)로도 알려짐가 그리스, 인도, 중동 등 여러 지역의 의학을 종합하여 100여 편의 의서를 저술했으며, 페르시아의 이븐 시나 Ibn Sina, 980~1037, 아비센나(Avicenna)로도 알려짐도 《의학대전 Canon of Medicine》이란 의서를 발간했다. 당시 바그다드의 병원이 여럿 있었고, 여기에서 일했던 의사도 수십 명이 되었다고 한다.

이슬람권의 자연철학 중 수학과 연금술은 다른 어떤 분야보다 잘 알려져 있으며 지금까지 영향을 미치고 있다. 인도로부터 들어온 0의 개념을 받아들이고 아라비아 숫자라고 하는 오늘날의 숫자체계를 발전시킨 것은 이슬람권의 공로이다. 특히 그리스 수학에서는 원리와 철학으로 경도되었다면, 이슬람의 수학은 문제의 해를 푸는 방법에 역점을 두어서 오늘날의 대수학의 기틀을 마련했다. 오늘날 초등학교와 중학교에서 배우는 대수학의 많은 부분은 이슬람권에서 발전된 것이다. 대수학을 가리키는 영어 algebra는 대수학 계산에서 (−)의 항을 이항해서 (+) 항으로 만드는 방법을 나타내는 아랍어 al jabr에서 나왔다. 아랍의 과학하면 연금술 alchemy을 연상할 정도로 이슬람권에서 연금술은 활발하게 연구되었던 분야이다. 일반적으로 연금술은 금이 아닌 물질을 변형하여 금을 만들고자 하는 허튼 노력으로 평가절하되지만, 사실은 물질의 본질에 대해 아무런 지식이 없던 시대에 물질의 본질을 추구하고 유용한 약물을 만들어 사용하고자 하는 시도까지 매우 다양한 면이 포함되어 있다. 가공을 통하여 물질이 변할 수 있다는 생각은 아리스토텔레스의 4원소설 이론에 바탕을 둔 사고 방식에서 시작된다. 연금술사들은 끓이고 졸이고 섞는 등의 다양한 방법으로 물질에 대한 조작을 시도했고, 그러한 과정에서 다양한 물질들을 정제하고 발견했으며, 다양한 기구들을 개발했다. 오늘날 화학 분야에서 사용되는 알칼리, 알코올, 나트륨 등의 용어는 중세 이슬람권의 연금술사들이 만들어낸 것이며, 증류 장치 등의 원리도 연금술사가 고안한 것이다. 9세기에 활동한 연금술의 아버지라 불리는 자비르 이븐 하이얀 Jabir ibn Hayyan, 721?~815?은 훗날 게베르 Geber라는 이름으로 중세와 근대의 유럽의 과학에도 영향을 미쳤다. 그는 여과, 증류, 승화 등 다양한 실험 방법을 확립하고, 다양한 물질을 분해하고

용해시키는 왕수를 개발했다. 이러한 공로로 그를 '화학의 아버지'라고도 한다.

이슬람권은 704년 중앙아시아 사마르칸트Samarkand에 진출했을 때 포로로 잡혀 있던 중국인 제지 기술자의 기술을 전수받아 제지기술을 전세계에 전파하는 역할을 했다. 793년 바그다드에 제지 공장이 세워졌다. 이 기술은 이집트900년경와 스페인1100년경을 거쳐 1189년에는 유럽으로 전파되었다. 오늘날 우리의 일상생활에서 종이가 차지하는 비중을 생각하면, 중세 이슬람권은 인류 문명 발달에 매우 중대한 역할을 수행했다고 할 수 있다.

아바시드 왕조에 밀려났던 우미야드 왕조의 후손이 스페인의 피레네Pirenne 산맥 남부 안달루시아Andalucia 지방으로 진출하여 세운 후後우미야드 왕조751~1031는 우미야드 왕조의 전통을 이어받아 학문 활동을 권장하는 시책을 폈다. 765년 수도 코르도바에 과학원이 설립되었고 톨레도에도 유사한 과학원과 400,000만권이나 되는 장서를 소장한 도서관이 세워졌으며, 여러 문헌을 아랍어로 번역하는 사업이 활발하게 진행되었다. 코르도바 궁정의였던 알 자라위Abu al-Qasim al-Zahrawi, 936~1013는 30절에 이르는 의서를 저술했다. 마지막 절은 당시 이슬람 세계에서 금기시되었던 인체해부학에 관한 내용이었는데, 이로부터 이슬람이 자연철학에 대해 얼마나 관대했는가를 알 수 있다.

후우미야드 왕조는 기독교권과 직접 맞닿아 있어, 고대 자연철학이 유럽으로 흘러들어가는 통로의 역할을 했다. 스페인 지방의 기독교 신부와 수녀들은 일찌감치 이슬람권에서 퍼져 있던 자연철학을 비롯한 그리스와 헬레니즘의 문화와 접하고 있었다. 이들 중에는 아랍어를 습득하여 아랍어 문헌을 라틴어로 번역한 사례도 있었다. 후우미야드 왕조가 붕괴된 후에는 이슬람권의 여러 아랍어 문헌들이 라틴어로 번역되어 유럽에 소개되었다. 이 중에는 이븐시나의 《의학대전》과 같은 이슬람권에서 이루어진 업적도 전달되었지만, 아리스토텔레스의 《자연학》, 프톨레마이오스의 《알마게스트》, 에우클리드의 《원론》 등 고대 그리스와 헬레니즘 시대의 저작도 포함되어 있었다. 중세 기독교권의 교육은 주로 수도원을 중심으로 이루어졌는데, 이렇게 들어온 고대 문헌의 영향으로 11~12세기의 교과과정에는 이슬람 과학과 그리스 학문이 주를 이루었다고 한다. 고대의 학문을 새로이 발견하고 받아들였던 이 시기를 훗날 15~16세기에 나타날 르네상스와 대비하여 '12세기 르네상스'라고 부르기도 한다.

지금까지 중세의 기독교권과 이슬람권에서의 역사의 전개 과정과 자연철학의 실상을 살펴보았다. 이슬람권의 자연철학은 그리스, 헬레니즘, 인도, 중국 등의 것을 아랍어로 번역하여 얻어진, 말 그대로 혼성문화의 산물로서 독창성이 떨어졌던 것은 사실이지만, 암흑기를 겪고 있는 기독교권에 비하여 아주 대조적인 양상을 보여주고 있는 것도 사실이다. 더 나아가 역사의 전개과정에서 이 혼성문화가 나중에 수행한 순기능은 특히 높은 평가받아야 마땅하다고 본다.

4.

실패한 도박 십자군전쟁과 그 손익계산

예루살렘은 유대교, 기독교, 이슬람교 등 세 종교에서 모두 자신들의 성지라고 여기는 곳이다. 유대교에서는 이곳이 BC 950년 솔로몬 왕이 순금으로 성전을 지어 하느님께 헌납한 곳으로서 유대교 신앙의 중심지이며 유대 민족의 민족혼의 중심지로 여기는 곳이다. 기독교에서는 이곳이 아브라함이 자신의 아들 이삭을 하느님께 바친 곳이며 또한 예수가 십자가에 못 박힌 곳이기도 하다. 그리고 이슬람교에서는 무함마드가 승천할 때 바위를 디디고 올라갔는데, 그 때 발자국을 남긴 바위가 있다고 믿는 곳이다. 우미야드 왕조 시대였던 691년에는 예루살렘의 성전산에 이슬람 사원 반석교회가 건립되었다. 예루살렘이 있는 팔레스타인 지역은 칼리프 우마르가 동로마를 몰아내고 차지한 이래로 내내 이슬람의 세력권 안에 있어 왔다.

당시 기독교인들은 이 예루살렘 성지를 순례하는 것을 최고의 덕행으로 여겨서 예루살렘을 찾는 기독교인의 발길이 이어졌었다. 기독교인들이 이슬람의 영토를 지나 예루살렘으로 가는 것이 험난한 길이었음에는 틀림없지만, 이교도의 땅을 지나는 기독교 쪽이나 이교도를 자신들의 땅에 들이는 이슬람교 쪽 어디에서도 정치적인 문제로 커지지는 않았었다. 한편, 터키 지역의 유목민족이던 셀주크 족이 일어나 10세기에 터키 지역을 지배하기 시작했다가 이슬람교를 받아들인 후 강력한 셀주크튀르크제국Seljuk Empire, 1037~1194으로 성장하여 결국에는 이슬람권의 패자가 되었다. 셀주크튀르크는 1071년 비잔틴과 겨뤄 대승을 거두고 예루살렘도 점령했다. 전쟁에서 진 비잔틴의 황제 미카엘 7세가 로마의 교황 우르바노 2세에게 지원을 요청했고, 이에 우르바노 2세는 십자군을 조직하여 이슬람권에 대한 전쟁을 시작하였다. 십자군의 명분은 이교도의 손에 떨어진 예루살렘 성지회복이었다. 비잔틴과 겨뤘던 셀주크튀르크가 예루살렘과 예루살렘을 둘러싼 시리아와 이집트 땅도 차지하고 있어서 기독교인들이 예루살렘으로 가는 길이 이전보다는 더 어렵게 되었기 때문에 이런 명분을 내세웠다. 하지만, 사실은 우르바노 2세는 이 전쟁을 승리로 이끎으로써 비잔틴의 그리스 정교에 대한 로마 정교의 영향력을 높이고 동시에 산재해 있는 왕권과 영봉국가領封國家들에 대한 총체적 지배력을 강화하려는 의도가 있었던 것으로 보인다.

1096년에 시작된 이 십자군전쟁은 1270년까지 7차에 걸친 치열한 예루살렘 대공

방전으로 이어져서 쌍방에 역사상 유례를 보기 드문 극심한 인명 피해와 국력 소모를 초래했다. 전쟁의 결과는 이슬람의 승리, 십자군의 패배로 끝났으며 기독교 측의 성지 회복의 꿈은 끝내 이루어지지 못했다. 십자군 전쟁이 실패한 원인은 여러 가지로 꼽을 수 있다. 우선 교황, 국왕, 영주, 비잔틴 왕국, 종교 기사단 등 여러 세력에서 차출된 연합군이었기 때문에 단결된 행동을 하기 어려웠다는 점을 들 수 있다. 십자군 운동에 대한 입장이 서로 달라서 통일된 전쟁 수행의지가 약했으며 서로 경제적 이해관계도 얽혀 있어 내분도 있었다. 멀리 예루살렘까지 가서 전쟁을 해야 했기 때문에 지리적으로도 불리한 전쟁이었다는 것도 또 다른 이유가 된다. 무엇보다도 정치적 계산에서 시작되고 종교적 선동을 통해서 이루어진 전쟁인데다 준비도 제대로 갖추지 않은 상태에서 전쟁을 이어갔다는 것이 가장 근본적인 원인이었다고 할 수 있다.

비록 기독교권은 이 전쟁에서 성지회복의 목적을 이루지는 못했지만, 전쟁을 170년 넘게 수행하면서 대대적으로 그리고 지속적으로 이슬람권과 접하게 된 것은 중대한 기회로 이어졌다. 즉 십자군 전쟁은 유럽인들이 이슬람권의 발전된 문화 수준을 직접 경험하게 하여 십자군 전쟁 이후 이슬람 문화와 자연철학이 유럽으로 급속히 전파되었으며, 이를 통해 유럽이 중세 암흑기를 탈출하도록 하는 계기가 되었던 것이다.

십자군 전쟁 후 고대 그리스와 헬레니즘을 비롯한 다른 문화권의 자연철학에 접하게 된 기독교권에서는 자신들의 후진성을 인식하고 대담하게 그리고 광범위하게 아랍어로 된 모든 서적들을 라틴어로 번역하는 작업을 활발히 전개했다. 특히 이슬람과 접경을 이루고 있던 스페인의 톨레도 지역에서 번역 사업이 가장 활발히 이루어졌다. 이 지방 사람들은 상당수가 아랍어를 이해하고 부분적으로 이슬람 문화에 동화되기도 했으며, 고위층에서는 아랍어는 물론 그리스어와 더 나아가 히브리어까지 이해하고 있었다고 한다. 사실 이 지역에서는 십자군 전쟁 이전부터 이슬람의 문화가 기독교권으로 전달되고 있었다. 일찌감치 10세기 중엽에는 산타마리아 수도원에서 아랍어로 된 기하학과 천문학 서적을 라틴어로 번역했으며, 십자군전쟁이 일어나기 직전인 1085년 이슬람 문화가 꽃피던 톨레도를 기독교 세력이 접수한 뒤에는 이슬람 문화와 자연철학을 라틴어로 번역하는 사업이 활기를 띠게 되었다. 13세기에는 기독교 종교 지도자 레이몬드Raymond가 번역학교를 설립했고, 많은 유럽인들이 아랍의 문화와 자연철학을 배우기 위해 이곳으로 몰려들었다고 한다.

당시 톨레도의 번역가 중 가장 유명한 사람은 크레모나의 제라르드Gerardus Cremonensis, 영어명 Gerard of Cremona, 1114?~1187라는 이탈리아 사람이었다. 그는 1175년 《알마게스트》를 라틴어로 번역한 것을 시작으로 아랍어로 된 갈레노스의 의서, 아리스토텔레스의 모든 자연철학 서적, 에우클리드의 《원론》, 아르키메데스의 《수물리학數物理學》 등을 라틴어로 번역했다. 이밖에도 크와리지미가 아랍어로 번역한 인도의 수학 서적, 이슬람의 알라지와 이븐 시나가 쓴 의서 등도 톨레도에서 라틴어로 번역되었다. 아랍어 서적만 번역된 것은 아니었다. 뫼르베케의 기욤Guillaume de Moerbeke, 1215~1286은 아리스토텔레스와 아르키메데스의 자연철학과 수물리학 서적을 그리스어에서 직접 라틴어로 번역했다. 다른 경우에는 그리스어 서적을 먼저 아랍어로 옮긴 후 다시 라틴어로 번역하기도 했다. 스페인 밖에서는 아랍권과 교류가 많고 이미 그리스의 헬레니즘 문화와 자연철학에 대해 익숙했던 시실리에서도 1091년 스코트Michael Scot, 1175~1232?가 아리스토텔레스의 《생물학》을 라틴어로 번역했고 또 남부 이탈리아 살레르노 의료센터Schola Medica Salernitana의 콘스탄티누스 아프리카누스Constantinus Africanus, ?~1098/99가 아랍어로 된 의서들을 라틴어로 번역하기도 했다. 이와 같이 번역사업의 조류에 휩싸여 수많은 서적들이 번역되었지만, 그 중에는 오역도 많았고 쓸모없는 것도 적지 않았다.

유럽은 십자군 전쟁을 전후로 자연철학 등 학문을 대하는 태도가 크게 바뀌었다고 하지만 십자군 전쟁만으로 유럽에서 있었던 변화를 모두 설명할 수 있는 것은 물론 아니다. 5세기에 서로마가 멸망하고 서유럽은 커다란 혼란에 빠졌었다. 거대한 중앙집권적 권력인 서로마를 대체한 것은 수없이 나타났다가 사라진 수백 개의 작은 봉건 영주제의 국가였으니 정치적으로 매우 불안할 수밖에 없었다. 정치적 불안은 경제 활동을 크게 위축시켰고 따라서 학문적인 활동은 완전히 중단되었다고 해도 과언이 아니었다. 원래 학문과 예술은 의식주의 기본적인 문제가 해결되고 나서야 가능한 일이다. 식량생산이 여유가 있고 사람들이 신변의 안전을 느껴 도시에 모여 서로 교류를 할 수 있어야만 학문과 예술에 전념하는 사람들이 나타날 수 있다. 이런 점에서 볼 때 한 때 200만 명에 달했던 로마의 인구가 서로마 멸망 이후 100~200년 지난 사이에 5만 명으로 줄었다는 사실은 이 시대의 자연철학의 상황을 잘 대변해준다. 마침 유럽에 들어와 널리 퍼진 기독교는 사람들에게 절박한 현실의 문제 대신 내세에 더 많은 관심을 두도록 가르쳤었기 때문에 더욱더 현실의 상황을 개선하는 속도가 늦어질 수밖에 없었다. 《로마제국 쇠망사The History of the Decline and Fall of the Roman Empire》를 썼던 기번Edward Gibbon, 1737~1794이 중세 암흑기가 일어난 원인을 '야만과 기독교'로 요약했던 것은 이런 의미에서였다.

8세기 말에 일어나서 다시 유럽을 통일한 카를 대제의 프랑크 왕국은 기번이 말한 두 가지 원인 중 '야만'을 제거하는 전기가 되었다. 정치적으로 안정된 상태가 지속되면 경제활동이 활발해지게 된다. 십자군 전쟁 발발 전후 유럽에서는 상업과 무역이 일어나고 있었다. 기술의 발전이 쌓이면서 농업과 공업, 그리고 수공업의 발전을 뒷받침했다. 풍차와 물레방아가 사람과 동물의 힘을 대신하게 되었다. 광물을 채취하는 기술이 발전하여 철을 사용하는 빈도가 높아졌고, 그 덕분에 농기구를 개량하고 말을 이용한 농법이 퍼졌다. 더해서 윤작법이 개발되어 농업 생산성이 높아졌다. 중국에서 시작한 주조, 화약, 나침반, 인쇄술, 제지술 등의 기술이 넘어온 것도 유럽의 경제 발전에 기여했다. 이렇게 1차 산업의 생산성이 높아지면서 도시를 받쳐줄 수 있는 여력이 생겼다. 도시의 인구가 늘어나고 자본을 모은 부르주아가 나타난 것도 이때부터이다.

정치적 안정은 교육제도에도 영향을 주었다. 7세기까지의 교육은 거의 전적으로 수도원을 중심으로 이루어졌다. 이 말은 수도원의 교육이 크게 성행했다기보다는 다른 형태의 교육이 거의 자취를 감췄다는 뜻이다. 수도원 교육은 당연히 종교 중심의 교육이 될 수밖에 없었다. 프랑크 왕국이 들어서면서 궁정학교가 만들어지고 왕족은 물론 관료의 교육이 체계적으로 이루어졌다. 이어서 도시의 교회를 중심으로 성당학교가 생기기 시작하여 전 유럽에 퍼졌다. 성당학교에서는 수도원에서 주로 가르쳤던 문법, 수사학, 논리학 등 삼학trivium, 三學에 더해서 수학, 기하학, 천문학, 화성학 등 사과quadrivium, 四科, 또는 四學이라고도 함의 교육도 했다. 사과 교육을 하면서 부수적이지만 자연철학의 교육도 이루어지게 되었다. 성당학교의 규모가 커져서 1200년경에는 한 학교에 수백 명의 학생이 있는 곳이 여럿 나타났다. 이들의 관리와 권리 보호를 위한 제도적 장치가 필요해서 상인과 수공업자의 조합 조직인 길드guild를 본떴다. 이렇게 커진 길드 조직을 갖춘 학교 중 일부가 교황이나 영주의 인정을 받고 대학의 지위를 얻게 되었고, 이들의 상당수가 현재까지 이어져 오고 있다. 대표적으로 볼로냐Bologna 대학1119, 파도바Padua 대학1222, 나폴리Napoli 대학1224, 캠브리지Cambridge 대학1129, 파리Paris 대학1210, 코임브라Coimbra 대학1290, 로마Rome 대학1303 등이 있다.

십자군 전쟁은 이런 상태에 있던 유럽 사람들에게 자신들이 믿던 것보다 더 넓은 세계가 있다는 것을 깨닫게 한 계기가 되었다. 십자군 전쟁을 마친 유럽은 더 넓게 고전의 세계와 자연철학의 세계를 다시 탐구할 준비가 되어 있었다.

5.
십자군 전쟁 후의 기독교권과 이슬람권

십자군 전쟁에서 실패한 교황의 세력은 크게 손상을 입었다. 이는 중세 시대의 기독교를 정점으로 이루어졌던 유럽 내의 정치적 통합 체제가 허물어지기 시작한 것을 의미한다. 즉 각 지역에 권력의 중심이 생겨나고 이들을 중심으로 유럽 내의 세력이 재편된 것이다. 가장 중요한 세력으로는 프랑스, 영국, 스페인, 포르투갈, 헝가리, 폴란드 등의 민족국가이다. 또한 주로 독일지역을 중심으로 전쟁 중에 세력을 과시했던 영주들이 세력을 키워 여러 군주국을 이루었고, 주로 이탈리아 지역에는 귀족과 시민들이 세력을 규합하여 플로렌스, 베니스, 밀라노 등 공화정의 도시국가를 이루었다.

십자군 전쟁은 경제적, 사회적 여파도 가져왔다. 특히 이탈리아의 도시국가들은 십자군 전쟁으로 경제적 혜택을 톡톡히 보았다. 초기에는 몇 개 도시만 동방과 교역을 했지만, 전쟁이 진행되면서 다른 도시들도 지중해 무역에 참여하게 되었다. 이들은 십자군에게 무기와 식량을 공급하는 조건으로 안티오키아, 베이루트, 트리폴리, 예루살렘, 키프로스, 콘스탄티노플 등과 이집트와 북아프리카의 여러 도시의 무역 거점을 장악했다. 자연스럽게 도시들이 커지게 되었고 부를 축적한 상인들과 시민들은 이들 도시에서 신흥세력으로 등장하게 되었다. 도시중심의 금융경제로 이행되면서 상대적으로 농촌은 황폐화되었다.

이와 같은 중세 말 유럽의 정치, 경제, 사회적 변화는 교권, 왕권, 군주, 신흥 세력 등 여러 세력 간의 충돌과 분쟁으로 나타났다. 예를 들어, 이탈리아 남부의 시실리와 나폴리 왕국은 1250년에 침공해 온 프랑스 왕국에 대항해서 싸우던 중 1282년에 시실리에서 일어난 봉기 때 들어온 스페인의 도움으로 프랑스 왕국을 물리칠 수 있었다. 독일 지역에는 영주들이 할거하면서 권력이 분산된 상태가 되었다. 영국과 프랑스 사이에는 왕위 계승 다툼으로 시작된 100년 전쟁1338~1453이 있었으며, 그 와중에 영국에서는 1381년 농민전쟁이 일어나기도 했다. 이베리아 반도에서는 강력한 스페인 왕국이 출현하여 이사벨라Isabella, 1451~1504, 재위 1474~1504 여왕 시대인 1492년에는 그라나다에 있던 이슬람의 마지막 세력을 이베리아 반도에서 몰아내었다. 같은 해에 이사벨라 여왕의 지원을 받은 콜럼버스가 아메리카 대륙을 발견하여 이후로 스페인은 아메리카 대륙에 식민지 구축 경쟁에서 선두로 나서게 된다.

이슬람권에서도 십자군 전쟁의 여파가 있었다. 전쟁 중 내분으로 셀주크튀르크 제국은 와해되었고, 십자군 전쟁에서 완전히 회복하지 못한 상태에서 13세기에는 몽고의 침입이 있었다. 13세기 말에 오스만튀르크Osman Turks가 발흥해서 곧 오스만제국으로 성장하여 이슬람권의 패자가 되었다. 메흐메트 2세Sultan Mehmet II, 1432~1481, 재위 1444~1481는 1453년 비잔틴제국을 멸망시키고 유럽의 발칸 반도로 진출했다. 오스만제국의 최전성기인 16세기 초중반의 쉴레이만Sultan Süleyman, 1494~1566, 재위 1520~1566 시대에는 오늘날의 헝가리 영토의 대부분을 차지하고 오스트리아의 비엔나까지 진출했다. 이 시기의 오스만제국의 영토는 서쪽으로는 북아프리카의 서쪽에 있는 모로코에서 동쪽으로는 아제르바이잔까지, 북쪽으로는 우크라이나에서 남쪽으로는 예멘까지 이르는 거대한 영토를 차지했다(그림 6.5). 이후에는 영토가 축소되었지만, 1922년 오늘날의

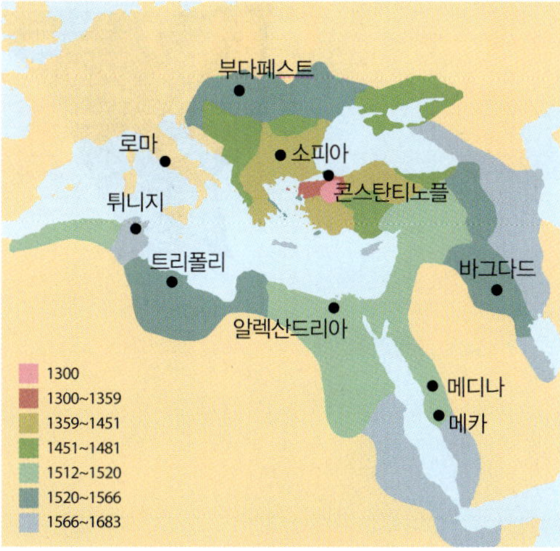

그림 6.5 오스만제국 영토의 팽창.

터키 공화국으로 재탄생할 때까지 이슬람권을 600년 넘게 지배했다. 오스만제국은 이전의 이슬람제국에서 시행했던 정책과는 완전히 다르게 철저한 전제 군주제의 정책을 펼쳤다. 모든 국민에게 이슬람교로 개종할 것을 요구하고 매우 보수적으로 이슬람 율법을 따를 것을 강요했으며, 권력은 오스만 일가와 일부 상층 계급에게만 주어진 오스만식의 도그마로 일관했다. 심지어는 같은 이슬람권이더라도 인종에 따라 차별했다. 불행하게도 이러한 정책은 이슬람 세계를 문맹화했다. 과학자와 지식인들은 학문 활동과 사상이 상대적으로 자유로운 유럽으로 이동했고 한 때 과학과 문화의 중심이었던 바그다드는 그 역할을 유럽에 내주어야만 했다. 이슬람권은 십자군 전쟁에서 승리했지만, 이와 같이 내부적인 이유로 자신들이 키운 찬란한 혼성문화의 막을 내려야만 했다. 오스만제국은 20세기 초 독일, 오스트리아 등과 함께 동맹국으로 1차 세계대전을 일으켰고, 전쟁에서 패한 직후인 1922년에 세계사의 무대에서 사라졌다. 600년 넘게 이슬람권을 지배했던 이 거대 제국이 사라진 뒤에 남은 이슬람권에는 문맹과 빈곤의 암울한 그림자가 드리워져 있었다.

십자군 전쟁 이후 패자인 기독교권과 승자인 이슬람권 양쪽 모두 시련의 세월을 겪었다. 하지만, 기독교권의 유럽은 종교의 힘이 약해지면서 여러 세력이 서로 겨루는 사회경제적, 정치적 격변을 거치면서 르네상스라는 새로운 활로를 찾았고 그 결과로 오늘날의 선진적인 유럽으로 발전하는 계기를 마련하게 되었다. 반면, 승자였던 이슬람권은 권력과 종교에 집중된 사회를 이루면서 자신들이 이루었던 혼성문화의 전통을 외면하고 그 기틀마저 잃어버리고 오늘날까지 무기력하고 후진적인 모습의 아랍세계로 이어 내려오게 되었다. 어떤 면에서 보면, 승자의 오만과 패자의 절박함이 교차하면서 만들어낸 역사의 아이러니라고 할 만하다.

제 7 장

폐허 속에서 이루어 낸 르네상스

르네상스Renaissance를 모르는 사람은 거의 없겠지만, 정확히 이것이 무엇을 가리키는지에 대해 아는 사람도 그리 많지 않은 것 같다. 그만큼 르네상스를 보는 시각은 다양하다. 여러 이론과 시각에 대한 공통분모로 보면 르네상스는 14~16세기에 유럽 대륙에서 일어난 대대적인 변화라 할 수 있을 것이다. 그래서 르네상스를 거치면서 유럽은 사회, 경제, 정치는 물론 사상과 학문과 예술 분야에서까지 변화를 겪으면서 중세를 벗어나 근대를 열게 된다. 르네상스가 전개되는 과정에서 과학적 진보도 일정 수준의 역할을 했다. 그리고 르네상스의 시기를 지나서 근대로 접어들게 되는 17세기에는 이전까지 있었던 자연철학과는 근본적으로 다른 자세로 자연과 과학을 대하는 과학혁명의 시대가 열렸다. 중세 시대까지는 종교적인 세계관이나 아리스토텔레스의 자연관으로 모든 것에 대한 설명을 하던 형이상학인 자연철학이 있었지만, 르네상스 이후에는 자연과 과학을 경험을 바탕으로 합리적으로 탐구하는 대상으로 하는 '과학'의 길이 열린 것이다. 이 장에서는 이러한 변화를 이끌어낸 르네상스에 대해 알아보도록 하자.

1.
르네상스의 고향 플로렌스

르네상스를 이해하기 위해서는 십자군 전쟁 이후의 이탈리아 북부지역의 실상을 제대로 파악할 필요가 있다. 이 지역은 이탈리아 남부나 이탈리아 밖의 다른 국가들과 비교할 때 사뭇 다른 양상으로 상황이 전개되었다. 앞서 설명했듯이 십자군 전쟁 후 유럽 안에서는 권력구조의 재편이 일어났다. 이탈리아 북부에서는 상공업의 발달로 새로운 경제 질서가 이루어지면서 종교 세력과 귀족 세력, 신흥세력들이 할거하는 수많은 공화제 도시국가들과 일부 영주들이 관장하는 군주 국가들이 출현하게 되었다. 이들 도시 공화국들은 새로운 경제 질서 속에서 도시를 중심으로 하는 상업과 수공업을 발전시켜 부를 축적했고, 그 결과 자립정신이 신장되면서 독자적인 정책들을 수립하고 이행하기에 이르렀다. 그러나 도시의 인구 밀도가 높아지면서 개인 간의 이해가 상충하여 분쟁이 잦아졌고, 독자적인 정책을 펴는 도시국가 사이에도 분쟁이 빈번해졌다. 이에 더해서 과거부터 있었던 왕당파와 교황파 간의 싸움도 재현되면서 소위 신흥정치세력, 왕당파 그리고 교황파가 서로 대립하여 사회 전체가 불안한 상태가 되어버렸다. 이러한 불안을 수습할 수 있는 새로운 통치 형태로 등장한 것이 포데스타Podesta제도이다. 이 제도는 어느 당파에도 소속되어 있지 않은 중립적 인물을 선출하여 일정기간 동안 한시적 통치를 하게 하는 것이다. 그러나 시간이 흐르면서 포데스타 권력은 점차 강화되고 통치기간도 연장되고 경우에 따라서는 세습되는 등 막강한 권력으로 변모했고, 급기야는 어떠한 법적인 규제도 받지 않는 무한한 권력을 행사할 수 있는 통치제도인 시뇨리아Signoria제도로 변하게 되었다. 이는 사실상 독재체제를 구축한 것으로, 여러 차례 반대 세력과 인접 도시국가들의 도전이 있었지만 13세기에서 14세기에 이르는 동안 북부 이탈리아의 통상적인 통치제도가 되었다.

그림 7.1 이탈리아 반도의 시뇨리아 국가들.

시뇨리아제를 시행한 여러 북부 이탈리아 도시공화국에는 서로 상반된 두 가지 통치 형태가 나타났다. 그 하나는 시뇨리아의 지배층이 자신들에게 비협력적이거나 비판적인 대상에게 비밀경찰, 편파적인 법 집행 또는 대중 학살 등으로 압력을 행사하는 공포정치였다. 이런 곳에서는 공포정치에 대항하는 비밀 조직이 결성되어 서로 대립하는 상황도 일어났다. 또한 전쟁을 직업으로 하는 용병 집단이 출현하여 무자비한 살상이 일어나는가 하면 모반이나 소요가 자주 발생하여 사회가 불안했다. 반면에 중세의 교도적인 교권과 봉건적인 왕권을 배제하는 민주적 정치제도를 지향하는 도시국가들도 출현했다. 이런 곳에서는 모든 시민이 지위나 계급에 관계없이 동등한 권리와 의무를 가졌으며, 이는 중세 시대의 시대적 상황에 비추어 보면 매우 근대적이라고 할 수 있다. 이 경우에 시뇨리아 지도자는 일반 시민층에서 자문할 사람을 구하여 그들의 의견을 정치에 반영했으므로 비교적 민주주의적인 통치가 이루어졌다. 이런 민주적인 시뇨리아에서는 다른 도시공화국이 위협하거나 침공하지 않을 경우 풍요로운 경제 환경을 이룰 수 있었다. 이에 해당하는 대표적인 곳으로 플로렌스Florence, 밀라노Milano, 베니스Venice 등이 있었으며, 이 중에서도 플로렌스는 14세기에 최고의 번영을 누렸다.

민주적인 도시공화국의 또 한 가지 특징은 시민들이 정치적인 뒷받침이 없더라도 상업이나 수공업 등 자신들의 업무에 전념하여 부를 쌓는 사례가 여럿 발생했다는 점이다. 이는 이전 시대나 같은 시대라 해도 다른 지역에서는 불가능한 일이었다. 이런 일이 가능해진 이유에는 아마도 시민의 산업 활동이 왕성해야 국가가 세금을 넉넉히 거둘 수 있다는 계산이 있었을 터이지만, 결과적으로 민주적인 정치제도가 활발한 경제 활동의 풍토를 만드는 데 도움이 되었던 것은 분명하다.

플로렌스의 코지모 데 메디치Cosimo de' Medici, 1389~1464는 서민으로 태어나서 사업으로 막대한 재산을 모았다. 하지만 비록 플로렌스가 민주적인 도시였다고 해도 여전히 대기업가, 은행가, 법관들과 같은 상층계급은 서민들에 비해 많은 특권을 누리고 있었고, 이 때문에 시민들의 항거도 있었던 시대였다. 이런 때에 메디치는 자신의 재산을 사회에 환원하여 대중의 지지를 받게 되었다. 나중에는 플로렌스 도시공화국의 지배자로 선출되어 플로렌스 공화제의 틀을 더 확고히 했다. 더 나아가 예술가와 과학자들을 모아 재정 지원을 해주는 메디치가의 전통을 세워 르네상스의 기반을 만들었다.

1347~1353년에 유럽 전역에 흑사병이 크게 퍼져 절반 정도의 유럽 인구가 감소했다. 흑사병의 피해를 가장 심하게 입었던 곳은 이탈리아 북부, 프랑스, 스페인, 독일 지방 등이었고, 이들 지역에서는 인구의 80% 정도가 줄었다고 한다. 이 재난은 당시의 사회에 엄청난 변화를 가져왔다. 인구 감소로 노동인구가 극심하게 감소하게 되자 노동력의 가치가 높아졌다. 재난으로 황폐해진 경제활동을 지원하기 위해 화폐를 많이 발행하다 보니 화폐가치가 하락했다. 이 때문에 귀족과 지주들의 경제력은 이전과 비

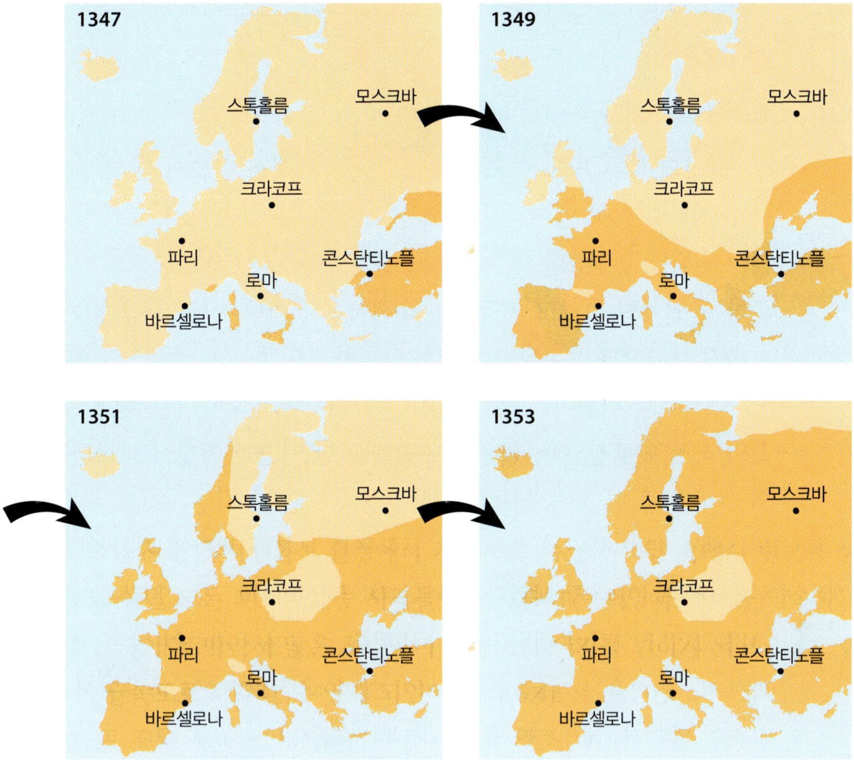

그림 7.2 14세기 유럽의 흑사병 전파 경로.

교하여 현격하게 줄어들었고, 상대적으로 농민, 노동자 등 일반시민의 인권과 지위가 향상되었다. 역설적으로 흑사병은 유럽에 많은 인명피해를 주었지만 결과적으로 인간의 가치가 제대로 인정받을 수 있는 인본주의적 풍토를 조성하는 데 기여했다고 할 수 있다.

이로서 우리는 중세 후기에 갈등과 혼란 속에서 일어난 권력 재편 과정과 새로운 경제 체계와 근대화된 사회계층 형성 과정에 대해 살펴보았으며, 어떻게 르네상스와 같은 일이 일어날 수 있었는가에 대한 실마리를 찾았다. 그것은 바로 극심한 정치사회적 불안에 대한 반작용으로서 나타난 정치적 민주화, 인본주의의 신장, 자유로운 경제활동과 그에 따른 부의 축적으로 요약할 수 있다. 이러한 요소들이 모두 갖추어진 이탈리아의 북부에 있는 도시국가 중의 하나인 플로렌스에서 르네상스라는 역사적 변혁의 원동력이 만들어진 것이다.

2.
르네상스로 가는 길

세상의 많은 일들은 조건이 갖춰졌다고 해서 반드시 일어나는 것은 아니다. 조건이 갖춰져도 일이 일어나기 위해서는 촉매제가 필요하다. 르네상스의 시대가 오는 과정에도 이를 부추겼던 몇 가지 중요한 사건들이 있었다. 교회의 독선과 부패에 대한 공론화, 종교개혁 그리고 지동설의 출현이 그것이다. 이런 사건들을 통해 이때까지의 일그러진 사회상과 잘못된 인식에서 탈피하고자 하는 르네상스의 이념이 싹트게 되었다.

인본주의 이념이 고조되고 시민의 권력이 강화된 플로렌스 도시공화국에서는 교회의 독선과 부정부패, 실추된 교권에 대한 비판과 저항이 나타났다. 일찍이 플로렌스의 지도자 중 한 사람으로 시민의 존경을 받던 단테Durante degli Alighieri, 1265~1321도 종교의 잘못을 지적하면서 플로렌스 공화국의 교황파 세력에 대항하다가 결국 교황청으로부터 파문을 당하게 되었다. 단테는 후일 《신곡神曲, Divina Commedia》을 저술하여 정의와 자비 그리고 사랑에 대한 자기의 소망이 현세에 존재하지 않는 것은 오직 인간이 이성과 욕망, 권력을 올바르게 이용하지 않기 때문이라고 설파하면서 교권에 대한 비판을 굽히지 않았다. 네덜란드의 에라스무스Desiderius Erasmus, 1466~1536는 프랑스에서 교육받은 국제적인 인본주의자로 독일에도 많은 영향을 주었던 인물이다. 그는 인본주의적 세계관이 종교 자체와 상충하는 것은 아니며 다만 현재의 종교가 잘못을 저지르고 있다고 주장했다.

1450년 구텐베르크가 발명한 인쇄술은 필사나 구전으로 상층계급 주변에서만 맴돌던 정보를 전 국민이 다 같이 공유할 수 있는 기회를 제공하여 당시 사회의 폐쇄성을 타파하고 언로를 열어 사회적 변혁을 이끄는 중요한 동력이 되었다. 예를 들어 루터Martin Luther, 1483~1546의 종교개혁1517이 일어난 배경에도 인쇄술이 있었다. 교육에 대한 종교의 독선적이고 편향적인 시각을 비판하는 루터의 글이 활자화되어 대중에게 알려지게 되자 로마 교황청은 이를 금서로 만들었고, 이에 대해 루터가 반발하여 결과적으로 종교개혁으로 이어졌다.

지리적 발견과 과학적 발견이 잇따르면서 기존 기독교의 세계관이 본격적인 도전을 받게 된 것도 이 무렵이다. 콜럼버스Christopher Columbus, 1450/1451~1506가 1492년 북아메리카 대륙을 발견했고, 마젤란Ferdinand Magellan, 1480~1521은 1519년부터 1522년 사이에 세계 일주 항해를 했다. 이러한 지리적 발견은 사람들의 시야를 세계로 넓히는 동시에 지구가 둥글다는 것을 입증한 사건이었다. 결정적으로 코페르니쿠스가 1543년 지동설을 주장했다. 그는 모든 행성들의 운동은 태양을 중심으로 한 동심원운동으로 설명하는 것이 훨씬 더 합리적이고 관찰 결과와도 잘 일치한다고 주장했다. 이러한 지구에 새로운 발견과 자연현상에 대한 새로운 주장은, 지구는 평평하며 그 중심에 로마가 있다는 당시 기독교가 믿고 주장하던 지구 중심의 천동설에 반하는 것으로서, 사물을 올바로 인식하는 새로운 시각을 제공해준 사건이었다.

3.
르네상스의 약속

그렇다면 르네상스의 이념은 과연 무엇일까?. 그것은 바로 인본주의라고 할 수 있다. 즉 중세 후기에 있었던 극심한 사회적 불안과 비인간적 행위에 대한 반작용으로 모든 사람이 동등한 권리와 의무를 지니고 인간적인 권익을 보장받으며 삶을 영위하도록 하고 그런 가운데 인간의 참모습에 대한 가치를 창출하려는 움직임이 나타난 것이다.

당시 사람들은 이 인본주의의 원천을 그리스, 헬레니즘, 로마의 고대문화에서 찾으려 했다. 이런 이유에서 르네상스를 문예부흥이라고 부르기도 한다. 그러나 문예부흥이 단지 고대문화의 재발견에 머물렀었다면 그것은 과거에 대한 향수를 충족시킨 한 때의 유행으로 끝나고 말았을 것이고 오늘날 우리가 알고 있는 것처럼 역사적으로 중대한 의미가 있는 르네상스가 되지는 못했을 것이다. 중요한 것은 재발견된 고대문화의 가치에 대한 올바른 계승과 발전이다. 이를 위해 정치, 사회, 문화, 과학의 모든 분야에서 인본주의적으로 접근하는 데 장애가 되는 여러 가지 요인에 대한 근원적인 개혁이 필요했다. 그리고 개혁이 올바른 길로 나아갈 수 있도록 새로운 정신적인 방향을 설정해주었다는 점이 중요하다. 달리 말하면, 르네상스의 이념은 고대에 대한 재발견, 과거의 문제에 대한 반성과 개혁, 그리고 미래지향적인 세계관 정립의 세 단계의 과정이 상호 유기적으로 진행된 위대한 역사적 과정이었다. 이런 의미에서 르네상스는 유럽이 중세에서 근대로 넘어가는 새로운 도약을 할 수 있는 토양을 마련해 준 실천적 이념이라고 할 수 있을 것이다.

따라서 르네상스 이념의 실천은 일차적으로는 인본주의의 구현이며 이를 위해 인문, 사회, 자연의 모든 분야에서 고대의 영광스러웠던 정신문화적 유산을 재발견하여 계승 부활시키는 것이었다. 이미 14세기 초 당시 이탈리아 북부에서 단테와 더불어 가장 존경받던 시민인 동시에 문필가였던 보카치오Giovanni Boccaccio, 1313~1375와 페트라르카Francesco Petrarca, 1304~1374는 인본주의 풍토 조성을 위한 길잡이를 고전으로 정하고 많은 고전을 수집하고 연구하고 라틴어로 된 편지와 시들을 다수 발표하여 후대의 학자들에게 많은 영향을 미쳤다. 또한 콘스탄티노플이 오스만제국에 의해 함락되자 많은 비잔틴 사람들이 유럽으로 피난했다. 그중 플로렌스에 정착한 크리솔로라스Manuel Chrysoloras, 1353~1415는 그리스어로 된 고전을 강독하면서 고대 그리스의 인본주의를 전파하는 데 일조했다. 메디치는 플로렌스 도시공화국의 지배자로 지내면서 많은 미술가들을 플로렌스로 초빙하여 회화와 조각 등 미술작품으로 인본주의 사상을 표현할 수 있는 터전을 마련했다. 이로써 플로렌스는 예술의 중심지로 부상하여 르네상스 예술의 전성기를 이끌게 된다.

회화 분야는 르네상스의 이념을 잘 나타내는 대표적인 분야이다. 이때까지는 교황과 추기경 같은 종교지도자나 영주들의 초상화를 그리는 것이 회화의 주된 분야였다. 르네상스 시대에는 이를 벗어나 성화는 물론 보통 사람들의 자연스러운 몸매, 자연의 묘사 등 지상의 일상사를 소재하는 작품이 만들어졌다. 과거의 평면적인 그림에서 탈피하여 그림에 입체감을 주는 원근법이 사용되기 시작한 것도 이 시기이다. 당시의 주요 화가로는 조토Giotto di Bondone, 1267~1337, 라파엘Raffaello Sanzio, 1483~1520, 레오나르도 다빈치Leonardo da Vinci, 1452~1519, 안젤리코Fra Angelico, 1390?~1455, 티치아노Tiziano Vecellio, 1488?~1576, 뒤러Albrecht Dürer, 1471~1528 등이 있다. 조각 분야에서도 심신이 건강한 인간상, 인간의 삶과 죽음에 대한 상징적 의미를 부여한 묘비 또는 존경받은 사람의 조각품 등이 나타났다. 특히 미켈란젤로의 다비드 상을 위시한 3대 걸작은 매우 유명하다. 주요 조각가로 미켈란젤로Michelangelo, 1475~1564, 기베르티Lorenzo Ghiberti, 1378~1455, 도나텔로Donato di Niccolò di Betto Bardi, 1386?~1466 등을 들 수 있다. 건축양식도 중세의 고딕양식을 탈피하여 석주石柱가 나열된 그리스식 직선과 로마의 아치형 지붕을 중앙에 배치하고 전면을 장식하는 등 양식의 변화를 보였다. 바티칸의 베드로 성당의 건물 그리고 시스티나Sistina 성당의 천정과 벽에 그린 그림 등은 르네상스의 대표 작품이라 할 수 있다. 유명한 건축가로는 브루넬레스키Filippo Brunelleschi, 1377~1446, 미켈란젤로, 브라만테Donato Bramante, 1444~1514 등이 손꼽힌다.

레오나르도 다빈치는 과학 분야에서도 눈부신 업적을 이루었다. 그는 영구기관이 불가능함을 알아냈고 물결파의 간섭원리를 증명했고 눈에 투사된 거꾸로 된 영상이 다시 거꾸로 되어 제대로 보이게 되는 원리 그리고 경사면에서 물체에 작용하는 힘의 논리를 밝혀내었다. 그가 해부학에 대해서도 심도 있게 연구했던 것을 그의 그림으로 알 수 있다. 인체 각 부위의 크기 비율, 심장의 구조, 혈관조직 그리고 자궁 내 태아의 위치 등에 대한 그림은 상당한 정확성과 세밀함을 보여준다. 다빈치의 이러한 과학 연구는 1000년 넘게 멈추어 있었던 인간의 자연현상에 대한 호기심을 다시 불러일으키고 더 나아가 자연에 대해 합리적 인식을 하도록 하는 계기를 마련해 주었다.

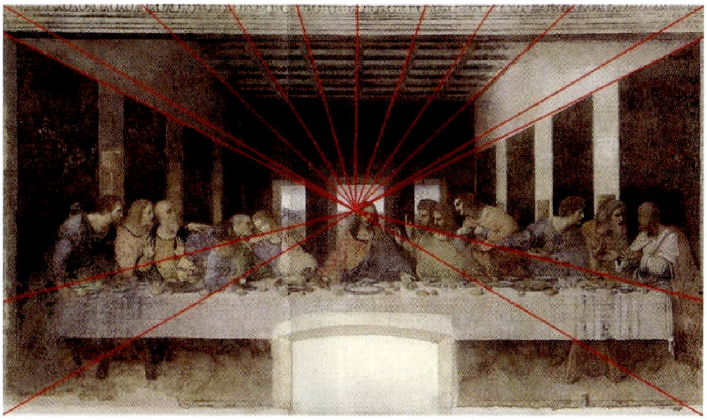

그림 7.3 레오나르도 다빈치의 그림에 나타난 원근법. 모나리자(왼쪽)와 최후의 만찬(오른쪽).
출처: Wikimedia Commons.

르네상스의 여파는 이탈리아를 넘어 유럽세계 전체에 점차 파급되어 각 나라에 그 나라의 실정에 따라 다양한 변화를 가져왔다. 경제적인 면에도 영향이 있어, 무역이 활성화되어 금융경제가 발전했고, 생산 방법이 개선되어 수공업에서 탈피하는 조짐을 보였고, 대규모 사업을 위한 자금 조달의 방법으로 주식회사가 등장하는 등 근대국가의 모습을 나타내기 시작했다.

이와 같이 르네상스는 중세 후기 기독교권의 정치적 혼란을 극복하고, 고대 그리스의 인본주의를 계승 발전시키는 동시에 종교개혁과 지동설을 통하여 사회와 자연 인식에 대한 개혁을 실천했다. 그 여파로 사람들이 교도적인 교권과 봉건적인 왕권이 제시하는 세계관을 무비판적으로 수용하던 자세를 탈피하고 각자가 능동적으로 여러 가지 검증을 통하여 사물을 인식하는 풍토를 이루어서 후일 실증주의 철학의 출현을 보게 되었으며, 그 결과 16~17세기의 과학혁명이 일어나는 발판을 마련하게 되었다.

제3부

중국과 동양의 자연철학

제8장

중국의 자연철학

"서양 과학의 발전은 그리스 철학자들의 형식논리학적 체제의 발명과 체계적 실험으로 인과관계를 찾아낼 수 있는 가능성의 발견에 기초한다. 중국의 현인들이 그러한 단계를 밟지 않았다는 사실에 놀랄 필요가 없다. (오히려) 놀라운 일은 이러한 발견들이 이루어졌다는 것이다." 아인슈타인은 이 말로 과학의 역사를 보는 중요한 관점 두 가지를 압축해서 표현했다. 하나는 고대 그리스의 자연철학과 16~17세기 유럽의 과학혁명이 현대과학이 성립되는 과정에서 결정적인 이정표였다는 것이다. 다른 하나는 수없이 나타났다 사라진 인류 문명 중 유독 고대 그리스에서만 후대에 이어서 과학을 이룰 수 있는 사상 체계를 성립시켰다는 것이다. 고대부터 근대까지 지속적으로 문화적으로 융성했던 중국에서도 하지 못했던 일을 역사적으로 잠시 있다가 사라졌던 고대 그리스에서 했다는 사실을 전체 문명사의 예외적인 사건으로 보는 것이다.

어쨌든 현대 과학의 발전을 서양에서 이루어 냈다는 점에서 대부분의 과학사에서는 서양의 과학사만을 다룬다. 그러나 역사는 여러 문명이 상호작용하면서 역동적으로 전개되어 온 과정이므로, 특정 지역의 역사만 봐서는 전체의 모습을 놓칠 수 있다. 고대 그리스의 문명이 성립되기 위해서는 그 이전에 있었던 고대 이집트와 메소포타미아의 사상적 유산과 함께 이들 문명이 이룬 문자와 숫자 체계와 여러 기술적 발전이 있어야 했다. 고대 이집트와 메소포타미아 문명이 서양 역사의 일부가 된 이유 중에는 이들 지역이 지리적으로 가까워서 고대 그리스 문명의 초기부터 영향을 주었던 것이 중요할 것이다. 지리적으로 멀리 떨어진 동양은 16세기에 들어서서야 비로소 본격적으로 서양과 교류를 시작했다. 동서양 모두 이미 어느 정도 문명이 성숙된 단계에서 교류를 시작했기 때문에 서로 각자의 본 모습을 유지한 채로 이후의 역사가 전개되면서 오늘에 이르렀다.

과거와 달리 교통과 통신 수단이 발달해서 전 지구적인 통합의 방향으로 진행되고 있는 오늘날 이후의 역사에서는 세계의 문명과 문화의 발전 과정에 동양의 영향이 과거 어느 때보다 크게 작용할 것이라 본다. 수천 년 동안 독자적인 모습으로 성장해 온 두 거대 문명이 유례가 없는 정도로 긴밀하게 상호작용을 지속하게 되면 어떤 모습으로 미래가 전개될지는 쉽게 예측하기 어렵다. 그러나 분명한 것은 어느 한 쪽이 다른 한 쪽을 완전히 쓸어내는 식으로 되지는 않을 것이다. 설사 승자와 패자가 분명하게 갈리는 일이 생기더라도 패자가 승자의 역사 진행 과정에 적지 않은 영향을 끼치는 것을 역사의 무수한 사례에서 보아 왔기 때문이다. 이런 관점에서 보면, 중국을 위시한 동양의 자연철학을 살펴보는 것은 단지 과거를 되돌아보는 것 이상의 의미를 갖는 것이라 할 수 있다. 어떤 식으로든 동양의 전통이 미래의 세계 문명과 문화에 큰 영향을 미칠 가능성이 매우 높기 때문이다.

이 장에서는 고대에서부터 현대까지 전개되어 온 동양의 자연철학을 중국을 중심으로 살펴보도록 하자. 중국의 자연철학은 서양의 분석적이고 분절적인 태도와는 사뭇 다르게 전체적이고 유기체적인 관점을 발전시켜왔다.

1.
중국 자연철학의 토양

고대 황하문화의 기원과 특징

중국의 자연철학은 고대 황화문명黃河文明의 바탕 위에서 한족漢族이 이루어 낸 것이다. 따라서 중국의 자연철학을 이해하기 위하여 우선 동양인인 중국인의 인식 패턴의 특성과 중국 대륙의 지정학적 특성을 살펴보고 이런 환경 속에서 한족이 이루어낸 정치 및 사회문화를 먼저 살펴보도록 하겠다.

40~50만 년 전에 베이징 근처에 호모에렉투스가 살았다는 고고학적 증거가 있다. 1921년 스웨덴의 지질학자 안데르손Johan Gunnar Andersson, 1874~1960이 베이징 북동쪽 40 km 지점인 저우커우뎬周口店에서 고대 인류의 것으로 보이는 화석을 처음 발견했다. 이후 중국인 고고학자 페이원중裵文中 Pei Wenzhong, 1904~1982과 독일인 해부학자 바

이덴라이히Franz Weidenreich, 1873~1948가 완전한 형태의 두개골을 발견하여 초기 인류가 여기에 살았음을 확인했다. 이 인류를 베이징 원인北京原人이라 한다. 처음에는 학명을 Sinanthropus pekinensis라 하였으나, 지금은 다른 호모에렉투스와 같은 계통임을 나타내는 Homo erectus pekinensis라 한다. 한 때는 이 호모에렉투스가 한족의 직접 조상일 것이라 추정했지만, DNA 분석 자료에 따르면 한족과는 연관이 없는 것으로 밝혀졌다. 정확한 이유는 알 수 없지만, 기후 변동 등 자연환경의 변화로 베이징 원인은 멸종한 것으로 추정된다. 그 후 신석기 시대에 접어들면서 다시 황하 유역에 비옥한 토지와 온화한 기후가 형성되면서 자연스럽게 인간 집단이 여러 곳에서 형성되었고 이들 집단이 성장하여서 오늘날의 한족의 조상이 되었을 것으로 추정하고 있다.

지정학적으로 중국은 동쪽은 황해, 서쪽은 알타이산맥, 톈산산맥天山山脈과 타클라마칸사막, 파미르고원, 남쪽은 쿤룬산맥과 티베트고원으로 둘러싸여 있고 북쪽으로는 고비사막을 사이에 두고 몽고, 흉노와 대치하고 있으므로 외부 세계와의 교류가 활발하기 이루어지기에는 한계가 있을 수밖에 없다. 이와 같은 자연환경의 영향으로 한족의 독자적인 세계관, 생활양식, 정치제도 하에서 그들 특유의 고대 황하문화가 탄생되게 된 것으로 생각된다. 근래에 와서는 중국 문화의 원천을 오로지 황하 유역에 국한하는 획일적인 시각을 탈피하여 장강長江유역을 포함한 다양하고 다원적인 시각에서 조명해야 한다는 주장이 제기되고 있으나, 중국의 정치, 사회 및 경제의 중심이 황하를 중심으로 한 중원中原에 있었음을 감안할 때 고대문명의 시작을 황하문명에서 찾는 데에는 별 무리가 없을 것으로 생각된다(그림 8.1).

황하문명의 대명사라 할 수 있는 양사오문명仰韶文明은 1921년 베이징 원인을 발견한 안데르손에 의하여 허난성河南省 먼츠현 양사오촌에서 채도彩陶들을 비롯하여 농경에 사용된 석기 등 신석기유물들이 발견되면서 붙여진 이름이다. 탄소동위원소 연대측정 결과 BC 5000~3000년경의 것으로 판명되었다. 이 시기는 중국역사의 개국전설인 '삼황오제三皇五帝'가 나타나는 시점이다. 이 삼황오제는 오늘날의 황皇과 제帝의 개념은 아니며 당시 존재하던 부족의 수장을 칭하는 것으로 보이지만, 실제로 누구를 지칭하는지에 대해서는 학자들 사이에 이견이 분분하다. 예컨대 삼황으로 복희씨伏羲氏, 신농씨神農氏, 여와씨女媧氏 또는 천황天皇, 지황

그림 8.1 중국 고대 문명권.

그림 8.2 컴퍼스와 자를 들고 있는 뱀으로 묘사된 여와씨가 묘사된 '규구도'.
출처: Wikimedia Commons.

地皇, 인황人皇 등이 거론된다(그림 8.2). 삼황오제는 사냥법, 불의 사용법, 농업, 상업, 옷 짜는 법, 집 짓는 법, 천문, 의술 등을 사람들에게 가르친 것으로 묘사되는데, 이는 천하지대본天下之大本인 농경생활을 바탕으로 하는 환경 속에서 자연과 더불어 삶을 설계하고 그 속에서 필요를 창출해 내는 자연스러운 인간상을 뜻하는 것으로 해석된다. 다만 여기서 주목되는 것은 메소포타미아나 이집트에서 신석기 시대의 농경문화가 식생활을 해결하는 물질적인 측면이 부각되었던 것과는 달리 농경을 통하여 식생활은 물론 자연의 순리에 거스르지 않고 인간과 자연이 더불어 사는 지혜를 창출해 낸다는 세계관이 내재되어 있다는 점이다.

북동아시아 국가에서 전통적으로 내려오는 십간십이지十干十二支도 이와 같은 세계관을 반영한 것이라 할 수 있다. 간지의 기원에 대하여는 정확히 알려져 있지 않지만, 상商나라BC 1600~BC 1046, 은殷 나라라고도 함 시대의 유물인 갑골문자甲骨文字에서 그 흔적을 볼 수 있다(그림 8.3). 갑골문자는 1899년에 허난성 안양安陽현 사오툰춘小屯村에서 발굴된 상나라의 유적에서 처음 발견된 것으로 거북이의 배 껍질과 짐승의 견갑골에 새겨진 상형문자를 말한다. 점을 치는 데 사용했다고 하여 복사卜辭라고도 하고 은의 폐허에서 나왔다는 의미로 은허문자殷墟文字라고도 하며, 한자漢字의 근원이라고 할 수 있다. 간지는 주周나라 후기부터 역법曆法에도 활용되기 시작했다. 여기서 십간은 천간天干이라고도 하며 갑甲, 을乙, 병丙, 정丁, 무戊, 기己, 경庚, 신辛, 임壬, 계癸의 10자로 되어 있고, 십이지는 지지地支라고도 하며, 자子, 축丑, 인寅, 묘卯, 진辰, 사巳, 오午, 미未, 신申, 유酉, 술戌, 해亥의 12자로 되어 있다. 천간의 개수 10은 숫자 10을 나타내는 순旬에 해당하는 것으로 한 달을 10일 단위로 나누어 상순, 중순, 하순으로 표현하는 것과 연관되며, 지지의 개수 12 역시 한해가 12개월인 데서 온 것으로 알려지고 있다. 이 십간십이지를 이용하여 년월일시年月日時에 해당하는

그림 8.3 갑골문 귀갑(甲骨文 龜甲). 갑골문이 새겨진 거북의 등껍질.
출처: Wikimedia Commons.

세차歲次, 월건月建, 일진日辰, 시간時間이 표현되었다.

어느 사람이 태어난 '생년월일시'는 그 사람의 고유한 '세차, 월건, 일진, 시간'을 뜻하는 것이 된다. 이것이 세칭 '사주팔자四柱八字'라는 《주역周易》에서의 개념으로 자리매김하고 현재에도 우리 생활 속에 이어지고 있다. 이는 '년월일시'를 단순히 흐르는 시간의 한 순간을 가리키는 것으로만 인식하는 서양인들의 인식 패턴과는 다른 것이다. 즉 동양의 '년월일시'의 개념에는 서양의 시간 개념에 더해서 인간을 자연과 더불어 사는 운명체로서 파악하고 인간의 존재를 자연의 운행과 연관지으려는 농경 사회의 인식 패턴이 포함되어 있다.

고대 중국인의 세계관의 한 단면을 보여주는 또 다른 예로 음양오행설을 들 수 있다. 춘추 시대에는 우주는 음양陰陽, 풍우風雨, 회명晦明이라는 천天의 6기氣로 충만된 실체로 인식되었다. BC 4세기 전반에 이르러 이들이 움직이며 행동하는 실체로서 에너지적이라는 시각으로 발전하면서 이 중 서로 반대되는 성질을 갖는 기인 음과 양을 행동의 이치와 결부시킨 것이 음양오행설陰陽五行說의 세계관이다. 여기서 오행은 토, 목, 화, 수, 금을 가리킨다. 이들이 상호 조장助長하면서 상생相生하기도 하고, 또는 상호 억제하면서 상극相剋하기도 하면서 자연의 삼라만상을 연출해 낸다는 것으로 자연의 섭리가 상생과 상극의 조화와 균형 속에서 이루어진다는 세계관을 보인다고 해석된다. 이와 같은 황하문명의 세계관은 BC 2500년부터 20세기에 이르는 4500년 동안의 긴 세월을 변함없이 농업경제에만 의존하여 온 중국의 정신문화적 배경을 이루었다.

왕권의 통치철학이 된 유교사상과 동양인의 인식 패턴

중국 역사에 처음으로 나오는 나라는 하夏 BC 2100~BC 1600와 상이다. 이 두 나라는 한 때 전설로만 치부되기도 했으나, 지금은 이들의 실체가 있었던 것으로 받아들여지고 있다. 이어 나타난 주周 BC 1046~BC 256부터는 원시봉건국가를 이룬 역사 시대로 접어든다. 상나라 시대에는 천명에 의해 제왕이 만들어지는 것으로 받아들여졌으나, 주나라에 와서는 천자가 부덕하면 바꿔야 한다는 유덕수명설有德受命說의 혁명적 시각으로 변했다. 이는 아마도 농경사회의 수직적인 뿌리 의식과 자연의 섭리에 순응하며 거슬리지 않게 살아가야 한다는 개국 전설의 뜻하고도 무관하지 않을 것이다. BC 771년 북서쪽의 이민족 견융이 침입하여 유왕을 죽이자 주 왕조의 제후들은 견융을 물리치고 평왕을 옹립하여 도읍을 협서陝西에서 낙읍洛邑으로 옮겼다. 천도 이후의 주나라를 동주東周라고 하며, 동주의 시대는 다시 춘추 시대春秋時代, BC 770~BC 403와 전국 시대戰國時代, BC 403~BC 221로 나누거나 통틀어서 춘추 전국 시대라고도 한다. 동주 시대에는 황제의 세력은 약화되었고 사실상 독립적인 제후들이 서로 각축하는 시대였다. 춘추 시대에는

140개나 되던 제후국들이 약육강식의 전쟁으로 전국 시대에는 10여 개만 남게 되었다. 전국 시대의 말기에는 새로 일어난 한韓, 위魏, 조趙, 제齊와 계속 세력을 유지해온 연燕, 진秦, 초楚 등의 전국칠웅戰國七雄이 서로 패권을 다투다가 BC 221년 진시황이 중국을 통일하고 진秦의 시대로 넘어가게 된다.

춘추 전국 시대에 서로 각축하던 군웅들은 자신들이 통치하는 영역에 대한 나름대로의 명분이 필요했다. 이러한 배경에서 기존의 이념에 대항하는 여러 학파들이 등장하여 다양한 이론과 사상을 제시했던 제자백가諸子百家의 현상이 나타났다. 이들 중 대표적인 유가儒家, 도가道家, 묵가墨家, 법가法家, 음양가陰陽家, 명가名家, 농가農家, 종횡가縱橫家, 잡가雜家 등 아홉 개의 류流와 여기에 소설가小說家를 더하여 열 개의 가家를 구류십가九流十家라고 부른다. 이들의 사상은 진과 그 후에 나타난 한漢의 시대를 거치면서 유가와 도가로 수렴되어 지금까지 중국역사의 사상과 세계관의 정신적 지주로 유지되고 있다. 진의 중국 통일은 2000여 년간 이어졌던 원시 왕권국가의 종말과 동시에 AD 589까지 약 800년간 이어진 진秦, 한漢, 삼국 시대三國時代, 진晉, 남북조南北朝의 고대 통일왕조 시대의 시작을 의미한다. 이 시기에는 중국 역사의 중요한 특징인 관료제도가 정착되었다. 이후 중국의 역사는 수隨, 당唐, 송宋나라의 중세 왕조 부흥기589~1279와 원元, 명明, 청淸의 근대 왕조1279~1911의 오랜 왕조 시대를 거쳐 1912년의 쑨원孫文에 의한 중화민국中華民國 그리고 현재의 중국인민공화국으로 이어져 내려왔다(그림 8.4).

중국 역사에서 가장 대표적인 사상으로는 유가의 유교사상과 도가의 도교사상을 들 수 있다. 유교사상의 기본원리는 삼강오륜三綱五倫에 잘 표현되어 있다고 할 수 있다. 삼강은 사람이 반드시 지켜야 할 세 가지 강목으로서 군위신강君爲臣綱, 부위자강父爲子綱, 부위부강夫爲婦綱을 가리키며 오륜은 인간이 실천해야 할 행실로서 군신유의君臣有義, 부자유친父子有親, 부부유별夫婦有別, 장유유서長幼有序, 붕우유신朋友有信을 가리킨다. 유교에서는 이 모든 원리가 인仁, 의義, 예禮, 지智를 통하여 달성된다고 가르친다. 진에서 청에 이르는 2000여 년간 왕조가 여러 번 바뀌었지만, 변함없이 계속해서 중국사상의 중심에 유교사상이 자리하여 왔었다는 사실은 이 사상이 통치철학으로서 매우 유용하고 동시에 인성에 대한 보편적 가치이념으로서 중국인들에게 깊은 공감대를 이루었음을 보이는 방증이라고 할 수 있다. 이에 반하여 도교사상은 무위자연無爲自然 속에 도道가 있다고 하며 인간중심의 유교사상과는 달리 인간은 어떠한 제약도 받지 않는 대자연속으로 돌아가야 한다고 가르친다. 이러한 도교사상은 급기야는 불로장생의 신선설神仙說로 비화하여 서양의 연금술에 대응되는 연단술煉丹術의 기원이 되기도 했다. 도교의 주장은 일면 비사회적이면서 숙명론적인 것으로 해석되지만 다른 한편으로는 지배층의 통치철학인 유교에 대한 유일한 대응논리로서 자리매김했기에 지금까지

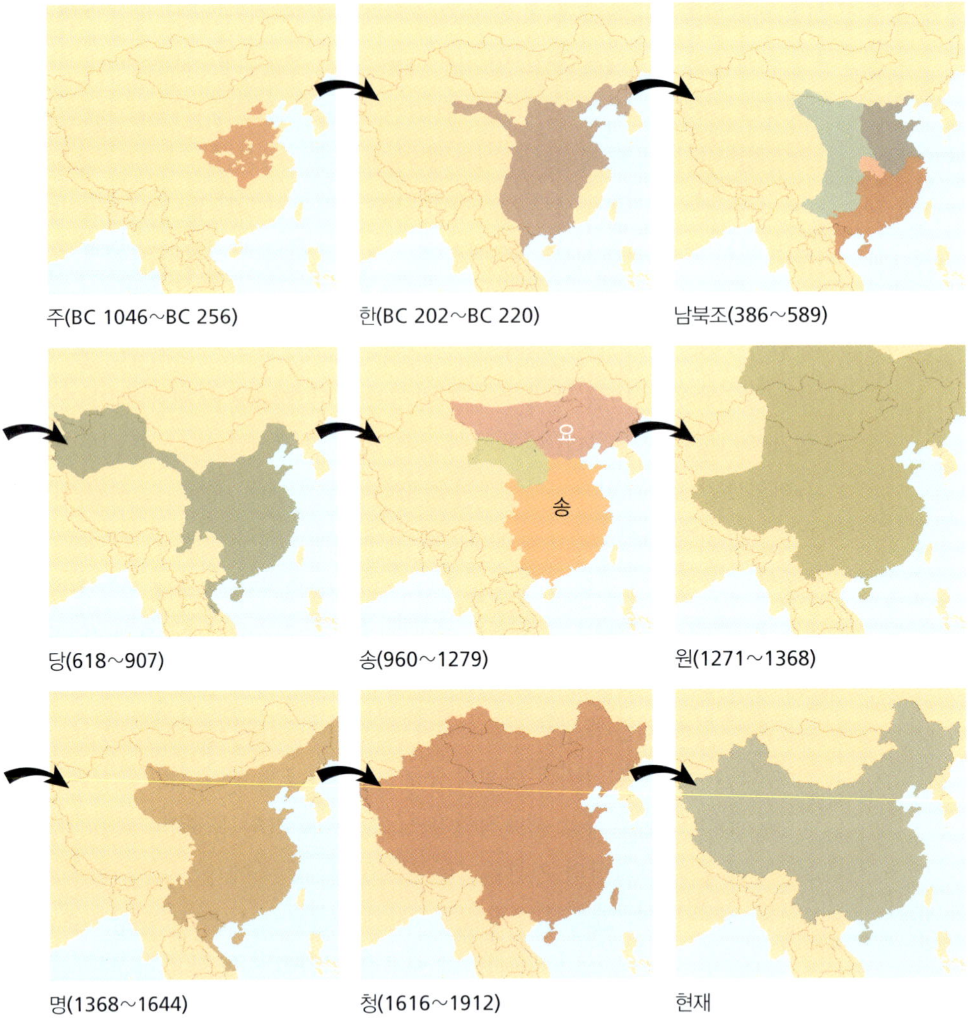

그림 8.4 중국 역사의 각 왕조가 지배한 영토의 변천.

이어져 올 수 있었을 것이라 짐작된다.

이상에서 살펴본 것처럼, 중국인의 사고방식의 바탕에는 고대 황하문명에서 시작된 농경민족의 세계관과 함께 2000년 넘게 이어져 온 유교의 가치관이 자리잡고 있다. 농경민족의 세계관은 농사를 지으며 자연에 순응하는 태도를 만들었고, 유교의 가치관은 사물을 이해하고 판단하는 과정에서 더불어 존재하는 상대와의 관계를 중요시하는 정신을 키웠다. 사실 이러한 사고방식은 중국인은 물론 유교권에 속하는 동양인의 특징이기도 하다.

인간의 사고와 인식이 문자로 표현되므로 문자의 속성이 인간의 사고와 인식의 패턴에 깊은 영향을 미친다. 중국문자는 현재 세계에서 유일하게 사용되고 있는 상형문자이며 단음절의 문자를 배열하고 그들 사이의 상호관계에서 의미가 부여되는 다의적 문자이다. 이는 서양의 언어가 다음절이며 단의적인 것과 대조적이라 할 수 있다. 예를 들어 상上 자를 보면, 上座윗자리, 座上고령자, 上品최고품, 頂上꼭대기 등의 예에서 보듯이 上이라는 글자는 하나의 개념이지만 그 기능은 다른 낱말과의 결합 속에서 비로소 구체적인 의미를 가진다. 반면 서양언어에서는 이들을 the highest seat, the oldest, the best quality, top또는 peak, summit 등으로 서로 연관성이 없는 단어 또는 단어의 조합으로 표현한다.

다른 예로 "실정리, 즉무서이불화失正理則無序而不和"라는 문장을 보면 술어 부분인 '則無序而不和'의 어디에도 주어가 없다. 그리고 조건문 '失正理'가 正을 잃은 理를 가리키는지 또는 正理를 잃은 것을 나타내는지가 불분명하여 이 부분만으로는 완결된 의미를 갖지 못한다. 이런 이유로 중국어에는 문법이 없다고도 한다. 하지만 숨겨져 있는 주어로 세계, 자연, 사회현상 등을 생각하면 그에 해당하는 적절한 의미가 부여되는 언어장言語場이 형성될 수 있다. 즉 주어를 사회로 하면 "사회에 정리가 없어지면正理를 잃으면 질서가 무너지고 불화가 초래된다"라고 해석되고, 주어를 자연으로 하면 "자연의 섭리가 무너지면理가 正을 잃으면 자연의 질서와 조화로움이 상실되어 재앙이 온다"고 풀이될 수 있다.

이로부터 동양인은 인식 대상의 성격과 그들의 상호작용을 설명하는 동사에 중점을 두고 서양인은 주어에 중점을 두어 인식 대상의 주체와 그 체의 본질을 분석적으로 설명하는 데 그 중점을 둔다고 할 수 있다. 분석적 사고방식에 능한 서양인들은 생각을 논리적으로 언어화하는 데 능하다. 따라서 말을 잘하는 사람이 유능하다고 여겨지는 경향이 있다. 반면 동양에서는 "빈 수레가 요란하다"는 속담의 예에서 보듯이 말을 많이 하는 것은 오히려 실속이 없어 보이기도 하며 겸손을 미덕으로 하는 동양적 정서와도 맞지 않는 것으로 여겨진다.

미국의 심리학자 니스벳Richard E Nisbett, 1941~은 실험을 통하여 동, 서양적 사고방식의 근본적인 차이가 있다고 주장했다. 즉 서양의 사고방식은 사물의 본질을 형식논리나 규칙을 토대로 분석적으로 인식하려 하는 데 반하여, 동양적 사고방식은 부분보다는 전체에 더 무게를 두고 사물을 독립적으로 보기보다는 다른 사물과의 상호관계와 연관지어 생각한다는 것이다. 예컨대 '닭, 소, 풀' 세 단어 중에서 둘을 한데 묶으라고 할 때 서양인은 동물이라는 본질에 초점을 맞추어 닭과 소를 묶지만 동양인은 소는 풀을 먹고 살아간다는 상호 관계에 초점을 맞추어 소와 풀을 묶는다는 것이다. 이런 대비는 동양화와 서양화를 비교하면 더 명확해진다. 즉 동양화의 경우 그림의 주제와 더

불어 그 주위 상황인 배경 등과의 상호관계로 엮어져 있어 보는 사람에 따라 그 느낌과 해석도 다양할 수밖에 없는 반면 서양화의 경우에는 그림의 주제가 집중적으로 부각되어 보는 사람의 느낌과 해석이 단순화될 수 있다.

오늘날 우리에게 익숙한 과학은 대부분 서양에서 발전된 것이다. 그 바탕에는 대상을 주변과 분리시켜 분석적으로 보는 서양인의 인식 패턴과 자연을 정복하고 다스려야 하는 대상으로 보는 서양인의 사고방식이 깔려 있다. 당연히 자연에 순응하고 더불어 존재하고 더불어 살아가는 사고방식과 인식패턴을 갖는 동양인이 발전시킨 과학기술은 서양의 과학기술과는 사뭇 다른 과정으로 발전했다. 특히 중국의 경우에는 앞서 언급한 중국의 정신문화적 배경의 영향 하에 여러 왕조를 거치면서 제왕과 정예 관료들이 지배하는 정치사회 제도를 구축하여 이들 엘리트의 관점에서 필요를 창출해 내는 사회 환경을 조성했다. 중국의 자연철학은 이러한 토양에서 발전한 것이므로 여러 면에서 서양의 자연철학과의 차이점을 볼 수 있다.

2.
중국 자연철학의 실상

자연철학을 포함한 중국 철학의 중심에는 황하문명의 세계관에서 유래된 농자천하지대본農者天下之大本의 명제가 있었고 이것을 슬기롭게 관리 발전시키려는 유덕수명설有德受命說과 인, 의, 예, 지를 숭상하는 제왕과 정예 관료들의 유교사상이 그 바탕을 이루었다. 특히 수신제가치국평천하修身齊家治國平天下의 가르침에 따라 처신에 유념하면서 나라 경영에 관여한 정예 관료들의 역할이 컸다. 이들은 자연과 더불어 사는 농경사회의 필요를 능동적으로 창출해 내고 이를 관리하는 풍토를 이루어 유지해왔다. 이러한 배경으로 중국의 자연철학은 농경, 역법, 수학, 기술 등 농경사회를 유지하고 발전시키는 데 직접적으로 필요한 분야를 중심으로 발전했다. 여기에 유동적이고 연속적이어서 현대의 에너지 개념과 비슷한 기氣를 자연현상의 근원으로 보았는데, 이런 시각은 자연현상을 불연속적이고 물질적인 속성을 지닌 원자를 자연현상의 근원으로 보는 고대 그리스의 관점과는 본질적으로 그 궤를 달리하는 것이다. 중국을 중심으로 발전한 동양 의학의 체계는 이러한 사상을 잘 반영하는 대표적인 예라 할 수 있다.

중국의 농경

고고학 연구의 성과로 중국에서 농업이 시작된 것은 BC 7500년 이전이라는 것이 확인되었다. 이는 BC 8000년에 있었던 서남아시아의 '비옥한 초승달 지역'에 이어 인류 역사에서 두 번째로 오래된 것이다. 이만큼 중국 역사에서 농경의 뿌리는 깊고 중요했다. 농경은 각 식물과 동물종의 생장 특성, 계절의 변화와 강우와 가뭄 등 자연 현상에 대한 관찰을 바탕으로 이들을 이용하는 방법을 찾아내어야 가능한 것이다. 이런 점에서 농경은 매우 심도 깊은 과학 활동이라 할 수 있다.

중국 농업의 발전 과정은 농경에 대한 여러 기록을 통해서 알 수 있다. 대표적인 농서로는 한나라 시대의 《범승지서范勝之書》, 후위 시대後魏, AD 439~535의 《제민요술齊民要術》, 원나라 시대의 《농상집요農桑輯要, 1273》와 《농서農書》, 그리고 명나라 시대의 《농정전서農政全書, 1639》 등이 있으며, 이밖에도 사서삼경의 하나인 《시경》 등에 고대 농업에 대한 기록이 있다. 한나라 시대의 농학자 범승지가 쓴 것으로 알려진 《범승지서》는 기록에 남아 있는 가장 오래된 농학 관련 저술이지만, 지금은 소실되어 없고 후대의 농서에 남아 있는 기록으로 그 내용을 추정할 수 있다. 현존하는 가장 오래된 농서는 후위의 가사협賈思勰이 저술한 《제민요술》이다.

이들 기록의 내용을 정리하면 상나라 이전의 선사 시대에 이미 벼, 밀, 수수, 조 등을 씨를 뿌려 심고 경작했으며, 이들 작물을 재배하는 방법에 대한 경험이 축적되어 있었다. 씨를 심는 파종법이 여러 가지로 개발되었으며, 특히 이랑과 이랑 사이에 일정한 간격을 두고 씨를 심는 조파법條播法도 이때 이미 시행되고 있었다. 주나라 시대에는 경작하는 토지를 3등분하여 매년 이 중 하나에는 경작을 하지 않는 삼포제三圃制가 실시되어 이후 윤경법輪耕法으로 발전했다. 한나라 시대에는 밭을 크고 작은 구덩이로 나누어 재배하여 재해방지를 하는 구전법區田法과 식물의 발아 시기를 조절하여 다수확을 이룰 수 있는 최청농법催靑農法 등이 개발되었다. 이밖에도 과수 접붙이기 기술, 가축, 가금의 거세 사육, 여러 가지 농산품의 가공, 종자 선별법, 토지의 습기 유지를 위한 가뭄 예방법, 양잠, 양봉, 수리水利 등 다방면에서 농업과 농경이 과학적이고 체계적으로 관리되고 발전되어 왔음을 알 수 있다.

중국의 역법과 천문

농업에서 계절의 변화에 따라 적기에 해야 할 일을 하는 것은 매우 중요하므로 농경사회를 유지하기 위해서는 정확한 역법이 필수적이다. 중국의 역법은 메소포타미아, 이집트, 그리스 등의 역법에 비하여 정교하며 실용적이었다고 평가되는데, 이 점만 보아도 중국의 농경이 과학적으로 관리되었다는 것을 알 수 있다.

우리는 앞서 중국의 고대 황화문명에서 역법과 관계된 간지의 유래에 대하여 살펴보았다. 동양에서는 전통적으로 달의 움직임을 기준으로 하는 음력을 사용하여 왔다. 그러나 음력으로 12개월이 순환하는 주기는 354일로 태양의 주기1년인 365일보다 11일 정도 짧다. 이러한 차이점을 해소하기 위해 음력에서는 3년에 한 번씩 윤달을 넣고 윤달을 넣은 윤년은 1년이 13개월이 되도록 하는데, 이렇게 윤달을 넣는 역법은 이미 상, 주 시대부터 있었다고 한다. 주나라 시대 주공周公은 양성陽城에 높이 8척尺, 1척 = 30.3 cm인 태양고도를 재는 규표圭表를 세우고 이것을 이용하여 하지와 동지의 날짜를 정확히 측정했다고 한다. 그는 이곳을 지구의 중심이라는 뜻에서 '지중地中'이라 칭했다고 한다. BC 600년경 춘추 전국 시대에 이르러 1년을 실제 값인 354.2422일에 매우 가까운 365.25일로 파악하게 되어 이에 맞는 역법을 만들었는데, 이를 사분력四分曆이라고 한다. 1년의 길이가 정확히 밝혀지고 음력의 한 달도 29.5일정확히는 29.53058일임을 알게 되면서 음력년으로 19년 동안 윤달 7개를 넣어서 양력과 음력의 차이를 보정한 19년법이 도입되었다. 서양에서도 BC 433년 그리스의 메톤이 똑같은 방법으로 음력과 양력의 차이를 보정하는 19년 7윤법을 제안했는데, 이를 그의 이름을 따서 메톤 주기라고 한다. 중국이 서양보다 160년 정도 앞섰던 것이다. 진秦나라 시대에는 1년을 입춘立春, 입하立夏, 입추立秋, 입동立冬 등의 12절기節氣로 구분했고, 한漢나라 시대에는 이를 더 세분하여 절기와 절기 사이에 춘분春分, 하지夏至, 추분秋分, 동지冬至 등의 중기中氣를 넣어 오늘날까지 이어지는 24절기가 확립되었다. 24절기는 1년간의 기후변화와 특성을 상징한다. 이렇게 세분화된 각 절기의 기후 특성에 상응하는 농경에 대한 지침들이 제시되었다. 예컨대 '청명하종곡우삽앙清明下種穀雨插秧'이란 구절이 있는데 이는 3월 절기인 청명 때에 묘 자리를 만들고 3월 중기인 곡우 때에 묘를 심으라는 말이다. 이로써 24절기는 역법과 농경지식을 통합한 산물임을 알 수 있다.

이와 같은 역법의 발전은 근본적으로 시간을 계산하는 기기와 천체관측기기의 발달 없이는 불가능했을 것이다. 중국에서는 이미 BC 2600년경 해시계를 사용했다. 그러나 해시계는 해가 뜬 낮에만 쓸 수 있기 때문에 그 대안으로 BC 1600년경 상나라 시대부터 루호漏壺 또는 누각漏刻이라 하는 물시계가 사용되었다. 일 년 중 밤하늘의 변화는 북극성을 중심으로 회전하는 별자리의 위치를 보고 관찰했다. BC 2세기경부터는 혼천의渾天儀라는 도구를 만들어 천문관측에 사용했다. 동양에서는 별자리를 나타내는 기준으로 28숙宿을 사용했는데 그 기원에 대해서는 알려진 바가 없다.

이상에서 살펴본 것처럼 고대중국의 역법과 천문에 대한 지식은 서양에 비하여 앞서 있었던 것으로 보인다. 앞서 보았듯이 19년법은 서양보다 160년 정도 앞섰고, 루호, 규표, 혼천의 등의 도구 발명도 서양에서 비슷한 목적으로 발명된 것보다 앞서 이루어졌다. 특히 역법에 24절기를 도입한 것에서 알 수 있듯이 천문 지식을 농경에 적극적으로 활용했다는 사실은 단순히 도구의 발명이 앞섰다는 등의 평면적으로는 비교할 수 없을 정도로 내용면에서도 중국이 우월했다는 것을 증명한다고 보아야 할 것이다. 이렇게 농경사회에서 필요로 하는 것을 창출하여 실천에 옮기려는 노력은 중세 수, 당, 송 시대에 이르기까지 계속되었으며, 이 시기까지는 중국이 과학을 포함한 거의 모든 분야에서 지구상에서 가장 발달한 나라였다.

중국의 수학

당나라 시대에 인도와 교류하면서 인도의 수학이 영향을 주었고, 원나라 시대에는 아라비아의 수학이 영향을 준 흔적이 있는 것으로 보이지만, 명나라 시대에 본격적으로 서양의 수학이 들어오기 전까지는 중국은 독자적인 수학을 발전시켜 왔다. 수학적 지식은 일상생활에서는 물론이고 측량이나 천문 연구에도 필수적이다. 일찌감치 문명이 발달한 중국의 수학은 세계 어느 곳보다도 앞서 발전했다. 특히 고대 중국의 수학은 현대의 시각에서 보더라도 상당한 수준에 이르렀던 것으로 파악된다. 그러나 불행히도 BC 213년 진나라 시황제 때 있었던 분서갱유焚書坑儒 사건으로 그 이전의 문헌 자료의 상당 부분이 사라졌기 때문에 고대 중국의 수학의 발전상을 제대로 파악하기에는 어려움이 있다.

갑골문자에는 547일을 500일, 40일, 7일로 기록한 부분이 있는데, 이로 보아서 BC 14세기 상나라 시대부터 10진법이 사용되었던 것으로 추정할 수 있다. 고대 중국에서는 숫자의 사칙연산에 산대가 이용되었는데, 여기에도 10진법의 자릿수의 개념을 활용했다. 어느 자릿수에 해당하는 산대가 하나도 없으면 그 자리에는 0이 있다는 뜻이 되므로 0의 개념 역시 일찌감치 도입되어 사용되었던 것을 알 수 있다. 더 나아가 산대에 색깔을 들여서 음수와 양수를 구분했다. 서양 세계에는 비슷한 개념들이 1000~2000년씩 뒤에 나타났던 점으로 알 수 있듯이 고대 중국의 수학은 세계적으로 가장 앞섰었다.

기록으로 나타난 고대 중국 수학의 가장 오래된 것으로서 《구장산술九章算術》과 《주비산경周髀算經》을 들 수 있다. 《구장산술》은 미상의 작자가 한나라 시대인 40~50년경에 쓴 것으로 추정된다. 여기에는 주로 농경사회에서 필요로 하는 총 246개의 수학적 문제가 9개 분야로 나뉘어 각 문제에 대한 계산방법이 제시되어 있다. 그 내용은 전답의 경계와 넓이에 대한 방전方田, 곡식의 등급과 교환에 대한 속미粟米, 봉록이나 세금 설정에 대한 쇠분衰分, 정사각형 및 원과 관련된 넓이 또는 제곱근의 해에 대한 소광少廣, 토목공사의 공정과 부피에 대한 상공商功, 거리의 원근과 비용부담에 대한 균수均輸, 많거나 모자라는 일에 대한 원천을 알아내는 방법에 대한 영부족盈不足, 연관된 수식으로 미지수를 찾는 방법에 대한 방정方程, 그리고 높고 깊은 것과 넓고 먼 곳에 대한 구고句股 등 아홉 개의 장으로 되어 있다. 이 중 몇 가지 문제를 예로 들면, 직사각형의 가로변과 세로변의 값을 주고 넓이를 구하는 문제방전, 토지의 넓이와 가로변의 길이를 주고 세로변의 길이를 구하는 문제소광, 하천을 만들 때 파내야 하는 흙의 양을 구하고 이 작업을 하기 위해 들어가는 인력의 양을 구하는 문제상공, 직각삼각형에서 피타고라스의 정리를 응용하는 문제구고 등이 있다. 또한 구고 편에는 원주율π과 할원술割圓術이 소개되어 있다. 263년 삼국 시대의 위나라 사람 유휘劉徽, 220?~280?는 명쾌한 주석을 달은 구장산술의 주석서 《구장산술주》를 펴냈다. 그는 원주율을 매우 정확한 값으로 계산한 것으로도 잘 알려져 있다. 그는 또한 삼각비의 기초 개념을 담은 《해도산경海島算經》을 집필했다.

《주비산경》 역시 작자가 알려져 있지 않다. 《주비산경》에 BC 3세기에 집필된 《여씨춘추呂氏春秋》가 인용된 것으로 보아 전국 시대 이후에 집필된 것으로 추정되며, 전체적인 내용은 한나라 시대에 완성된 것으로 보인다. 《주비산경》의 비髀자의 원래 뜻은 넓적다리이지만 해시계를 가리키는 것으로 전체적으로는 천문학에 대한 책이지만 피타고라스의 원리나 기하학적인 원리를 이용하여 천문은 물론 거대한 대자연의 크기, 위치, 거리 등을 계산하는 방법과 같은 수학적인 내용이 포함되어 있다. 특히 1년을 365.25일로 보고 19년마다 윤달 7개를 넣는 19년법과 피타고라스의 정리에 대한 증명 등이 수록되어 있다.

흥미로운 것은 이들 서적에는 문제와 그 문제에 대한 해법만 제시되어 있을 뿐 그 해법에 대한 논리적 설명과 같은 서구식 분석적 접근방법은 전혀 언급이 없다는 것이다. 이는 아마도 중국에서 일찌감치 갖춰진 관료제도 중심의 사회상과 연관이 있는 것으로 이해된다. 즉 구장산술이나 주비산경은 관료들에 대한 교육용으로 사용되었고 농민들은 관료들이 제시하는 해법을 그대로 받아들이는 풍토 속에서 해법에 대한 설명이 필요하지 않았기 때문이리라 추정된다.

중국의 자존심 3대 기술

과학기술 분야에서 중국인들이 자랑스러워하는 3대 기술과 3대 역사役事라는 것이 있다. 3대 기술은 제지 및 인쇄술, 자석 그리고 화약으로 중국에서 최초로 발견 또는 발명되어 오늘날 인류 문명 건설에 큰 영향을 준 기술이다. 3대 기술 중 제지술과 인쇄술을 구분하여 4대 발명이라고도 한다. 3대 역사는 3대 공정工程 등 다른 이름으로도 불리는데, 중국에 건설된 거대한 건축물 중 대표적인 것으로서 북방 민족의 침입을 막기 위한 만리장성, 타클라마칸 사막에 있는 오아시스 도시인 투루판Tulufán, 吐魯番에 건설된 전체 길이가 장장 5,000 km에 이르는 지하수로地下水路 카레즈karez(그림 8.5), 그리고 베이징에서 항저우에 이르는 대운하가 꼽힌다(그림 8.6).

앞서 설명했던 은허의 갑골문에는 간지에 해당하는 문자들 외에도 잠蠶, 상桑, 사絲, 백帛과 같은 양잠에 관계되는 문자들도 있는 것으로 보아서 양잠기술이 이미 은나라 시대에 상당히 발전했음을 시사한다. 양잠은 비단을 만드는 기술이므로 의복과 가장 직접적으로 연관되지만, 갑골과 함께 비단이 고대 중국에서 문자를 기록하고 전달하는 매개체로 사용되었던 점에서 중국의 제지기술과도 맥이 닿는다.

갑골문자에서 보듯이 아주 옛날에는 거북이의 배 껍질이나 짐승의 견갑골에 문자를 새겼던 것으로 보인다. 은나라 이후 춘추 전국 시대에 이르러서는 죽간竹簡과 목간木簡이 그 역할을 대신했다. 이들은 대나무 또는 보통 나무를 폭 1~2촌1~2 cm, 길이 1~2자10~20 cm 정도의 얇은 막대로 만든 후, 각 막대의 아래, 위, 가운데에 구멍을 뚫고 끈으로 이들을 옆으로 서로 엮어서 만든 것이다. 한자의 '책冊'자는 이들의 모양을 본따서 만들어진 상형문자다. 처음에는 여기에 글씨를 새겼으며 나중에 먹과 붓이 발명된 다음에는 여기에 직접 붓글씨를 썼다. 그러나 이들은 간 하나에 기록할 수 있는 문

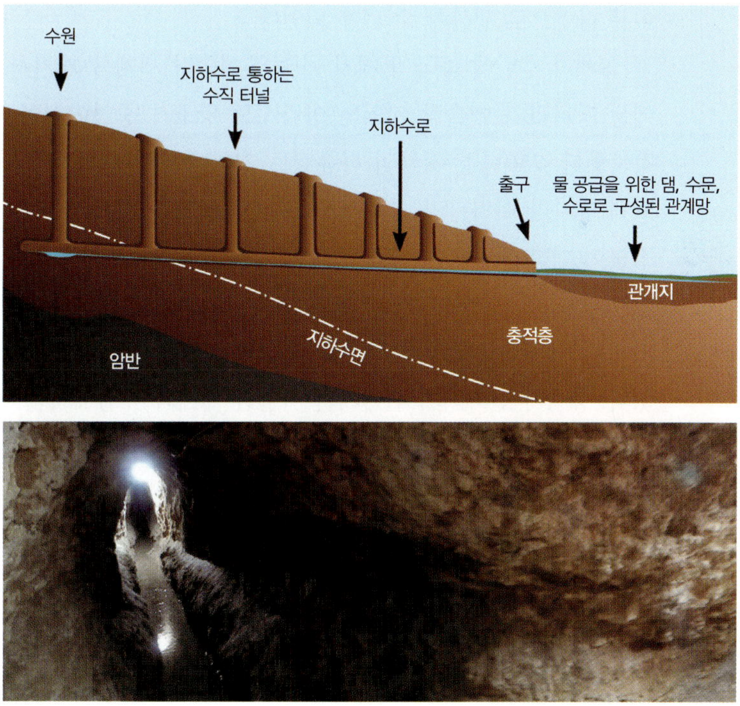

그림 8.5 투루판의 카레즈. 카레즈는 지하의 수맥에서부터 지표까지 완만히 물이 흐르도록 판 터널이다. 터널의 중간 중간에는 지표면에서 내려가거나 물을 올릴 수 있도록 수직의 터널이 있다.

출처: Wikimedia Commons.

그림 8.6 중국의 대운하 지도.

자의 수가 무척 제한적이라는 단점이 있다. 이를 보완한 것이 비단이었으며 《묵자墨子》와 《논어論語》도 비단에 기록되었다고 한다. 그러나 비단은 값이 비싸서 아무나 사용할 수 있는 대상은 아니었다. 반면 죽간이나 목간은 너무 무거워서 실용적이지 못하다는 문제가 있었다. 이런 점들을 해결한 것이 바로 한나라 시대의 환관 채륜蔡倫, 61~121이 발명한 종이다. 그가 발명한 종이는 나무껍질, 헝겊, 밧줄, 그물 등을 잘게 찢은 조각을 물로 때를 씻어낸 후 솥에 삶아 죽처럼 만들고 이를 돗자리에 얇게 펴서 말리는 과정으로 만들어졌다. 이러한 이유로 종이를 마지麻榮 또는 채륜지라고도 했다. 마지는 저렴하고 얇고 가볍다는 등 여러 가지 장점이 있어 순식간에 국가의 문서 기록과 전달 매체로서 자리 잡았다. 늘어나는 수요에 맞춰 제지 기술은 계속적으로 개선되고 발전되어서 당나라 시대에는 질 좋은 종이를 다량으로 생산할 수 있게 되었다.

8세기 후반에 중국의 제지 기술은 이슬람 세계를 거쳐서 서구로 전파되었다. 당시에는 당나라와 이슬람 지역의 아바시드 왕조가 중앙아시아 지역에 대한 주도권 놓고 각축했다. 750년경 지금의 타슈켄트 지역에서 2차에 걸쳐 일어났던 타라스 전투에서 당시 당나라 서역관리 임무를 맡고 있던 안서도호부安西道護府 사령관인 한국계 고선지 장군이 패하고 많은 중국 병사들이 이슬람의 포로가 되었다. 포로 중에는 제지공도 있었는데 이들을 통해서 중국의 제지 기술이 이슬람 세계에 전파된 것이다. 793년 바그다드에 제지공장이 생겼으며, 이로서 이슬람 세계도 본격적으로 종이를 사용하기 시작했다. 종이가 전파되기 전까지는 이슬람 세계와 유럽에서는 이집트 시대의 파피루스나 로마 시대의 양피지를 사용했었다. 파피루스는 식물을 말려서 만든 것이라서 시간이 지나면 부패하고 부스러지는 문제가 있었고, 양피지는 너무 많은 비용이 드는 문제가 있었다. 성서 한권을 필사하는 데 300마리 분의 양가죽이 필요했다고 한다. 이러한 이유로 종이는 제지 기술과 함께 순식간에 이집트, 스페인을 거쳐 유럽으로 전파되었으며 이들 지역의 문화, 사회 발전과 변혁에 엄청난 기여를 하게 되었다.

종이가 실용적인 문자의 전달매체를 제공했지만 이것만으로는 아직 종이의 가치가 충분히 발휘된 것이라고 할 수 없다. 오늘날의 관점에서 보면, 종이의 진정한 가치는 종이에 기록된 내용을 대중이 공유할 수 있는 방법이 있어야만 가능한 것이다. 즉 인쇄술의 발전이 뒤따라야만 했다. 처음에는 모든 기록은 일일이 사람의 손으로 작성되었다. 책 하나하나가 손으로 베껴서 쓴 필사본이었다. 당연히 많은 시간과 노력이 필요했으므로 책은 대중이 쉽게 접할 수 있는 대상이 될 수 없었다. 더욱 큰 문제는 필사하는 과정에서 필연적으로 오류가 생긴다는 점이다. 이러한 문제를 말끔히 해결해 준 것이 인쇄술의 발명이다.

중국의 인쇄술이 언제 발명되었으며 그 전파 과정이 어떠했는지에 대해 명확히 알려진 것은 없지만 아마도 그 시초는 탁본拓本 인쇄라고 봐야 할 것이다. 탁본 인쇄는 석경石經, 비석에 붓으로 먹칠을 하고 그 위에 흰 종이를 올려놓고 문질러서 검은 배경에 흰 글씨의 복사본을 만드는 것을 말한다. 이 방법은 필사 과정에서 오는 오류도 없애고 간편하게 복사본을 얻을 수 있다는 장점이 있다. 탁본 인쇄를 하기 위해서는 우선 석경이 필요한데, 석경은 한나라 시대부터 알려져 있었다. 175년 후한後漢시대에 채옹蔡邕, 132~192이 만든 〈희평석경熹平石經〉이 현존하는 가장 오래된 석경이다. 그러나 돌에 글씨를 새기는 일은 매우 어려운 작업이었으므로 본격적인 인쇄는 탁본 인쇄와 같은 원리로 돌 대신 나무에 글자를 새기는 방법이 발명된 7세기경 수나라 시대부터 시작되었다. 이러한 인쇄술을 조판인쇄술이라 하며 도장을 만들고 도장의 글자를 종이에 찍는 것과 같은 방법으로 글자가 새겨진 목판인쇄 틀을 사용했다. 이 방법은 불경, 경전, 달력 등의 인쇄에 널리 사용되었다. 중국에 현존하는 가장 오래된 인쇄물은 돈황敦煌에서 출토된 868년 인쇄된《금강반야바라밀경金剛般若波羅蜜經》이다(그림 8.7). 그러나 세계 최초의 목판인쇄본은 706~751년에 제작된 것으로 추정되는 우리나라의《무구정광대다라니경無垢淨光大陀羅尼經》으로 이보다 100년 넘게 앞섰다(그림 8.8). 그러나 이 조판인쇄술은 인쇄판에 글자가 고정되어 있어서 글자의 배열이나 조합을 변경할 수 없었다는 문제점이 있다. 즉 책의 한 면을 인쇄하기 위해서 인쇄판 하나가 만들어져야 한다. 인쇄판을 만드는 데 걸리는 노력도 문제이지만, 만들어진 인쇄판을 보관해야 하는 것도 어려운 일이다. 이러한 단점을 해결한 것이 1040년 송나라 필승畢昇이 발명한 활자인쇄술이다. 활자 하나에는 글

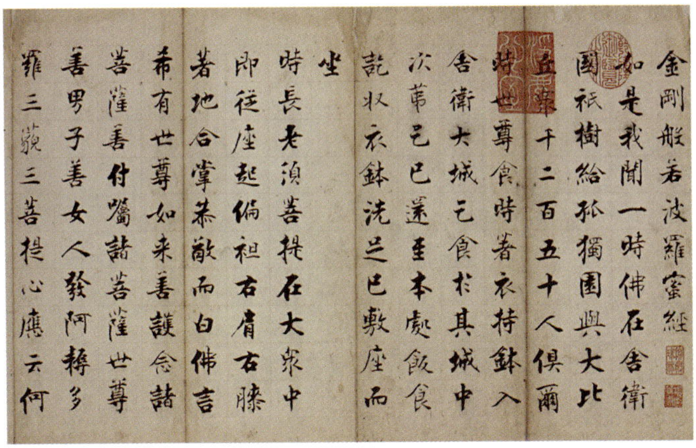

그림 8.7 금강반야바라밀경.
출처: Wikimedia Commons.

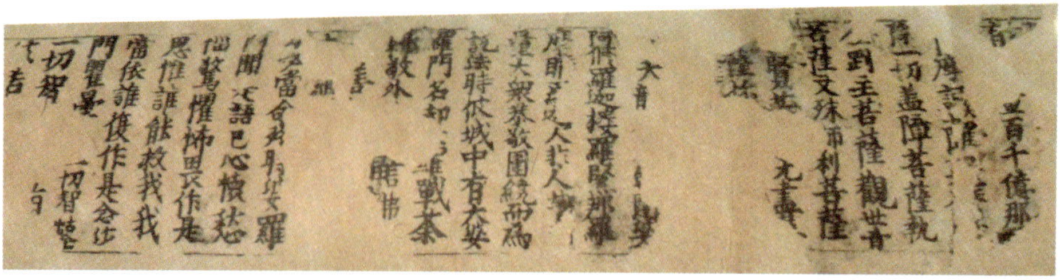

그림 8.8 무구정광대다라니경.
출처: Wikimedia Commons.

자 하나가 새겨져 있고 여러 가지 글자에 해당하는 활자를 조합하여 배열하고 틀 위에 고정시키면 석경이나 목판인쇄 틀과 같이 자판으로 사용할 수 있으며, 인쇄가 끝나면 활자를 풀어 재조합하여 다른 자판으로 만들어 사용할 수 있으므로 조판인쇄의 단점을 모두 해결할 수 있었다. 필승은 점토에 글자를 새긴 후 불에 구어 단단한 점토활자를 만들었다. 점토활자 역시 잘 부스러지는 단점이 있었으므로 이를 개선하여 목판활자가 만들어졌다. 원나라 시대의 왕정王禎은 목판활자를 체계적으로 배열하여 필요한 활자를 빠르게 찾을 수 있는 '회전활자판'을 발명하여 인쇄 속도를 더욱 증가시켰다. 그러나 이러한 활자인쇄술의 발명이 활발한 인쇄물의 제작으로 이어지지는 못했었다. 아마도 당시 인쇄물이 가장 많이 필요했던 분야가 경전이었던 점이 가장 큰 이유일 것이다. 중국에서는 불교가 널리 퍼지기는 했지만, 경전에 대한 수요가 사회 전체적으로 보아서 아주 큰 것은 아니었다. 이슬람 세계에서는 코란을 신성시하여 코란을 인쇄로 제작하는 것을 불경스럽게 생각했었기 때문에 더욱 그러했다. 더구나 활자의 조합으로 조판을 만들게 되면 오류가 생길 가능성이 있는데, 오류가 있는 경전이 만들어질 수 있는 가능성에 대한 우려도 컸을 것이다. 이 실용적이고 편리한 인쇄술은 유럽에서 그 진가를 발휘하게 되는데, 그렇게 되기 위해서는 13세기경 칭기즈칸의 서방원정으로 인쇄술이 페르시아를 거쳐 유럽으로 전파될 때까지 더 많은 시간이 필요했다. 활자인쇄술이 한국과 일본으로 전파된 시점도 14세기에 이르러서였다. 활자인쇄술이 중요한 문자와 언론의 전달 매체로서 사회 변혁과 문명 발달에 결정적인 역할을 담당했던 것은 여러 가지 역사적 자료로 증명되었다. 비록 그러한 사회와 문명의 발달이 중국 안에서 일어난 것은 아니었지만, 이러한 일이 가능하게 한 제지술과 인쇄술이 중세의 중국에서 시작되어 세계로 전파되었다는 사실은 중국의 입장에서는 커다란 자부심이 되기에 충분할 것이다.

제지술과 인쇄술 다음으로 중국이 자랑하는 기술이 자석에 관련된 기술이다. BC 6세기 춘추 시대 관중管仲이 쓴 관자管子에 "위에 자석慈石이 있으면 아래에는 구리나

금이 있다" 는 기록이 있다. 이는 자석이 금속을 끌어당기는 성질을 기술한 것으로 파악된다. 오늘날 사용하는 한자 磁石자석과 다른 '자비로울 자慈'자를 썼는데 이는 아기를 끌어안은 어머니의 인자仁慈함에 비유한 것으로 이해된다. 서양에서도 이보다 약간 늦게 고대 그리스의 탈레스가 자석을 영혼이 내재한 돌로 인지했고 엠페도클레스는 자석이 철을 끌어당기는 현상을 관찰하고 이들 사이에 인력에 대한 이론을 제시하기도 했다. 하지만, 자석이 방향을 가리키는 성질, 즉 자극성磁極性에 대해서는 중국의 지식이 알려지기 전인 13세기까지는 서양에서는 전혀 알지 못하고 있었다. 중국에서는 일찌감치 자석의 자극성을 파악하고 활용했었다. 전국 시대 한비韓非가 쓴《한비자韓非子》에 나침반으로 작동하는 사남司南에 관한 기록이 있고 후한 시대 왕충王充의 쓴《논형論衡》에도 숟가락 모양의 자석을 던져서 운수를 점쳤다는 기록이 있다. 자석의 자극성이 발견되고 이를 방향을 찾는 길잡이로 사용하게 되면서 자석을 사남司南이라 칭했었다. 이 원리를 활용하여 얇은 철판을 작은 물고기 모양으로 만들고 이를 자화시킨 것을 지남어指南魚라 한다. 지남어를 실에 매달거나 물 위에 띄우면 남쪽을 가리켰다. 지남어에서 발전된 것이 바늘 모양의 철침을 자화시킨 지남침指南針이다. 11세기 심갈沈括, 1030~93이 지은《몽계필담夢溪筆談》에 바다를 항해하는 대형 선박에서 편리하게 사용할 수 있는 지남침을 만들어 사용했다는 기록이 있다. 이 기술은 1200년경 중국을 왕래하는 아라비아 선원들에게 알려졌고, 이것이 다시 유럽으로 전수되어 개량된 것이 오늘날의 나침반이다. 나침반은 15~16세기에 유럽에서 있었던 대항해의 시대가 가능하도록 했다.

중국의 3대 기술 중 이제 남은 것은 화약의 발명이다. 화약의 기원은 서양의 연금술에 대응되는 연단술이라고 할 수 있다. 6세기에 중국에서는 도교사상이 유행했다. 인위적인 모든 것을 배격하고 자연에 몰입하는 것을 최고의 가치로 생각한 도가들의 세계관은 불로장생의 신선론으로 발전했다. 그리고 불로장생의 명약을 찾기 위해 수많은 화학 반응을 시도했다. 그 결과로 화약이 발명되었다. 연단술의 한 단면을 천연광물인 단사丹砂에서 볼 수 있다. 단사는 붉은색의 황화수은HgS 성분을 포함하는 광석이다. 단사를 가마솥에 넣고 가열하면 액체인 수은과 고체인 유황이 얻어지고 수은을 공기 중에서 가열하면 붉은색의 고체인 산화 수은HgO이 얻어지므로 대단히 신비스러운 물질로 여겨졌다. 그리고 이렇게 얻은 수은은 불로장생의 근원을 제공하는 명약으로 인식되어 여러 가지 형태로 복용되기도 했다. 7세기 손사막은 초석硝石, 질산칼륨과 유황의 혼합물이 맹렬히 발화한다는 것을 알아내었고, 이후 빙가승憑家昇이 초석, 유황, 목탄을 혼합하여 흑색화약을 발명했다. 흑색화약은 11세기경부터 병기로 사용되었다. 유럽에는 13세기 몽고의 칭기즈칸이 아라비아와 유럽을 침공했을 때 들어간 것으로 추정된다.

중국의 전통의학

의술은 생명과 연관되는 분야이기에 양의 동서를 막론하고 문명의 시작과 더불어 자연스럽게 인간의 관심의 대상이 될 수밖에 없었다. 그러므로 중국에서 하, 상, 주의 상고 시대에 있었던 무당이나 메소포타미아의 제사장이 행했던 주술은 모두 질병에 대한 인류의 초보적인 대처법으로 봐야 할 것이다. 서양의 경우를 보면, 윤회사상을 믿었던 고대 이집트에서 미라문화가 나타나 인체에 대한 해부학적 지식을 쌓을 수 있었고, 이를 토대로 경험의학이 발달할 수 있었다. 고대 그리스에서는 인체 해부가 금지되었지만 이집트 의학 지식을 받아들이고 발전시켜 히포크라테스의 '4액설'과 같은 체계화된 논리로 정리되었다. 이러한 과정을 일반화하면, 인류는 시초에는 질병에 대해 주술적인 방법으로 대처하다가 질병에 대한 경험이 쌓이면서 점차적으로 생리학적, 병리학적 현상에 대한 인식과 각 질병에 대한 처방과 투약에 대한 지식을 쌓게 되고, 이러한 지식은 구전되어 내려오다가 어느 시점에서 논리적으로 체계화된 문서로 정리되면서 의학의 형태를 갖추게 된다고 할 수 있다.

중국의 의술도 이와 비슷한 과정으로 발전했다. 사마천司馬遷, BC 145~BC 86의 《사기史記》의 〈편작전扁鵲傳〉에 나오는 편작은 고대 중국 의술을 대표하는 인물이다. 그는 히포크라테스와 같은 BC 5세기경의 사람으로 치료하기 어려운 질병에 대한 의서《난경難經》을 썼다고 알려져 있다. 그는 무당을 믿고 의사를 믿지 않는 것을 병이 낫지 않게 되는 여섯 가지 이유病有六不治 중 하나로 꼽아 상고 시대부터 계승되어 온 주술적 사상을 타파하고 전업의專業醫가 시술하는 경험의학의 중요성을 강조했다. 《황제내경黃帝內經》은 중국의학의 최고의 고전으로 평가받는 의서이다. 이 책은 전국 시대와 한나라 시대에 걸친 오랜 세월에 걸쳐서 여러 사람이 작성한 것으로 보이며, 이후로도 수차례 첨삭되고 수정 보완되던 중 당나라 시대인 762년 무렵 왕빙王氷의 주석을 단 작품이 오늘날에 전해지고 있다. 《황제내경》은 〈소문素問〉과 〈영추靈樞〉의 두 부분으로 구성되어 있다. 〈소문〉에는 음양오행설에 따른 생리학과 병리학적 현상에 대한 진단과 대처 방법이 실려 있고 〈영추〉에는 주로 침구술에 의한 치료법이 해설되어 있다. 특히 〈영추〉에서는 신체의 부위를 오장육부로 구분하고 각 부위들은 기혈의 통로인 경락으로 연결되어 있으며 경락의 곳곳에 있는 365개 혈穴을 통하여 풍風, 열熱, 서暑, 한寒, 습濕, 조燥 등의 외인外因이나 희喜, 노怒, 락樂, 비悲, 경驚, 애哀 같은 내인內因의 사기邪氣가 들어오면 병이 생기므로 이곳이 침을 놓는 부위가 된다고 했다. 《황제내경》의 중요한 특징 중 하나는 질병의 초자연성을 부정하고 건강 유지와 병 치료에 대한 합리적인 시각을 보인다는 점이다. 이런 점에서 《황제내경》은 오늘날에도 의학적 가치를 지니고 있는 것으로 평가되고 있어, 이 책과 비교되는 서양의 《히포크라테스 전집》이 18

세기경부터 의서로서의 가치를 잃은 것과 대비된다.

중국 의학의 바탕에는 음양오행설이 중심적인 위치에 있다. 따라서 음양오행설이 중국의학에 도입된 과정을 살펴보는 것은 의미 있는 일이다. 음양오행설은 앞서 고대 황화문화를 설명하면서 간략하게 언급한 바 있다. 여기서는 이 세계관이 어떻게 중국 의학의 토양을 마련해 줄 수 있었는가 하는 점을 다루고자 한다.

음양오행설은 고대 중국에서부터 있어 왔던 음양의 원리와 오행설을 결합하여 만들어진 세계관이다. 오행설의 흔적은 공자가 편찬한 것으로 알려진 《서경書經》의 〈상서商書〉에 나오는 홍범구주洪範九疇에서 찾을 수 있다. 홍범구주는 주나라 무왕이 기자祈子에게 어떻게 하면 국가를 잘 다스릴 수 있는가 하고 묻자 기자가 하나라 우임금이 하늘로부터 받은 것이라면 알려준 아홉 가지 대법大法을 가리킨다. 여기에 첫 번째로 나오는 것이 수화목금토水化木金土의 오행에 대한 설명이다. 이들은 사람의 생명유지와 밀접한 관계가 있는 물과 불, 생활에 필수적인 소재인 나무와 금속 그리고 이 모든 것의 기반을 이루는 흙 등으로 '민용5재民用五財'라고도 한다. 이들을 대법의 첫 번째로 꼽은 것으로부터 고대 중국인들의 자연관과 세계관을 엿볼 수 있다. 전국 시대의 제齊나라 추연鄒衍은 오행의 개념을 음양설과 연계시켜 상승설常勝說로 체계화시켰다. 이 이론에 따르면 오행의 각 요소는 토-목-금-화-수의 순서의 배열에서 나중의 것이 바로 앞의 것을 이긴다. 이 논리는 우虞, 하夏, 은殷, 주周, 제齊 등의 상고 시대의 각 국가에 토, 목, 금, 화, 수의 덕목을 부여하고 이들 국가의 변천 과정을 정당화하는 논리로 발전했다. 이로써 '민용5재'에서는 오행의 요소는 단순한 물질이었던 것이 상승설에서는 덕목에 연결된 관념적인 개념으로 승화되었고, 더 나아가 각 덕목의 기에 의한 에너지적 작용을 하여 이기고 지는 것과 같은 실천적 현상의 원인으로 받아들여지게 되었다. 이러한 이유로 상승설을 음양과 오행설을 접목시키는 음양오행설의 태모胎母라고도 한다.

BC 180년경 한나라 학자 복승伏勝이 편찬한 《금문상서今文尙書》에는 이 상승설이 더 발전되어 '상생설相生說' 과 '상극설相剋說'로 체계화된 내용으로 소개되었다. 아마 한나라 시대에 널리 유행된 세계관으로 부상했던 것으로 보인다. 상생설에서는 목-화-토-금-수의 순서에서 앞의 것이 뒤의 것을 조장하고 촉진한다고 보아 목생화木生火, 나무는 불을 일으킨다, 화생토火生土, 불은 재를 만들에 흙이 된다, 토생금土生金, 흙은 금속을 함유하고 있다, 금생수金生水, 금은 표면에 이슬이 맺힌다, 수생목水生木, 물은 나무를 자양滋養한다 등의 상생관계를 주장한다. 반면 상극설에서는 수-화-금-목-토에서 앞의 것이 뒤의 것을 제약하고 억제한다는 보아 수극화水剋火, 물은 불을 끈다, 화극금火剋金, 불을 금속을 녹인다, 금극목金剋木, 금속은 나무를 자른다, 목극토木剋土, 나무는 땅속으로 들어간다, 토극수土剋水, 흙은 물을 가둔다 등의 상극관계를 주장한다. 이와 같이 음양오행설은 우주자연의 역동성을 풀이하는 세계관이라고 할 수 있다. 즉 대자연의 숭고한 섭리는 오행의 각 요소 사이의 상생과 상극의 조화로운 균형으로 이해될 수 있는 것이다.

음양오행설이 의술에 도입된 배경에는 인체를 소우주로 인식하는 시각이 있었을 것이다. 중국 의학에서는 오행의 각 요소를 목은 간肝, 화는 심心, 수는 신腎 금은 폐肺, 토는 비脾와 같이 신체의 오장에 대응시키고 각 신체부위 사이의 역동적 상호작용 관계를 설명한다. 즉 대자연의 섭리와 마찬가지로 인체에서도 신체장기 사이의 상생관계에 따른 상호 조장과 상극관계에 따른 상호 억제를 하면서 조화로운 균형을 이루어야 정상적인 생리현상이 가능한 것으로 보았다. 따라서 상생이나 상극관계에 따른 정상적인 생리현상에 이상이 생겼을 때는 병이 생긴다. 상생관계의 경우는 그 순서에 따라 병이 전파되고 상극관계의 경우는 제약하는 순서가 일치할 때는 상승작용을 하고 그 순서가 반대일 때는 제약하던 쪽이 제약을 받게 되는 상모相侮현상이 나타난다고 했다. 예컨대 '목생화'의 관계는 간목에 병이 생기면 심화에도 병이 전파될 수 있다는 뜻으로 풀이된다. '토생금'은 폐금에 병이 생기면 폐를 치료하는 약과 더불어 비토를 보호하는 약을 동시에 복용하는 것이 효과적이라는 뜻으로, '금극목'은 폐금에 이상이 생기면 간목에도 병이 날 가능성이 높으므로 폐를 치료하는 동시에 간을 보호해 줄 필요가 있다는 뜻으로 풀이된다. 이런 관점에서는 한 가지 장기에 생긴 병에 대한 다양한 해석과 처방이 있을 수 있다. 앞서 보았던 '목생화'의 예에 더하여 '목극토'의 관계는 간에 병이 생겼을 경우 상승효과로 비토에 나쁜 영향을 줄 수 있으므로 미리 비를 강화해야 하고, '금극목'의 관계는 이 관계가 반대로 되어 제어 당하던 목이 금을 제어하는 상모현상으로 바뀌면 간에서 발생한 병이 폐에 전파될 수 있다는 뜻으로 해석된다. 여기서 특히 상극관계에서 유래되는 상승과 상모현상은 의학적 시각에서는 병리학적 접근이라고 할 수 있다.

2세기 후한 시대의 장기張機, 일명 장중경張仲景, 150?~219?는 중국 의학에서 《황제내경》에 버금가는 고전으로 여기는 《상한론傷寒論》을 저술했다. 그는 임상 의학의 대가였으며, 《상한론》에는 《황제내경》의 소문, 난경, 음양대론陰陽大論, 평맥변증平脈辨證 등의 내용들과 자신의 임상경험에 대한 내용이 들어 있다. 특히 이 책에서 그는 환자의 질환에 대한 정확한 진단과 투약을 위하여 시행해야 하는 시진視診, 문진問診, 맥진脈診 등의 방법론인 '변증논치辨證論治'를 주장했으며 《내경》의 소문에 나오는 '육경논리'도 진일보한 '육경논치六經論治'로 보완했다.

중국의학에서 편작과 장기에 이어서 이름을 날린 의사는 수나라 시대의 소원방巢元方, 550~630이다. 그는 수양제의 명에 따라 610년 당시에 알려진 모든 질병에 대한 원인과 병리 및 증상에 관한 것을 연구했으며 그 결과를 체계적으로 집대성한 《제병원후론諸病源候論》을 저술했다. 이 책은 질병을 병인병리학病因病理學적 시각에서 다룬 의서로서 1720조條의 병증病症에 대한 임상의학적 내용이 서술되어 있어 풍부한 내용과 자세한 해설을 한 최초의 의학이론서로 평가되는 거작이다.

당나라 시대에 이르러서는 걸출한 의가醫家로 평가받는 사람으로서 손사막孫思邈, 581~682이 있다. 그는 당나라 시대에 이르기까지 있었던 모든 의서의 내용과 수많은 민간 단방單方들을 수집하여 체계적으로 정리하고 여기에 80여 년간의 의술을 시행하면서 얻은 풍부한 경험을 더해 《천금방千金方》을 저술했다. 그는 이 저서에서 질병의 예방, 진단, 투약, 침구 그리고 식이요법 등에 대하여 상세히 서술하고 있으며 약물에 대해서도 약초의 채취 시기와 산지 등에 대하여도 많은 기록을 남겼다. 또한 그는 보건위생에 대하여 설명하면서 소식하기, 날고기 먹지 말기, 적당히 산책하기, 임신했을 때는 기호품을 절제하기 등을 권했으며 소아의 발육에 대한 주의 사항 등에 대하여도 설명했다. 그는 일생을 벼슬도 마다하고 의술에만 전념했으며 특히 《천금방》이란 책이름에서 알 수 있듯이 인명이 천금보다 더 귀중하므로 환자에 대한 각별한 관심과 애정을 가져야 한다며 의사로서의 인성을 강조했다. 이로부터 그가 의학에 대한 전방위적 식견을 소유했으며 도교의 신비사상이나 불교의 은둔사상을 가졌을 것이라는 추측을 할 수 있다.

이상에서 살펴본 바와 같이 중국의학은 전국 시대 이후 한나라 시대까지 계속적으로 지식을 축적하고 논리적으로 체계화되면서 질과 양에서 발전했고, 이후 수나라와 당나라 시대에 의학으로서 한 차원 높은 내실과 외형을 이룩하여 오늘날의 중국 전통의학의 토양을 이루었다.

이제 치료 수단으로서 중국 약학의 발전 과정을 살펴보도록 하자. 중국에서 약초에 대한 관심이 부상한 시기는 아마도 편작이 활동했던 전국 시대 이후부터라고 여겨진다. 즉 후한에서 삼국 시대로 이어지는 시기에 자연스럽게 약물에 대한 오랜 경험으로 쌓인 다양하고 산발적 지식들이 본초本草라는 기록으로 수렴되면서 약초에 대한 체계화가 시작되었다. 이후 육조 시대에 도교사상이 유행하면서 불로장생을 위한 영약을 얻으려는 풍토가 조성되었다. 이런 상황에서 화약기술의 발전을 보게 되었던 것은 앞서 설명한 바 있다. 바로 이 시기에 갈홍葛洪, 283~363이 《포박자抱朴子》라는 연단술의 고전을 저술했던 것도 시대적 상황의 영향과 무관하지 않을 것이다. 연단술은 자연에서 영약을 얻는 기술을 가리킨다. 《포박자》는 도교사상을 담은 〈내편〉 20권과 유교사상을 담은 〈외편〉 50권으로 구성돼 있다. 〈내편〉에는 황금을 상징하는 황백黃白과, 환단還丹과 금액金液을 상징하는 금단金丹이라는 선약仙藥을 얻는 신선술과 복부의 단전에

기를 모으는 복기술服氣術이 기록되어 있고 선약을 복용하는 수련을 통하여 신선이 되는 방법이 설명되어 있다. 또한 갈홍은 민간에 전해 내려오는 경험과 의학지식에 자기의 경험을 가미한《주후비급방肘後備急方》을 저술했다. 이 책은 간편하게 호주머니에 넣고 다닐 수 있을 정도의 크기에 어디서나 쉽게 구할 수 있는 약들이 수록되어 있다. 누구든지 효율적으로 사용할 수 있게끔 배려한 그의 인간성을 엿보게 하는 대목이라고 할 수 있다.《포박자》에서와 같이 영약을 구하고자 하는 노력은 약초에 대한 많은 지식을 얻을 수 있는 계기를 제공했는데, 이는 서양의 연금술의 결과로 많은 물질들이 발견된 사실을 연상시키게 하는 대목이다.

약물에 대한 다양하고도 많은 지식들이 축적되자, 6세기에는 도홍경陶弘景, 452~536이 최초의 약초본藥草本이라 할 수 있는《신농본초경神農本草經》을 저술했다. 여기에는 365종의 약초가 수록되어 있는데 흥미롭게도 유황과 초석 등도 영약으로 기록되어 있다. 당나라 시대에 진입하면서 의술의 발전에 상응하여 다양한 약초와 약초의 효능에 대한 지식 욕구가 늘어나면서 계속적으로 본초의 개정을 필요로 했다. 659년《신수초본新修本草》이 출간되었고 이로서 비로소 약학의 학술적 위상도 정립되기 시작했으며 질과 양적 면에서도 계속적인 발전을 이루었다. 북송 시대에 와서는 세밀하고 충분한 교정을 거쳐서 974년《개보본초開寶本初》, 1061년《가유본초嘉裕本草》, 1062년 삽화가 들어간《도경본초圖經本草》의 출현을 보게 되었다. 명나라 시대에는 리시진李時珍, 1518~1593이 1552년부터 20여 년간의 노력 끝에 이때까지의 본초경의 총괄판이라고 할 수 있는《본초강목本草綱目》을 저술했다. 이 저술은 1,880종에 대한 항목을 16부部-綱, 60류類-目로 분류해 놓은 중국의 대표적인 약전藥典이라 할 수 있다.

이상에서 살펴본 바와 같이, 중국의 전통의학은, 오장육부 등 신체기관의 상생과 상극의 조화로운 균형 작용의 관점으로 접근했다는 점에서, 개별 신체기관의 역할과 기능을 분석적으로 다루는 서양의학과 비교할 때 의술에 대한 접근방식과 분명한 차이점이 있다. 이는 중국의학이 역학적易學的인 세계관에 의하여 정립되고 발전한 경험의학인 반면 서양의학은 해부학에서 비롯된 이집트의 경험의학으로부터 발전되었다는 출발점의 차이로 이해된다. 따라서 서양의술은 구체적이고 국부적인 면을 강조하여 보다 과학적이라는 인상을 주는 반면, 중국의술은 외형적으로 추상적이고 복합적이어서 비과학적으로 보이는 점도 있는 것이 사실이다. 하지만 최근 100~200년 동안 거센 서양문명의 파고 속에서 의술의 중심 역시 서양의학 쪽으로 치우쳐 있지만 중국의학도 그 전통성을 계속 유지해 왔다는 것도 엄연한 사실이다. 현재 서양의학에서는 침구술이나 인삼을 비롯한 전통 한방약초에 대한 관심이 확산되고 있고 동양의학에서는 서양의학에서 활용하는 진단 기기나 서양의학의 약품의 효능 성분과 한방약초와의 접점을 검증해 보려는 시도 등이 진행되고 있다. 앞으로도 동양 문화와 서양 문화 사이의 공통점과 차이점을 탐구하여 상호간에 합리적인 접점을 찾고자 하는 노력이 지속될 것이므로 중국전통의학은 그 특징에 걸맞는 세계적인 위상을 새로이 찾고 만들어 갈 것이라 예상된다.

3.
원, 명, 청의 등장과 중국의 근대 과학

중국에서 근대 과학의 역사는 원元, 명明, 청清의 시대에 진행되었다. 이 시기는 주로 서양에서 전파되어 온 과학 문명을 수용하는 시기였다고 볼 수 있다. 중국의 전통적인 자연철학이 있는 바탕에서 서양의 과학이 전파되는 과정을 보기 위해서 먼저 근대 중국의 시대 상황을 살펴보도록 하자.

고대부터 면면히 이어져 내려온 한족의 중국 역사에서 유목민이 세운 원나라의 출현은 역사적으로나 자연철학사적 시각에서 대단히 의미 있는 사건이라고 할 수 있다. 원나라의 역사는 몽고의 오논Onon 강 유역의 초원지대에서 시작된다. 1206년 이 지역에 흩어져서 유목민으로 살고 있던 부족들이 칭기즈 칸1162?~1227을 자신들의 지배자로 추대했다. 그가 원나라의 전신인 몽골제국의 초대황제 태조太祖이다. 그는 1219~1225년에 서정西征을 시작하여 중앙아시아 카스피해 지역까지 진출했다. 칭기즈 칸의 사후에 등극한 셋째 아들 태종太宗, 1186~1241, 재위 1229~1241은 1236년 선왕의 유지를 받들어 유럽 대원정을 시작하여 러시아, 폴란드, 독일, 헝가리 등 도나우강 유역까지 석권했고, 제4대 헌종憲宗, 1209~1259, 재위 1251~59 시대에는 페르시아를 정복하고 바그다드에 진격하여 1258년 아바사드 왕조를 멸하면서 이슬람권도 몽고의 칸의 세력권으로 되었다. 헌종의 사후 뒤를 이은 칸이 바로 제5대 세조世祖인 쿠빌라이1215~1294, 재위 1260~1294이다. 그는 1271년 수도를 대도大都, 지금의 베이징로 옮기고 국호를 원이라 칭하고 중국 정복의 대업을 시작하여 1279년 남송南宋을 멸하여 그 목적을 달성했다. 이로서 북방초원의 유목민이었던 몽고인은 유라시아에서 동양에 이르는 광대한 영역을 세력권으로 하는 제국을 이루었다. 이 제국은 내분으로 4개의 칸 국으로 분열되었고, 이중에서 쿠빌라이의 원나라는 몽고 본토, 만주, 티베트, 동 투르키스탄을 지배하는 가장 큰 칸 국이었다. 원나라의 중국 통일은 몽고인들이 정복 사업으로 자리를 옮겨 다니다가 처음으로 한 곳에 정착하여 고정된 영토를 통치하기 시작한 시점이 된다. 몽골제국의 유럽 및 아라비아 지역 진출은 유럽세계에 동양에 거대한 세력권이 형성되어 있음을 깨닫게 했고 놀라움과 동시에 동양에 대한 호기심을 고조시키는 계기가 되었다.

몽골제국은 광활한 지배영역을 효과적이고 능률적으로 통치하고 질서유지를 하면서 관리해야 했기 때문에 이전부터 있었던 낙타 대상의 통상로를 정비, 개량하고 일정 거리약 40 km마다 숙박시설과 말, 수레 등의 교통편과 식량을 준비한 역을 두어 관리, 외국의 사신, 허가를 받은 상인이 사용했던 역참제驛站制를 도입했다. 몽고의 수도 카라코룸을 기점으로 북방의 초원을 연결하는 북방로北方路, 고대 비단길인 톈산산맥天山山脈의 북쪽과 남쪽 산기슭을 통과하는 중앙로中央路, 쿤룬산맥崑崙山脈 북쪽의 산기슭을 지나가는 남방로南方路 등을 정비하고 광저우廣東에서 인도 해안을 거쳐 페르시아의 호르무즈Hormuz 항으로 이어진 해로海路를 열었다. 이들은 후일에도 동서 교류의 주요 통로로 활용되었다. 통치에 대한 경륜이 없이 광활한 중국을 통치하기 시작한 원나라로서는 통치제도의 확립과 시책의 설정 등에 대한 토양을 조성하는 것이 절실했다. 이러한 상황이 인접국들과의 국가적 차원의 개방정책으로 발전되어 유럽과 이슬람 사람들에게는 중국 탐문의 길을 터주게 되는 계기가 되었다.

마르코 폴로Marco Polo, 1254~1324의 《동방견문록東方見聞錄》으로 알려진 《세계 불가사의의 서Livres des merveilles du monde, 영어명 Books of the Marvels of the World》는 이러한 당시 원나라의 상황을 잘 보여주는 기록이다. 여기에 나오는 쿠빌라이는 유럽의 법률과 정치제도는 물론 로마의 교황청과 기독교에 대해서도 관심을 갖고 어문법, 논술본, 논리학, 기하학, 대수학, 천문학, 음악 등의 분야에 대한 자료들을 교황에게 요청하는 등 호기심 많고 개방적인 황제로 묘사되어 있다. 마르코 폴로는 원나라 정부의 관리가 되어 중국의 여러 곳을 탐방할 수 있었는데, 이 때 보고 듣고 느낀 것을 기록한 《견문록》은 유럽 사람들에게 발달된 문물과 사회를 갖춘 동양의 존재를 각인시켜 주고 동양에 대한 호기심을 자극했다.

원나라의 대외적인 개방정책의 단면은 이슬람권의 발달한 천문학이 중국으로 들어오는 과정에서도 볼 수 있다. 1267년 이슬람의 천문학자 자말 알딘Jamal, al din; 중국이름 札馬魯丁은 지구의地球儀, 혼천의渾天儀, 아스트롤라베astrolabe 등 천문 기구와 함께 만년력萬年曆을 중국에 전했으며, 쿠빌라이는 이슬람 천문학의 우수성을 인식하고 회회사천대回回司天臺를 세워 자말 알딘을 중심으로 이슬람 학자들이 천체 관측에 임할 수 있도록 배려했다. 이와 같이 원나라에서 이슬람 천문학자를 위시한 자연철학자의 위상은 높은 편이라서 몽고인 다음으로 관직에 중용되었다고 한다. 그러나 한편으로는 한족인 곽수경郭守敬, 1231~1316이 이슬람 역법과는 전혀 연관 없이 독자적으로 1280년에 집대성한 역법인 '수시력授時曆'이 통용되었다. 즉 중국 고유의 역법을 사용했지만, 그 정확성을 확인하기 위해서 이슬람 과학자의 자료를 활용했던 것이다. 곽수경은 이슬람 천문대의 자료를 참고하여 간의簡儀와 같은 관측기기도 제작했다. 그의 간의는 조선의 세종대왕 때 조선에 도입되어 사용되기도 했다. 비슷한 시기에 아랍어로 번역된《알마게스트》와 에우클리드의《원론》도 소개되었지만 큰 반향을 얻지는 못한 것으로 보인다.

그러나 원나라의 치세는 한 세기만에 끝났다. 이렇게 단명하게 된 데는 여러 가지 이유가 있겠지만, 아마도 몽고 민족이 정복에는 능하지만 한 곳에 정착하여 통치하는 데에는 미숙했던 것이 가장 큰 이유였을 것이다. 원나라 시대에 몽고인은 전체의 0.5%밖에 되지 않았지만, 이들이 권력의 상층부를 독차지하면서 일상생활의 양식에 이르기까지 몽고지상주의를 강요했었다. 이슬람문화에 대해 관심을 보였던 반면 인구의 절대다수였던 한족과 한족의 문화는 거부했다. 조정에서는 칸의 계승권을 놓고 다툼을 계속했고, 다른 한편으로는 지배층이 편하고 호화로운 생활에 빠져 국가재정이 낭비되고 국가기강이 무너지면서 백성들에게 과중한 세금을 강요하는 등 사회불안이 쌓여 갔다. 농민들에게서 농지를 빼앗아 목장을 만드는 등 권력을 등에 업은 횡포도 심했었다.

이러한 원의 지배에서 벗어나고자 하는 소요가 각처에서 일어나기 시작했다. 그 선봉장에는 한족漢族인 주원장朱元璋, 1328~1398, 명나라 태조이 있었다. 그는 양자강 하류의 곡창 지대를 점령하고 1368년 중국의 남부 도시 금능金陵에서 즉위하여 국호를 대명大明이라 칭했다. 그는 계속 북벌하여 원의 수도인 대도를 함락시키고 1388년 원의 조정을 북방으로 몰아냄으로써 다시 한족에 의한 중국의 통일국가를 세우고 수도를 난징南京으로 정했다. 중국역사상 처음으로 남방에서 득세하여 북방을 평정하여 새로운 왕조를 세운 경우다.

명나라 태조의 시책은 당연히 원 치하의 100년간의 치욕적 역사를 청산하고 다시 한족에 의한 왕권 제국과 관료 제도를 복원하는 것이었다. 3대 성조成祖, 1360~1424, 재위 1408~1424 영락제永樂帝 때 북방과 서방의 몽고족들의 반란을 진압하여 중국을 통일했으며 이때 삼려오출三黎五出, 다섯 차례 북벌을 하여 세 번 적의 본거지를 공격했다는 뜻이라는 일화를 남기기도 했다. 영락제의 또 다른 업적은 환관 정화鄭和, 1371~1434의 해양 원정이라 할 수 있다. 그는 60여 척의 선단에 3만 명에 달하는 대군단을 거느리고 남해 제도를 세력권으로 만들어 30여 국으로부터 조공을 바치게 했다. 정화의 족적은 인도양을 지나 페르시아, 홍해 그리고 아프리카 동해안까지 다다랐다고 한다. 한편 명나라는 항상 원나라 잔존 세력들의 침범에 시달렸기 때문에 이에 대응하기 위해 5대 선종宣宗 때 진시황 시대에 쌓았던 장성을 증축하여 오늘날의 만리장성으로 만들었다. 그러나 한때 정화와 같은 환관이 활약했던 경험은 역설적으로 환관들의 정치세력화를 초래했고 급기야 환관들이 관리들과 야합하여 정사를 전횡하여 농락하는 지경에 까지 이르렀다. 명조 말기에는 대신들은 당쟁에 빠졌고 왜구가 중국 해안에 침범하자 연안 주민들을 내륙으로 이주시키는 배외정책을 시행해야 하는 등 사회가 대단히 혼란스러워졌다. 15대 의종毅宗, 1611~1644, 재위 1628~1644, 명나라의 마지막 왕인 숭정제崇禎帝 때는 임진왜란이 일어나서 조선에 원군을 파병했던 여파로 재정난이 가중되어 사회가 극심하게 불안하게 되었다. 그 와중에 1644년 협서陝西에서 일어난 이자성李自成의 반란군이 주위를 평정하고 북경까지 밀고 들어오자 숭정제는 자살하고 270년간의 명나라도 역시 종말을 맞았다. 명나라를 이어 중국을 차지한 나라는 1616년 누르하치가 만주족을 규합하여 세웠던 후금後金의 후신인 청淸나라가 되었다.

명나라 말기인 16세기 후반부터 중국대륙과 그 인근 해역이 유럽의 여러 나라들에게 매력적인 곳으로 부상했다. 이들 나라에서는 원나라 시대 개척된 인도 연안의 해양항로를 이용하여 중국과 동남아 여러 지역에 진출하여 무역활동과 식민지 개척을 전개했다. 다른 한편으로는 로마교회가 16세기에 있었던 종교개혁과 신교와 구교의 갈등으로 시작된 30년 전쟁으로 실추된 교권을 만회하기 위해 해외에서의 선교활동에 적극적으로 나섰는데, 그 대상지로 중국이 부각되었다. 명나라 말기에 예수회Society of Jesus 소속 선교사들이 이들 지역에서 선교활동을 시작하면서 유럽이 중국에 앞섰다고 생각되는 자연철학의 단편적인 지식을 중국에 전달했다.

16세기 동양 진출의 주역이었던 포르투갈과 스페인은 우선 동남아를 중국 진출의 교두보로 삼았다. 아마 오랜 유교문화의 전통과 대국인 명나라가 있어서 직접 중국으로 진출하기는 어려웠을 것이다. 포르투갈은 인도의 고아Goa를 중심으로 이곳의 경략에 주력하면서 동남아의 상권을 확보했고 1517년에는 중국 광동지방에 1543년에는 일본 규슈九州 다네가시마種子島에 진출했다. 이때 포르투갈이 철포를 일본에 소개해서 임진왜란 때 왜군이 사용했던 총포가 개발되는 계기가 되었다. 그 후 포르투갈은 중국 연안을 침범하는 해적들을 소탕해 준 공로로 1557년 명으로부터 마카오Macao 거주 허락을 얻어 이곳을 중국 및 일본과의 교역 중심지로 삼게 되었다. 스페인은 1571년 필리핀을 정복하고 마닐라Manila를 중심으로 활동하면서 중국의 광동을 중국 진출의 교두보로 마련하려 했으나 뜻을 이루지 못했다. 한편 16세기 말 자바Java를 중심지로 활약하던 네덜란드는 1602년 네덜란드 동인도회사Dutch East India Company 설립하고 1623년에는 포르투갈, 스페인의 세력과 말레이시아의 영국 세력마저 누르고 자바, 수마트라 일대를 장악했다. 대만臺灣도 이러한 정세의 영향을 많이 받았다. 1624년에 네덜란드가 가장 먼저 대만 남부에 진출했다. 곧바로 1626년 스페인이 대만 북부 기융基隆에 진출했으나 1642년에 네덜란드에게 쫓겨났다. 그 후 1661년 명나라의 유신遺臣 정청

궁鄭成功이 대만에서 네덜란드 세력을 몰아내고 이곳을 거점으로 명나라 복원운동을 시작했으나 1683년 청나라가 성조 때 대만을 정벌하여 청나라에 귀속시켰다.

동양에 온 최초의 선교사는 스페인 태생 사비에르Francisco Xavier이다. 예수회 창립 회원인 그는 1542년 인도의 고아에 도착하여 교리해설서와 성가를 현지어로 번역하고 종교지도자 양성을 위한 고아 대학교를 설립했다. 이후 일본 남부에서 선교를 시작하여 1549년 규슈 가고시마현의 다이묘통치자에게서 종교의 자유와 전도의 허락을 받았다. 1551년 중국에서 선교를 하고자 했으나 당시 왜구 등의 문제로 배외정책을 펴고 있던 명나라에 막혀 실패하고 1552년 광저우성 앞의 섬에서 열병으로 사망했다. 사실 중국과 한국 등 유교권 국가에서의 선교활동은 동남아시아 국가와 비교해서 매우 어려운 과정을 겪어 왔다. 이는 유교권 지역 사람들이 갖고 있었던 유교에 대한 믿음과 유교를 바탕으로 하는 전통문화에 대한 자부심이 매우 컸었기 때문인 것으로 해석된다. 아마도 이 점이 바로 21세기 현재의 세계에 유교권, 기독교권 그리고 이슬람권의 3대 정신 문화권이 있게 되는 이유이기도 할 것이다.

사비에르 다음으로 중국에 진출한 선교사가 《천주실의天主實義》로 우리에게 잘 알려진 마테오리치Matteo Ricci, 1552~1610다. 역시 예수회 회원인 그는 1578년 당시 포르투갈의 식민지였던 인도의 고아로 가서 4년간 고아 대학교에서 종교철학과 선교에 대한 학업을 마치고 1582년 마카오로 갔다. 당시의 중국에 대한 선교활동은 마카오에 온 중국 상인들을 대상으로 하는 정도로 소극적이었으며 따라서 그 성과도 미미했다. 그 때까지만 해도 선교사들 중 중국어를 할 수 있는 사람은 아무도 없었다. 마카오에 도착한 마테오리치는 중국어가 선교활동에 필수적이라고 생각하고 중국어와 중국의 풍습을 습득하기 시작했다. 그는 당시 중국 본토 선교 활동의 총책임자였던 알레산드로 발리냐노의 소개로 알게 된 루지에리Michele Ruggieri, 1543~1607와 함께 마카오 이외 지역에 선교활동 거점을 마련하기 위하여 중국 남단 광동지역의 행정중심지인 광둥廣東과 자오칭肇慶를 방문했다. 1583년 그가 수학과 지도 제작 등에 능하다는 소문을 들은 자오칭 시 시장의 요청을 받아 자오칭에서 정착할 수 있게 되었다. 1584년 처음으로 중국어로 된 〈곤여만국지도坤與萬國地圖〉라는 유럽식 세계지도를 제작했다. 이는 세계 속에서의 중국의 위상을 그리고 다른 한편으로는 중국에게 세계에 대한 시각을 전달해주는 자료라 할 수 있다. 현재 그 원본은 실종됐으나 복사본1602년 판이 남아 있다. 또한 이 시기에 그는 루지에리와 함께 최초로 한자음을 알파벳으로 표기한 포르투갈어-중국어 사전을 편찬했다. 1589년 중국 당국과 마찰이 생겨 자오칭을 떠나 난징 및 난창南昌 등지에서 지내다가 1597년 중국 선교활동의 총책임자로 임명되었다. 1598년에는 카타네오의 도움을 받아 중국어 한자음을 로마식 발음기호로 표기한 중국어-포르투갈어 사전을 편찬했으나, 불행하게도 이 사전은 남아 있지 않다. 1601년 그는 14대 황제 신종神宗의 초대를 받아 서양인으로서는 처음으로 자금성紫禁城에 들어가게 되었다. 이 때 그가 자명종을 선물로 가져갔다는 일화가 있다. 여기서 그는 궁정의 자문위원직을 제수 받고 고관으로서의 예우를 받았는데, 이는 그가 당시 발생했던 일식과 월식을 정확히 예언하는 등 탁월한 과학적 능력을 보였기 때문이다. 1605년 그는 황제의 승인을 얻어 베이징 시내에 가톨릭교회를 건립했다. 이러한 환경 속에서 그는 주요 고관과 유명한 문화인들을 만날 수 있는 기회를 얻었고 그런 사람 중에는 가톨릭으로 개종한 사람도 생겼다. 정부 고위인사였던 서광계徐光啓, 1562~1633와 이지조李之藻, 1571~1630도 그런 사람들이며, 특히 이들은 그가 구술한 내용을 정리하여 《기하학원본幾何學原本》과 《동문산지同文算指》 등의 수학책을 발간했다. 이외에도 그는 《건곤체의乾坤體義》를 저술하여 서양 천문학을 전달했으며 이것이 계기가 되어 역법을 개정하기 위한 서양역국西洋曆國이 설치되어 세조世祖 때에 독일인 선교사 아담 샬Johann Adam Schall von Bell, 1591~1666이 그리고 성조聖朝 때에는 벨기에인 페르비스트Ferdinand Verbiest, 1632~1688가 책임자로 임명되어 《숭정역서崇禎曆書》라는 새로운 역서를 만들었다.

아마도 종교인으로서 마테오리치에게 가장 중요한 업적은 《천주실의》의 출간일 것이다. 이는 그가 루지에리가 1584년 쓴 《천주실록天主實錄》의 개정판으로 "하느님에 대한 진실된 토론De Deo Verax Disputatio, 영문명 True Meaning of the Lord of Heaven"의 제목으로 저술한 것을 1594년경 중국어판으로 출간한 것이다. 이 책의 핵심은 중국의 '천주天主, 상제上帝'는 서양의 '하느님'과 동의어라는 시각이다. 이는 유교와 기독교의 종교철학의 내용에서 동질성이 있음을 학술적으로 확립하여 유교적 사상과 이념에 기독교 교리를 접목시키려는 것으로 풀이된다. 예컨대 유교의 인仁사상과 수신修身 이념은 기독교의 박애 사상과 정의 이념과 궤를 같이 하는 것이며 유교의 중심 이념인 효孝의 실천은 부모를 공경하는 것이며 그 연장선상에서 조상을 되돌아보는 제사는 성모상 앞에서 꽃다발을 놓고 기도하며 그에 대한 사랑과 존경을 나타내는 기독교문화와 다를 바 없다는 것이다. 그의 주장에 따라서 예수회는 중국에 대한 선교를 하면서 제사 등 전례행사를 거부하지 않았고, 이에 중국 정부도 예수회의 선교활동을 승인하게 되었다. 《천주실의》는 교리 교본으로도 활용되어 선교활동에 많은 도움을 주었다. 특히 당시 사대부 인사 등 지식인들에게 외래문화에 대한 호기심을 자극하여 한자 문화권인 조선, 일본, 몽고 등으로 급속도로 퍼져 나갔다. 반면 예수회보다 약간 늦게 중국에 온 프란시스코Francisco회와 도미니코Dominico회와 같은 선교단들은 제사를 미신숭배로 규정지었으며, 그 결과 이들의 중국에서의 선교활동은 금지되었다. 이러한 조치는 청나라 시대까지 이어졌으므로 18~19세기까지 유교권 국가에서는 예수회 이외의 선교활동은 많은 순교자가 만들어지는 고난의 역사가 전개될 수밖에 없었다. 《천주실의》는 설사 선교를 주목적으로 했다 할지라도 중세 기독교의 종교철학과 유교권의 동양철학의 접점을 찾아보려는 시도였으며 이는 동양과 서양의 존재를 확인하고 그 실상을 각인시켜 주었다는 점에서 높이 평가받아야 할 것이다.

마테오리치는 당시 조선의 사절로 북경에 와 있던 이수광李睟光, 1563~1628을 만나 가톨릭 교리와 서양문물에 대한 지식들을 설파했다. 이수광은 귀국하면서 《천주실의》 2권, 《교우론敎友論》 1권 그리고 유변劉汴이 쓴 《속이담續耳譚》 6권 등을 들여와 처음으로 조선에 서양 학문를 소개했으며, 중국사신으로 있을 때 동남아 여러 나라들의 사신들과 접촉하여 얻은 다양한 지식들을 정리하여 1614년 《지봉유설芝峯類說》을 발간했다. 이는 조선 최초의 백과사전으로 평가되고 있으며, 이로서 이수광은 조선 실학의 창시자로도 일컬어지고 있다.

마테오리치는 1610년 북경에서 사망했다. 당시까지 외국인이 중국에서 사망하면 마카오에 매장하던 관례를 깨고 그의 중국에서의 업적을 평가받아 북경에 있는 묘지에 안장되었다. 아담 샬과 페르비스트도 같은 자리에 안장되었다.

한족의 명나라의 뒤를 이은 반유목민족인 만주족의 청나라는 18세기에 강희제康熙帝와 건륭제乾隆帝의 치세 하에 130여 년간의 전성기를 맞이하여 만주, 몽고, 신강, 티베트 등을 중국의 내지內地로 병합하여 지배하는 위업을 이루고 청나라 300년 통치 기반을 마련했다. 이 무렵 영국에서 시작된 산업혁명의 바람으로 산업화된 유럽 여러 나라들은 시장 확보를 위해 아프리카, 인도, 동남아, 호주 등에 식민지를 구축하고 서로 각축하면서 조금씩 중국으로 진출할 수 있는 기회를 엿보던 중이었다. 1793년과 1816년 두 차례 걸쳐 중국에게 개항을 요구했던 영국이 1840년 아편전쟁을 일으켜 승리한 다음 5개 항구를 영국에게 열고 홍콩을 99년 동안 차관한다는 난징조약을 체결했다. 그 후 영국, 프랑스, 미국, 러시아에 대한 치외법권 조약 체결 등 청나라는 서구 열강에 굴복하는 수모를 겪었다. 급기야 1895년 청일전쟁에서 일본에 패하고 청나라는 쇠퇴의 길을 걷다가 1911년 신해혁명으로 탄생한 쑨원孫文, 1866~1925이 이끄는 중화민국에게 중국에서의 패권을 넘겨주게 되었다.

4.

중국의 전통 자연철학과 과학에 대한 평가

고대에서부터 중세에 이르기까지 유지되었던 중국의 전통 자연철학은 한족의 고유 문화 속에서 한족의 독창성에 의하여 이루어 낸 산물이다. 중국 자연철학의 원천은 BC 1046년에 세워진 주나라에서 시작되며 농경을 바탕으로 하는 당시의 사회상이 반영되어 있다. 이후에 나타난 자연철학의 변천 과정도 중국 대륙의 정치와 사회문화의 영향을 반영한다. 즉 주나라의 후반부인 춘추 전국 시대에서부터 시작하여 BC 221년 진시황이 통일국가를 이루어 체계적인 관료 제도가 도입되어 왕권국가의 틀을 마련하고 한, 진晉, 남북조 시대를 거쳐 589~1279년의 기간에 수, 당, 송의 중세 통일제국으로서의 중흥기를 맞게 되는 시대까지 2000년이 넘는 긴 시간 동안 중국 대륙에서는 농경사회가 지속되고 한족이 권력의 중심에서 벗어난 적이 없으면서 일관되게 유교를 통치 이념으로 삼았었기 때문에 자연철학을 포함한 철학과 국가 시책에 근본적인 변화를 요구하는 상황이 없었던 것이다. 따라서 중국에서는 농경사회의 유지와 발전을 위한 필요성을 정예관료들이 중심이 되어 만들어 내는 풍토가 조성되었고, 이런 분위기 속에서 중국의 자연철학은 커다란 기복이 없이 점진적이고 지속적으로 발전을 이루었었다. 제지와 인쇄술, 자석, 화약의 3대 기술이 중국에서 개발되어 유럽에 전수되었다는 사실은 당시까지 중국 자연철학의 선진성을 의미하는 것이라 할 수 있다. 그러나 중국의 자연철학은 16세기를 분기점으로 급속한 발전을 보인 서양 자연철학보다 뒤처지게 되었다. 이는 중국 역사의 특징인 농경사회의 보수적인 속성과 한때 중국의 과학과 사회발전을 이끌었던 관료제도의 경직성, 그리고 중국대륙의 지형적 특성으로 외부 세계로부터 고립되어 자극을 받지 못하고 현실에 만족했던 점 등이 그 원인이라 생각된다.

13세기에서 15세기까지 유럽에서는 십자군전쟁 후 권력구조가 재편성되는 과정에서 갈등을 극복하고 중세의 암흑기를 탈피하기 위한 다방면의 노력으로 르네상스라는 역사를 창출했고, 그 후 16세기 상업자본주의, 17세기 과학혁명, 18세기의 산업혁명을 거치면서 부강해진 여러 나라들이 나타나게 된다. 원, 명, 청의 근대 왕조 시대의 중국은 이러한 서구 열강이 식민지 개척과 선교 사업으로 각축하던 동양권 국가의 하나로 그 위상이 크게 떨어졌다.

역사적으로 유럽의 식민정책은 기독교의 선교활동과 맞물려서 종교이념과 더불어 유럽문화의 우월성을 전달하려 했고 대체로 의술을 동반했으며, 이것이 성공하면 교육기관을 설립하는 과정을 거치는 것이 보편적인 양상이었다. 이런 접근 방법은 동남아에서는 나름대로의 성과도 거두었다. 이에 반해서 2000년 이상의 연륜을 가진 유교문화권에 속하는 중국, 한국, 일본 등에서의 선교활동이 그리 순탄치 못했고 식민지 경략도 쉽지 않았었던 것은 유교적 관념과 유교적 전통문화에 대한 자부심의 깊이가 매우 깊었기 때문이라고 짐작되며, 이로부터 그런 환경 속에서 커 온 중국의 자연철학의 깊이 역시 가늠해볼 수 있을 것이다. 다른 한편으로는 선교활동으로 자연스럽게 서양의 천문, 수학, 지리학 등에 대한 단편적인 자연철학들이 전래되었지만, 통치 권력을 쥔 민족이 한족, 몽고족, 만주족으로 계속해서 바뀌었던 시대적 혼란의 소용돌이 속에서 외래문물은 중국 사람들에게는 새로운 것에 대해 관심을 기울이고 창조를 이루어 내도록 하는 동력으로 작용할 수는 없었던 것으로 보인다. 다만 중국의 전통의학은 이러한 소용돌이 속에서도 지속적인 발전을 이어나갔던 것으로 보인다. 왕조 시대를 마감했던 20세기 초에는 중국은 선진적이었던 지난날의 중세 자연철학에 대한 향수 속에서 20세기를 맞이하게 되는 처지가 되었었다.

오늘날의 중국은 20세기에 있었던 정치 경제적 소용돌이를 지나 다시 한 번 세계적인 선도국으로 발돋움하기 위한 노력을 하고 있다. 2015년 노벨 생리의학상을 중국인 과학자가 중국 안에서 이룬 업적에 대한 공로로 수상한 것은 매우 많은 내용을 시사하는 사건이라 할 수 있다. 이 상은 기생충과 말라리아의 치료제를 개발한 공로로 아일랜드의 캠벨William C. Campbell, 1930, 일본의 사토시Satosh Omura, 1935~와 중국의 투Tu Youyou, 1930~ 세 사람이 공동으로 수상했다. 이 중 투는 말라리아 치료제인 아르테미시닌을 개발한 공로를 인정받았다. 말라리아는 매년 2억 명이 걸리고 심각한 뇌 손상을 입히는 질병으로 악명이 높았으며, 1960년대까지는 적절한 치료약이 없었다. 투는 전통 약초로부터 치료약을 찾는 연구를 수행했고, 개똥쑥이 효과를 보이는 것을 확인했지만, 개똥쑥의 어느 성분이 그 효과를 보이는지 쉽게 찾을 수 없어서 어려워하던 중 고대 의학문헌에서 단서를 찾아서 아르테미니신artemisinin을 찾아내었다고 한다. 중국의 전통 과학이 현대에 와서 빛을 발휘하게 된 아주 훌륭한 사례라 할 수 있다.

제9장

인도의 자연철학

인도 반도Indian peninsular는 오늘날의 인도, 파키스탄, 방글라데시, 네팔, 부탄, 스리랑카 등의 나라가 있는 지역을 가리킨다. 남쪽으로는 아라비아해, 인도양의 벵골만이 있고 북쪽으로는 거대한 히말라야산맥이 놓여 있어 다른 대륙과 지리적으로 떨어진 데다, 면적도 매우 넓어서 인도 아대륙Indian subcontinent이라고도 한다(그림 9.1).

인도 반도는 4대 문명의 발상지 중 하나로서 일찌감치 문명이 발달한 곳이다. 비록 현대를 사는 우리나라 사람에게는 그 영향이 많지 않은 편이지만, 이 지역의 역사는 인류 문명에 많은 영향을 끼쳤다. 전 세계적으로 힌두교와 불교의 신자 수가 각각 9억 명과 4억 명으로 총 13억 명이 인도에서 발생한 종교를 믿는다. 이중 불교는 우리나라를 포함한 중국, 일본 등 동아시아 국가의 역사에 오랫동안 영향을 미치면서 사찰과 불교 미술 등 다양한 문화재와 함께 문화적 배경을 형성하고, 서양의 철학에도 적지 않은 영향을 주었다. 이러한 문화적 종교적 영향에 비해서 인도의 문명이 현대 과학에 미친 영향은 매우 미약하다. 그러나 전 세계 사람들이 일상적으로 사용하는 아라비아 수 체계와 이를 이용한 대수학의 원리 중 많은 것이 고대 인도에서 유래한 것을 생각하면, 현대 문명은 근본적인 점에서 아주 큰 유산을 인도 문명에서 받은 것이 사실이다.

그림 9.1 인도의 과학사에서 중요한 지역.

인도 반도의 인류의 역사는 50만 년 전에 살았던 호모 에렉투스에서부터 시작된다. 75000년 전에 살았던 호모 사피엔스의 유적이 인도 반도 남부 타밀 나두 지역에서 발견되었다. 인류 문명의 4대 발상지의 하나인 인더스 문명Indus valley civilization은 BC 3300년부터 BC 1300년까지 인도 반도 북서쪽에 있는 오늘날 파키스탄의 영토에 포함된 인더스 강을 중심으로 발달했던 청동기 문명을 가리킨다. 이 문명의 주역은 오스트레일리아 종족Australoid에 속하는 인도 드라비다 인종Dravidians으로 추정된다. 도시와 주거지의 유적이 1000 곳 이상에서 발견되었다는 사실에서 알 수 있듯이, 그 규모가 매우 커서 전체적으로 5백만 명 정도의 인구가 초기 도시의 형태를 이루며 살았던 것으로 보인다. 1920년대에 인더스 강 중하류의 모헨조다로Mohenjo-daro에서 발견된 유적은 인더스 문명이 번창했던 BC 26세기부터 BC 20세기 사이에 있었던 인류 초기 도시의 모습을 잘 보여주고 있다(그림 9.2). 최소 4만 명이 살았을 것으로 추정되는 이 도시에는 바둑판 같이 정리된 도로와 건물이 배열되어 있어 도시 계획에 따라 건설된 것으로 보인다. 이 유적에는 메소포타미아의 양식과 유사한 다양한 구조물과 건축양식으로 당시 화려했던 모습을 짐작케 하며, 저울에 사용되었던 것으로 보이는 돌로 된 추는 1, 2, 4, 8, 16, 32, 64와 같이 2진법의 관계를 보여주고 있어 메소포타미아와 상거래가 활발했던 지역이었음을 말해주고 있다. 이곳에서 출토된 많은 토속신앙의 조각물 중에는 동물이 많이 등장하고 있는데 이것은 후일 인도의 힌두교 신앙의 중심이 된 시바Shiva의 성스러운 동물에 대한 상징의 유래였다고 추정된다. 그러나 불행하게도 이와 같은 훌륭한 인더스 문명이 BC 1700년경 갑자기 종적을 감추게 되었는데, 이에 대한 정확한 이유는 아직도 명확히 밝혀지지 않고 있다.

그림 9.2 모헨조다로의 유적 사진. 구획 정리가 잘 된 계획도시의 모습을 보이고 있다.
출처: Wikimedia Commons.

실질적인 인도 역사는 BC 1400~1300년 인도유럽어족의 하나인 아리안족이 북서쪽으로부터 힌두쿠시Hindukusch 산맥을 넘어 침입하면서 시작된다. 이들은 철기 문명을 바탕으로 베다Vedic 왕국BC 1200~BC 600을 세워 인도 북부 지역을 다스렸다. 이 시기에 베다 산스크리트 전집이라 불리는 오늘날 인도의 종교인 힌두교의 신화적, 종교적, 철학적 문헌이 만들어졌다. 그러나 힌두교가 성립된 것은 이후의 일이고 이 시기에는 인드라Indra를 신으로 섬기는 민속신앙 브라만교가 생기면서 브라만Brahman을 최상으로 하는 카스트 제도Caste system를 중심으로 하는 사회질서가 생기게 된다. 카스트 제도에서는 사람의 신분을 4계층으로 나눈다. 신의 뜻을 잘 알고 이것을 전파할 수 있는 제사장 겸 왕으로서 군림하는 최상위 계급인 브라만, 그 밑에 장군이나 전쟁에서 공은 세운 자와 사회지도층으로 구성된 크샤트리아Kshatriya, 지주층인 바이샤Vaisya, 소시민층인 수드라Shudra가 그것이다. 여기에 더해 노예 또는 피부가 검은 이방인들로 구성된 최하위층인 파리아Paraiyar가 있다. 이 네 개의 카스트에 속하지 못하는, 보통 불가촉민으로 불리는, 최하층민의 대부분을 구성하는 문다족은 아리아족이 침입하기 전 이 지역의 원주민이었다. 이 카스트 제도의 이념은 사람마다 태어날 때부터 일정한 위상과 의무가 주어졌으며 현재의 위상은 각자의 전생에서부터 기인한 것이기 때문에 현재의 자기 위상에 대해 순응해야 보다 나은 내세를 보장받는다는 환생 사상에 바탕을 둔 것이다.

베다 시대를 이은 BC 800년부터 200년까지의 시기를 인도 서사 시대라고 부른다. 이 시기는 십육대국BC 700~BC 300, 인도 북부를 최초로 통일한 난다제국Nanda Empire, BC 424~BC 312, 마우리아제국Maurya Empire, BC 321~BC185, 숭가제국Shunga Empire, BC 185~BC 73, 사타바하나 왕조Satarahana dynasty, BC 230~220 등이 차례로 나타났던 시대로 산스크리트sanskrit 문학 작품이 다수 나타난 시기다. 십육대국은 고대 도시 국가인 16개의 마하자나파다Mahajanapada가 있었기 때문에 붙여진 이름이다. 십육대국 중 하나였던 마가다Magadha의 싯다르타 고타마는 자비와 평등을 역설하는 불교를 창시했고, 마하비라는 살생과 고행을 금지하는 자이나교를 창시했다. 불교는 당시 카스트 제도에 염증을 느낀 대중들의 호응을 받으면서 광범위하게 전파되었으나 카스트 제도 그 자체는 베다의 전통적 상징으로 존속되었다. 그 후 불교는 BC 4세기에서 BC 2세기에 있었던 마우리아제국의 아소카Ashoka 왕 시대에 가장 번창했다. 이 시대에는 다른 문명과 본격적인 접촉이 이루어졌다. BC 530년 페르시아의 시루스Cyrus 왕이 오늘날의 아프가니스탄과 파키스탄 지역까지 진출했고, BC 520년에는 페르시아의 다리우스 1세가 이 지역을 정복하였다. BC 480과 479년에 있었던 2차 그리스-페르시아 전쟁에서 페르시아는 인도에서 산출된 물자를 이용했다. 페르시아의 통치는 BC 327년 알렉산더 대왕이 페르시아를 멸망시키면서 끝이 났다. 알렉산더 대왕은 이어 인도 북부까지 진출했으나, 난다제국의 위력에 눌려 더 이상의 진출을 포기하고 그리스로 돌아가던 중에 병에 걸려 죽게 되었다. 알렉산더 대왕이 남기고 간 그리스 문화와 접목하여 인도-그리스 왕국Indo-Greek Kingdom, BC 180~AD 10을 이루기도 했다. 그리고 기원후 77년부터는 인도 남부를 중심으로 로마와 교류했다. 이렇게 여러 세기 동안 외세의 영향을 직접적으로 받은 인도 반도의 서북부는 여러 문화가 융합했고, 불교의 한 줄기인 대승불교도 이 지역에서 발전했다.

다음으로 등장한 시기는 고전시대 또는 인도 중왕국 시대라고 하며, BC 200년경부터 본격적으로 이슬람 왕국이 등장하는 1206년 이전까지의 시기다. 시기는 쿠샨제국과 굽타제국 이후 여러 나라로 분열되므로 굽타제국까지를 고대, 그 이후를 중세로 구분하기도 한다.

인도 아대륙의 서북부를 다스렸던 쿠샨제국Kushan Empire, 105?~250? 시대에는 불교의 주요 분파인 대승 불교가 일어나서 이후 중국과 동아시아 등 다른 나라로 전파되었다. 쿠샨제국이 페르시아의 사산제국에 의해 멸망한 뒤 인도 북부에 굽타제국Gupta Empire, 320~550이 생겼다. 이 시기는 나라가 안정된 인도의 전성기로 역사적으로 중요한 업적이 많이 만들어졌다. 불교적 이념에 민족 신앙인 브라만교를 접목한 힌두교가 생겼고, 수학과 천문학 등의 분야에서 중요한 업적이 만들어진 것도 이 시기다. 뒤에서 설명할 인도의 수학과 천문학 관련 문헌의 상당수는 이 시기에 저술되었다.

굽타제국이 북방 민족에 의해 멸망한 후에 인도의 역사는 여러 나라로 분열되는 중세 시대로 접어든다. 시기적으로 지리적으로 여러 나라가 흥망을 거듭해서 모두 거론하기는 어려우나 주로 북쪽의 프라티하라 왕국Pratihara dynasty, 740~1018과 팔라 왕국Pala Empire, 750~1174 그리고 인도 반도의 중앙에 있는 데칸 고원의 라슈트라쿠타 왕국Rashtrakuta dynasty, 753~982이 이 시기의 대표적인 국가다. 이 시기에 불교는 힌두교에 밀려서 급속히 쇠퇴했고, 이슬람교가 10세기 이후 하층민을 중심으로 성행하게 되었다.

인도 역사에서 이슬람교가 등장하는 시기는 8세기경이다. 아랍에서 시작해서 페르시아를 통해 전파된 이슬람교의 영향으로 10세기를 넘으면서 인도아대륙의 북쪽에 이슬람 계통의 나라가 여럿 나타난다. 이중 아프가니스탄의 튀르크족이 세운 고르 왕국Ghurid dynasty, 1117~1215은 인도 반도로 진출해서 델리Delhi를 정복하기도 했다. 고르 왕국이 물러난 뒤에 이슬람교는 인도 반도에 정착하여 델리술탄 왕국Delhi Sultanate, 1206~1526을 세웠다. 이후 데칸Deccan 고원을 중심으로 인도 반도의 중앙에는 이슬람 왕국이 차례로 들어서고 남부에는 힌두교 왕국이 차례로 들어서서 서로 대립하다가, 1565년 이슬람의 무굴제국Mogul Empire, 1526~1858이 승리하여 인도 반도를 장악하게 되었다. 무굴제국 이후의 인도의 역사를 근대로 구분한다. 무굴제국이 통치한 시기는 유명한 타지마할 궁전 등 섬세한 이슬람 문화를 꽃피운 시기면서 동시에 유럽의 제국주의의 침탈을 받아 급기야 인도 반도가 영국의 식민지로 전락하게 된 시기이기도 하다.

인도 자연철학의 역사에서 가장 중요한 시기는 굽타제국 시대다. 이 시기에는 수학, 천문학, 의학 등의 분야에서 발전이 있었다. 천문학과 의학은 주로 고대 그리스와 헬레니즘 시대의 것을 연구하는 정도였으나, 천문학 연구에 필수적인 수학 분야에서는 커다란 성과가 있었다. 6장에서 언급한 페르시아의 크와리지미가 825년에 아랍어로 번역해서 이슬람권으로 전파되었다가 다시 라틴어로 번역되어 유럽으로 전파된 인도 수학의 상당 부분은 이 시기에 이룬 것이다. 이렇게 소개된 인도 수학에는 오늘날 우리가 사용하는 아라비아 수 체계와 함께 수열과 대수학 등이 들어 있었다.

여기서 인도 수학과 인도 수학이 수학 발전에 기여한 내용을 자세히 살펴보도록 하자. 오늘날 우리가 배우는 기초 수학은 크게 기하학과 대수학으로 구분된다. 서구를 중심으로 보면, 기하학은 일찍이 고대 그리스 시대부터 발전했지만, 대수학은 중세 시대에 이슬람권에서 발전한 것이 전해진 것이다. 어째서 기하학과 대수학이 발전 과정이 이렇게 달랐을까? 사실 이슬람권의 대수학은 고대 인도의 수학이 전해져서 발전한 것이므로, 이 질문은 “어째서 어느 문명에서는 기하학이 먼저 발전하고 다른 문명에서는 대수학이 먼저 발전했는가?”로 바뀌 할 수 있다. 정확한 설명은 알 수 없지만, 이는 이들 문명이 사용한 수 체계의 영향인 것으로 짐작된다. 즉 고대 인도에서 대수학이 발전한 배경에는 이들이 사용했던 수 체계의 특성이 중요한 역할을 한 것이다.

오늘날 우리들이 사용하는 아라비아 수 체계와 다른 수 체계를 비교하면 이 점은 확실히 알 수 있다. 오늘날의 아라비아 수 체계에서는 0부터 9까지 10개의 기호를 사용하여 크기를 나타낸다. 2019와 같이 이들 기호를 나열하면, 각 기호의 위치는 1, 10, 100 등의 자릿수를 의미하고, 각 자릿수에 있는 기호는 그 자릿수에 해당하는 양量의 크기를 나타낸다. 여기에서 자릿수의 개념과 자릿수가 다르더라도 같은 기호를 사용하는 것 그리고 어느 자릿수에 아무 것도 없음을 0으로 나타내는 것 등이 이 수 체계의 특징이고, 이들 특징 덕분에 가감승제의 계산이 쉽게 될 수 있다. 이와 대비하여 다른 수 체계에서 가감승제의 계산이 어떠했을지를 보도록 하자. 우선 고대 이집트의 수 체계와 개념적으로 같은 로마의 수 체계에 대해 보도록 하자. 2019는 로마 숫자로 MMXIX로 표시된다. 여기서 맨 앞에 나오는 MM은 1000자리의 수가 두 개 있다는 뜻이고, 그 다음에 있는 X는 10자리의 수가 하나, 그리고 그 다음의 IX는 9를 뜻한다. 100자리의 수는 C로 나타내는데 이 예에서는 아무 것도 없기 때문에 나타내지 않는다. 즉 고대 이집트와 로마의 수 체계에서는 자릿수에 대한 개념은 있지만, 자리마다 사용하는 기호가 다르다. 아라비아 숫자의 1111이 로마 숫자로는 MCXI이 된다. 더 중요한 것은 어느 자리에 아무 것도 없음을 아무 표시를 하지 않는 것으로 나타냈기 때문에 간단한 더하기 빼기 계산을 하기에는 불편했을 것이다. 고대 그리스의 수 체계는 메소포타미아 문명에서 사용했던 60진법이다. 오늘날 시간과 각도를 계산할 때 사용하는 60진법은 여기에서 시작된 것이다. 60진법이 우리가 익숙한 10진법에 비해서 계산을 하기가 불편했을 것이다. 그러나 그림 2.5의 쐐기문자 숫자를 보면, 메소포타미아의 수 체계에는 아라비아 수 체계와 같이 자릿수가 달라도 같은 기호를 썼고 아무 것도 없음을 빈 칸으로 두어서 로마 숫자보다는 다루기가 쉬웠을 것이다. 고대 중국의 수 체계는 10진법을 쓰고, 자리에 관계없이 같은 기호를 사용했으며 자릿수 표시를 十, 百, 千, 萬 등의 기호를 써서 다른 수 체계에 비하면, 훨씬 오늘날의 아라비아 수 체계와 비슷하다고 할 수 있다. 고대 인도와 고대 중국에서 대수학이 일찌감치 발전한 배경에 이들이 사용한 수 체계가 준 영향을 짐작하게 하는 대목이다.

위의 예에서 보듯이 숫자 0이 자릿수를 나타내는 데 중요한 역할을 한다. 즉 어느 자릿수에 해당하는 양이 없음으로 나타내서 계산을 하기 쉽도록 하는 기능이 있다. 그러나 숫자 0은 다른 숫자보다 더 중요한 의미도 갖는다. 0을 하나의 수로 보는 개념에 대한 것이다. 즉 0과 다른 숫자의 차이를 없음과 있음의 구별로 보는가 아니면 0을 다른 9개의 숫자와 같이 10개의 숫자의 하나로 보는가 하는 관점의 문제에 대한 것이다. 실제로 0은 다른 숫자와 다른 성질을 갖는 점이 많다. 대표적으로 어떤 숫자도 0으로 나누는 것은 수학적으로 성립하지 않는다. 0이 아닌 수를 0으로 나누는 것은 해가 없어 불능(不能)이라 하고, 0을 0으로 나누는 것은 해가 너무 많아서 부정(不定)이라고 한다. 숫자를 단순히 숫자로 보기보다는 철학적 의미를 부여하고 봤던 옛날 사람들은 어떤 철학의 관점에서 0을 보는가에 따라서 이를 받아들이는 태도가 달랐다. 그리고 이런 태도에 따라서 자릿수의 양으로서의 0의 의미 또한 다르게 받아들여졌다. 고대 그리스의 자연철학에서는 0이 나타내는 '없음'은 "자연은 진공을 혐오한다"는 아리스토텔레스의 명제에 있는 진공과 의미적으로 연결된다. 이들은 또한 "아킬레스는 절대로 앞서 뛰기 시작한 거북이를 따라잡을 수 없다"는 제논의 역설에서처럼 무한無限을 받아들이지 않았었다. 즉 인간의 감각범위에 들어오는 수에 대해서만 실체를 인정하고, 그 범위를 넘는 것은 거부한 것이다. 자연히 이들에게는 숫자 0은 다른 숫자와는 구별되어야만 했다. 0을 숫자의 하나로 다루지 않으면 음의 수를 쉽게 생각하기는 어려웠을 것이고, 설사 음의 수를 생각했더라도 이를 양의 수와 함께 연산하는 방법을 만들기는 어려웠을 것이다. 이에 반해서 고대 인도와 고대 중국에서는 일찌감치 음의 수에 대한 개념과 이들을 이용한 계산법이 도입되었던 것을 보면, 숫자 0을 어떻게 받아들이는가에 따라서 대수학의 발전에 서로 다른 영향을 주었을 것이라고 짐작할 수 있다. 아마도 고대 인도와 고대 중국에서 0을 하나의 수로 받아들인 배경에는 불교의 사상이 있었을 것이다. 불교 경전인 반야심경般若心經에 나오는 '색즉시공色卽是空, 공즉시색空卽是色'은 여러 가지로 해석되지만, 그중 하나는 색을 물질로 보고 공은 없음으로 보는 시각으로 이에 따르면 없음空과 있음色이 서로 연결되어 있고 연속적이라는 것이다. 이 해석으로 보면, 0과 다른 숫자를 구별할 이유는 사라지게 되는 것이다.

굽타제국과 그 이후에 나온 주요 저작과 그 내용을 살펴보자. 5세기 초에 나온 작자미상의 천문학 책《태양에 관한 지식Sūurya Siddhānta》에는 세계 최초로 삼각함수가 소개되었고, 1년의 평균을 365.2563627일로 현대적 자료와 비교해서 1.4초 차이밖에 나지 않게 정확한 값으로 나타냈다. 아리아바티야Aryabhatīya, 476~550?는 그 시대까지 발전되어 온 인도의 수학과 천문학을 집대성한 천문학 책을 썼다. 여기에는 0을 포함한 아라비아 수 체계와 함께 삼각형, 원 등 도형의 넓이 계, 피라미드와 구의 부피, 원주율π의 값 3.1416, 등차수열에서 수열의 합, 이차방정식의 풀이, 삼각법 및 사인 함수표 등 수학에 대한 내용과 지구 자전과 타원형의 지구 공전 궤도에 대한 천문학에 대한 내용이 수록되어 있다. 천문학자 바라하미히라Varāhamihīra, 505?~587의 저서《다섯편의 천문학 논문Panca Siddhantik》에는 삼각함수의 몇 가지 공식과 사인 함수표가 실렸고, 우자인Ujjain의 천문대장이었던 브라마굽타Brahmagupta, 598~665?는《우주의 창조Brāma Sphuta Siddhānta》에서 몇 가지 기하학적인 문제, 이차 방정식의 근의 공식, 0과 음수를 이용한 대수학 등에 대해 논의했다. 중세 시대로 넘어 와서는 마하비라Mahāvira, 800~870가 제곱, 세제곱, 제곱근, 세제곱근, 평면 기하학과 입체 기하학, 타원의 넓이 계산 공식, 고차 방정식의 해 등에 대한 연구를 했고, 스리다라Shridhara, 870~930 역시 비슷한 문제에 대한 연구 결과를《계산의 진수Pati Ganita》에 서술했다. 인도 수학의 역사에서 가장 이름을 떨친 바스카라차리아Bhāskaracharya, 1114~1185?는 '아름다운 것'이라는 뜻의《릴라바티Lilavati》에서 인도 수학의 거의 모든 내용을 집대성하고《천체계의 왕관Siddhānta Siromai》과《종자산술Vijaganita》에서 등차 및 등비 수열, 평면 및 공간 기하학, 피타고라스 정리, 순열 조합 등을 논하고 무리수, 여러 가지 방정식의 해 등 대수학에 관한 내용과 미분적분학의 기초개념 등을 논해서 아랍과 유럽에도 알려졌다고 한다.

불행히도 인도의 과학은 수학과 천문학 분야 외에는 별로 언급할 것이 없다고 봐도 과언이 아니다. 그것은 카스트 제도의 경직성과 상층계급의 비과학적인 형이상학적 사고방식과 불교와 힌두교로 이어지는 전세, 현세, 내세에 대한 비과학적인 이념 등이 합리적이고 귀납과 연역을 요구하는 일반적인 자연철학의 발전을 저해했다고 할 수 있다. 다만 수학의 경우는 풍부한 사고를 필요로 하는 철학적 측면과 신비성이 인도

그림 9.3 델리의 철 기둥.
출처: Wikimedia Commons.

인들의 사회적, 종교적 세계관과 조화를 이루어 발전되었다고 보인다. 현재 IT 분야에서 인도가 급부상하게 된 데에는 이러한 배경이 작용했다는 해석이 가능하다.

그러나 수학과 천문학 이외의 분야에도 몇 가지 중요한 업적이 있었다. '우즈 철강Wootz steel'이라 불리는 탄소강이 일찌감치 BC 6세기 인도에서 개발되어서 중국과 아랍을 거쳐 유럽에까지 알려졌다. 특히 아랍 세계에서는 '다마스커스의 강철'이라는 이름으로 불리며 매우 유명했던 것으로 보인다. 굽타제국의 찬드라굽타 2세Chandragupta II, 375~413 시대에 제작된 델리의 철기둥Iron pillar of Delhi이 오늘날까지도 녹슬지 않고 있다는 사실만으로도 우즈 철강의 우수성을 짐작할 수 있다(그림 9.3). 탄소강은 연성이 있는 다른 철과는 달리 매우 단단하여 오늘날에도 구조물을 이루는 데 많이 쓰인다. 의학과 의술 역시 일찌감치 발달하여, BC 6세기에 활동한 의사 수시루타Sushruta가 1120가지 질병과 700가지 약초에 대해 서술한 책을 펴냈다. 수시루타는 또한 바늘로 백내장 수술은 한 것으로 알려졌다. 그의 시술 방법은 중국에까지 전파되었다고 한다. 고대 그리스의 자연철학과 비슷한 사변적인 자연철학도 한때 인도에서 일어났었다. BC 7세기의 철학자 카나다Kanada는 고대 그리스의 데모크리투스와 비슷한 원자론을 주장했다. 그는 원자는 보이지 않고, 영원하며, 생성되지도 소멸되지도 않으며, 각 원자는 각자의 특성을 갖는다고 했다. 이 사상은 이후로도 이어져서 7세기에 활동한 불교 철학자인 다르마키르티Dharmakirti와 디그나가Dignaga 등은 원자는 매우 작고, 영원하며 에너지로 이루어졌다고 주장했다.

제4부

과학혁명 이후부터 현대 과학기술까지

제 10 장

과학혁명

일반적으로 과학사에서는 16~17세기를 과학혁명의 시기라고 한다. 앞서 살펴본 바와 같이 이전 세기에 있었던 르네상스가 유럽 사회의 거의 모든 분야에서 커다란 변화를 초래했다. 사람들의 인식에도 변화가 있어서 과거의 테두리 안에서 수동적으로 살아가던 방식에서 벗어나는 능동적인 사고가 강조되었고, 학문을 대하는 자세도 관념적으로만 접근하던 방식에서 벗어나서 검증에 바탕을 둔 실증적인 방식을 통해야 진실에 접근할 수 있다는 시각이 대두되었다. 이러한 인식의 변화는 특히 16세기 이후 과학 분야에서 혁명적인 변화를 이룩하게 하는 데 결정적 역할을 하게 된다.

과학혁명을 이끌었던 16~17세기의 과학 연구의 특징은 검증을 거친 귀납적인 사실 탐구와 그 과정을 거쳐 일반화할 수 있는 연역적인 논리를 이끌어 냈다는 점이다. 코페르니쿠스에서 시작해서 뉴턴에 의해 완성된 지동설은 단지 고대로부터 내려오던 천동설을 새로운 이론이나 가설로 대체한 것이 아니라 실증된 사실을 물리 법칙에 맞추어 내린 결론이다. 그리고 보일이 성립시킨 기체의 부피와 압력에 대한 이론은 기체의 부피가 압력에 따라 변하는 내용을 정량적이고 체계적으로 측정한 자료를 보편적으로 해석한 결과이다. 더 나아가 혈액 순환에 대한 하비의 해석이나 연금술에서 발전한 의약화학이 대두된 것 역시 신비스러운 생명의 세계에 대해서도 실증적인 접근이 이루어지기 시작했다는 것을 의미한다. 이러한 업적들은 모두 과학혁명기에 이루어진 것으로 이 시대의 과학이 2천년 동안 지속된 아리스토텔레스의 4원소설과 같은 관념적 자연철학이나 조물주의 섭리로 모든 것을 설명했던 종교적 시각에서 탈피했음을 잘 보여주는 예이다. 과학혁명이 일어났던 배경에는 베이컨과 데카르트 등이 주창한 실증적이고 정량적인 철학이 있었다. 자연과학 탐구에 실증적이고 정량적인 철학과 사상이 도입된 것은 의식의 혁명을 의미하는 것이며, 과학은 근대과학으로 탈바꿈하는 전환점에 서 있음을 의미한다.

그러나 과학혁명의 시기를 거치면서 자연과 세계에 대한 인식이 중세 이전의 것에서 근대적인 것으로 한꺼번에 탈바꿈한 것은 아니었다. 과학혁명기는 물론 18세기까지도 여전히 아리스토텔레스의 관념적 세계관을 받아들이는 세력이 굳건히 있었고, 플라톤과 신플라톤주의의 사고를 받아들여 자연을 보편적인 원리로 설명하는 대상으로 보지 않고 자연에는 어떤 비밀스러운 것이 숨겨져 있으며 과학의 목적은 이런 비밀을 알아내는 것이라고 생각했던 사람들도 있었다. 과학혁명을 이끈 기계론적 철학은 이러한 조류에 대항하는 새로운 사조로 16세기에 등장한 것이다. 그래서 어느 학자는 이들 세 가지 학문적 사조로 과학혁명기와 그 이후의 과학 활동을 설명할 수 있다고 주장하기도 했다. 그러나 이렇게 학문적 태도를 구분하는 것은 지나치게 획일적인 면이 없지 않다. 예를 들어, 고전물리학을 정립하여 과학혁명의 상징이 된 기계론적 철학의 대표적인 인물인 뉴턴조차도 신비주의의 영향을 받아 연금술에 깊이 빠졌었는데, 이는 한 사람의 사고 체계 안에 당시의 여러 사조가 동시에 영향을 미쳤던 것으로 파악해야 할 것이다.

과학에 대한 인식이 바뀌고 과학기술의 중요성이 커짐에 따라서 이탈리아, 영국, 프랑스 등에서는 과학자의 협회들이 결성되어 과학자들끼리 원활하게 정보 교환을 할 수 있는 사회적 제도인 과학자 협회가 만들어졌다. 이는 후일 급속한 과학의 발전을 이루어 문명사회로 나아가게 하는 중요한 원동력이 되었다.

1.
베이컨의 경험철학과 데카르트의 기계론적 철학

베이컨Francis Bacon, 1561~1626은 최초로 과학의 본연의 모습과 인간사회에 대한 사명에 대하여 설파한 영국의 철학자이자 당대의 영향력 있는 역사 및 문학평론가다(그림 10.1). 그는 미완성의 저서인 《대혁신Instauratio Magna, 1623》에서 과학에 대한 자신의 시각을 폭넓게 설명했으며 이는 당시의 학계에 '베이컨의 이념baconism'이란 표현으로 널리 소개되었다. 베이컨은 과학의 목적은 실증을 통하여 어떤 현상에 대하여 그 원인을 규명함으로써 사물에 대한 인식 능력을 넓혀 나가는 것이고 이렇게 쌓인 과학적 지식과 확장된 인식 능력은 여러 분야의 발전에 대한 활력소가 된다고 주장했다. 아리스토

그림 10.1 베이컨의 초상화. 반 소머(Paul van Somer, 1577?~1621) 작.
출처: Wikimedia Commons.

텔레스의 자연철학 저서 《오르가논Organon》을 반박하기 위해 1620년에 저술된 저서 《신新 오르가논Novum Organon》에서 그는 실험에 의한 검증과 귀납은 논리적이고 타당한 인식을 가능케 하는 과학의 기본적 방법으로서 올바른 인식을 하는 데 절대적으로 필요한 과정이라고 주장하고 당시에 주류를 이루고 있던 아리스토텔레스식의 형이상학적 사고방식과 인식론을 맹렬히 비판했다.

베이컨과 그의 추종자들은 과학의 시대적 사명과 위상에 대한 탐구로 과학의 진면목을 구체적이고 실증적으로 알리는 데 주력했으며 이것이 과학혁명의 밑거름이 되었다. 그의 주장은 어떤 면에서는 경험주의적 논리에 너무 치우쳐 있다는 지적도 있지만 중세 이후 만연되었던 종교적인 혹은 관념적인 인식 방법에서 탈피하여 새로운 세계관을 확립했다는 점에서 높이 평가받을 만하다.

베이컨과 더불어 과학혁명에 영향을 미친 또 한 사람의 철학자로서 수학자인 동시에 자연과학자인 데카르트René Descartes, 1596~1650가 있다(그림 10.2). 그는 대학 교육을 받는 과정에서 많은 회의를 느꼈다. 당시의 대학 교육은 아리스토텔레스주의의 영향을 받아서 수사학, 논리학 등을 중점적으로 가르치고 훈련했었다. 그는 이런 회의를 불식시키고자 자신만의 철학을 찾으려고 노력한 끝에 '기계론mechanism' 또는 '기계론적 철학mechanical philosophy'이라 불리는 세계관을 도출했다.

자연현상을 감각에 인식되는 외양에 대해 합리적으로 설명하려는 아리스토텔레스 추종자들의 방법론으로는 사물의 실상을 올바르게 파악할 수 없으며, 관찰되는 외형적인 현상에 대해 여러 가지 가능한 논리들을 개발하고 실험을 통해 그 논리들 중에서 가장 타당한 것으로 선택하고 동시에 그 타당성을 수학적으로 인식하는 것만이 진리에 도달할 수 있다는 것이 바로 데카르트의 기계론적 철학의 세계관이다. 갈릴레오, 보일, 뉴턴과 같이 자연 현상을 실험을 통하여 검증하고 정량적으로 인식하려는 과학자들은 이러한 기계론적 철학을 환영했다. 갈릴레오의 낙하운동에 대한 연구, 보일의 기체에 대한 법칙 그리고 뉴턴의 역학에 대한 연구 결과들은 모두 이 기계론적 철학의 세계관에서 출발한 방법론의 소산이라 할 수 있으며, 이들은 스스로를 기계론적 철학자라고 생각했다.

그림 10.1 데카르트의 초상화. 할스(Frans Hals, 1582?~1666) 작.
출처: Wikimedia Commons.

데카르트는 후대에 영향을 미칠 저작을 여럿 남겼다. 그의 저작은 크게 철학을 하는 방법에 대한 것과 이 방법을 적용하여 파악한 자연과 자연현상에 대한 것으로 나눌 수 있다. 《정신지도규칙Regulae ad directionem》, 《방법서설Discours de la méthode》, 《철학의 원리Principia philosophiae》 등에서는 그의 철학 탐구 방법론이 기술되어 있다. 그는 감각의 정확성에 대해 의문을 품고 감각으로 받아들인 모든 지식에 대해 회의적인 평가를 했다. 그리고는 공리에서 출발하여 여러 단계의 논증을 거쳐 증명을 하고 결론을 내는 기하학과 같은 방식으로 철학 탐구를 해야 할 것을 주장했다. 즉 오로지 확실하다고 입증된 사실과 원리만을 바탕으로 연역추론하여 결론으로 얻은 것을 진실이라고 받아들이고 다시 그 바탕 위에서 다음 단계의 연역추론을 하는 식으로 이어 나가면 진실만으로 이루어진 인식체계를 이룰 수 있다는 것이다. 유명한 "나는 생각한다. 고로 존재한다"는 말은 《방법서설》에서 그가 가장 확실하다고 한 진리에 대한 기술이다. 즉 시각과 촉각 등 감각으로 인지하는 모든 것들에 대해서는 감각이 부정확할 수 있으므로 확실성을 부여할 수 없지만, 자신이 생각하고 있다는 것은 확실하므로 생각을 하는 주체인 자신이 존재하는 것도 확실하다는 것이다. 그는 이 결론으로부터 더 나아가 추론에 추론을 거듭하여 신의 존재, 세계의 구성 등에 대한 논의로 이어 나아갔다.

이런 방법을 자연의 탐구에 적용하여 자연법칙과 자연의 여러 현상에 대해 종합적인 설명을 한 것이 《세계론Le monde》과 《철학의 원리》에 정리되어 있다. 그의 주장에 따르면, 조물주가 우주를 창조했고, 여기에 있는 실체는 영혼과 물질로 구분된다. 이 두 실체 사이에는 서로 아무런 관계가 없으며 다만 조물주의 도움을 받았을 때만 서로 영향을 줄 수 있다. 조물주가 최초에 세상을 만들면서 부여한 법칙에 따라서 물질을 구성하는 입자들이 운동하면서 현재의 세상을 만들었으며, 이 과정에서 영혼의 작용은 없었으므로 자연에서 일어나는 모든 현상은 입자들의 기계적인 움직임과 상호작용으로 설명이 가능하다. 뉴턴의 운동법칙과 비슷하게 관성을 갖고 직선 운동을 하며 운동량이 보존되는 입자의 운동법칙을 제시하고, 이러한 운동 법칙으로 태양과 지구와 우주가 생성되는 과정에 대한 이론을 제시한다. 그는 이 우주는 3가지 종류의 입자로 이루어졌다고 한다. 이들은 서로 크기가 다르며 각자의 크기에 맞는 지속적이고 무질서한 운동을 한다. 이중 가장 큰 입자인 제3원소의 입자는 지구를 포함해서 행성과 혜성과 같이 크기가 큰 물체들을 구성하고, 제1원소의 입자는 입자 중 가장 작은 것으로 태양과 다른 항성을 구성한다. 중간 크기인 제2원소의 입자는 천공 즉 우주의 공간을 채운다. 이들 입자들 각각은 직선 운동을 하는 본성을 갖지만, 서로 맞닿아서 운동하면서 집단적으로는 커다랗게 원을 그리는 회전운동을 하게 된다. 즉 천공을 채운 제2원소의 입자가 항성을 중심으로 회전 운동을 하고, 그 안에 놓인 행성들은 이에 따라서 원운동을 하므로 이로써 행성들은 공전을 하고 동시에 자전도 하게 된다는 것이다. 이와 같이 하여 코페르니쿠스가 제시한 태양 중심의 구조가 생성되는 이유와 함께 행성의 움직임을 설명하였다. 이러한 데카르트의 이론은 마치 우주 공간을 채운 제2원소의 입자의 흐름이 여러 곳에서 소용돌이를 치는 것 같은 모형으로 제시되었기 때문에 소용돌이설 Vortex theory라고도 불린다. 이 이론에서는 입자들이 서로 맞닿아서 빈틈을 채우면서 움직이기 때문에 빈 공간이 있을 수 없으므로 진공이 유지될 수 없다는 입장을 보이며, 이는 "자연은 진공을 혐오한다"고 한 아리스토텔레스의 견해와 일치한다. 반면 이 소용돌이 설은 고대 그리스 시대의 천체관에 있는 수정구의 존재를 부정하는 주장이 된다.

이상으로 우리는 베이컨의 경험주의 철학과 데카르트의 기계론적 철학의 내용을 살펴봤다. 이들의 세계관은 적어도 18세기 중엽까지 유럽 과학에 영향을 미쳤던 것으로 보인다. 그러나 베이컨의 주장은 너무나 실험적 결과에만 얽매이는 잘못을 저질렀고, 데카르트의 기계론적인 시각은 지나치게 연역적인 설명에만 얽매인 잘못을 범했다는 견해도 존재한다. 또한 그들의 주장이 효과를 거둔 것은 수학적 접근으로 설명이 가능한 분야에 국한되었고 화학, 생물학, 의학 등의 분야에서는 오히려 그들의 견해가 발전에 장애가 되었을 것으로 보인다. 예를 들어 신비주의적 연금술의 영향을 받았지만 화학과 의학 발전의 씨앗을 만들었다고 평가되는 파라켈수스와 헬몬트와 같은 의약화학자들이 주장했던 '생기론vitalism'은 기계론적 철학의 관점에서는 부정될 수밖에 없었다.

2.

과학혁명의 주역 천체운동의 증언

코페르니쿠스적 발상: 지동설과 우주무한론

과학혁명기에 있었던 여러 가지 과학적 발전의 사례 중에서 가장 혁명적으로 자연에 대한 인식을 바꿔 놓은 사례를 꼽는다면 단연 지동설이 될 것이다. 지동설은 코페르니쿠스가 1543년 발표한 저서 《천구天球의 회전에 관하여De revolutionibus orbium coelestium, 영어명 On the revolution of celestial bodies》에서 처음으로 우주의 중심은 지구가 아니라 태양이라는 주장을 펴고, 1세기 반 가까이 지난 1687년 뉴턴이 저서 《자연철학의 수학적 원리》에서 만유인력의 법칙 등 고전물리학 이론을 제시하여 태양계 행성의 움직임의 원리를 설명함으로써 완성되었다. 갈릴레오의 종교 재판과 같은 사건에서 보듯이, 종교적 교리에 의해 세상만물을 이해하던 시대에 교리가 틀렸음을 알게 된 충격은 가히 혁명적이라 할 수 있을 것이다. 또한 과학의 입장에서 보면 사물에 대한 관찰 자료와 자료에 대한 해석을 내리는 과정에서 문제에 접근하는 자세가 근본적으로 바뀌었다는 점에서 역시 혁명적이라 할 만하다. 실제로 지동설을 주장한 과학자들의 연구 방법과 업적은 이전까지의 과학철학의 틀을 탈피하고 오늘날의 과학과 같은 범주로 인식되고 있다.

잘 알려진 것처럼 지동설이 나오기 전까지의 천체관은 오늘날 천동설 또는 지구중심설이라고 불리는 천체 모형을 그 바탕에 두고 있었다. 지구상의 모든 물체들이 지표면에 안정되게 자리 잡고 있고 물체가 수직으로 낙하하는 현상을 일상적으로 경험하고 있는 사람들에게 지구는 움직이지 않는다고 생각하는 것은 지극히 자연스러운 일일 것이다. 한편 고대 그리스 시대부터 지구가 구형이라는 사실은 알려져 있었다. 이런 지구가 우주의 중심에 놓여 있고, 태양을 위시한 우주의 모든 천체가 지구를 중심으로 원운동을 한다는 것이 천동설의 핵심이다. 태양과 달과 항성이 매일같이 동쪽에서 떠올라 서쪽으로 지는 현상을 설명하기에는 억지스러운 논리가 동원되어야 하지만, 경험적으로 느끼는 지구가 중심이라는 전제를 뒤엎을 만큼 중요한 것은 아니었을 것이다. 아리스토텔레스는 행성운동을 설명하기 위해 작인에 대한 이론을 사용했고, 더 나아가 원은 완벽하므로 천체의 운동 역시 원운동이어야 하고, 달 너머의 천상 세계는 변화무쌍한 지상세계와는 반대로 영구불변하다는 철학적인 내용까지 가미했다. 고대 그리스 이후 여러 시대에 걸쳐 수많은 천문학자들이 관측한 방대한 천문학 자료를 바탕으로 1년의 길이를 정확히 365.25일로 측정하고 춘분, 하지, 추분, 동지의 낮과 밤의 길이 변화, 행성들의 크기 및 광도 변화 등 모든 천문현상에 대한 실측치를 이론적으로 뒷받침하고자 했다. BC 2세기의 히파르코스나 AD 2세기의 프톨레마이오스는 화성에서 대표적으로 보이는 행성의 역행운동과 주기적인 속도 변화와 같은 복잡한 천체 현상을 설명하기 위해 주전원과 이심과 같은 개념을 도입했다. 이후로 쌓인 보다 정밀한 천체 관측 자료를 설명하기 위해서 이들의 모형은 계속해서 보완되었고, 중세 말에 이르러서는 태양계의 행성 운동을 설명하기 위해 사용되는 주전원이 60개를 넘었다고 한다. 이와 같은 사실을 종합하면, 천동설은 처음에는 직관적이고 단순한 모형으로 시작했지만, 정밀한 관측 자료가 쌓이면서 이들을 천동설의 체계로 설명하기 위해 주전원과 이심 등 여러 가지로 매우 복잡한 보정이 들어가는, 비록 관찰된 현상에 잘 부합하면서 논리적이고 체계적인 모습을 갖추었지만, 매우 복잡한 체계로 변모되었다.

이러한 상황에서 코페르니쿠스는 새로운 천체의 모형을 제시했다. 그의 주장은 크게 태양이 태양계의 중심이고 지구는 다른 행성과 함께 태양의 주위를 공전한다는 것과 지구가 하루에 한 바퀴씩 자전한다는 두 가지였다. 사실 코페르니쿠스보다 훨씬 이전에 지구 자전은 BC 4세기에 헤라클레이데스가, 지동설은 BC 3세기에 아리스타르코스가 주장한 적이 있었지만, 이들의 주장은 별 다른 반향을 얻지 못했었다. 그 이유는 아마도 이들의 주장이 천동설의 문제점이 심각하게 드러나지 않았을 때 제기되었고, 자신들의 주장을 뒷받침할 만큼 완벽하게 이론의 틀을 갖추지 못했었기 때문일 것이다. 더 중요하게는 고전역학을 이론화하여 코페르니쿠스의 지동설을 원리로부터 이해할 수 있도록 해준 뉴턴이 나타나기에는 이들 선구자의 시대는 너무 일렀기 때문일 것이다.

코페르니쿠스Nicolaus Copernicus, 1473~1543는 1473년 폴란드의 서북쪽에 있는 도시 토룬Torun에서 태어났다. 그 지방의 추기경이였던 숙부 바첸로데의 도움으로 1491년에서 1495년까지 크라쿠프Krakow대학에 진학하여 라틴어, 수학, 천문학, 철학 등에 대한 교육을 받았으며, 이때 이미 천문에 대한 관심이 각별하여 천문학 서적들을 구입하여 읽었다고 한다. 1496년 말부터 1501년 봄까지 약 3년여 동안 사제가 될 목적으로 로마 교회법을 배우고자 이탈리아 볼로냐 대학에 유학했다. 여기서 그는 천문학 교수 도메니코Domenico Maria Novara, 1454~1504를 만나 그의 연구에 참여할 기회를 가졌다. 크라쿠프 대학 시절에 시작한 그의 천문학은 이렇게 해서 그가 평생 동안 추구할 학문이 되었다. 당시 사제가 되려는 사람들은 교회법 외에도 의학을 배워야 했으므로 이를 위하여 그는 1501년에서 1503년까지 의학으로 유명한 파도바Padova, 영어명 Padua대학에서 의학공부를 했다. 그는 1503년 5월 볼로냐 대학이 아닌 페라라Ferrara대학에서 교회법의 박사 학위를 취득했다.

1503년 말 코페르니쿠스는 이탈리아에서 학업을 마치고 돌아와 약 5년간 숙부를 도와 교회 일을 했으며, 숙부가 죽은 1512년에는 프라우엔부르크Frauenburg의 에름란트Ermland 교회의 사제직을 수행했다. 그는 이 시기에 경제적으로 여유를 누리면서도 시간적으로도 여유가 많아서 천체관측 등 천문연구를 계속했다. 1510년에서 1514년 사이의 어느 시점에 코페르니쿠스는 그 때까지 얻은 모든 천문학에 관한 지식들을 토대로 자신의 견해를 《짧은 해설서Commentariolus, 영어명 Little Commentary》라는 40쪽 짜리 원고 형태의 요약본으로 정리했다. 이 책은 인쇄되지 않고 저자의 이름도 밝히지 않은 필사본으로 만들어져서 지인 몇 명에게만 전달되었는데, 여기에서 그는 아래와 같은 7가지의 새로운 주장을 했다.

1. 모든 천구에 대해 공통적으로 중심이 되는 것은 없다.
2. 지구는 우주의 중심이 아니고 단지 달의 천구의 중심이다.
3. 모든 천구는 태양을 중심으로 회전한다. 따라서 우주의 중심은 태양이다.
4. 지구에서 태양까지의 거리는 대천구까지의 거리에 비해서 매우 작다.
5. 대천구의 움직임은 사실은 지구가 지축을 중심으로 하루에 한 바퀴씩 돌기 때문에 나타나는 현상이며 대천구는 움직이지 않는다.

6. 태양이 지구 주위를 도는 것은 사실은 다른 행성과 마찬가지로 지구가 태양의 주위를 돌기 때문에 나타나는 현상이다.
7. 행성의 역행은 행성 자체의 운동에서 나오는 것이 아니라 지구의 운동에서 나오는 현상이다.

여기에서 보듯이 코페르니쿠스는 지구의 자전과 공전 등 지동설의 핵심적인 내용과 우주무한론을 주장하고 있다. 천동설을 믿는 사람들의 시각으로 보면 천동설을 뿌리째 흔드는 주장이고, 종교적 입장에서 보면 하느님이 창조한 인간이 사는 지구가 특별한 존재가 아니라 태양을 중심으로 도는 여러 행성 중 하나라는 뜻이 되므로 자연계에서 인간의 위치가 흔들리게 되었다는 것을 의미한다. 어느 면으로 보거나 엄청나게 혁명적인 주장임에 틀림없다.

이와 같은 코페르니쿠스의 짧은 해설서에 대한 내용이 알려지자 천문학계는 대단한 관심을 보였으며 천문학자로서 그의 위상도 높아졌다. 유명해진 그는 1514년 로마에서 개최된 제5차 라테라노 공의회Lateran Council에서 달력이 계절과 맞지 않는 것을 수정하기 위한 회의에 참석하여 자문을 해 달라는 교황의 초청을 받았으나 천체운동에 대한 자기 의견이 아직도 전체적으로 받아들여진 상황이 아니었기에 참석을 사양했다고 한다. 아마도 당시로서는 설사 고대 그리스 시대로부터 이어져 내려온 천체관에 비합리적인 점이 있더라도 종교의 권위까지 실린 이 세계관에 도전하는 의견을 제시하기는 것이 쉬운 일은 아니었을 것이다.

《짧은 해설서》의 성공으로 고무된 코페르니쿠스는 천체운동 시스템에 대한 전반적인 견해를 다루는 집필을 본격적으로 시작하여 1543년 사망 직전에 마무리하고《천구의 회전에 관하여》을 발간했다. 이 책의 발간에 대해서는 유명한 일화가 있다. 1539년 비텐베르크Wittenberg 대학의 젊은 독일인 수학과 천문학 교수인 레티쿠스Rheticus, 1514~1574가 코페르니쿠스를 찾아와 두 사람은 사제의 인연을 맺고 함께 천문학 연구를 수행하게 되었다. 1540년 레티쿠스는 주저하는 코페르니쿠스를 설득하여 천체운동에 대한 그의 모든 초고들을 정리하여《코페르니쿠스의 회전에 관한 책의 첫 번째 설명Narratio Prima de Libtus Revolutionum Copernici》을 출간했다. 이 책 역시《짧은 해설서》와 마찬가지로 천문학계에서 많은 관심을 보였다. 1541년 8월 말《천구의 회전에 관하여》의 원고가 완성되어 인쇄에 들어갈 수 있게 되었다. 그런데 이 시기에 레티쿠스는 강의 때문에 비텐베르크 대학으로 돌아가야 했으므로 이 책의 인쇄는 루터교도인 오시안더Andreas Osiander가 맡게 되었다. 1543년 코페르니쿠스의 사망 직전에《천구의 회전에 관하여》가 출간되었다(그림 10.3). 이 책의 서문에는 교황에게 보내는 헌정문이 있고, 그

앞에는 독자에게 보내는 글이 있다. 헌정문은 이전에 지동설을 주장했던 사례 등을 열거하고 이 책이 나오게 된 배경과 함께 수학적으로 탐구한 결과를 수학을 모르는 사람의 시각으로 비평하지 말기를 당부하는 내용으로 되어 있다. 어투로 보아서 코페르니쿠스가 쓴 것으로 보인다. 독자에게 보내는 글은 이보다 훨씬 짧은데, 주로 이 책의 내용은 하나의 가설이고 실제로 천체가 이 가설대로 작동한다고 주장하는 것은 아니라는 취지의 내용으로, 아마도 오시안더가 쓴 것으로 보인다. 둘 다 이 책의 내용이 기독교의 교리에 반대하는 것으로 읽히게 되는 것을 두려워하는 심정을 보여준다.

코페르니쿠스는 어떤 배경에서 천동설을 의심하고 지동설을 주장하게 되었을까? 이에 대해 정확한 자료는 없지만, 대체적으로 다음과 같이 추정되고 있다. 르네상스의 영향으로 수학과 조화의 중요성을 강조했던 플라톤의 사상이 재조명을 받게 되었고 특히 이탈리아에서 플라톤의 사상에 대해 많은 관심을 가졌었는데, 코페르니쿠스가 이탈리아에서 공부하는 동안 이러한 사조의 영향을 받았을 것이다. 플라톤의 사상이 재조명을 받게 된 것은 고대 그리스의 저작을 아랍권을 통해서 전해 받다가 스스로 원전을 찾아보고자 하는 분위기가 조성되면서 플라톤의 저작물이 유럽 안에서 여럿 발굴되어 라틴어로 번역되었기 때문이다. 특히 플라톤의 철학 중에서 단순함의 미적 가치를 받아들이면서 더 나아가 '단순할수록 더욱 진리에 가깝다'는 사조가 만들어졌는데, 이러한 사조가 코페르니쿠스의 진리관에 영향을 미쳤을 것으로 추정된다. 천동설에 따라 천체의 운동을 설명하려면 주전원과 이심 등 너무나 많은 보정을 해야 했는데, 이것은 단순함과는 거리가 먼 것이었다. 반면 태양이 행성 운동의 중심에 있고 지구는 공전과 자전을 하는 것으로 해석을 시도하면 천체의 움직임을 훨씬 단순한 모형으로 설명할 수 있었기 때문에 이 모형이 보다 진리에 가깝다는 생각을 하도록 했을 것이라는 것이다. 또 다른 측면에서 보면, 프톨레마이오스의 천체 모형은 정확성을 기하다 보니 아리스토텔레스의 자연철학과는 차이가 너무 많이 나게 되어버렸다는 점도 코페르니쿠스가 천동설의 대안을 찾도록 했을 것이라고 추정된다. 아리스토텔레스의 자연철학에서는 천체는 원운동을 한다. 천체가 원운동을 하는 이유는 천상의 물체는 완벽하므로 완벽한 기하학적 도형인 원운동을 해야만 하는 것이다. 그런데 관측 자료는 천체의 운동이 완벽한 원운동이 아니고 더구나 그 회전 속도가 일정하지 않았다. 아마 코페르니쿠스는 이러한 모순점을 누구보다도 크게 느꼈을 것이다.

코페르니쿠스의 주장은 가히 혁명적이었지만, 아리스토텔레스와 프톨레마이오스의 우주관의 전체 골격을 그대로 유지한 부분적인 변혁이었다. 그의 천체관에는 기존 천체관에 있었던 천구가 그대로 남아 있고 행성과 지구는 이 천구들에 고정되어 태양 주위를 회전하는 것으로 되어 있었다. 무엇보다도 원을 중요시하는 이전 천문학의 관점을 고수해서 천체는 '가장 자연스러운 운동'인 등속원운동을 하는 것으로 생각했고, 주전원과 이심 등의 개념도 그대로 유지했다.

《천구의 회전에 관하여》가 출판되기 전에 종교개혁가 마르틴 루터가 '여호와가 그 자리에 서 있으라고 명령했던 것은 지구가 아니라 태양'이라는 말이 성경에 적혀 있다며 코페르니쿠스의 이론에 반대했다. 아마 이런 이유 때문에 코페르니쿠스는 이 책의 출간을 망설였을 것이다. 하지만, 이 책이 출간된 직후에는 종교계를 비롯한 일반사회에서는 별 반응이 없었다. 초판이 400부 발행되었는데, 다 팔리지도 못했다. 책의 내용이 전문적이었기 때문에 천문학자가 아닌 일반인은 이 책의 내용을 이해할 수 없었기 때문이다. 로마 가톨릭도 처음에는 침묵했다가 이 책이 발간된 지 73년이 지난 1616년에 이 책을 금서로 지정했다. 태양을 숭상했던 고대 이집트 종교가 참된 신앙이며 가톨릭도 예전의 방식으로 돌아가야 한다는 극단적인 주장을 폈던 브루노Giordano Bruno, 1548~1600를 이단으로 단정하고 처벌하면서 그의 주장과 비슷한 다른 사상들도 모두 한 통속으로 몰렸기 때문이다. 《천구의 회전에 관하여》는 142년이 지난 1758년이 되어서야 금서 목록에서 제외되었다.

학계에서는 코페르니쿠스의 주장에 대해 디게스Digges, 1546~1595와 부르노 등의 천문학자와 길버트William Gilbert, 1540~1603와 같은 과학자들은 동조했지만, 아리스토텔레스학파의 학자들을 중심으로 반론도 적지 않았다. 반대론자들은 지구가 움직인다면 지구 표면에서 물체가 수직으로 낙하할 수 없고, 항성의 위치도 지구가 공전하면 따라서 변해야 하는데 그렇지 않다는 점을 근거로 들었다. 물론 오늘날에는 이들이 반박하는 근거를 모두 반박할 수 있다. 물체가 자유낙하하는 것은 뉴턴 역학에 따라 관성으로 설명되고, 멀리 있는 항성을 기준으로 가까이에 있는 다른 항성의 위치가 1년 주기로 원운동을 하는 연주운동年周運動은 1838년 베셀이 발견하여 지구가 공전한다는 결정적인 근거를 제시했기 때문이다.

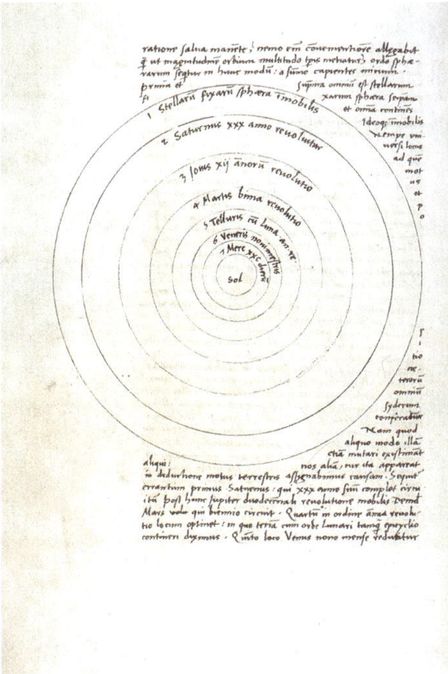

그림 10.3 《천구의 회전에 관하여》에 나온 코페르니쿠스의 천체관.
출처: Wikimedia Commons.

이상에서 우리는 코페르니쿠스의 업적에 대하여 살펴보았다. 숙부가 추기경이고 자신이 가톨릭의 사제였던 코페르니쿠스가 기독교의 시각에 배치되는 지동설을 주장하기 위해서는 엄청난 용기와 확고한 신념이 필요했을 것이다. 그는 자신의 주장은 어떤 구체적인 사실에 근거한 것이 아니라 자신의 세계관에서 도출되는 결론의 산물이라고 말했다고 전해지는데 이는 그의 풍부한 식견과 지혜로움을 잘 나타내는 말이라 할 수 있다. 비록 부정확한 내용이 들어 있지만, 그가 주장한 지동설은 2000년 넘게 유지되어 오던 천동설을 뒤집고 천체를 물리적, 수학적 방식으로 정량적으로 파악하는 길을 열어 과학혁명의 길잡이가 된 과학사에서 대표적인 위대한 업적으로 빛나고 있다.

티코 브라헤의 자료는 케플러의 혜안慧眼을 뜨게 하다

코페르니쿠스 이후 지구중심설과 태양중심설이 혼재하던 시기에 이 두 논리를 절충한 주장을 한 사람이 브라헤Tycho Brahe, 1546~1601다. 브라헤는 덴마크의 부유한 가정에서 태어나 북유럽에서 대학교육을 받았다. 원래는 정치가가 되려고 했으나 연금술에 흥미를 느껴 실험실에서 실험을 하는 동안 천체를 관측하다가 1572년 카시오페아 별자리에 나타난 금성과 비슷한 밝기를 보이는 초신성을 발견한 것을 계기로 천문학으로 돌아섰다. 그는 덴마크 왕 프레데리크 2세의 지원으로 덴마크와 스웨덴 사이에 있는 뷘Hveen 섬에 거대한 천문대를 짓고 별자리와 행성의 움직임에 대해 신뢰성이 높은 자료들을 많이 축적했고, 이전보다 훨씬 자세하고 정확한 성좌도를 만들었다.

브라헤는 코페르니쿠스가 주장하는 지구의 공전을 입증할 수 있는 연주운동을 확인하고자 했으나 실패하고는 천동설에 대해서 회의적이 되었다. 사실 연주운동은 브라헤가 하던 식으로 육안으로 관찰할 수 있는 것은 아니었다. 한편 그는 1577년 지구를 향해 빠르게 움직이는 혜성을 관측하게 된다. 새로운 천체가 나타나는 현상이나 혜성은 아리스토텔레스의 우주관이 사실과 맞지 않음을 보이는 것이다. 이러한 배경에서 그는 지구중심설과 태양중심설을 절충한 우주관을 제안했다.

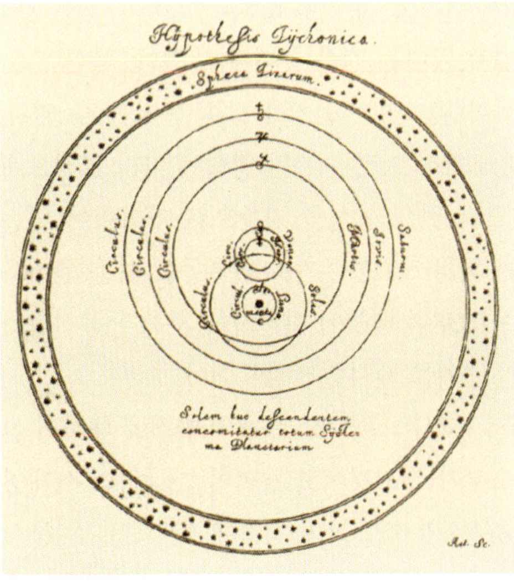

그림 10.4 브라헤의 천체관.
출처: Wikimedia Commons.

그의 우주관에서는 지구는 천체의 중심에 자리잡고 움직이지 않으며 달과 태양이 지구 주위를 돈다. 그리고 행성들은 모두 태양 주위를 동심원을 그리며 원운동하고, 구 바깥에는 별들이 놓여 있는 천구가 있다(그림 10.4). 이 우주관은 오늘날의 시각으로 보면, 단순히 천동설과 지동설이 절충된 이론일 뿐이지만, 몇 가지 점에서 중요한 역사적 의미를 갖는다. 이 우주관에서는 태양이 지구 주위를 돌면서 동시에 여러 행성들이 태양 주위를 돌아야 하므로 태양의 궤도와 행성의 궤도가 교차하도록 되어 있다. 반면 아리스토텔레스의 우주관에서는 행성들은 수정구의 표면을 도는 것으로 되어 있는데, 이 수정구가 물리적 실체인 것으로 받아들여졌다. 이런 점에서 브라헤의 우주관은 물리적인 실체로서 수정구에 대한 관념을 없애는 데 기여했다. 그의 우주관은 꽤 오랫동안16세기 말~17세기 초 받아들여졌고 교황청의 인정을 받기도 했다. 이 시기에 예수교 선교사들이 중국에 전파한 서양의 우주관은 바로 브라헤의 우주관이었고, 청나라에서는 이 우주관에 따른 달력을 만들기도 했다.

탁월한 천체 관측자라는 브라헤의 명성은 케플러Johannes Kepler, 1571~1630와 인연을 맺게 되는 계기를 만들어 주게 된다. 케플러는 독일 튀빙겐Tübingen 대학에서 수학할 때부터 코페르니쿠스의 천체운동에 대한 시각이 타당하다고 생각했었다. 1594년 오스트리아 그라츠Graz에 수학교사로 부임하여 천체에 대한 연구에 몰두했다. 1596년 행성이 6개 있는 것은 우연이 아니고 숨어 있는 원리가 있기 때문이라는 믿음에서 자신의 첫 번째 저서인《우주 구조의 신비Mysterium Cosmographicum》에서 이 믿음을 수학적으로 구체화했고, 이 책을 브라헤와 갈릴레오에게 보냈다. 그는 이 책에서 코페르니쿠스가 주장한 태양이 중심에 있고 6개의 행성이 그 주위를 동심원 운동을 하는 태양계에서 각 행성의 궤도가 플라톤의 정다면체 5개와 연관성이 있다는 주장을 펼쳤다. 즉 각 정다면체에 대하여 내접하는 구와 외접하는 구를 생각하고 이들 구의 지름 사이의 비율이 각 행성에 대한 태양으로부터의 거리가 보이는 비율과 유사한 점에서 착안하여, 수성, 금성, 지구, 화성, 목성, 토성 등 6개 행성의 궤도 사이에 있는 다섯 군데의 공간에 각각 정팔면체, 정이십면체, 정십이면체, 정사면체, 정육면체를 넣으면 각 정다면체는 바로 안쪽의 궤도에 해당하는 구와 외접하고 바로 바깥쪽 궤도에 해당하는 구와는 내접한다고 설명했다(그림 10.5).

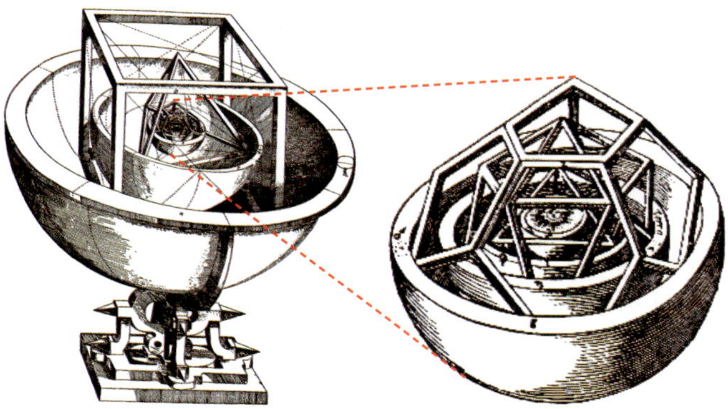

그림 10.5 케플러의《우주 구조의 신비》에 있는 태양계 구조. 오른쪽은 왼쪽 그림의 가운데 작은 부분을 확대한 그림. 출처: Wikimedia Commons.

브라헤는 이 책을 받아 보고 케플러의 수학적 재능에 매료되어 뷘에 있는 자신의 천문대에서 함께 일할 것을 제안했으나, 케플러는 이를 거절했었다. 그 후 브라헤는, 자신을 지원하던 프레데리크 2세가 사망하자, 1599년 합스부르크의 황제 루돌프 2세Rudolf II의 초청을 받아 프라하Prague로 자리를 옮겼다. 브라헤는 천문학자이자 연금술사로서 루돌프 2세의 궁정으로 초빙된 것이다. 당시 프라하는 유럽의 지식인들이 모여드는 곳이었고 루돌프 2세는 과학 연구를 적극적으로 지원했었다. 반면 이 시기의 독일은 종교개혁의 여파로 종교적 대립이 한창이어서 사회정세가 매우 불안했다. 바로 뒤에 일어나 독일 전역을 황폐화시켰던 30년 전쟁1618~1648도 가톨릭과 프로테스탄트의 종교 세력 사이의 분쟁으로 일어난 전쟁이었다. 독일 그라츠의 수학교사로 있었던 케플러의 형편 역시 좋을 리가 없었다. 케플러는 자진해서 브라헤에게 함께 일하기를 청하여 1600년 프라하에서 브라헤의 조수로 일하게 되었는데, 이것이 그에게 새로운 학문적 세계를 개척하는 계기가 되었다.

케플러는 프라하로 가면 신뢰성이 높은 브라헤의 많은 천체 관측 자료들을 토대로 자신의 수학적 능력으로 천체 운동에 대한 일반화할 수 있는 합리적인 논리를 이끌어 낼 수 있을 것이라고 기대를 했었던 것으로 보인다. 그런데 브라헤는 케플러의 기대와는 달리 화성에 대한 관측 자료만 주면서 유독 화성에서만 관찰되는 속도 변화와 역행 운동에 대해 수학적 접근 방식으로 합리적인 설명을 하는 연구를 해달라고 했다. 하는 수 없이 케플러는 화성의 운동에 대한 연구에 착수했다. 처음에는 프톨레마이오스의 주전원과 이심의 개념을 이용하여 여러 가지 계산을 해 보았으나 만족스러운 결과를 얻지 못해서 이를 포기하고 코페르니쿠스의 우주관에 따라 계산을 해보았더니 자신의 계산치와 브라헤의 관측치가 거의 일치하는 것을 확인했다. 계산치와 실험치의 차이가 8′1′ = 1/60°으로 아주 작은 값이라서 케플러는 처음에는 이를 관측 오차에서 나온 것으로 생각했다. 1601년 브라헤가 죽고 다른 행성에 대한 관측 자료도 모두 넘겨받게 되자 그는 모든 행성에 대해 이전과 마찬가지로 코페르니쿠스의 우주관에 맞춰 계산을 했다. 그 결과 화성을 제외한 다른 행성에 대해서는 모두 계산치와 브라헤의 관측치가 아주 잘 일치하며 행성 운동의 속도 변화는 발견할 수 없었다. 이러한 결과에 대해 케플러는 정확하기로 정평이 나 있는 브라헤의 자료에서 상대적으로 지구에서 가까운 화성에 대해서만 오류가 있었다고 보는 것은 논리적으로 문제가 있다는 생각에서 행성의 궤도를 완벽한 원이라고 생각했던 지금까지 전제에 대하여 의문을 갖게 되었다. 그는 이 의문에 대한 답을 얻기 위하여 프톨레마이오스가 제안했던 이심의 실재 여부에 대한 검토를 했다. 화성이 원 궤도를 한 바퀴 돌때 속도의 편차가 8′ 정도로 아주 작은 값이라는 사실은 이심에서 화성까지의 거리에 대한 편차도 아주 작다는 것을 뜻하는 것이므로 이를 확인하고자 했었던 것이다. 이를 위해 그는 우선 화성이 궤도를 한 바퀴 도는 동안 각 지점에 대해 태양으로부터의 거리를 계산했다. 계산 결과 화성과 태양 사이의 거리는 최대치와 최소치의 차이가 작지 않다는 것을 알게 되었다. 이는 화성의 궤도가 원 궤도가 아니라는 것을 뜻하는 것이다. 이로써 케플러는 화성에 대한 브라헤의 관측 자료가 정확한 것임을 확인했다. 동시에 지구를 포함한 모든 행성들은 원 궤도가 아닌 타원 궤도를 그리며 태양의 주위를 돌고 있다는 사실을 확립했다. 이것이 케플러의 행성운동법칙 중 제1법칙이다. 그는 행성이 궤도상에서 정해진 시간 동안에 태양을 중심으로 휩쓸고 지나가는 부채꼴 도형의 면적은 항상 일정하다는 것도 밝혔는데 이것이 제2법칙이다. 행성이 쓸고 지나가는 면적은 행성의 운동량과 비례하는 양이다. 제2법칙은 태양과 행성 사이에 작용하는 힘의 크기가 거리의 제곱에 반비례하기 때문에 일어나는 현상으로 나중에 뉴턴이 만유인력의 법칙을 발견하도록 하는 중요한 근거가 되었다. 화성이 태양에서 멀리 있는 때는 속도가 느려지고 가까이 있을 때는 빨라진다는 브라헤의 관측 자료는 이 법칙으로 설명이 가능하다. 케플러는 또한 각 행성에서 태양까지의 평균거리를 세제곱한 값은 공전주기를 제곱한 값과 비례한다는 제3법칙도 제시했다.

돌이켜 보면, 브라헤가 케플러에게 화성에 대해서만 연구할 것을 요구했던 일은 케플러에게는 처음에는 불만스러운 일이었을 수도 있겠으나 결과적으로는 커다란 행운을 가져다 준 일이 되었다. 사실 다른 행성들도 타원 궤도를 돌지만, 모두 육안으로 관찰한 자료로는 원 궤도에서 벗어나는 정도가 매우 작다. 목성과 토성의 공전 속도의 변화량은 그 값이 크기는 하지만 지구에서 너무 멀리 있으며 매우 큰 궤도를 돌기 때문에 육안으로는 확인할 수 없었으며 역행운동도 일어나지 않았고, 반대로 수성과 금성은 궤도가 지구 안쪽에 있어서 역행운동이 나타나지 않고 궤도가 너무 작아서 속도 변화의 정도 역시 관찰하기 어려울 정도로 작기 때문이다. 오로지 화성의 경우에만 지구와의 거리가 너무 멀지도 않고 궤도의 크기도 너무 작지 않아서 육안 자료로도 역행운동과 속도 변화를 확인할 수 있었던 것이다.

케플러의 업적은 코페르니쿠스 우주관의 동심원 궤도운동을 타원 궤도운동으로 수정하여 천체의 운동을 더 정확하고 정량적으로 이해할 수 있도록 하여 지동설의 타당성에 힘을 실어 준 것으로 요약할 수 있다. 그가 초기에 화성의 운동에 대한 연구에서 발견했던 8′의 아주 작은 오차가 측정 오차에서 나오는 것이 아닐 수도 있음을 인지한 그의 혜안은 정량적 연구의 가치를 크게 부각시킨 중요한 계기가 되었으며 이후에 그가 탁월한 수학적 능력을 발휘하여 전개한 행성운동법칙은 과학사에서 크게 빛나는 손꼽히는 업적으로 평가받고 있다.

너무 유명해서 종교재판을 받은 갈릴레오

천체운동에 대한 시각은 코페르니쿠스, 브라헤, 케플러의 시대를 거치면서 '지구중심, 동심원운동, 유한우주'로 요약되는 고전적인 시각에서 혁명적으로 바뀌기 시작했다. 그리고 이 혁명적 변화는 갈릴레오Galileo Galilei 1564~1642와 뉴턴에 의해 성공적으로 완성되었다. 즉 코페르니쿠스, 브라헤, 케플러의 연구의 결과로 천체가 낙하하지 않고 조화롭게 운동하는 원인을 설명하기 위해 고전적인 천체관에서 제시되었던 투명한 수정구가 행성의 궤도운동으로 대체되었지만, 이들은 모두 천체가 낙하하지 않는 이유에 대해서는 설명을 하지 못했었는데, 바로 이 점을 갈릴레오와 뉴턴이 해결한 것이다.

갈릴레오는 브라헤, 케플러와 같은 시대에 살았다. 그는 1596년 케플러가 자신의 저서 《우주 구조의 신비》를 보내자 1597년 자신도 코페르니쿠스 우주관에 대한 관심이 있다는 뜻의 답신을 한 적이 있었다. 뉴턴은 갈릴레오가 죽은 지 1년 뒤에 태어났다. 갈릴레오는 물리학자이며 동시에 천문학자로 알려져 있다. 그는 이탈리아 피사Pisa에서 태어나서 피사 대학과 파도바 대학에서 수학 교수로 일했다. 그의 최대 업적은 경험적 사실에 대한 정량적 분석을 하는 과학적 방법론을 도입한 것이라 할 수 있다.

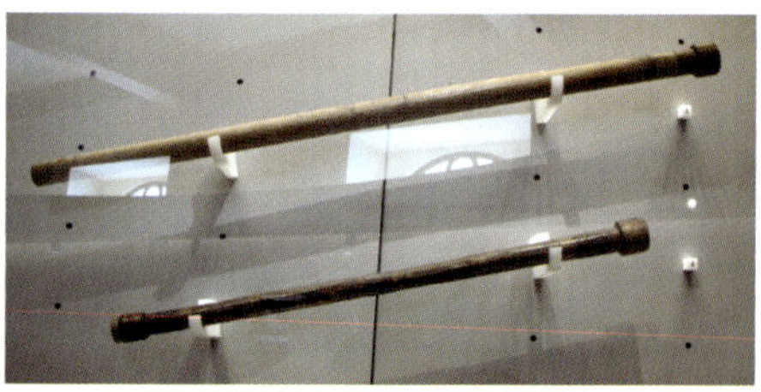

그림 10.6 (위) 망원경의 사용법을 설명하는 갈릴레오를 묘사하는 그림. 베르티니(Giuseppe Bertini, 1825~1898) 작. (아래) 갈릴레오가 사용했던 망원경(이탈리아 플로렌스의 갈릴레오 박물관 소장).
출처: Wikimedia Commons.

파도바 대학에 재직하던 1609년에 갈릴레오는 당시에 알려진 망원경을 개량하여 약 30배율의 천체관측용 망원경을 만들었다(그림 10.6). 이 망원경으로 이전보다 더 자세하게 천체를 관측한 결과를 정리하여 1610년 《별의 메신저Sidereus Nuncius, 영어명: Starry Messenger, 1610》라는 책자를 발표했다. 여기에서 그는 달은 지구의 위성이며 그 표면에는 지구와 같이 산과 분화구가 있고 목성에는 4개의 위성이 있고 토성에는 띠가 있다고 기술했다. 또 태양의 흑점 위치가 변하는 것을 발견하고는 태양 역시 자전축을 가지고 회전한다고 생각했으며 행성과 달을 우리가 볼 수 있는 이유는 이들이 태양빛을 반사하기 때문이라고 주장했다. 더 나아가 금성이 작게 보이지만 달처럼 모양이 바뀌는 것은 지구와 금성이 태양의 행성이고 금성이 지구의 안쪽에서 공전하기 때문이며, 항성이 행성에 비하여 항상 작은 점으로 보이는 이유는 우주가 무한히 크다는 것을 받아들여야만 설명이 가능하다고 주장했다(그림 10.7). 이 모든 주장이 고

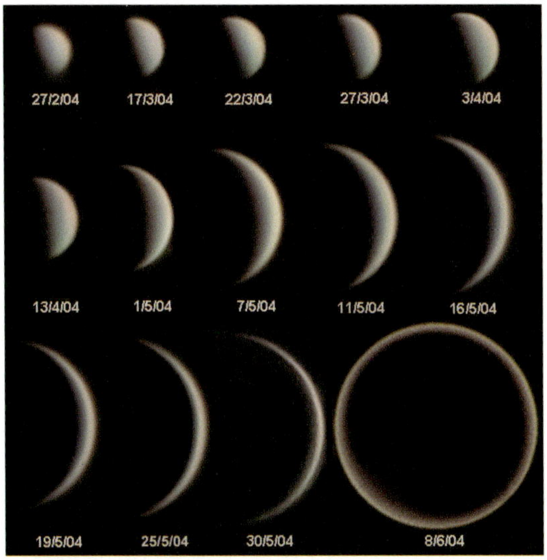

그림 10.7 금성의 모양 변화.
출처: Wikimedia Commons.

전적인 우주관에는 부합하지 않고 코페르니쿠스의 우주관이 타당함을 뒷받침하는 것이다.

1610년 유명해진 갈릴레오는 플로렌스의 영주 메디치의 초빙을 받아 파도바에서 플로렌스로 옮겨 갔다. 사실 갈릴레오가 자신이 발견한 목성의 위성 4개를 메디치와 그의 세 형제를 뜻하는 메디치안으로 이름을 붙이려고 했었던 것으로 보아서 이전부터 메디치의 후원을 받기를 무척 원했었던 것으로 보인다. 1615년 그는 코페르니쿠스의 태양중심설에 대한 견해 때문에 종교계와 마찰을 빚었다. 1616년에는 평소 그를 아끼던 플로렌스의 추기경 벨라르미노로부터 코페르니쿠스 우주관에 대한 지지를 하지 말 것을 충고 받았다. 이 당시 교황청에서는 코페르니쿠스의 태양중심설을 잘못된 주장이라고 선언하고 그의 저서 《천구의 회전에 관하여》를 금서로 지정했다. 그 후 갈릴레이는 종교계와 일정한 거리를 두면서 별 마찰 없이 지내다가 1632년 그의 저서 《두 가지 주요 세계관에 관한 대화Dialogo sopra i due massimi sistemi del mondo, 영어명: Dialogue Concerning the Two Chief World Systems》를 출판하면서 새로운 국면을 맞이하게 된다. 이 책에서 갈릴레이는 프톨레마이오스와 코페르니쿠스의 천체 운동에 대한 서로 다른 두 견해를 소개하면서 결국 코페르니쿠스의 시각이 합리적이라고 주장했다. 이 책은 교황청의 분노를 샀다. 그는 1633년 로마에 불려가 종교재판을 받고 1642년 사망할 때까지 연금되었으며 그의 저서는 1822년까지 190년간 금서로 지정되었다.

연금 상태에 있는 동안 행성들이 낙하하지 않고 조화롭게 천체운동을 하는 원리를 밝히고자 하는 목적으로 갈릴레오는 운동하는 물체에 대해 물리적인 시각에서 정량적으로 이해하는 연구를 했다. 갈릴레오의 운동에 관한 연구업적에 대해 올바르게 이해하기 위해서는 운동현상에 대해 당시 자연철학자들의 관점을 살펴볼 필요가 있다. 이 당시에도 아리스토텔레스의 자연철학을 신봉하는 학자들은 부피가 같고 무게가 다른 두 공이 낙하할 때는 무거운 것이 먼저 땅에 떨어진다는 아리스토텔레스의 주장을 되풀이하고 있었다. 하지만 이들의 주장은 보다 깊이 있게 전개되면서 모순점을 드러내었다. 예를 들어, 무게가 다른 공 두 개를 서로 묶어서 떨어뜨리면 낙하 속도는 이들 각각의 속도의 평균값이 된다고 하는 주장도 있었고, 이들의 무게를 더한 만큼 낙하속도가 더 빨라진다는 주장도 있었다.

갈릴레오의 시대는 이러한 아리스토텔레스의 설명에 대해 비판적인 주장이 대두되던 시기였다. 일찍이 6세기에 필로포누스는 운동하는 물체를 설명하기 위해 아리스토텔레스가 도입한 작인이라는 개념을 물체의 운동량의 개념으로 수정했고, 14세기에 뷔리당은 이 개념을 임페투스란 개념으로 수정하여 임페투스의 많고 적음에 따라 물체의 운동 양상을 결정짓는다고 주장했다.

이러한 운동 원인에 대한 개념 사이의 차이는 투사체의 운동에 대한 논의에서 잘 드러난다. 투사체의 운동이란 땅 위로 쏘아 올린 물체가 처음에는 위로 오르다가 결국에는 땅에 떨어지는 과정의 운동을 말한다. 아리스토텔레스의 설명에 따르면 투사체는 힘작인이 가해진 방향으로 직선 운동하다가 힘이 다 소모된 지점에서 자연스러운 운동인 수직낙하운동을 한다. 임페투스의 개념이 도입되면서 투사체의 운동은 지구중력과 임페투스의 상호작용으로 설명되었다. 즉 투사체는 처음에는 임페투스의 영향으로 직선운동을 하며 위로 올라가지만, 점차 임페투스가 사라지고 중력의 효과가 더해지면서 직선운동은 곡선운동으로 변하고 정점에 도달한 뒤 임페투스는 완전히 소진되어 중력에 의한 수직낙하운동을 한다는 것이다. 16세기에 3차방정식의 해법을 알아낸 것으로 유명한 이탈리아 수학자 타르탈리아Niccolo Tartaglia, 1499~1557는 투사체의 운동을 2차방정식으로 설명할 수 있음을 파악했다. 그는 투사체의 운동과정 전체에서 임페투스와 중력이 작용한다는 것을 알아내었으며, 투사체를 45°로 쏘아 올릴 때 투사체가 포물선을 그리며 가장 멀리 날아간다는 것도 알아내었다. 파도바 대학의 베네데티Giambattista Benedetti, 1530~1590는 아리스토텔레스의 운동에 대한 주장을 비판하고 임페투스의 개념을 지지했으나, 자유낙하하는 물체의 속도는 무게가 무거울수록 빨라진다는 잘못된 주장도 했다. 소수素數 이론을 발전시킨 네덜란드의 스테빈Simon Stevin, 1548~1620은 무거운 물체와 가벼운 물체가 동시에 땅에 낙하한다는 사실을 실험을 통하여 처음으로 보여주었으며, 또한 벡터vector의 원리를 이용하여 한 물체에 둘 이상의 힘을 서로 빗겨서 가할 때, 이들의 조합으로 나타나는 알짜 힘의 크기와 방향을 계산하는 방법을 알아냈다.

정리하면 아리스토텔레스 이래로 내려온 운동론은 운동이 왜 일어나는가 하는 운동의 원인을 이해하는 데 초점이 맞춰져 있었다면 16~17세기에 대두된 운동론은 운동이 어떻게 진행되는가에 대해 더 관심이 집중되었다고 볼 수 있다. 과학사에서는 이를 가리켜 16~17세기를 지나면 운동현상에 대한 인식패턴이 '왜?why?에서 어떻게?how?로' 근본적인 방향전환을 했다고 표현한다. 예를 들어 '물체는 왜 낙하하는가?'라는 질문보다 '어떻게빠르게 또는 느리게 낙하하는가?'라는 질문이, 그리고 '투사체는 왜 투사된 방향으로 계속 직진하지 않는가?'라는 질문보다는 '투사체의 포물선궤도는 어떻게 이루어지는가?'라는 질문이 16~17세기에 탐구의 중심으로 부상하게 되었다.

그리고 갈릴레오는 이러한 시대적 상황이 요구하는 적절한 문제에 대해 적절한 방법으로 연구를 수행했다. 즉 그는 운동의 진행과정에 관여하는 인자들과 그 인자들에 의해 나타나는 현상들 사이의 상호 연관관계를 정량적으로 파악하는 실험 방법을 고안하여 연구에 임했던 것이다. 자유낙하가 진행되는 과정을 탐구하기 위하여 그는 물체를 자유낙하 시키는 대신 경사면에 공을 굴리는 실험을 했다. 이는 아마도 그 당시의 측정 기술로는 자유낙하 하는 물체에 대해 정확한 측정을 하기 어려웠기 때문일 것이다. 그는 마찰이 거의 없는 매끄러운 경사면을 만들고 면의 경사 각도를 조절하는 등 여러 가지로 조건을 바꾸면서 공이 경사면의 한쪽 끝에서 다른 끝으로 가는 동안의 시간을 측정하는 실험을 했다. 그 결과 공이 일정한 거리를 지나는 데 걸리는 시간은 공의 무게와 상관없이 항상 일정하다는 것, 공이 경사면을 따라 이동한 거리x는 시간t의 제곱에 비례한다는 것$x \propto t^2$, 어느 순간의 공의 속도v는 그 순간까지 걸린 시간에 비례한다는 것$v \propto t$ 등을 알아냈다. 또 무게가 서로 다른 공 두 개를 떨어뜨리면 무거운 공의 충격이 더 크며 같은 무게의 공을 높이가 다른 곳에서 떨어뜨리면 높은 곳에서 떨어뜨린 것의 충격이 더 크다는 사실을 알아내어 힘F은 질량m과 가속도a에 비례한다$F \propto m, F \propto a$는 사실도 알아내었다.

갈릴레오는 물체의 운동에 대한 여러 가지 실험적 탐구 결과를 1638년《새로운 두 과학에 대한 논의와 수학적 논증Discorsi e Dimostrazioni Matematiche, intorno a due nuove scienze, 영어명, Discourses and Mathematical Demonstrations Concerning Two New Sciences》이라는 제목의 책으로 출간했다. 그런데 이 책이 출간된 곳은 네덜란드의 암스테르담이었다. 교황청의 검열이 두려워 이탈리아에서 출간하지 못하고 원고를 몰래 암스테르담으로 보냈던 것이다. 이 책을 보면, 비록 오늘날 우리가 알고 있는 운동법칙과 같이 운동의 여러 요인과 결과를 수학적으로 연결 지어 정리하지는 못했지만, 갈릴레오가 실험 자료를 통하여 이들 사이에 정량적인 관계가 있다는 것을 명확하게 보여주었다는 것을 알 수 있다.

흔히 과학자의 업적을 그가 이룬 것을 나열하면서 설명한다. 갈릴레오도 천체에 관한 다수의 세밀한 관찰 자료를 얻었고, 천체망원경과 수은 온도계를 발명하는 등의 업적을 쌓았다. 하지만 가장 중요한 그의 업적은 자연현상에 대해 세밀하게 관찰하고 그 관찰 결과를 정량적으로 이해하려고 했던 연구의 방법론을 처음으로 체계적으로 도입했다는 점이라고 볼 수 있다. 그가 제시한 방법론으로 갈릴레오 이후의 과학은 이전의 형이상학에서 벗어나서 보다 분석적이고 체계적인 학문으로서의 모습을 갖추기 시작했다. 이러한 이유로 갈릴레오는 단테, 미켈란젤로와 더불어 플로렌스를 빛낸 3명 중의 한 사람으로서 꼽히기도 한다.

고전역학의 창시자 뉴턴

유명한 과학사가인 토마스 쿤은 과학의 발전 과정을 설명하기 위해 패러다임paradigm의 개념을 도입했다. 그에 따르면, 뉴턴Issac Newton, 1643~1727은 고전역학의 패러다임을 연 사람이다(그림 10.8). 고전역학은 20세기 초에 상대성이론과 양자역학이 나올 때까지 200년 넘게 과학계를 지배한 패러다임이다. 우리가 중고등학교 과정에서 배우는 속도, 힘, 가속도 등 물체의 운동에 대한 이론은 모두 뉴턴이 정립한 고전역학의 체계 안에 있는 개념이다. 뉴턴은 고전역학 뿐 아니라 수학의 주요 분야인 미적분학도 개척했으며 천문학과 광학 분야에 대해서도 깊이 있는 연구를 했다.

고전역학 이전의 패러다임은 아리스토텔레스의 자연철학이었다. 아리스토텔레스의 자연철학은 자연계에서 보이는 변화하는 것과 변화하지 않는 것에 대한 원리를 규명하는 학문이라 할 수 있다. 자연철학에서는 자연에서 일어나는 변화또는 불변하는 물질물체마다 내재되어 있는 고유한 본성인 능동적 원리와 이들이 서로 상호작용하여 변화를 일으키는 수동적 원리에 의한 것으로 본다. 아리스토텔레스 이래 2000년 동안 자연철학자들은 자연에서 일어나는 상호작용의 근원인 물질의 실체를 파악하고 이들 사이의 상호작용이 일어나는 원인에 대해 알아내고자 착상과 추리와 같은 사색을 통한 탐구를 하면서 자연현상을 인식하는 사전적 개념을 발전시켜왔다. 1661년 캠브리지Cambridge 대학에 입학해서 처음으로 이 사상을 처음으로 접한 뉴턴은 이에 매료되어 평생을 자연에 대한 탐구에 바치게 되었다.

뉴턴은 캠브리지 대학에서 배로우 교수의 지도를 받았고, 후일 그의 후임으로 캠브리지 대학의 교수가 되었다. 1664년에서 1666년 사이에 흑사병이 창궐했다. 이 때문에 대학은 1665년 7월부터 1667년 7월까지 약 2년 동안 임시 폐쇄되었고 뉴턴은 고향인 울스토르프Woolsthorpe에서 지내면서 과학의 여러 분야에 대해서 독서와 사색을 하고 여기에 더해 약간의 실험과 관찰을 하면서 보냈다. 이 시기에 뉴턴은 훗날 그가 과학사에서 빛날 업적을 이루어내도록 하는 토대를 마련하게 되었다.

그림 10.8 뉴턴의 초상. 넬러(Godfrey Kneller, 1646~1723) 작.
출처: Wikimedia Commons.

대학을 졸업한 후 뉴턴은 대학에서 배운 것과는 다른 여러 가지 사실과 주장에 접하면서 아리스토텔레스의 자연철학의 한계를 깨닫게 되어 자신만의 자연철학자로서의 길을 개척했다. 후크Robert Hooke, 1635~1703의 《마이크로그라피아Micrographia 1665》과 갈릴레오의 《두 가지 주요 세계관에 관한 대화》 등의 서적과 1660년대에 있었던 보일의 기체에 관한 실험 연구 등이 대표적으로 그의 사상에 영향을 준 것으로 알려져 있다. 특히 데카르트의 《철학의 원리》에 담긴 '기계론적 철학'은 뉴턴의 사상에 막대한 영향을 끼쳤다고 한다. 기계론적 철학은 아리스토텔레스의 자연철학에서 주장하는 존재원리나 작동의 본질보다는 그 작동을 지배하는 일반화될 수 있는 정량적인 원리를 알아내야 하며, 이를 위하여 관찰, 측정 및 실험에 의한 사실적 지식에 바탕을 둔 접근 방식을 택해야 한다고 생각하는 사상이다. 이는 근대와 현대의 물질문명의 바탕을 이루는 사상이라 할 수 있으며, 뉴턴은 데카르트와 함께 기계론적 철학의 대표적인 사상가로 꼽힌다. 또한 뉴턴은 데카르트의 《방법서설》에서 물리적 현상을 수학적으로 정리하는 기계론적 철학의 방법론에서도 영향을 많이 받았으며, 미적분학에 대한 영감도 이 책에서 얻었다고 한다.

뉴턴의 주요 업적은 그가 저술한 《자연철학의 수학적 원리Philosophiae Naturalis Principia Mathematica, 1687》에 잘 나타나 있다(그림 10.9). 이 책은 《프린키피아》라는 약칭으로 더 잘 알려져 있는데, 이 책에서 뉴턴은 이전까지 논의되었던 물체의 운동에 대한 이론을 수학적인 증명과 함께 체계적으로 정리했고, 이 이론을 바탕으로 천체의 운동에 대한 설명을 제시했다. 이로써 달 너머의 천상계에 적용되는 법칙과 달 아래의 세계에 적용되는 법칙은 서로 다르다고 하는 아리스토텔레스의 자연철학이 오류임을 결정적으로 보였고, 코페르니쿠스가 주장한 지동설의 타당성을 이론적으로 뒷받침할 수 있게 되었다.

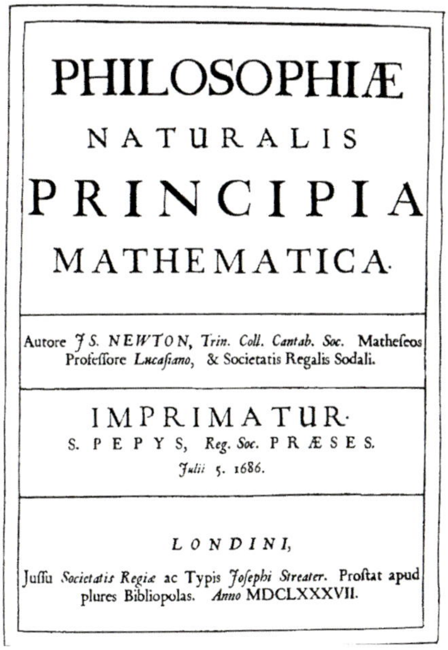
PHILOSOPHIÆ NATURALIS PRINCIPIA MATHEMATICA.

Autore J S. NEWTON, Trin. Coll. Cantab. Soc. Matheseos Professore Lucasiano, & Societatis Regalis Sodali.

IMPRIMATUR. S. PEPYS, Reg. Soc. PRÆSES. Julii 5. 1686.

LONDINI, Jussu Societatis Regiæ ac Typis Josephi Streater. Prostat apud plures Bibliopolas. Anno MDCLXXXVII.

그림 10.9 《프린키피아》의 표지.
출처: Wikimedia Commons.

《프린키피아》에서 뉴턴이 정립한 역학 체계는 거시세계에 대한 고전역학에 관한 것으로 뉴턴 역학이라고도 불린다. 역학이란 어떤 물체에 힘이 작용했을 때 그 물체가 어떻게 운동하는가에 대한 것을 다루는 학문이며, 물체가 거시적일 때는 고전역학의 원리가 적용되며 물체가 원자와 같이 미시적일 경우는 20세기 초에 확립된 양자역학Quantum mechanics의 원리가 적용된다.

뉴턴은 직선운동과 원운동에 대한 연구를 통해서 이전에 데카르트와 갈릴레오가 발견했던 관성의 원리를 재확인했다. 이 원리는 정지되어 있거나 등속도로 운동하는 물체에 외부의 힘이 작용하지 않으면 그 물체는 계속 그 상태를 유지한다는 것이다. 물론 이 원리는 운동하는 물체에 대한 저항이 없어야만 성립된다. 이것이 뉴턴 역학의 제 1법칙인 관성의 법칙principle of inertia이다. 또 그는 갈릴레오가 실험을 통해서 알아낸 물체의 가속도a는 가해주는 힘F에 비례하고 물체의 질량m에 반비례하는 관계를 $F = m \cdot a$로 수학적 표현으로 정리했다. 이를 뉴턴 역학의 제2법칙이라 한다. 그는 이 원리를 이용하여 물체의 자유낙하 운동에 대한 갈릴레오의 결과도 수학적으로 정리했다. 마지막으로 제3법칙은 작용-반작용의 법칙이라고도 불리는 법칙으로 평형 상태의 물체에는 크기가 같고 방향이 반대인 두 가지 힘이 작용한다는 것이다. 예를 들면, 끈에 매달린 채 정지해 있는 추에는 추를 땅으로 떨어뜨리려 하는 중력과 세기가 같으면서 반대 방향으로 추를 끌어올리는 끈의 힘이 작용하여 추가 공중에 떠있게 되는 것이다.

뉴턴의 역학법칙을 행성의 운동에 적용하려면 원운동에 대한 역학적 원리를 알아야 한다. 원운동은 돌을 줄에 매달아 돌리는 경우에 비추어 생각할 수 있다. 줄이 끊어지면 그 순간 돌의 운동은 원운동에서 직선운동으로 바뀌게 된다. 마치 돌이 회전하던 원 궤도의 중심에서 멀어지고자 하는 힘이 있는 것처럼 보이기 때문에 이를 원심력遠心力이라고 한다. 뉴턴은 원 궤도를 무한히 많은 면을 갖는 정다면체 형태의 궤도로 생각하고 이에 대한 미분학적 해석을 통하여 원심력의 크기를 mv^2/r v = 접선 방향 속도, r = 원 궤도의 반지름로 계산했다. 어느 물체가 원 운동을 유지하기 위해서는 원심력에 대응해서 물체를 원 궤도에 잡아두는 어떤 힘이 작용해야 한다. 그런데 원 궤도상의 운동은 매순간 그 운동의 방향이 변하는, 즉 가속되는 운동이므로 그 힘은 항상 원 궤도의 중심을 향해야 한다는 결론을 내고 이를 구심력求心力이라고 했다. 이 원리를 행성 운동에 적용하면, 행성이 태양 주위를 일정한 궤도로 돌고 있다는 사실로부터 행성의 원심력에 대응하는 힘이 태양과 행성 사이에 있어야 한다는 결론이 나온다. 뉴턴의 사과에 대한 일화는 그가 태양과 행성이 서로 끌어당기는 힘의 근원을 모든 물체 사이에는 서로 끌어당기는 힘이 작용한다는 만유인력萬有引力의 법칙을 발견한 과정을 극적으로 묘사한 것이다. 이 인력의 크기는 인력이 작용하는 두 물체의 질량m_1과 m_2의 곱에 비례하고 이들 사이의 거리r의 제곱에 반비례하여 수학적으로는 $G \cdot m_1 \cdot m_2/r^2$로 나타낼 수 있다. 여기서 G는 중력상수라고 하며 1718년 캐번디시Henry Cavendish, 1731~1810가 그 값을 $G = 6.68 \times 10^{-11}\ m^3/kg \cdot s^2$로 측정했다.

뉴턴 이전까지는 코페르니쿠스의 지동설을 믿는 사람들은 천동설을 반박할 근거가 부족했었다. 지동설이 관측 자료에 더 잘 맞는다거나, 체계가 더 단순하다거나, 더 아름답다거나 하는 주장만으로는 결정적인 근거가 될 수 없었기 때문이다. 특히 왜 행성이 일정한 원 궤도를 도는가에 대한 설명이 없었던 것은 매우 심한 약점이었다. 뉴턴의 이론으로 상황이 바뀌었다. 행성들이 떨어지지 않고 조화롭게 태양 주위를 도는 원인을 설명할 수 있게 되었고, 지상에서 적용되는 역학의 원리가 천체에도 적용되고 있음을 보여주었다. 자연과 우주를 보는 시각이 바뀐 것이다. 즉 새로운 패러다임이 열린 것이다.

뉴턴은 광학 분야에도 많은 공헌을 했다. 물체의 운동과 마찬가지로 빛도 사람의 감각만으로는 그 본질을 꿰뚫어 보기 어렵지만 일상생활에서 항상 접하는 대상이라서 일찌감치 활용되고 탐구되었었다. 고대 이집트와 메소포타미아 시대에 이미 석영을 연마한 렌즈가 제작되었으며, 고대 그리스와 로마 시대에는 유리병에 물을 채우면 렌즈의 효과가 나타난다는 것이 알려져 있었다. 고대 그리스의 자연철학자들은 우리가 물체를 눈으로 볼 수 있는 원리에 대해 크게 발산설또는 방출이론, emission theory와 유입설또는 삽입이론, intromission theory의 두 가지 이론을 제시했다. 유입설은 물체에서 무엇인가가 나오고철학자마다 무엇이 어떻게 나오는가에 대한 설명은 매우 달랐음 이를 우리가 눈으로 느낀다는 이론이다. 데모크리토스, 에피쿠로스, 아리스토텔레스 등이 이와 관련되는 주장을 했다. 반면, 발산설은 눈에서 불이나 광선이 나오고 그것이 물체에 닿아서 물체의 모양을 보게 된다는 것으로 플라톤, 에우클리드, 프톨레마이오스 등이 주장한 이론이다. 광학은 중세 이슬람권에서 많은 발전을 보았다. 10세기 페르시아의 수학자인 이븐 살Ibn Sahl은 굴절에 대한 설명을 했는데, 그 내용은 오늘날 사용되는 스넬의 법칙Snell's Law과 부합하는 것이다. 그는 이 법칙을 이용해서 렌즈와 곡면 거울의 최적의 모양을 계산했다. 11세기 초 알하젠Alhazen 또는 Ibn al-Haytham, 965~1040은 그의 책 《광학Book of Optics》에서 굴절과 반사에 대해 설명했고, 시각에 대한 이론을 제시했다. 그는 발산설을 부정하고 물체의 모든 부분에서 나오는 빛이 직선으로 진행하다 우리 눈에 감지된다는 설명을 제시했다. 이러한 그의 주장은 잊혀졌다가 13세기 전후에 그의 책이 라틴어로 번역되어 유럽에 소개된 후 400년간 유럽에서 통용되는 이론으로 받아들여졌다. 로저 베이컨Roger Bacon, 1219?~1292은 고대 그리스와 이슬람의 광학을 소개하는 글을 썼고, 둥근 유리의 조각을 이용해서 돋보기를 만들었다. 1286년에 안경이 발명되면서 베니스와 플로렌스에 유리를 깎고 연마해서 렌즈를 만드는 산업이 나타났다. 렌즈에 대한 경험이 쌓이면서 렌즈의 성능이 향상되다가 1595년에는 현미경이 그리고 1608년에는 반사망원경이 발명되었다. 17세기 초 케플러가 렌즈의 원리, 여러 가지 표면에서 일어나는 반사 효과, 빛의 세기가 거리에 반비례하는 특성 등 광학에 대한 전반적인 내용과 일식과 월식 등 천문학적 현상, 우리가 빛을 인지하는 기관이 홍채라는 사실 등이 실린 책을 저술했다. 그는 또한 망원경이 발명되자 이의 원리를 밝히고 성능이 향상된 망원경의 원리에 대한 설명도 했다. 17세기 중반에 데카르트는 발산설과 비슷하게 빛이 물체에서 나오는 입자라는 전제 하에 굴절과 반사 등 다양한 광학적 현상을 설명했다.

뉴턴의 시대에는 빛의 색에 대해 이것이 빛의 반사 과정에서 나오는 현상이라는 설명, 명암의 비율에 따른 것이라는 설명 등이 있었다. 특히 뉴턴과 동시대에 살았던 후크는 빛은 파동이고 빛의 색은 여러 파동의 조합으로 나타나는 현상이라는 설명을 제시했다. 반면 뉴턴은 빛은 미립자의 흐름이라는 주장을 했다. 그는 프리즘을 이용한 실험 등 세밀한 관찰을 통해서 백색광은 여러 가지 색의 빛이 섞인 것이라는 것을 밝혀냈다. 이러한 사실로부터 그는 각각의 색에 해당하는 빛은 고유한 속도와 굴절률을 지녀서 속도가 느린 보라색은 굴절률이 크고 속도가 빠른 빨간색은 굴절률이 작다고 주장했다. 오늘날의 관점에서 보면 입자설을 주장한 뉴턴이나 파동설을 주장한 후크나 빛의 본질의 부분만 파악했기 때문에 부분적으로 맞고 부분적으로는 틀렸다. 오늘날에는 빛의 속성을 '파동-입자 이중성'으로 설명한다. 즉 빛은 파동으로서의 성질과 입자로서의 성질을 동시에 갖고 있어서 관찰 방법에 따라서 이 두 가지 성질 중에 하나만을 보게 되는 것이다. 이러한 사실은 20세기 초를 지나면서 정설로 받아들여진 것이니, 당연히 뉴턴의 시대에는 빛의 속성에 대해 충분히 이해할 수 없었던 것이다.

천문, 역학, 수학, 광학 등에서 뚜렷한 업적을 남긴 뉴턴은 분명 과학사에서 매우 중요한 인물이다. 더구나 그는 고전 역학의 체계를 확립하고 천문학을 그 범주에서 다룰 수 있음을 보여, 고전 역학의 새로운 패러다임을 연 주역이었기 때문에 그의 업적은 더욱 빛난다. 코페르니쿠스부터 시작해서 뉴턴이 완성한 천문학과 역학의 발전을 과학혁명Scientific Revolution이라 부른다. 혁명이라는 단어가 쓰이는 이유는 여러 가지가 있겠지만, 아마도 사람들의 자연에 대한 인식을 획기적으로 바꿨다는 점이 가장 중요할 것이다. 그러나 뉴턴의 더 중요한 업적은 새로운 과학의 방법론을 정립한 것이라는 주장이 있다. 그는 광학을 연구하면서 실험이 자연탐구에서 필수적인 요소임을 보였고, 역학을 연구하면서 수학이 자연탐구에 필수적인 언어임을 보였다. 뉴턴 이전의 자연철학이 형이상학에 머물렀던 점과 대비해서 보면, 뉴턴 이후의 과학에서는 수학과 실험은 필수적인 요소로 받아들여졌고, 이러한 방법론의 효용성은 근대 과학의 발전을 통해서 증명되었다. 즉 뉴턴은 근대 과학과 오늘날의 현대 과학의 모습을 만든 결정적인 역할을 한 것이라 평가할 수 있다.

3.

기체의 본질과 보일의 법칙

오늘날을 사는 우리는 물질이 원자로 이루어져 있다는 것을 상식적으로 받아들이고 있다. 하지만 17세기까지만 해도 물질의 본질에 대해 제대로 파악된 것이 거의 없었다. 원자의 존재가 확실한 것으로 받아들여지고 원자의 구조가 밝혀진 것이 20세기 초의 일이니 이는 어쩌면 당연한 일이라 할 것이다. 20세기 초의 양자역학이 나타나기 위해서는 먼저 물질의 여러 가지 속성에 대한 이해가 있어야만 했다. 17세기는 그 시작을 한 시대이다. 고체, 액체, 기체의 물질의 세 가지 상태 중에서 가장 쉬운 대상인 기체에 대한 이해가 시작된 것이다.

기체 안에는 원자나 분자 등 입자가 떠다니고 이들 입자 사이는 빈 공간즉 진공이 있다. 17세기 사람들이 이러한 기체의 상태를 이해하기 위해서는 입자의 존재와 함께 진공의 존재도 인식하는 것이 필요했을 것이다. 그런데 입자가 존재하는 것이 불확실한 것만큼 진공의 존재 역시 큰 논란거리였다. 일찌감치 BC 5세기에 데모크리토스가 모든 사물은 원자로 이루어져 있고 원자 사이에는 아무 것도 없다고 주장했지만, 그의 주장은 이후에 나타난 아리스토텔레스의 반대 주장에 묻혀 버렸다. 아리스토텔레스는 만약 진공이 있다면 그 속을 날아가는 물체의 속도가 무한대에 이르게 될 터인데 그런 일은 있을 수 없다는 추론을 거쳐서 "자연은 진공을 혐오한다"라는 명제를 만들었다. 또한 그는 자연의 사물은 공기, 흙, 물, 불의 네 가지 원소로 이루어져 있다는 4원소설을 제시했다. 이러한 아리스토텔레스의 물질관은 17세기까지 2000년 동안 이렇다 할 도전 없이 받아들여져 왔다. 따라서 원자와 진공이 존재한다는 사실이 받아들여지는 과정에는 올바른 자연 탐구가 이루어져야 하는 것 뿐 아니라 이전부터 내려오는 믿음을 타파하는 일도 함께 이루어져야 했었다. 17세기에 활동했던 위대한 데카르트도 우주에는 매우 작은 입자로 충만되어 있다는 소용돌이설을 주장하면서 진공이 있을 수 없다는 주장을 했을 정도이니 진공의 존재를 증명하고 인정받는 것 자체가 쉽지 않은 일이었을 것이다.

학자들이 이론적으로 진공을 부정해왔지만, 실제로는 진공이 있을 수 있다는 증거가 이 시대에 이미 있었다. 광산 기술자들이 실린더를 이용한 펌프를 만들어서 물을 퍼 올리는 데 쓰고 있었던 것이다. 하지만 아리스토텔레스의 주장을 믿는 학자들은 물이 실린더를 따라 올라가는 현상을 자연이 진공을 싫어한다는 아리스토텔레스의 명제를 이용해서 설명하려 할 뿐 진공이 있을 수 있는 가능성에 대해 주의를 기울이지 않았었다. 펌프의 기능과 특성에 대해 처음으로 학술적인 관심을 가졌던 사람은 갈릴레오였다. 그는 펌프로 뽑아 올릴 수 있는 물의 높이가 10 m 정도까지라는 것을 듣고 이에 대해 관심을 가지게 되어, 그의 문하생 토리첼리Evangelista Torricelli, 1608~1647에게 이에 대한 연구를 지시했다. 1643년 토리첼리는 한 쪽 끝이 막힌 길이 1 m 정도의 유리관에 수은을 채운 후, 이를 거꾸로 세우면 수은이 아래로 흐르다가 더 이상 흐르지 않는 현상을 관찰했다. 이 때 유리관 안에 있는 수은 기둥의 꼭대기에서 유리관 주변에 고인

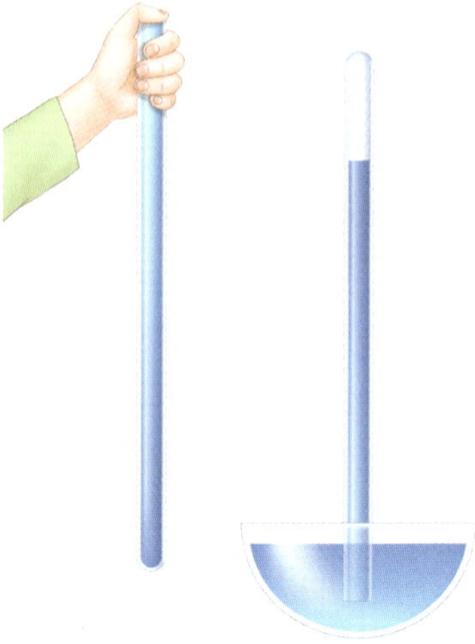
그림 10.10 토리첼리의 수은 기둥 실험.

수은의 표면까지의 거리는 항상 76 cm인 것을 확인하고, 그는 주변의 대기압이 수은 기둥이 더 아래로 내려오는 것을 막는다는 설명을 했다(그림 10.10). 대기압의 개념이 탄생하게 된 것이다. 대기압의 존재에 대해 밝히고 그 세기까지 측정한 토리첼리의 공헌을 기리기 위해서 수은 기둥을 1 mm 높이는 압력을 1 torr로 정한 압력 단위가 도입되었다. 이 단위로 대기압은 760 torr가 된다. 이 유리관 실험에서 처음에는 수은으로 채워졌지만 수은 기둥이 내려오면서 만들어진 빈 공간은 아무 것도 없는 진공이다. 이로써 진공이 있을 수 있다는 증명이 된 것이다. 하지만 이렇게 명백한 증거가 있음에도 불구하고 아리스토텔레스의 이론을 신봉하는 학자들은 수은 기둥 윗부분과 유리관의 사이에 보이지 않는 끈이 생겨서 수은 기둥의 높이가 유지된다고 하거나 유리관에 작은 틈이 있어 그 틈으로 공기가 들어간다는 등의 이론을 제시하며 자신들의 고정 관념을 바꾸려하지 않았다고 한다.

진공과 압력에 대한 인식이 바뀌기 위해서는 더 많은 과학자의 노력이 필요했다. 프랑스의 파스칼Blaise Pascal, 1623~1662, 독일의 게리케Otto von Guericke, 1602~1686, 영국의 보일 등이 이러한 변화를 이끄는 데 중요한 역할을 했다. 파스칼은 토리첼리가 고안한 수은 압력계의 수은 기둥의 높이가 측정하는 장소의 고도에 따라 변한다는 것을 확인하여 대기압의 존재를 확실하게 했다. 게리케는 공기 펌프를 제작하고1649 수은압력계를 만들어 기상예보에 사용하는1660 등 진공과 압력에 대해 많은 연구를 수행했다. 특히 그의 반구半球를 이용한 진공실험은 유명하다. 1657년 그는 직경 20인치짜리 반구 두 개를 서로 맞닿게 하고 그 안을 진공으로 만들면 이들 반구는 말 16 마리가 반대 방향으로 당겨도 서로 떨어지지 않는다는 것을 보였다(그림 10.11). 이로써 그는 진공을 만들 수 있음을 보였고, 동시에 진공이 자연에 없는 이유가 아리스토텔레스가 말한 것처럼 물질이 진공으로 끌리기 때문이 아니라 주변의 압력으로 물질이 밀려가기 때문이라는 것을 증명했다. 그는 또한 진공에서는 소리가 전달되지 않고 진공 안에서는 동물이 살 수 없고 불꽃도 꺼진다는 것 등도 실험을 통해서 알아내었다. 또한 공기도 무게가 있다는 것도 알아내었다.

보일Robert Boyle, 1627~1691은 게리케의 진공에 대한 연구 성과에 대한 소식을 듣고 후크의 도움을 받아 성능이 향상된 공기 펌프를 고안하고 이를 이용한 여러 가지 기체에 대한 실험 연구를 수행했다. 1660년 그는 진공에서 수행한 43가지 실험에 대해 서술한 저서《공기 스프링에 관한 새로운 물리-역학적 실험New Experiments Physico-Mechanicall,

그림 10.11 게리케의 반구 실험을 묘사한 판화. 스콧(Gasper Schott, 1608~1666) 작.
출처: Wikimedia Commons.

Touching the Spring of the Air, and its Effects》을 출간했다. 여기에는 공기의 압력과 부피의 관계에 관한 '공기 스프링'에 대한 설명, 진공이 촛불, 동물의 생명, 자성, 소리의 전파, 진자의 운동, 액체의 기화 등에 미치는 영향 등에 대한 실험 등이 묘사되어 있다. 특히 진공 안에서 촛불이 꺼지고 동물이 죽는 사실로부터 연소와 호흡은 동일한 현상이라는 추론을 해내었다. 즉 호흡을 폐로 흡입된 공기가 연소하는 현상이라 보았던 것이다. 그는《공기 스프링》에서 언급한 공기의 스프링과 비슷한 특성에 대한 연구를 계속하여 1666년에는《형태와 질의 근원The Origin of Forms and Qualities》을 출간했다. 이 책에서 그는 기체는 운동을 하는 작은 입자원자로 구성되어 있어 이들 입자를 펌프로 뽑아내면 진공 상태를 얻을 수 있다고 했다. 이들 입자들은 용수철과 같이 탄성을 갖고 있어 압력을 가하면 부피가 줄고 압력을 줄이면 부피가 늘어나는 $pV = c$ p: 압력, V: 부피, c: 상수로 정리되는 보일의 법칙을 주장했다. 오늘날에는 공기의 스프링 효과는 공기를 구성하는 입자들이 무작위적인 운동을 하면서 서로 부딪히면서 나타나는 현상으로 이해하고 있다. 그러나 보일은 그의 법칙을 설명하면서 공기 입자들이 서로 맞닿아 있는 모형을 제시한 것으로 보아서 그가 파악한 기체의 특성은 오늘날 우리가 알고 있는 것과는 차이가 난다.

아리스토텔레스의 4원소 중 하나인 공기가 하나의 원소가 아니라 여러 가지 기체의 혼합물이라는 것도 17세기에 밝혀진 중요한 성과이다. 사실 이전 시대의 연금술사들이 여러 가지 물질을 다루면서 다양한 기체를 관찰했을 것이나 이들을 모두 공기라고 보고 별다른 관심을 보이지 않았었다. 벨기에의 헬몬트는 독일의 리바비우스와 함께 '마지막 연금술사'로 꼽히는 사람이다. 그는 물질이 연소할 때 나오는 기체와 음식물이 발효할 때 나오는 기체가 서로 같은 것이고 이들은 동굴 깊숙한 곳에서 발견되는 '숨 쉴 수 없는 공기'와도 같다는 것을 알게 되어서 이를 4원소설의 공기와 구분했다. 그는 공기와 비슷한 특성을 갖는 이 물질에 우리말로 '기체'로 번역되는 gas라는 이름을 붙였다. 또한 은과 질산을 반응시키면 붉은 색의 산화 질소 기체가 나오는데 이 '붉은 기체'도 헬몬트가 처음 관찰했다. 공기가 자연의 사물을 구성하는 기본원소가 아니라 여러 종류의 기체의 혼합물이라는 개념이 들어오게 된 것이다.

4.
베살리우스의 해부학과 하비의 혈액순환론

16~17세기는 물리학에서와 마찬가지로 생물학에서도 실험과 관찰의 중요성을 각인시키고 고전적인 지식을 답습하던 것에서 탈피하여 근대적인 지식을 축적하는 시기였다. 주로 의학 분야, 특히 해부학 분야에서 많은 변화와 발전이 이루어졌다. 비록 그 영향의 정도는 물리학 분야에서보다는 약할지라도, 이 시기에 있었던 생물학의 발전 과정은 지동설의 대두와 뉴턴 역학의 성립을 이루었던 물리학 및 천문학과 비슷한 경과를 보였다. 즉 이전까지 무비판적으로 받아들였던 갈레노스의 이론에 대해 베살리우스가 처음으로 반론을 제기하고 이후 이 반론을 뒷받침하는 여러 학자의 학문적 업적이 쌓이는 기간을 거친 후 하비가 혈액순환론을 제시하면서 인체의 구조와 각 장기의 기능에 대한 근대적인 이론이 만들어지는 과정을 겪은 것이다.

이 당시까지 받아들여졌던 갈레노스의 이론을 요약하면 다음과 같다. 사람의 몸에서 일어나는 기능은 '자연의 영', '생명의 영', '동물의 영'의 세 가지 영에 의해서 일어나는데, 이들은 각각 소화, 호흡, 신경 및 두뇌 활동에 해당되는 것이다. 음식물이 몸에 들어오면 위와 장을 거쳐 간에서 '자연의 영'이 가득찬 혈액으로 바뀐다. '자연의 영혈액'은 정맥을 통해서 온몸에 전달되어 영양분으로 사용된다. 자연의 영의 일부는 심장에서 폐를 통해 들어온 공기와 만나 공기에 들어 있는 가장 신성한 것을 받아들여 '생명의 영'으로 바뀐다. 이 '생명의 영'은 동맥을 통해 온몸으로 전달되어 생명력, 열, 활력 등으로 사용되고 그 중 일부 뇌로 가서 '동물의 영'으로 바뀌고 이것이 신경계를 통해 온몸으로 전달되면서 감각과 움직임이 일어나도록 한다. 이 이론에 따르면, '자연의 영'이 '생명의 영'으로 바뀌는 장소는 심장의 좌심실이다. 갈레노스는 우심실과 좌심실 사이에 놓인 격막에는 작은 구멍이 여럿 있어 이들 구멍을 통해서 혈액이 우심실에서 좌심실로 스며들고 여기에서 폐동맥을 통해 온 공기와 만난다고 했다. 물론 이러한 3영설은 많은 점에서 오류가 있다. 우선 혈액이 심장과 말단조직 사이에서 동맥과 정맥을 통해서 순환하는 것이 아니라 간에서 생성되고 말단조직에서 소멸된다고 본 점이 오류이다. 온몸을 돈 혈액이 대정맥을 통해 우심실로 들어오고 여기에서 폐동맥을 통해 폐로 가서 이산화탄소를 내놓고 산소를 받아들인 후 폐정맥을 거쳐 좌심실로 오면 여기에서 심장의 펌프질로 대동맥을 통해 다시 온몸으로 가는데, 갈레노스는 혈액이 우심실에서 직접 좌심실로 옮겨 가고, 혈액과 공기가 만나는 곳도 폐가 아니라 좌심실이라고 한 것 역시 큰 오류이다. 16~17세기 생물학의 과학 혁명은 이러한 갈레노스의 이론 중 '자연의 영'이 '생명의 영'으로 바뀌는 과정에 대한 부분에 대한 도전에서 시작되었다. 사실은 도전이라는 단어는 좀 과격한 표현이다. 비록 베살리우스가 갈레노스의 이론에 대해 공격적인 표현을 쓴 것으로 알려져 있지만, 그가 갈레노스의 이론 체계 전체에 대해 도전을 하기 보다는 그 체계는 받아들이면서 부분적인 오류를 수정하고자 한 것이라는 주장을 하는 학자도 있다. 이런 주장에 따라 생각하면, 코페르니쿠스도 새로운 천문학 체계를 제시했다기보다는 기존 체계의 오류를 부분적으로 수정하고자 했던 점에서 물리학과 생물학의 과학혁명의 시작은 비슷했다고 할 수 있을 것이다.

베살리우스는 당시에는 네덜란드가 지배했던 지금의 벨기에서 태어났고, 벨기에의 루뱅 대학을 거쳐 프랑스 파리의 소르본 대학에서 실비우스Jacobus Sylvius, 1478~1555와 윈터Johann Winter, 1505~1574 교수의 지도하에 의학을 공부했다. 이들은 갈레노스의 서적들을 번역하고 자신들이 발견한 사실들을 갈레노스의 이론에 맞춰서 설명했던 갈레노스 이론의 신봉자였다. 2세기에 직접 인체에 대한 관찰을 하고 동물 해부를 통하여 쌓은 지식을 방대한 의학 서적으로 저술한 갈레노스의 권위는 이때까지 흔들림이 없었던 것이다. 이 당시의 의학 교육은 교수가 갈레노스의 저작을 강독하고, 해부와 같이 천한 일은 학생이나 외과의사가 대신하는 방식으로 진행되었다. 의사가 직접 인체를 해부하면서 해부학을 연구하는 것은 상상도 하기 어려운 시대였었다. 베살리우스는 이러한 교육 방식을 불만스러워했다고 한다. 그는 심장과 혈액의 역할은 생리학에서 매우 중요하므로 이에 대해 해부학적 연구가 필요하다고 생각했고, 실제로 묘지에서 몰래 시체를 빼내서 해부학 연구를 했다고 한다. 1537년 그는 북부 이탈리아의 파도바 대학에서 해부와 수술을 가르치기 시작했다. 그리고 24살의 나이에 인체해부학은 직접 눈으로 관찰하는 것이 중요하다고 주장하면서 전통적인 의학에 대해 이의를 제기했다. 이전에는 간혹 갈레노스의 이론과 실제가 차이가 나는 경우가 있더라도 이를 지적한 사람이 없었다. 1543년 그는 자신이 관찰한 해부학적 사실을 토대로 갈레노스의

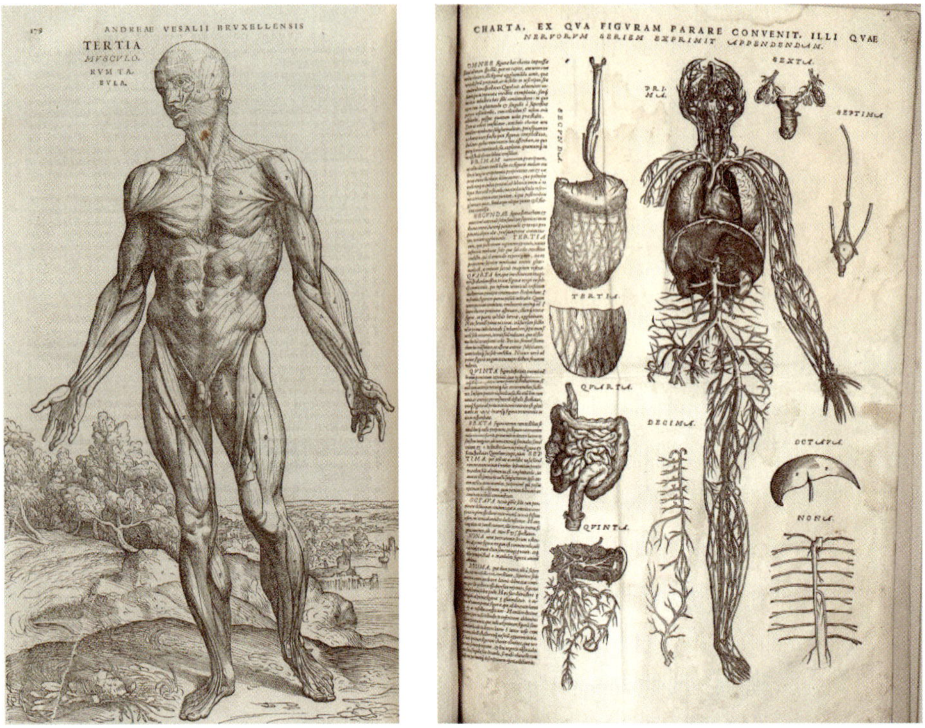

그림 10.12 베살리우스의 《인체의 구조에 대하여》에 나온 인체해부도. 오른쪽 그림에 대해서는 여기에 나온 각 부분의 그림을 잘라 붙여서 사용하라는 설명이 있다.
출처: Wikimedia Commons.

3영설을 재조명한 저서 《인체의 구조에 대하여De humani corporis fabrica, 영어명 On the fabric of the human body》를 출간했다. 1543년은 코페르니쿠스의 유명한 저서 《천구의 회전에 관하여》가 출간된 해이기도 하다. 코페르니쿠스가 종교계의 반발이 두려워 출간에 주저했던 것과는 대조적으로 베살리우스는 이 책의 출간에 적극적이었다고 한다. 이들 책 두 권이 17세기 과학혁명의 단서를 제공했다는 점에서 1543년은 과학사에서 매우 의미 있는 해라 할 수 있다.

《인체의 구조에 대하여》가 유명하게 된 배경에는 갈레노스를 비판한 책의 내용도 중요하지만, 화가가 직접 해부 과정에 참여하여 그린 삽화를 총 273개 실어서 저자가 전하고자 하는 지식을 정확하게 전파할 수 있었던 점 역시 중요하게 작용한 것으로 보인다. 그림 10.12에서 보는 것처럼 이 책의 삽화는 마치 사진을 찍은 것처럼 실제 인체를 매우 정확하게 묘사하고 있다. 이 책 이전에도 의학 서적이 있었지만, 삽화가 아예 없거나 있다 해도 손으로 대충 그린 부정확한 것뿐이었다.

베살리우스는 이후의 연구로 갈레노스의 이론의 오류를 추가적으로 여러 가지 확인했다. 1541년에는 갈레노스의 해부학이 인체가 아니라 유인원과 동물 해부를 통해서 얻은 것이라는 것을 알게 되었다. 또한 아래턱뼈의 개수, 흉골의 개수, 성별에 따른 어금니의 개수 등에 대해 갈레노스가 주장한 것이 모두 사실이 아니라는 밝혀내었다.

1543년에 발간된 《인체의 구조에 대하여》의 초판에서 베살리우스는 갈레노스의 오류에 대해 어느 정도는 관대했고 갈레노스의 권위를 인정하는 태도를 보였으나, 1555년에 발간된 재판에서는 '혈액의 원천은 간이며 혈액은 심장의 우심실에서 좌심실로 격막에 있는 모세관을 통해서 흐른다'는 갈레노스의 주장에 대해 격막이 근육질이고 너무 두꺼워 혈액이 격막을 통해서 흐를 수 없다며 반박하는 등 보다 적극적인 비평을 했다. 하지만, 이 책이 비록 심장 구조의 중요한 부분을 다루기는 했지만 심장의 기능이나 어떻게 혈액이 우심실에서 좌심실로 이동하는가에 대한 설명이 없고, 기능적으로 심장과 밀접한 폐와 폐동맥에 대해서도 별로 언급이 없는 등 현대 의학의 관점에서 보면 부족한 점이 적지 않았던 것이 사실이다. 따라서 베살리우스가 한 가장 큰 업적은 그가 어떤 이론을 정립했다기보다는 당시까지 무시되어 오던 해부학의 중요성을 각인시킨 것이라 할 수 있다. 그가 일했던 파도바 대학 등 많은 대학에서 해부학을 주요 학문 분야로 인지하고 연구와 교육에 반영했다. 원형 극장같이 생긴 해부학 교실에서 교수가 직접 수행하는 인체 해부를 학생들이 볼 수 있도록 한 것도 이 시대의 일이다(그림 10.13). 해부학의 발전은 17세기의 생물학 분야에서 발견과 새로운 지식의 축적으로 이어졌다.

베살리우스 이후 많은 생물학자들이 신체의 각 부위의 기능에 대한 해부학 연구를 수행하여 특히 심장과 폐의 역할에 대한 연구에서 많은 발전이 있었다. 신학자이자 의학자인 세르베투스Michael Servetus, 1511~1553는 갈레노스의 3영설에 나오는 '생명의 영'이 사람의 몸에 들어오는 과정에 대해 그의 해부학적 지식을 반영한 의견을 제시했다. 그도 갈레노스와 같이 호흡을 '생명의 영'이 우리 몸에 들어오는 과정이라고 보았다. 그러나 그는 혈액의 흐름과 혈액이 공기와 만나 '생명의 영'으로 바뀌는 장소에 대해서는 갈레노스와 생각이 달랐다. 그는 호흡으로 들어온 '생명의 영'이 포함된 공기와 폐동맥을 통해 들어온 혈액이 만나는 장기는 폐이고, 폐에서 '생명의 영'으로 바뀐 혈액은 폐정맥을 거쳐 좌심실로 들어가고, 다시 동맥을 통해 신체 각 부위에 전달되어 신체 각 부위의 생명력을 유지해 준다고 한 것이다. 그는 혈액과 공기가 혼합되려면 넓은 공간이 필요할 것이므로 갈레노스가 주장한 심장의 좌심실보다는 부피가 큰 폐에서 이런 일이 일어난다고 보는 것이 더 합리적이라고 주장했다. 더 나아가 갈레노스의 주장에 따르면 폐는 단지 공기를 흡입하고 폐동맥을 통해 오는 노폐물을 배출하는 기관일 뿐인데, 이런 기능만 하기에는 폐동맥이 필요 이상으로 굵다고 주장했다.

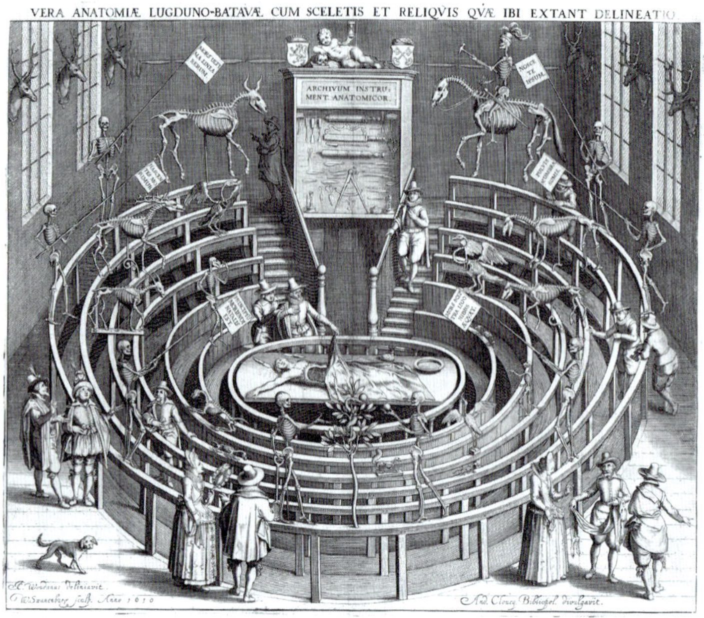

그림 10.13 17세기 초반 라이덴 대학의 해부학 교실. 반트 우트(Jan van't Woudt, 1570~1615) 그림, 스와넨부르크(Willem Swanenburg, 1580~1612) 판화.
출처: Wikimedia Commons.

베살리우스 이후에도 파도바 대학은 콜롬보Matteo Realdo Colombo, 1516~1559, 파브리쿠스Hieronymus Fabricius, 1537~1619, 하비William Harvey, 1578~1657 등이 활약하여 16~17세기의 생리학과 의학 분야를 선도했다. 콜롬보는 베살리우스의 후임으로 파도바 대학에서 해부학교수가 되었다. 콜롬보와 베살리우스가 파도바 대학에서 함께 지낸 기간1538~1541이 있어 이 기간 동안 이들의 관계에 대한 의견이 여러 가지가 있는데, 베살리우스가 《인체의 구조에 대하여》의 여러 곳에서 '좋은 친구' 콜롬보가 발견한 것을 언급한 것으로부터 이들은 동료 관계였던 것으로 보인다. 하지만 나중에 이들은 학문적인 관점에서 서로에게 매우 적대적이 되었다고 한다. 콜롬보는 생체해부의 중요성을 강조하고 실제로 살아 있는 동물에 대한 해부를 여러 번 수행했다. 그리고 이를 통해 그는 심장, 폐, 혈관 등이 작동하는 것을 직접 관찰했고, 이들의 기능에 대해 정확한 정보를 얻을 수 있었다. 개에 대한 생체해부를 통해서 그는 폐동맥에는 혈액으로 가득 차 있고 공기가 없다는 것을 확인했다. 이로써 갈레노스의 이론이 틀렸고 혈액이 심장에서 폐동맥을 통해 폐로 흐른다는 것을 증명하고 세르베투스가 주장한 것과 같이 혈액이 심장의 우심실에서 폐동맥을 통해 폐로 가서 공기와 만나고 다시 폐정맥으로 통해서 심장의 좌심실로 간다는 폐순환또는 소순환, Lesser circulation을 주장했다. 사실 폐순환은 이미 13세기에 아랍의 의사 이븐 알나피스Ibn al-Nafis, 1213~1288가 최초로 발견했고 유럽에서는 세르베투스가 최초로 주장했지만, 이들의 주장은 의학계에 많이 알려지지는 않았었다. 따라서 콜롬보의 발견은 최초로 학술적인 방식으로 폐순환을 주장하여 학술적인 관심을 끌게 한 계기가 되었다. 그는 또한 심장의 박동에 대해서도 연구하여, 심장의 수축은 위쪽으로 일어나고 이완은 아래쪽으로 일어나며 수축이 일어날 때 심장에서 혈액이 나가는 것으로 설명했다. 이러한 콜롬보의 업적은 후일 하비에게 영향을 미쳐 그의 혈액순환론 성립에 결정적인 역할을 하게 된다.

해부학의 중요성이 커지자 신체의 각 부위와 기관에 대한 연구가 활발히 이루어졌고 인간과 유사성이 많은 동물에 대한 비교해부학적 연구도 활발히 진행되었다. 특히 혈액의 중요성을 강조하는 갈레노스의 3영설에서 모든 신체현상과 거동은 심장이 원천이 되며 심장으로 수렴된다는 아리스토텔레스의 관점에 더 많은 관심이 기울어졌다. 이런 가운데 1574년 파브리쿠스가 정맥에 있는 판막을 발견한 일은 심장 및 혈관계통의 기능을 인식하는 데 역사적 전기를 마련해 주는 계기가 되었다. 그는 1565년에서 1619년까지 파도바 대학 의학부 교수로서 일했다. 뒤에 나올 하비는 1600년에서 1602년까지 그에게서 수학했다.

파브리쿠스는 정맥에 판막이 있고 이것이 혈액을 심장 쪽으로만 흐르게 하는 기능이 있음을 알아냈다. 하지만 그는 이 발견의 중요성을 인지하지는 못했다. 이는 그가 혈액이 정맥에서 때때로 방향을 바꾸면서 흐른다고 한 갈레노스의 주장을 받아들였기 때문이다. 그는 판막의 기능을 신체 말단 부위에 혈액이 모이는 것을 막고 혈액 운동의 속도를 조절하여 혈액의 영양분이 효과적으로 온몸에서 흡수되도록 해주는 것으로 인식했던 것이다. 이것은 정맥의 혈액이 온몸에 영양분을 공급해 준 후에 소멸된다는 3영설에 바탕을 둔 발상으로 혈액의 순환과는 상반되는 것이다.

혈액의 순환을 최초로 주장한 사람은 아리스토텔레스 신봉자였던 이탈리아의 의사 케살피노Andrea Cesalpino 1519~1603이다. 그는 심장을 모든 혈관의 원천이라고 보고, 정맥의 혈액이 심장 방향으로 흘러가는 것을 연금술에서 사용하는 증발-냉각-응축의 증류과정에 빗대어 일종의 순환이라는 주장을 했다. 혈액이 심장에서 나와 온몸을 돌아서 다시 심장으로 간다는 혈액순환의 개념은 현대적이지만 그의 주장을 입증할 명확한 근거가 없었기 때문에 하비의 실증적 업적이 나올 때까지 이 개념이 정설로 받아들여지지는 않았었다.

심장과 혈액의 기능에 대한 해부학적 접근 방식에 의한 해석은 17세기에 들어오면서 하비에 의하여 완성을 보게 된다. 하비는 1593년에서 1597년까지 캠브리지 대학에서 공부한 후 의학의 선진국인 이탈리아에 가서 1600년에서 1602년까지 파도바 대학에서 파브리쿠스 밑에서 의학을 공부했다. 이탈리아 유학을 마치고 영국으로 돌아가서 의사로서 활동을 시작하면서 왕립내과의학원의 해부학 및 외과학 교수, 성 바톨로뮤 병원장, 제임스 1세와 찰스 1세의 궁정의 등 의사로서 화려한 경력을 쌓았다.

하비는 1619년부터 심장과 혈액에 대한 콜롬보의 의견을 대폭 수용하여 혈액의 순환에 대한 구상을 본격화하고 실험, 관찰, 해부 등의 연구를 거친 뒤 1628년 《동물의 심장과 혈액의 운동에 관한 해부학적 연구Exercitatio Anatomica de Motu Cordis et Sanguinis in Animalibus, 영어명 An Anatomical Exercise on the Motion of the Heart and Blood in Living Beings》를 출간하면서 혈액순환에 대한 논리를 완성하게 된다. 그의 이론은 파브리쿠스에게서 수학한 경험과 콜롬보의 업적의 영향도 많이 받았으나, 순환에 대한 그의 생각은 아리스토텔레스의 세계관의 영향을 받은 것이라는 해석도 있다. 아리스토텔레스의 자연철학은 순환을 강조한다. 천상계의 운동이 원운동으로 순환하는 것은 순환이 있어야만 우주의 영원성이 보장될 수 있다는 것이 아리스토텔레스의 견해였다. 토양의 수분이 태양의 빛을 받아 증발하여 공기가 되고 이 공기가 냉각되어 응축되면 비로 다시 토양으로 돌아오는 현상, 생물이 자라고 생명력이 이어지는 과정 등을 모두 대우주에 대응하는 소우주의 순환으로 보았다. 그는 심장에 대해서도 신체의 모든 현상은 심장에서 시작하여 다시 심장으로 되돌아온다고 생각했다. 이런 시각에서 보면 인체에 대한 심장의 역할과 낮과 밤 그리고 계절의 변화 등 우주의 여러 현상에서 태양의 역할에는 서로 비슷한 점이 많이 있다. 이러한 순환원리가 16~17세기에 축적된 해부학적 지식과 접목되어 하비의 혈액 순환론을 완성하게 한 것으로 볼 수 있다(그림 10.14).

하비는 자신의 저서에서 갈레노스의 이론을 부정하고 심장의 심실의 기능과 폐를 통과하는 혈액순환에 관해 논리적으로 설명했다. 심장에서 폐동맥으로 나오는 혈액의 양이 굉장히 많다는 사실과 심장이 판막을 갖는 용기와 같으며 심장에 연결되어 있는 폐동맥의 크기가 아주 크다는 사실 등 해부학적 지식들을 종합하여 그가 내린 합리적 결론은 '혈액의 순환'이었다. 그는 생체해부를 통해

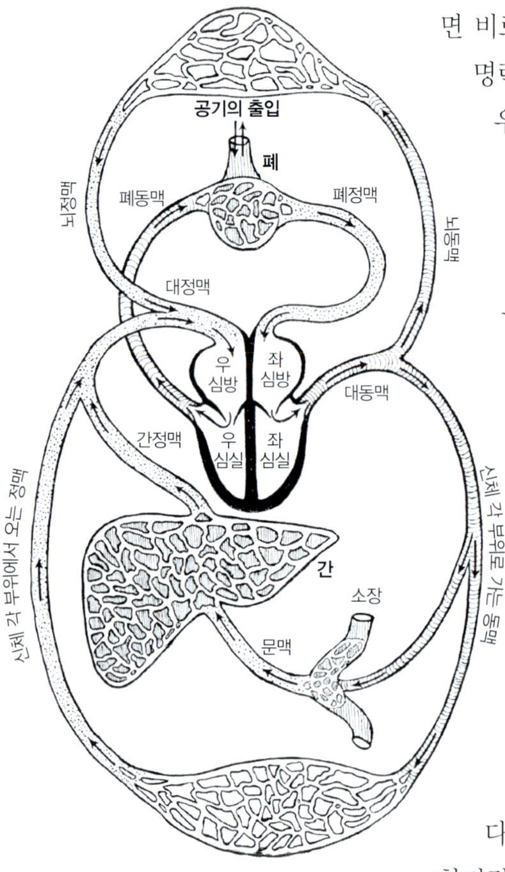

그림 10.14 하비의 혈액순환도.

서 수축과 이완을 하는 두 가지 운동 중에서 심장의 실제 운동은 수축이라는 것을 알아내었다. 갈레노스가 정맥의 혈액이 심장으로 모이면서 심장이 팽창하는 것을 심장의 운동으로 생각했던 것과 정반대의 해석을 한 것이다. 그렇다면, 심장이 수축하면 어떤 일이 일어나는가? 그는 심장이 대동맥으로 밀어내는 혈액의 양에 대해 계산해 보았다. 실제로 일어날 것 같은 값보다 훨씬 작은 값으로 추정해도 반 시간 정도면 심장에서 동맥으로 흘러들어가는 혈액의 양이 몸 전체에 있는 혈액의 양보다 많게 된다는 결론을 얻을 수 있었다. 분명 심장에서 나오는 혈액의 양은 갈레노스의 이론에서 말하는 간에서 음식물이 바뀌어 만들어지는 혈액의 양보다는 훨씬 많았다. 이에 대한 합리적인 설명은 혈액이 순환하는 것뿐이었다. 이 혈액순환론으로 몸에 들어온 독이 순식간에 온몸으로 퍼지는 현상과 동맥의 두께가 정맥보다 두꺼운 이유도 이 혈액순환으로 온당하게 설명할 수 있었다.

하비는 자신의 이론의 증거로 팔뚝을 줄로 묶고 팔의 상태를 관찰하는 실험을 제시했다. 줄을 꽉 조여서 동맥과 정맥을 다 묶으면 묶은 자리 아래쪽은 차가워지고 묶은 자리 위쪽의 동맥은 팽창하여 맥이 뛰는 것을 뚜렷이 알 수 있었다. 줄을 조금 풀어 정맥혈만 막고 동맥혈을 흘리면 아래쪽으로 따뜻한 기운이 빠르게 퍼지는 것을 느끼고 정맥이 부푸는 것을 볼 수 있었다(그림 10.15). 이로부터 혈액은 동맥을 따라서 팔 아래로 흐르고 다시 정맥을 따라서 심장 쪽으로 흐른다는 것을 증명할 수 있었다. 이 실험이 동맥과 정맥이 어디에선가는 서로 연결되어 있다는 것을 암시하지만, 하비는 어디에서 어떻게 연결이 되었는지는 알 수가 없었다. 동맥과 정맥이 모세관으로 연결되어 있는 사실은 하비의 사후인 1659년 말피기Marcello Malpighi 1628~1694가 개구리 폐에서 모세관을 발견하고 1688년 레이우엔훅Anton van Leeuwenhoek, 1632~1723이 올챙이의 꼬리 끝과 개구리의 발끝에서 혈액이 순환하고 있음을 발견하여 알려지게 되었다.

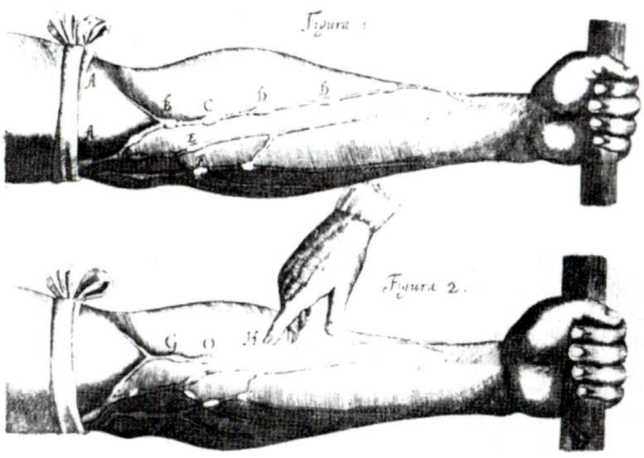

그림 10.15 하비의 《동물의 심장과 혈액의 운동에 관한 해부학적 연구》에 나오는 팔뚝 정맥 실험을 설명하는 그림.
출처: Wikimedia Commons.

하비의 업적에 대한 학계의 반응은 다양했다. 하비의 혈액순환론을 접한 데카르트는 자신의 방식으로 이를 이해하고 그의 저서 《방법서설》에서 혈액의 순환에 대해 설명하면서 심장의 운동을 시계의 톱니바퀴의 움직임에 비유하면서 순전히 기계론적인 관점으로만 서술했다. 데카르트의 이러한 관점은 17세기 후반에 생물을 기계로 파악하는 의력학醫力學, iantromechanics라는 학문 분야를 만들어 한때 생물학 연구의 주류를 이루었다. 보렐리Giovanni Alfonso Borelli, 1608~1679는 사람을 포함해서 새와 물고기 등의 동물의 운동에서 뼈와 근육에 대한 역학적 분석을 했다. 심지어 혈액의 속도, 혈관이 혈액의 흐름에 주는 저항 계산 등의 연구도 나타났다. 이는 하비가 비록 심장의 운동과 혈액의 순환 원리가 기계의 움직임과 비슷하게 생각할 수 있는 점을 밝혀냈지만, 하비가 중요하게 생각한 부분은 기계적 움직임이 아니라 순환이었다는 점에서 아이러니한 일이다. 일반적으로는 하비를 갈레노스의 의학 체계를 대체한 새로운 체계를 제시한 과학자로 평가한다. 특히 그가 자신의 주장을 전개하는 방식이 자신의 관찰과 실험에 근거하고 여기에 합리적 추론을 통한 것이었다는 점에서 근대적인 과학자로서의 면모를 갖춘 생리학자라는 점을 중시한다. 반면 왈레우스Johannes Walaeus, 1604~1649 같은 학자는 혈액의 순환은 이미 베니스의 사르피Paolo Sarpi, 1552~1623가 발견한 것으로 하비는 단지 이것을 구체화하여 발표한 것이라며 하비의 업적을 평가절하하기도 했다. 근래에 와서도 휘터리지Gweneth Whitteridge, 1910~1993는 하비를 고전적인 과거를 청산하고 관찰과 실험 그리고 정량적인 인식 과정에서 발전된 새로운 방법을 도입한 선구자적 과학자 중의 한 사람으로 긍정적 평가를 하는 반면, 파겔Walter Pagel, 1898~1983은 하비의 업적은 인정하면서도 그가 르네상스 시대까지 이어져 내려온 아리스토텔레스적 시각과 철학, 종교와 과학 사이에서 본질적 구분이 명확하지 않은 자연철학적 인식에서 탈피하지 못한 과학자라는 평가를 했다.

이와 같이 엇갈린 평가가 있으나, 하비가 해부학적 지식과 정확한 관찰 그리고 세심하게 설계된 실험 등의 새로운 방법을 동원하여 구체적이고 정량적으로 심장과 혈액의 문제를 설명하여 생리학적 현상을 합리적으로 설명한 최초의 과학자임에는 틀림없는 사실이다. 더하여 그가 생물체의 운동에 대한 연구의 접근 방식에 새로운 전기를 마련하여 현대 생리학이 성립되는 기틀을 마련했다는 점도 높이 평가받아야 될 것이다. 무엇보다도 신비스러운 생명 현상이 조물주만의 전유물이 아니라 인간의 능력으로 이해할 수 있는 것이라는 새로운 인식을 심었다는 점에서 과학 분야를 넘어서는 영향력을 미쳤다고 평가해야 할 것이다.

5.
연금술에서 화학으로의 발돋움

16~17세기의 과학혁명기에 화학 분야에도 커다란 변혁이 있었다. 그러나 물리학의 뉴턴이나 생물학의 하비와 같이 한 시대와 그 다음 시대 사이의 획을 긋는 뚜렷한

업적을 만들어 낸 인물이나 사건이 없었기 때문인지 이 시기에 있었던 화학 분야의 발전은 종종 일반적인 관심을 끌지 못하는 것 같다. 아마도 화학이 갖고 있는 속성과 그 속성에서 기인하는 역사적 전개 과정에서 물리학이나 생물학과는 몇 가지 중요한 차이가 있었기 때문일 것이다.

무엇보다 중요한 차이는 물리학과 생물학에서는 그 본질을 추구하는 과정에서 중간 중간에 사람의 감각으로 인지할 수 있는 대상이 있었지만, 화학에는 그런 것이 없었다는 점이라 할 수 있다. 사실 모든 자연에 대한 탐구의 시작은 감각을 통해서 인지한 사물이나 사물의 변화에 대해 그 근본에 대해 품은 호기심이었을 것이므로 이런 점에서는 화학도 다른 학문 분야와 마찬가지였을 것이다. 50만 년 전 처음 불을 쓰기 시작하면서부터 인류는 불을 가해 일어나는 여러 가지 화학적 변화를 경험해 왔다. 음식물을 익히는 것, 얼음을 녹이고 또 녹은 물을 끓이는 것, 청동기와 철기 등의 도구의 제작, 유리나 도기, 벽돌 등의 성형과 가공, 종이나 의류의 제작 등 수없이 많은 화학적 현상들을 일상적으로 경험하고 활용해 왔었다. 분명 이러한 현상들은 사람들의 호기심을 자극하고 더러는 이러한 현상 뒤에 숨어 있는 본질을 알아내고자 했을 것이다.

물리학의 발전 과정에서는 활을 쏘고 물체를 떨어뜨리며 물체의 운동을 관찰하고 행성의 움직임을 관찰하는 것이 가능했고 생물학에서는 해부를 통해서 장기를 관찰하고 혈액의 움직임을 관찰하는 것이 가능했다. 이에 반해서 화학적 현상을 눈으로 관찰하는 것만으로는 모든 화학 현상의 바탕에 있는 원자나 분자의 상태 변화를 감지하는 것은 불가능한 것이었다. 연금술사가 여러 가지 물질을 섞어 금을 만드는 과정에서 물질의 형태가 바뀌는 것은 눈으로 볼 수 있었고 그런 과정에서 특정한 성질을 갖는 물질 예를 들면 산과 염기을 발견하기는 했지만, 이들은 물질이 한 형태에서 다른 형태로 변하는 과정에 대한 것이었지 물질을 원자나 분자로 환원하여 이해하는 중간 단계에 놓인 것은 아니었다. 어쩌면 원자의 존재가 확증된 사실로 받아들여지고 양자역학으로 원자와 분자의 거동을 이해하게 된 것이 20세기 초의 일이므로 '화학혁명'이 일어나기에는 16~17세기는 너무 이른 시기였다고도 할 수 있다. 하지만, 나중에 보겠지만, 물리학과 생물학에서처럼 이전까지의 태도를 탈피하고 경험적이고 합리적인 접근 방식을 도입했다는 점에서는 화학에서도 물리학이나 생물학과 같은 경로를 지났다고 할 수 있다.

화학이 물리학과 생물학과 차이 나는 또 한 가지는 고대 학자들이 만들어 놓은 이론적 틀이 갖는 권위의 차이이다. 과학혁명기 이전의 물리학에는 아리스토텔레스의 이론이 있었고 생물학에는 갈레노스의 이론이 있었다. 이들 이론은 비록 로마 시대와 중세 시대를 거치면서 종교적인 입장에 따라 교리적인 논쟁이 있었지만, 전체적인 이론의 틀은 도전 받지 않은 상태에서 천 년 이상 내려왔다. 따라서 물리학과 생물학 분야에서의 과학혁명은 이렇게 굳건한 이론 틀을 깨고 새로운 이론 틀을 제시한 패러다임의 전환으로 설명할 수 있는 대표적인 사례가 된다. 이에 반해 화학 분야에서는 다른 분야에서와 같이 절대적인 권위를 보이는 이론 체계가 없었다. 비록 아리스토텔레스의 4원소설이 있었고 이 이론이 연금술의 이론적 바탕을 제공하기는 했지만, 이런 내용으로는 연금술의 발전에 실질적인 도움이 될 수 없었을 것이다. 더구나 연금술은 결과적으로 잘못된 시도로 결론지어질 운명이었으니, 연금술을 통해서 고대로부터 내려온 이론 틀에 도전할 만한 사실이 나온 것도 아니었다. 더해서 연금술사들은 자신들의 비법을 공개하지 않고 비밀스럽게 전수했기 때문에 화학에 관련된 지식을 공유하고 화학에 관한 체계적인 이론이 나오기 어려운 상황이었다.

과학혁명기에 화학이 겪은 변화는 물질을 정제하고 정량적으로 다루는 것이 중요하다는 것을 처음으로 인지하고, 이러한 사고방식이 널리 퍼져서 그 다음 시대에 나타날 여러 가지 화학적 발견의 토양을 만든 일이라고 요약할 수 있다. 그래서 18세기에 이르러서야 화학은 학문으로서의 면모를 갖추게 된다. 17세기 물리학의 거장 뉴턴도 나이가 들어서는 연금술 연구에 매진했었다는 사실을 통해서 16~17세기의 화학의 상황을 짐작할 수 있을 것이다. 이 당시의 화학은 아직도 이런저런 물질들을 섞고 끓이면서 변화무쌍한 물질세계의 문 앞에서 본질로 가는 길을 찾아 헤매고 있었던 것이다.

연금술과 화학의 관계를 연금술에서 화학이 나왔다고 단순하게 설명하는 경우가 많지만, 실제로 이들의 관계는 그리 명쾌하지 않다. 분명 연금술사가 발견한 여러 가지 사실들과 연금술사가 발명하여 사용한 여러 가지 물질과 장치들이 후대에 화학 연구에 활용된 것은 사실이다. 어떤 면에서는 연금술에서 축적된 지식과 경험이 없었다면 후대에 화학의 발전이 없었거나 느리게 되었을 수도 있었을 것이다. 그렇다고 연금술이 어느 정도 성숙하면 현대 화학과 같은 학문으로의 길이 저절로 열리게 되었을 것 같지도 않다. 역사에서 가정은 의미가 없다는 말처럼 연금술이 화학이 아니었다면 지금 어떤 모습이 되었을까를 상상하는 것은 의미 없는 일일 것이다. 그러나 오늘날의 화학이 있게 되기까지 일어난 과정을 보면, 변화의 시점에서 중요한 역할을 한 인물들과 사건이 있었던 것은 확실하다. 그리고 주요 인물과 사건이 16~17세기에 나타나기 시작했다.

유럽의 연금술은 1144년 영국의 로버트Robert of Chester가 이슬람 세계에서 나온 문헌을 번역하면서 시작되었다. 아리스토텔레스의 자연철학에서 주장하는 '물질의 변환 가능성'과 '모든 사물은 완전함을 지향하고 금속의 완전한 형태는 금'이라는 믿음에서 주로 '천한 금속'을 가공해서 금을 만들고자 했었다. 여기에 1453년 콘스탄티노플이 오스만튀르크에 함락되자 유민들과 함께 들어온 《헤르메티카Hermetica》에 소개된 비의적인 헤르메스주의가 결합하여 오늘날 일반적으로 받아들여지는 연금술사의 인상을 만들었다. 당시의 연금술사들은 하늘의 별과 비밀스러운 숫자의 조합 등을 이용하여 금을 만들 수 있는 방법을 열심히 탐구했었다. 이들의 주장이 허황됨을 알고 교회에서는 연금술을 금지시켰고, 교회의 영향을 많이 받았던 대학에서는 연금술을 가르쳐야 하는 학문에서 제외시켰지만, 연금술이 약속하는 금전적 매력 때문에 든든한 재력이 아쉬웠던 영주들에게는 호소력이 커서 연금술사를 고용한 영주와 군주도 많이 있었다. 브라헤와 케플러를 지원했던 루돌프 2세도 그 중 하나여서 프라하에는 연금술사들이 작업하던 '금의 거리'가 있었다고 한다. 연금술과 함께 물질을 다루는 각종 기구와 기술도 도입되고 발전되었다. 증류 기술이 발전하면서 알코올이 발견되고 황산과 질산 등 무기산도 발견되어서 산업적으로 사용되었다.

거의 모든 과학사 문헌에서 파라켈수스Paracelsus, 1493~1541를 연금술이 화학으로 변모하는 과정의 시작을 한 사람으로 언급한다. 파라켈수스의 본명은 테오프라스투스 필리푸스 아우레올루스 봄바스투스 폰 호엔하임Theophrastus Philippus Aureolus Bombastus von Hohenheim이다. 그는 스위스에서 태어나 스위스 바젤Basel 대학에서 의학을 공부했고, 이후 이탈리아에서 의학 박사 학위 과정에 들어갔으나, 박사 학위를 받지 못했다고 한다. 그가 스스로를 부른 이름 파라켈수스는 라틴어로 켈수스Celsus보다 뛰어나다는 뜻을 갖는다. 켈수스가 1세기 로마 시대의 유명한 의학자였으므로, 이 이름으로부터 파라켈수스의 직업과 그의 성품의 일면을 엿볼 수 있다. 즉 파라켈수스는 의학자였으며 그는 자신과 자신의 의학에 대한 자부심이 대단한 사람이었다.

파라켈수스가 의술을 시행하고 의학에 관련된 연구를 했지만, 그의 의술은 앞서 살펴보았던 베살리우스나 하비와는 전혀 다른 상황에 처해져서 전혀 다른 방식으로 이루어졌다. 당시 의사는 성직자, 법률가와 함께 당시로서는 최고의 엘리트 교육을 받은 사람들이 하는 직업이었다. 당연히 당시 의사들의 사회적 배경 역시 높은 지위에 속했다. 엘리트 집단은 속성상 기존의 체제를 받아들이고 순응한다. 엘리트 의사를 배출하는 교육 과정에서는 갈레노스의 의학 체계를 가르쳤고, 베살리우스와 하비 역시 갈레노스의 체계에 대해 근본적인 문제의식을 갖지는 않았었다. 반면 파라켈수스는 귀족의 사생아로 태어나서 사회적 약자와 함께 지낸 적이 있었다. 그는 기존 의학 체계와 그 체계 하에서 의술을 행하는 의사들에 대한 반감이 커서 비판적인 언행을 자주 보였고, 이로 인해 여러 번 마찰을 빚어 어려운 삶을 살았던 사람이었다. 심지어는 그가 갈레노스 등 고전 의학 서적을 불태웠다는 일화도 있다. 하지만, 그 당시의 책값을 생각할 때 이런 일을 실제로 했다기보다는 그의 과격한 행동을 묘사하는 과정에서 만들어진 이야기일 것이라는 의견도 있다. 즉 그는 엘리트 집단 밖에 속해 있었고, 이것이 그가 갈레노스의 체계 밖의 의술에 대해 관심을 갖도록 한 배경이었을 것이다.

파라켈수스에 대한 여러 문헌의 설명을 보면, 그의 업적이 무엇인지 혼란스럽다. 그가 주장한 내용을 보면, 그가 연금술의 전통을 이어받은 사람이라는 것을 알 수 있다. 이전의 연금술에서는 수은과 황을 중요시했는데, 그는 여기에 염salt을 추가해서 이들을 3원질tria prima이라 부르고 이들 3원질로 물질의 본질과 대우주에서 일어나는 자연의 섭리를 설명했다. 이 3원질설에서 3원질은 물질의 특성과 기능을 상징하는 것으로 이해된다. 예를 들어, 나무가 탈 때 나는 연기는 휘발성을 상징하는 수은에 대응하고, 이 때 생기는 불꽃은 물질의 형성변형을 상징하는 황에, 그리고 나무가 다 타고 남는 재는 물질이 더 이상 변하지 않는 물질이 되었다는 의미에서 안정성을 상징하는 염에 대응하는 것이다. 연금술에서는 물질의 변화가 중요하다. 값이 싼 금속을 금으로 만드는 것이나 불로장생의 영약을 만드는 것 모두에서 연금술은 물질의 한 상태에서 다른 상태로 변하는 내용을 탐구했다. 파라켈수스는 이 개념을 확장해서 무엇이든 자연이 만들어 놓은 것을 다른 것으로 만드는 것도 연금술이라고 했다. 예를 들어 빵을 굽고, 포도주를 만들고, 천을 짜는 일들이 모두 연금술에 포함된다. 하지만 이런 식으로 개념의 폭을 넓히고 기존의 이론을 보완한다고 해서 연금술이 화학으로 변모하는 것은 아니다. 오히려 파라켈수스가 화학의 성립에 기여한 가장 큰 공적은 그가 행한 의술을 통해서 나타났다.

그가 주장하고 시행한 의술은 다음과 같은 점에서 이전의 의술과 달랐다. 우선 그는 고전적인 의서를 따라 하기만 하는 방식에서 탈피하고 경험과 관찰을 통한 치료법을 찾을 것을 주장했다. 갈레노스의 4액설에 따르면 병은 사람 몸의 네 가지 액체 사이의 균형이 흐트러졌기 때문에 일어난다. 따라서 병이 나면 증상에 따라서 모자라는 액체를 보충하거나 넘치는 액체를 몸 밖으로 빼내는 처치를 한다. 환자에게 땀을 내게 하거나 구토를 일으키도록 하는 것이 대표적인 방법이다. 또 정맥을 째서 넘치는 피를 흘리도록 하는 방혈시술도 했다. 이에 반해서 파라켈수스의 이론은 당시 점성술의 영향을 받은 연금술적인 방식으로 병의 근원을 설명한다. 이에 따르면, 사람의 몸은 소우주小宇宙, microcosm로서 행성과 항성 등이 있는 대우주大宇宙, macrocosm에 대응되는 내용을 갖는다. 앞서 언급한 3원질설도 사람의 몸에 적용되어 수은은 지적 능력과 도덕적 가치와 연관된 정기spirit, 황은 이성과 감성에 연관된 영혼soul, 염은 고체와 연관된 몸body에 대응한다. 따라서 몸의 특정 부위에 탈이 나면 그 부위에 맞는 처방이 대우주와 소우주의 관계에서 유추될 수 있다. 예를 들면, 빈혈은 피와 관계된 질병이다. 피는 붉은 색을 띠므로 붉은 행성인 대우주의 화성에 대응한다. 화성은 전쟁의 신이고 전쟁은 철로 만든 무기로 수행하므로 빈혈에 대한 처방은 철을 써야 한다는 식이다. 이런 처방이 옳고 그름을 떠나서, 갈레노스가 질병의 원인을 사람의 몸 안에서 찾았다면, 파라켈수스는 사람의 몸 밖에서 오는 것이라고 보았고 각 질병마다 그에 맞는 특정한 처방이 있다고 보았다는 점에서 차이가 있었다. 이러한 관점의 차이는 의학적으로 의미 있는 차이를 가져오기도 했다. 상처에 온갖 지저분한 것을 갖다 붙이던 당시의 민간요법과는 달리, 그는 청결을 강조해서 상처를 깨끗이 씻으면 상처가 저절로 나을 수 있다고 했다. 또한 그는 전염병이 사람에서 사람으로 전파되는 것임을 간파했다. 중세 유럽에는 인구가 늘고 교역이 증대하면서 도시의 인구 밀도가 높아지게 되자 페스트, 매독, 천연두와 같은 전염병이 자주 나타났다. 인구가 희박했던 갈레노스의 시대에는 중요하지 않았고 그래서 전통적인 의서에는 없던 것이었다. 전염병이 전파하는 과정을 설명하면서 그는 '질병의 씨'라는 개념을 사용했다. 즉 환자에서 건강한 사람으로 질병의 씨가 퍼지면, 그 질병의 씨가 자라서 건강한 사람도 병에 걸린다는 것이다. 이는 식물의 생장에서 유추한 것일 수도 있으나, 금속도 씨로부터 자란다고 믿었던 당시 연금술의 영향도 있었을 것이다. 파라켈수스는 모든 변성과정을 연금술로 보았기 때문에 이 개념을 인체에도 적용하여 신체 각 기관의 작용 역시 연금술로 생각했다. 그는 생명력 또는 '인도하는 영'으로 번역되는 아르케우스archeus가 각 기관마다 있어 각 기관이 적절하게 기능하도록 아르케우스가 작용한다고 보았다. 즉 기관마다 달리 일어나는 변성 과정인 연금술이 일어나는 것으로 본 것이다. 이런 관점으로 그는 여러 가지 약을 만들어 환자의 증상에 따라 약을 쓰는 치료법을 탐구하고 시행했다. 그는 자연에서 얻어지는 모든 생약이나 금속들은 다 유독하고 세상에는 유독하지 않은 물질은 없지만, 이들이 인체에 유독한지 여부는 투여하는 양에 따라 달라진다고 했다. 그리고 그는 아편은 물론 수은, 안티몬 등의 무기 물질을 약으로 사용했다고 한다. 이렇게 치료 목적으로 화합물을 처방한 그의 접근법은 의약화학iatrochemistry이라는 학문 분야를 열게 되었다.

중요한 것은 파라켈수스의 처방이 종종 기존의 의술보다 좋은 효과를 나타냈다는 사실이다. 아마도 기존의 의술의 효과가 별로 좋지 않아서 상대적으로 파라켈수스의 처방이 좋게 평가를 받았기 때문일 것이다. 그 결과 파라켈수스의 의술을 따라하는 의사의 수가 많아졌다. 실제로 16세기 후반과 17세기 초반에는 궁정의사 중 파라켈수스식의 의술을 행하는 의사가 갈레노스식의 의술을 행하는 의사보다 많았다고 한다. 화학의 발전이라는 입장에서 보면, 특정한 증상이나 부위에 따라 그에 맞는 약을 찾아 적절한 양을 사용해야 한다는 그의 주장은 여러 가지 물질을 정제하고 분리하는 의약화학자들의 탐구 활동으로 나타났다는 점에서 의미 있는 변화이다. 의약화학자들은 직접 실험을 수행하면서 물질들을 정제하고 분리하고, 그렇게 얻은 물질을 체계적으로 분류하기 시작했다. 또한 그들은 정제와 분리를 통해 얻은 물질의 순도와 양에 대해 관심을 갖기 시작했다. 그 결과 물질에 대한 보편적인 지식을 쌓을 수 있는 계기를 마련하게 되었고, 이러한 노력이 쌓인 결과를 토대로 18세기의 중요한 화학적 발견이 이루어지게 된 것이다.

파라켈수스의 사상은 그가 죽은 지 20여년 후에 그의 저작이 모두 출판되면서 널리 퍼지게 되었다. 그리고 그의 주장을 쫓아 의약화학 연구를 수행하여 근대 화학이 열리도록 한 사람들이 여럿 나타나게 되었다. 이들은 파라켈수스주의자Paracelsista라 불렸는데, 이들은 파라켈수스의 사상을 계승하여 자연철학에 화학적인 해석을 가미하고 물질에 대한 연구에서 많은 발전을 이루어냈다. 자연철학 분야에 대한 이들의 생각을 예를 들면, 번개와 천둥을 공기 중에서 황과 초석이 만나 화약이 만들어지고 이 화약이 폭발하는 현상으로, 화산활동을 땅속에서 황이 연소하면서 녹은 것이 넘쳐 나오는 것으로 해석하고, 또 땅속에 있는 황과 초석이 반응하면서 열이 나기 때문에 온천수가 따뜻하다는 식이다. 파라켈수스의 아르케우스 이론에 근거하여 각 질병마다 질병에 맞는 약을 동식물은 물론 광물에서도 찾고자 하는 노력의 결과 증류, 분리, 용해 결정화, 화염검사 등 다양한 실험적 방법론이 발전했고, 다양한 조제약이 만들어졌다.

대표적인 파라켈수스주의자로 꼽히는 리바비우스와 헬몬트에 대해 좀 더 살펴보자. 리바비우스Andreus Libavius, 1540~1616가 1597년에 저술한 《연금술Alchemia》은 최초의 화학 교과서라는 평가를 받는다. 이 책에서 그는 다양한 화학 물질을 얻는 방법과 이들을 정제하는 방법, 광물과 금속의 분석법과 이들을 이용한 약의 조제법, 합금의 성분 측정법, 저울과 추의 사용법, 화학 실험에 필요한 각종 유리 기구, 가열 장치 등 다양한 실험기구의 제작법 등을 자세하게 서술했다. 그는 화학은 자연 속에서 한데 섞여 있는 물질들을 인위적인 작용으로 분리하고 정제시켜 특정 목적에 맞는 능력을 갖도록 하는 것이라 정의하며, 비밀스러운 제법을 만들어 남모르게 전수하는 연금술의 관행에서 벗어나 화학을 하는 사람들의 집단적인 경험을 기초로 하는 학문의 형태를 갖출 수 있도록 공통적인 실험과정과 용어를 정립하기 위해 노력했다. 이러한 이유에서 리바비우스는 비록 그가 공감과 반감과 같이 고대부터 내려오는 개념을 받아들이는 등 화학적 변화의 원인에 대해 전근대적인 관점을 갖고 있었지만, 연금술이 화학이라는 학문으로 발전하는 데 공헌을 한 사람으로 인정받고 있다.

의약화학자 헬몬트Jan Baptist van Helmont, 1580~1644는 대표적인 파라켈수스주의자이다. 그는 파라켈수스가 주장한 아르케우스 개념을 가다듬어, 병이 났을 때 병이 난 부위와 병의 원인이 되는 아르케우스의 영향 등을 정확히 파악하여 그에 대응하는 아르케우스가 있는 약을 투입해야 치료가 가능하고, 질병과 병세를 혼동해서 병세를 완화시키는 것만으로는 치료를 할 수 없다고 했다. 병의 형태는 각양각색일 수밖에 없으며 치료약도 당연히 각각의 질병에 대응하는 아르케우스를 지닌 다양한 것이어야 한다는 것이다. 이러한 그의 관점은 오늘날의 병리학과 약학의 시작점이라 할 수 있을 것이다. 그는 파라켈수스의 3원질설의 논리는 수용하지 않았다. 그는 1648년 출간된 저서《의학의 기원On the Development of Medicine》에서 사물에 대한 관찰과 경험적 지식을 바탕으로 형이상학적으로 해석하려는 아리스토텔레스의 자연철학을 반박하고 올바른 과학은 가열, 연소, 용해, 결정화, 분리 같은 실험 과정을 거쳐 구체적이고 사실에 의한 실증을 통하여서만 가능하다고 주장했다. 그가 나무를 갖고 한 실험은 과학적인 실험의 고전으로 알려져 있다. 묘목을 흙에 심고 5년 동안 물만 주어 키운 다음 나무와 흙의 무게를 측정해 보았더니 나무의 무게는 증가했으나 흙의 무게에는 변함이 없다는 것을 확인한 것이다. 이로부터 그는 물이 나무로 변한 것이라는 결론을 냈다. 더해서 유리그릇에 물을 오랫동안 끓이면 유리가 물에 녹았다가 생기는 침전이 생기는 것을 보고 물에서 흙이 생기는 것으로 받아들이고, 수증기를 압축하면 물이 되는 것을 관찰한 실험 자료를 바탕으로 아리스토텔레스의 4원소 중 흙, 물, 공기가 원소임을 받아들였다. 하지만 불은 물질이 연소될 때 연기와 함께 나타나는 현상일 뿐이라서 원소일 수 없다고 했다. 그는 이산화탄소와 산화질소를 관찰하여 공기와는 다른 기체가 존재할 수 있음을 최초로 확인한 사람으로 알려졌는데, 이는 그가 공기를 원소의 하나로 받아들였다는 점과는 모순되는 것이라 하겠다.

보일은 당시까지 알려진 구리, 금, 철, 납, 수은 등 약 30여 개의 물질들의 성질이 각각 다르다는 사실에 대해서 처음으로 원소라는 개념을 도입하여 더 이상 다른 물질로 분리되지 않는 것을 원소라고 하고 이 원소를 구성하고 있는 미립자들의 크기와 모양 그리고 운동방향 등이 각각 다르기 때문에 각양각색의 성질이 나타난다고 주장했다. 이는 기계론적 철학의 관점이 반영된 시각이며, 현재의 관점에서 보면 이 시각은 잘못된 것이다.

16, 17세기는 선구적인 화학자들의 노력과 연구의 성과가 쌓여 18세기 후반에 라부아지에가 '화학 혁명'을 이끌 수 있도록 하는 토양을 마련하기 시작한 시기라 할 수 있다. 리바비우스와 헬몬트의 예에서와 같이 학술적인 측면에서 발전도 있었지만, 화합물의 제법을 개발하고 이들의 활용법을 찾는 산업적인 면에서도 발전이 이루어졌다. 대표적인 예로서 글라우버Johann Rudolph Glauber, 1604~1670는 다양한 무기산과 염의 제법을 개발하고 이를 이용하여 사업을 하여 최초의 공업화학자라 할 만한 사람이었다.

6.

과학을 선도하는 동력이 된 과학단체의 출현

중세까지는 과학 탐구와 같은 학문 활동은 각 개인이 개별적으로 하면서 이루어졌기 때문에 새로운 발견과 발명에 대한 소식과 과학적 주장 등이 전파되는 속도가 느릴 수밖에 없었다. 15세기 중반에 활판인쇄술이 발명되면서 학문 활동을 하는 방식에 중대한 변화가 생겼다. 15세기 후반에 발간된 서적의 양이 그 이전에 발간된 모든 서적의 양보다 많았다는 주장에서 보듯이 급격하게 정보 교환의 양이 늘어났고, 이러한 기술적 사회적 변화가 르네상스와 과학혁명의 바탕이 되었다는 것이 일반적인 해석이다. 즉 과학을 포함한 인간의 지적 활동에 정보 교환이 중요한 의미를 갖기 시작한 것이다. 특히 르네상스와 과학혁명기를 거치면서 대학 등 전문 교육기관에서 많은 과학자가 배출되자, 이들은 보다 체계적이고 정기적인 방법으로 정보 교환을 해야 할 필요성을 느끼게 되었다. 그 결과 17세기에는 과학 분야의 공통된 관심사에 대한 정보 교환과 토론 등을 하는 동호인 모임이나 연구 사업을 능률적으로 수행하기 위한 기구의 출현을 보게 된다. 어떤 의미에서는 이전까지는 각 개인이 독자적으로 과학 탐구를 하던 방식에서 변화가 요구되었던 상황이 생겼고, 그에 대한 대응책으로 과학적 기구들이 나타난 것으로 볼 수도 있다. 중요한 점은 이러한 상황 변화에 잘 적응한 국가는 과학 분야의 선진국으로 도약했고 그렇지 못한 나라는 뒤처지는 결과가 나왔다는 것이다.

최초의 과학기구는 1603년에 로마에서 설립된 린체이 아카데미Accademia dei Lincei이다. 회원은 30명 정도로 갈릴레오도 그 중 한 사람이었다. 이 학회는 갈릴레오의 저작 출판을 지원했고 그가 지동설로 교황청의 종교재판을 받을 때 그를 지원했다. 그러나 이 학회의 설립자이자 후원자였던 체시Federico Cesi 공이 1630년에 죽게 되자 이 학회는 와해되었다. 1657년에는 플로렌스에 메디치가의 후원으로 치멘토 아카데미Accademia del Cimento가 설립되어 갈릴레오의 제자인 토리첼리에게서 배운 보렐리Giovanni Alfonso Borelli, 1608~1679같은 학자들이 중심이 되었다. 이탈리아어로 치멘토는 실험을 뜻하며, 종교적 이념과 마찰을 일으킬 수 있는 우주론이나 천문학 분야를 제외하고 온도계나 기압계 등을 개발하고 활용하는 등의 실험 위주의 활동을 했다. 하지만 이 학회는 다른 학회와는 달리 정기적인 모임도 없었고, 발표한 저서도 별로 없어 그 활동이 자세히 알려지지 않았고 1667년 메디치가의 후원이 중단되면서 해체되었다. 이들 학회의 운명은 르네상스의 발원지이자 중심지였으며 한때 갈릴레오와 같은 뛰어난 과학자의 활동으로 과학혁명의 중심에 있었지만 결국은 경직된 종교계의 영향으로 그 빛을 잃게 된 이탈리아의 상황을 반영하는 사례라 생각된다.

보다 체계적인 학회는 프랑스와 영국에서 만들어졌다. 프랑스에서는 17세기 초기에 이탈리아의 학회와 성격은 비슷하지만 보다 비공식적인 학회가 나타났다. 1620년경 성직자인 메르센느Marin Mersenne와 천문학자인 페이레스크Nicolas-Claude Fabri de Peiresc는 파리의 자신들의 집에서 과학자들의 모임을 갖고 토론과 정보교환의 장을 만들어 데카르트, 페르마Pierre de Fermat, 1601~1665, 가상디Pierre Gassendi, 1592~1655, 파스칼Blaise Pascal, 1623~1662 등의 프랑스 과학자 그리고 갈릴레오, 홉스Thomas Hobbes, 1588~1679 등 외국의 학자들과도 교류를 했다. 비슷한 성격의 학회가 르 베이오Le Bailleur, 몽모르Habert de Montmor 등의 후원으로 생겼다가 사라졌다. 1664년에는 테베노Thevenor가 후원하는 학회가 생겼고, 이들이 당시의 재상 콜베르Jean-Baptiste Colbert, 1619~1683에게 국가의 지원을 요청하자 그에 대한 답으로 1666년 왕립과학 아카데미Academie des Sciences가 설립되었다. 콜베르는 프랑스의 경제 발전을 위해서는 상공업을 발전시켜야 하고 이를 위해서는 과학이 중요하다고 주장하여 루이 14세의 허락을 받았다. 국가기관인 이 학회는 인건비를 비롯한 모든 비용에 대하여 왕실에서 재정지원을 했다. 대신 아카데미에 속한 과학자는 과학 분야의 출판 검열, 기술의 특허 심사 등 공적인 업무를 수행했다. 처음에는 경제 발전과 직결된 응용 과학부분에 대한 연구를 많이 했으나 시간이 지나면서 점차 기초과학분야에 대해서도 활발한 연구가 이루어지게 되었다. 아카데미는 점차적으로 다른 과학자 모임들을 흡수하여 국가적인 규모로 발전했다. 아카데미의 활약으로 프랑스는 18세기 유럽의 과학을 선도하게 된다. 18세기 당시 화학자인 라부아지에, 수학자이며 물리학자인 라그랑주Joseph-Louis Lagrange, 1736~1813, 라플라스Pierre-Simon Laplace, 1749~1827, 수학자이며 화학자인 몽주Gaspard Monge, 1746~1818, 화학자 게이 뤼삭Joseph Gay-Lussac, 1778~1850 등 유명한 기초 과학자들이 프랑스에서 배출된 것은 결코 우연이 아니다. 그러나 프랑스는 1789년 프랑스 혁명으로 시작된 정치적 격동기를 겪으면서 과학 분야도 침체를 겪게 되고 결국 그 선도적 위상을 영국에 뺏기게 되었다.

영국에서는 엘리자베스 1세Elizabeth I, 재위 1553~1603 여왕의 재정고문인 그레셤Sir Thomas Gresham이 기탁금을 내서 1597년 런던에 설립된 그레셤 칼리지Gresham College가 학회의 출발점이 되었다. 1644년 이 대학 천문학 교수인 윌킨스John Wilkins, 1614~1672가 중심이 되어 월리스John Wallis, 1616~1703, 의학, 포스터Samuel Foster, ?~1652, 천문, 루크Lawrence Rooke, 1622~1662, 기하, 렌Christopher Wren, 1632~1723, 천문, 보일역학 등이 과학 분야의 공동 관심사에 대한 토론과 정보 교환을 하는 정기적인 모임인 '철학대학Philosophical College'을 만들었다. 이 당시 영국에는 왕당파와 의회파 사이에 일어난 내전인 청교도 혁명1642~1651이 일어났다. 그 결과 의회파가 승리하여 왕정이 폐지되고 크롬웰Oliver Cromwell, 1599~1658이 통치하다가 그가 죽자 프랑스로 피난 갔던 찰스 2세Charles II가

1660년 돌아와서 왕정이 복원되었다. 같은 해에 철학대학이 영국 왕립학회Royal Society를 결성하고 찰스 2세에게 청원하여 공적 기구로 출범하게 된다. 프랑스의 아카데미와는 달리 왕립학회는 국가의 재정 지원을 받지 못했다. 그 이유는 철학대학에서 활동했던 상당수가 청교도 혁명 과정에서 의회파에 속했었기 때문이다. 학회가 회원들의 회비로 운영되었으므로 프랑스의 경우와는 달리 기초과학보다는 재정적으로 도움이 되는 응용과학에 더 치중할 수밖에 없었다. 따라서 왕립학회의 활동은 공업지대로 변모한 영국의 중부와 북부지방에서 더 활발해지고 진원지였던 런던에서는 활동이 상대적으로 위축되었다. 18세기 중엽 성능 좋은 증기기관이 발명되어 산업혁명을 일으키고 이를 선도한 영국은 19세기 초에서 중반까지 빅토리아Victoria 여왕의 화려한 대영제국의 시대를 맞이하게 된다. 이와 맞물려 프리스틀리Joseph Priestley, 1733~1804, 블랙Joseph Black, 1728~1799, 돌턴John Dalton, 1766~1844, 패러데이Michael Faraday, 1791~1867와 같은 학자들이 왕립학회를 통해서 배출되어 영국은 과학에서도 선도적 역할을 하게 된다. 왕립학회는 오늘날까지도 존속되는 가장 오래된 과학단체이며 1664년부터 발행되는 전문학술지 《철학회보Philosophical Transaction》는 현재까지 계속 발간되면서 과학의 여러 분야의 발전에 기여하고 있다. 그러나 대영제국은 시장 확보를 위한 식민정책과 권력의 신장에 치중하여 상대적으로 과학 분야에 대한 배려가 소홀해져서 그 선도적 역할이 독일로 넘어가는 상황이 전개되었다.

17세기 독일은 작은 영봉국가領封國家들이 난립한 상태여서 강력한 왕권으로 통치하는 프랑스나 영국처럼 독립된 과학기구에 대한 관심이 적었다. 18세기에 들어서 프로이센의 프리드리히 1세Friedrich I 시절에 베를린에 베를린 아카데미Berlin Akademie가 설립되었으나 외국 과학자들에 의하여 운영될 정도로 신통치 못했고 업적도 미미해서 프랑스나 영국에 비하면 상당히 후진적이었다. 19세기에 들어서 독일은 이러한 후진성을 극복하기 위해 대학교육에 집중적인 투자를 하여 산학협동으로 교육과 연구를 병행하는 정책을 펼쳤다. 그 결과 19세기 중반부터 20세기 초반에는 영국, 프랑스와 더불어 과학의 선도적 역할을 분야별로 분담하는 시기를 맞았지만, 두 차례의 세계대전을 일으키고 패배하여 그 역할을 마감했다. 20세기 후반부터 현재까지는 2차 대전의 전승국인 미국이 막강한 경제력을 바탕으로 유럽의 많은 과학자들을 초빙하고 교육과 연구 및 산업에 집중적인 지원을 하여 다시 세계 과학을 선도하고 있다.

7.

과학사의 전환점인 17세기 과학혁명을 조명하다

지금까지 살펴본 바와 같이 과학사에서 16~17세기는 2000년 가까이 무비판적으로 받아들여진 아리스토텔레스의 자연철학, 프톨레마이오스의 천동설, 히포크라테스와 갈레노스의 의학 등의 고전적인 시각에서 완전히 탈피하고 근대과학의 터전을 마련한 시기이다. 코페르니쿠스에서 시작하여 케플러와 갈릴레오를 거쳐 뉴턴이 완성한 지동설, 베이컨의 실증철학과 데카르트의 철학을 바탕으로 갈릴레오, 보일, 뉴턴 등의 기계론적 철학자들이 이룬 자연의 역학적 현상과 기체에 대한 보편적인 법칙, 베살리우스에서 시작하여 하비가 완성한 혈액순환론, 그리고 파라켈수스에서 헬몬트로 이어지는 의약화학 등의 업적들은 모두 16세기 초까지만 해도 고전적인 사고에서 벗어나지 못하고 있던 분야에서 새로운 이념과 방법론에 의한 탐구를 통해 이루어진 것이다. 이들 업적은 이전의 것들과 비교할 때 구체적이며 정량적이었다는 점에서 과학혁명의 이전의 업적과 질적으로 구별된다. 그러나 이들 업적은 업적 자체로서도 중요하지만 자연현상을 형이상학적이고 추상적인 논리로 설명하던 종전의 방식을 버리고 반복적인 실험과 관찰에 의한 귀납적 방법과 수학적 해석을 통한 연역적 방법으로 자연현상을 이해하는 방식으로 방법론적 변혁을 이루었다는 점에서 과학사적 의의가 더욱 크다.

과학혁명을 거치면서 아리스토텔레스의 자연철학과 갈레노스의 의학은 빛을 잃었다. 하지만 과학과 철학이 하루아침에 이루어지는 것이 아니라는 점을 상기하면 이들의 사상이 오늘날의 관점에서 보아 오류가 많다는 이유로 낡고 잘못된 사상으로 간단히 치부할 수는 없다고 본다. 오히려 2000년 가까운 기간 동안 인류의 자연관의 근간을 이루어오면서 인류의 역사와 여러 사상에 영향을 미친 순기능적인 면에서의 역할도 함께 생각해야 할 것이다. 또한 거의 모든 새로운 사상이 기존의 사상에서 발견되는 모순점을 극복하고자 하는 노력의 결과물로 나오는 것처럼, 과학의 고전적인 사상은 과학혁명기의 새로운 사상이 시작되는 출발점을 만들어 주었다는 점 역시 놓치지 말아야 할 것이다.

과학혁명이 과학사에서 갖는 의미가 매우 크기 때문에 20세기에 들어와서도 많은 과학철학자의 관심을 끌고 있고, 여러 가지 쟁점에 대한 논쟁이 아직까지도 이어지고 있다. 예컨대 자연철학과 근대과학 사이의 어떠한 차이점을 혁명적인 변화로 보아야 하며 혁명이 일어난 시점을 언제로 보아야 하는지 등에 대한 합의가 이루어지지 않았다. 대부분의 과학철학자들이 17세기에 과학에 혁명적이라고 할 만한 변화가 있었다는 점과 여러 분야에서 비교적 짧은 기간 동안에 일어나서 완성되었다는 인식에는 동의하는 편이나 그 원인이 과학 외부에서 온 것이냐 아니면 과학의 내적인 요인에서 온 것이냐에 대해서는 학자들마다 의견을 달리한다. 헤센, 니덤, 버날 등 유물론적 또는 비선형적 진화론의 시각을 가진 학자들은 르네상스 이념이 구현한 다양한 사회적 현상의 하나로 과학혁명을 파악한다. 이들은 16~17세기에 있었던 경제적 발전과 권력의 중앙집권화 등이 그 당시의 여러 사회적 변화의 근저를 이루고 있고 과학혁명 역시 사회경제적 변화에 의해 나타난 현상이라고 설명한다. 이에 반하여 쿠아레를 위시한 주로 하버드 대학에서 활동한 학자들은 과학혁명을 기존의 자연철학의 내재적 모순을 실증적이고 합리적으로 개선하고자 하는 과정에서 나타난 결과라는 선형적 진화론의 관점으로 설명한다.

이러한 논점의 차이와는 별개로 17세기의 과학혁명은 15세기와 16세기에 있었던 르네상스의 영향을 받았던 것은 분명한 사실이다. 즉 르네상스의 결과로 나타난 여러 가지 사회문화적인 변화를 거치면서 과학에서 그러한 변화에 상응하는 변화를 보게 된 것이다. 또한 베이컨과 데카르트의 철학에 바탕을 둔 지식의 축적과 탐구를 위한 당시 과학자들의 능동적인 노력의 결과인 것도 부인할 수 없을 것이다. 따라서 이들 학자들이 보이는 관점의 차이는 서로 배치되는 주장이라기보다는 서로 보완적인 주장으로서 보다 큰 틀에서 함께 아우러져야 하는 것이라고 생각된다.

제 11 장

시대적 소명이란 순풍에 돛 단 '18세기 과학기술'호

18세기 과학의 특징은 17세기에 정립된 뉴턴 역학이 보편타당한 인식의 패러다임으로 자리매김하고, 이러한 뉴턴주의 철학Newtonian philosophy이 다양한 분야에 적용되어 폭넓은 지식의 축적이 이루어졌으며 과학적 원리를 적용하여 개발된 각종 기기와 장비의 출현으로 과학기술이 본격적으로 인류 문명 발전에 영향을 주기 시작했다는 점이다. 뉴턴 역학이 발표된 이후로 그 타당성은 여러 사례를 통해서 확인되었으며 특히 1682년 나타난 혜성에 대해 핼리가 그 주기를 76년이라고 정확히 예측한 사례는 뉴턴주의 철학에 대한 믿음을 확실하게 해주었다. 또한 갈릴레오의 공기 펌프, 토리첼리의 수은기압계, 길버트의 나침반, 그리고 망원경과 현미경 등 17세기에 개발된 발명품들이 널리 사용되어 문명 발달에 대한 과학기술의 절대적인 역할을 각인시켜 주었다. 하지만 뉴턴주의 철학이 18세기 과학의 모든 면을 대표하는 것은 아니었다. 생물학이나 화학 분야에서도 뉴턴 역학을 적용할 수 있는 대상이 있기는 하지만, 그렇지 못한 경우에는 나름대로의 이론이 만들어졌다. 라마르크의 진화론과 라부아지에의 질량보전의 법칙 등은 뉴턴주의 철학과는 거리가 있지만 18세기 과학의 중요한 업적이다.

다른 한편으로는 르네상스 시대부터 18세기에 이르는 동안 유럽 사회가 겪었던 변천과 초기 산업자본주의의 출현이 18세기 과학기술의 축적과 발전을 촉진시키는 요인으로 작용했다. 이 시기에 유럽에서는 봉건제도가 쇠퇴하고 영주들의 세력이 확대되었고 그 여파로 신성로마제국이 해체되고 중앙집권적인 전제군주국가가 출현했다. 영국의 엘리자베스 1세Elisabeth I, 재위 1558~1603, 프랑스의 루이 14세Louis XIV, 재위 1643~1715, 독일의 프리드리히 빌헬름 1세Friedrich Wilhelm I, 재위 1714~1740, 러시아의 표트르 1세Pyotr I, 재위 1686~1725 등은 17~18세기의 대표적인 전제 군주이다. 전제군주제도 하에서 상업자본주의가 발전하게 되었고, 그 후 1668년 영국에서 일어난 시민혁명의 여파로 나타난 입헌의회정치제도와 18세기 중엽부터 일어난 산업혁명은 영국을 위시한 유럽 여러 나라들을 산업자본주의 경제체제로 이행하게 했다.

산업혁명이란 용어는 사학자 토인비Arnold Joseph Toynbee, 1889~1975가 최초로 사용했다. 그는 산업혁명을 '1760~1840년 사이에 영국에서 있었던 농업과 가내수공업 중심의 경제에서 기계로 생산하는 공장제 공업으로 이행하는 과정'으로 정의했다. 산업혁명이 일어난 배경에는 앞서 보았던 사회 경제적 요인들에 더해 과학기술적인 요인들이 있었던 것으로 이해된다. 특히 증기기관의 발명은 산업혁명의 상징처럼 받아들여진다. 증기기관은 불의 열에너지를 사용해서 물을 끓이면 나오는 증기의 압력을 이용해서 기계적 에너지로 변환시키는 장치이다. 최초로 활용 가능한 증기기관은 1712년 영국의 뉴커먼Thomas Newcomen, 1663~1729이 발명했다. 이 증기기관은 증기가 실린더에 응축할 때 생기는 힘으로 피스톤을 움직이도록 하는 원리를 이용한 것이다. 이 증기기관은 석탄 소모가 많고 기관을 냉각시키기 위해 물도 많이 필요했기 때문에 석탄생산지 근처에 물이 많은 장소에서만 사용되었다. 1765년 영국의 와트James Watt, 1736~1819는 증기기관의 효율을 6배 증가시켰고, 1781년에는 피스톤의 상하운동을 회전운동으로 바꾸는 발명을 했다. 이렇게 개량된 증기기관은 사용 장소에 대한 제약이 크게 줄어 마침 부상하던 방직공업의 동력원으로 널리 사용되었다. 1789년에는 트레비식Richard Trevithick, 1771~1833이 이전의 것보다 크기가 작으면서도 훨씬 고압의 증기를 이용하는 증기기관을 발명했고, 1814년 스티븐슨George Stephenson, 1781~1848은 증기기관차를 발명하여 증기기관차와 증기선의 시대를 열었다.

증기기관이 가져온 산업의 기계화는 필연적으로 경제 질서의 대변혁을 가져왔고 그 결과 산업자본주의가 출현하게 되었다. 그리고 기계화된 공장에서 균일화된 우수한 상품이 대량생산되면서 이들 상품을 팔 수 있는 세계시장을 선점하기 위한 국가 간의 각축전이 일어나게 되었다. 18세기 후반부터 영국, 프랑스 등 유럽 국가들은 아메리카 대륙, 아프리카 대륙, 인도, 동남아, 극동에서 식민지 개척에 나섰다. 이 각축전에서 영국이 우위를 점하여 19세기 중엽부터 대영제국을 이루고 세계의 중심이 되었던 배경을 보면 영국에서 시작한 산업혁명이 그 뿌리에 있음을 알 수 있다. 그리고 증기기관의 발명 등 영국의 산업혁명이 전개된 과정을 통해서 알 수 있듯이 한 나라의 과학기술의 수준이 그 나라의 국력의 잣대로 여겨지기 시작했다.

1.

매혹적인 우주의 향연

17세기에 천체 운동에 대한 뉴턴 역학의 보편타당성이 입증되었다. 18세기에는 그 연장선상에서 천체에 대해 보다 자세히 그리고 정확히 알아내고자 하는 욕구와 호기심으로 많은 사람들이 천체 연구에 도전했다. 이전 세기보다 훨씬 성능이 좋아진 렌즈와 거울로 만들어진 천체망원경으로 밤하늘을 들여다보았고, 그 성과로 다양하게 펼쳐지는 멋진 우주의 향연을 볼 수 있게 되었다.

핼리 혜성은 18세기에 있었던 천문학의 위상을 상징적으로 보여주는 사례이다. 핼리 혜성은 혜성 중에서도 크기가 큰 것이라서 육안으로도 볼 수 있어서 오래 전부터 이를 관찰했다는 기록이 있었다. BC 240년 중국의 사마천이 쓴《사기》에 이 혜성에 대한 최초의 기록이 있다고 한다. 1705년 핼리Edmond Halley, 1656~1742가 이전에1456, 1531, 1607, 1682 나타났던 혜성이 모두 동일한 것이라고 판단하고 다음번에 나타날 시기를 1758년이라고 예상했는데, 그의 예상이 적중하자 사람들이 이 혜성을 그의 이름을 따서 부르게 되었다. 핼리는 18세기에 들어서기 바로 직전인 1699년 북위 52도와 남위 52도 사이를 오가면서 하면서 지구 자기장을 측정하고 지구 남반구의 성좌도를 완성했다. 천문학의 대가 허셜F. William Herschel, 1738~1822은 1781년 천왕성天王星, Uranus을 발견했는데, 이것은 고대로부터 알려졌던 행성 6개 이외에도 태양계의 행성이 더 있다는 것을 처음으로 알게 된 사건이었다. 그는 초점 거리가 12 m가 되는 거대한 천체 망원경을 제작하여 천체의 다양한 파노라마를 관찰했다(그림 11.1). 그는 1785년에 발표한 〈천체의 구조에 대하여On the construction of the heavens〉라는 제목의 논문에서 은하계의 모양을 오늘날 받아들여지는 것과 비슷하게 설명했고 1788년에는 나선은하spiral galaxy NGC 2683을 발견했다(그림 11.2). 1790년 행성

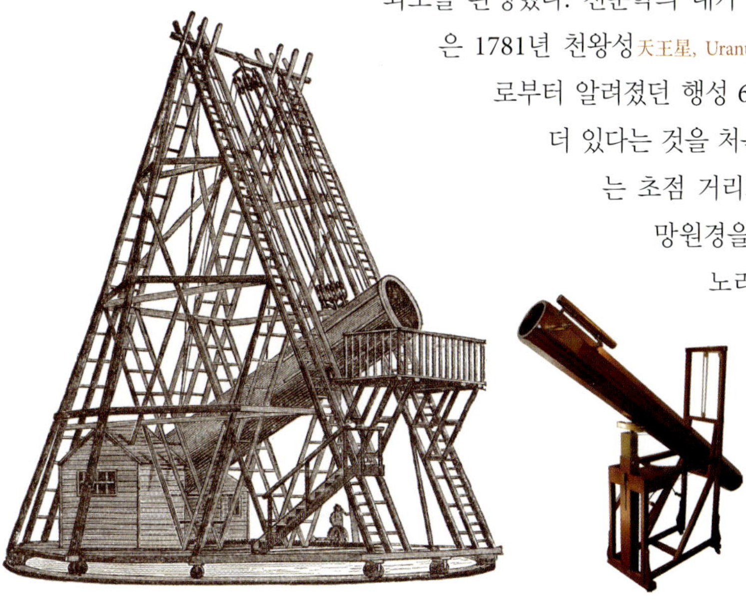

그림 11.1 허셜이 제작한 대형 천체망원경 그림. 망원경의 길이는 12 m이다(왼쪽). 허셜이 천왕성을 발견할 때 사용했던 천체 망원경의 모형. 천체 길이는 2.1 m이고, 직경은 15 cm이다(영국 배스 허셜 천체박물관 소장, 오른쪽).

출처: Wikimedia Commons.

그림 11.2 허셜이 발견한 나선은하 NGC 2683의 사진.
출처: Wikimedia Commons.

상성운planetary nebula을 발견했다고 발표했다. 그는 이것이 별 주위로 물질들이 모여들어 행성으로 응축되는 것이라는 것이라고 보았고, 이런 시각에서 1811년에는 성운에서 별이 생겨난다고 주장했다. 그러나 행성상성운은 수명을 다한 적색거성이 팽창하면서 나타나는 현상인 것으로 나중에 밝혀졌다.

18세기의 또 하나 중요한 업적으로 금성이 지구의 궤도 평면을 통과하면서 태양, 금성, 지구가 일직선으로 배열되는 금성일면통과金星日面通過, Venus transit에 대한 정량적 분석을 들 수 있다(그림 11.3). 1631년 케플러가 이런 현상이 생길 것이라는 것을 처음으로 예상하면서 이 현상을 이용하면 천체를 정량적으로 파악할 수 있을 것이라고 한 적이 있었다. 이 현상은 130년의 주기로 6월이나 12월에 나타나며 한번 나타나면 8년 후에 다시 나타난다. 호록스Jeremiah Horrocks, 1618~1641가 1631년과 1639년에 이 현상을 최초로 관찰했고, 130년 후인 1761년과 1769년에는 핼리의 제안으로 여러 탐험대가 세계 각지에 파견되어 이 현상을 관찰했다. 이 중에는 최초로 태평양을 횡단한 것으로 알려진 쿡James Cook, 1728~1779도 있었다. 이 때 얻은 자료를 활용하여 지구와 태양 사이의 평균 거리를 뜻하는 1천문단위를 153,000,000 km로 계산했다. 이후 에어리George Airy, 1801~1892가 1874년과 1882년에 다시 측정한 자료를 바탕으로 1천문단위를 149,590,000 km로 계산했다. 이 현상은 2004년 6월 8일과 2012년 6월 6일에 관찰되었다.

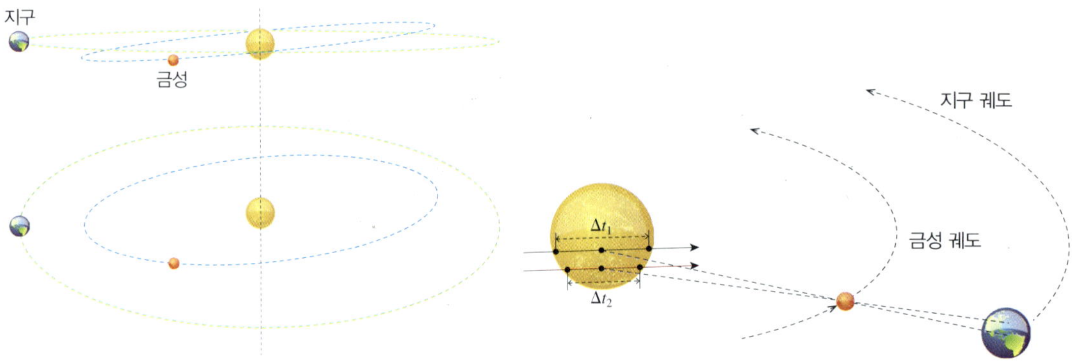

그림 11.3 왼쪽 그림처럼 지구와 금성의 공전 궤도가 이루는 평면은 서로 약간 기울어져 있다. 오른쪽 그림처럼 태양–금성–지구가 나란히 놓일 때, 금성이 태양의 표면을 가로질러 지나가는 것처럼 보이는 금성일면통과 현상이 나타난다. 이때 지구상 위도가 다른 두 지점에서 이 현상을 관찰하면, 금성이 태양 표면을 지나는 시간을 달리 측정하게 된다. 이 자료를 이용하면, 태양–금성, 금성–지구, 태양–지구의 거리를 계산할 수 있다.

2.

진화하는 생명체의 역정歷程

천체와 같은 거시세계에 대한 탐구가 망원경의 발달로 촉진되었던 것처럼 생명체의 비밀은 미시세계를 들여다 볼 수 있는 현미경의 발달이 이끌었다. BC 4세기에 아리스토텔레스는 인간은 하등동물에서 출발하여 진화되어 현재에 이르렀으며 인간이 더 진화하면 신이 될 수도 있다고 하는 '원시적진화론'을 주장했다. 육안으로 관찰한 사실을 바탕으로 한 이론이므로 관찰할 수 있는 대상에 한계가 있을 수밖에 없어서 잘못된 결론에 이르게 된 것이다. 17세기에 스텔루티Francesco Stelluti, 1577~1652가 5배율의 현미경을 발명하고 이어서 레이우엔훅Antonie van Leeuwenhoek, 1632~1723이 30배율의 현미경을 발명하자 생명체의 외형을 넘어 생물체의 조직과 기능에 이르는 미세한 부분까지 관찰할 수 있게 되면서 생명체에 대한 새로운 시각이 나타나게 되었다(그림 11.4). 현미경이 구체적이고 실증적인 지식을 제공했으므로 이를 바탕으로 진화론이 나온 것은 어찌 보면 당연한 일이라 할 수 있다. 베이컨의 실증철학이 과학 분야에 미친 영향을 실감하게 하는 대목이라 할 수 있다.

산업혁명 역시 진화론이 나오는 데 중요한 역할을 했다. 산업이 발달하자 도로와 다리 등 교통망에 대한 수요가 증가해서 18세기 영국에서는 이전까지는 없었던 대규모의 토목 공사가 많이 생겼다. 여태까지 해보지 않은 깊이와 넓이로 땅을 파게 되면

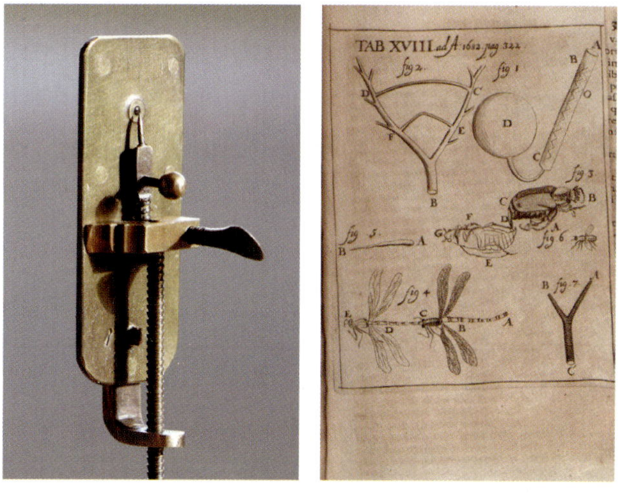

그림 11.4 레이우엔훅이 사용했던 망원경(왼쪽)과 이 망원경으로 관찰한 곤충의 해부도(오른쪽).
출처: Wikimedia Commons.

서 지층이 있다는 것이 확인되었다. 이 당시 토목공사에 참여했던 스미스는 최초로 영국 전체의 지층 지도를 만들었다. 그는 지층은 순서대로 쌓여서 만들어지는 것으로 오래된 지층이 밑에 놓이게 된다고 하는 오늘날 '지층누중의 법칙'으로 알려진 주장을 했다. 각 지층에서 발굴되는 화석들을 현미경으로 비교 분석한 결과 지상에 존재하는 모든 생물들은 오랜 시간동안 아주 조금씩 변해서 현재의 모습으로 진화되었다는 사실을 알게 되었다. 즉 진화는 속성상 한두 세대에 걸친 변화로 인지될 수 있는 것이 아니라는 사실을 알게 된 것이다. 더 나아가 1억 년 전의 지층에서는 공룡의 화석이 발견되지만 그 위의 지층에서는 발견되지 않는다는 사실에서 이들이 멸종되었다는 것도 알게 되었다. 지질학과 현미경의 발달을 통해서 생물의 진화와 멸종에 대한 증거가 나타나게 된 것이다.

진화론을 설명하기 위해서는 종種, Species의 개념을 알아야 한다. 개, 늑대, 여우는 모두 서로 다른 종이다. 이들은 그 뿌리를 거슬러 올라가면 다 한 조상에서 나왔지만, 환경의 지배를 받으면서 아주 오랜 시간에 걸쳐서 약간씩 변하면서 여우가 개 족에서 분화되고, 이후에 늑대가 개에서 분화되었다. 이렇게 이들은 한 뿌리에서 나왔지만, 개에서 여우가 태어나거나 여우에서 늑대가 태어나는 일은 절대로 일어나지 않는다.

1686년에 레이John Ray, 1627~1705는 동식물에 대한 분류를 하면서 계보의 개념을 도입했으며 1735년 린네Carl von Linné, 1707~1778는 형태에 의한 계보의 분류 작업을 했다. 이들의 방법은 동식물을 외형적 특징에 따라서 분류하는 것이었다. 이들은 깨닫지 못했겠지만, 사실 이들의 방법론은 동식물이 진화해 온 과정을 추적하는 것이었다. 1749년에 뷔퐁Georges Louis Leclerc de Buffon, 1707~1788은 종에 대한 개념을 '교배에 의하여 증식이 가능한 개체의 집단'이라 정의하고 개, 늑대, 여우 등은 그 원천은 동일하지만 진화 과정에서 다른 종으로 변하여서 늑대에서 여우가 태어나는 등의 일은 일어날 수 없다고 설명했다.

그렇다면 어째서 새끼는 항상 어미와 같은 종으로 태어나는 것일까? 개와 여우가 같은 조상에서 왔는데 어째서 개가 여우의 새끼로 나오는 일은 없을까? 이에 대해 1764년 보네Charles Bonnet, 1720~1793는 난자나 정자 안에 호문쿨루스homunculus 그 종 성체의 축소형가 들어 있기 때문에 한 종의 암수 교배로 태어난 자손은 반드시 부모의 종으로 태어나게 된다는 전성설前成說 preformationism 또는 neoformationism를 주장했다. 그러나 이 이론으로는 한 종에서 다른 종이 태어나지 않는 것은 설명할 수는 있지만 호문쿨루스가 이미 난자나 정자에 들어 있는 것이라면 생물이 환경의 영향을 받아서 일어나는 진화는 일어날 수 없다는 말이 된다. 이러한 모순점을 해결하기 위하여 독일의 볼프Kaspar Friedrich Wolff, 1733~1794는 난자와 정자의 결합으로 생기는 수정란에는 아직 성체의 축소형이라 할 만한 것은 없고 수정란이 발생하는 동안 점차적으로 몸의 각 부분에 해당되는 조직과 기관이 만들어진다는 후성설後成說, epigenesis을 주장했다. 조직과 기관이 만들어지는 과정에서 주변 환경의 영향을 받을 수 있다는 점에서 이 이론이 현재의 관점에 더 가깝다. 종의 개념을 도입하고부터 후생설까지 이르는 내용은 태생학胎生學 embryology의 출현을 의미하는 것으로서 이제 생물학자들의 관심이 생물체의 외면뿐만이 아니라 내면의 미시적인 부분까지 확장되어 생물학이 근대과학의 단계로 진입하게 되었음을 의미하는 것이라 할 수 있다.

이와 같은 진화에 대한 현상과 18세기의 해석을 총망라하여 대변하는 것이 바로 라마르크Jean-Baptiste Lamarck, 1744~1829의 선형적 진화론linear evolution이다. 그는 진화는 생물체의 의도와는 상관없이 주변 환경의 영향에 의해 아주 서서히 그리고 약간씩 진행되며 이 과정에서 많은 시간이 경과되면 종도 변화할 수 있다고 주장했다. 이와 같은 과정에서 진화된 현세대는 진화의 모체라고 할 수 있는 전 세대와는 공존할 수는 없으며 전 세대는 단지 화석으로만 존재한다는 것이 선형적 진화론의 주장이다. 이 라마르크의 진화론은 후일 다윈에 의하여 비선형적 진화론nonlinear evolution으로 발전되는 계기가 된다.

3.
화학혁명: 물질세계를 보는 눈을 뜨다

17세기에 보일이 땅은 흙. 물, 공기 등 다양한 물질들이 들어 있어서 그 자체로서 원소가 될 수 없다고 주장한 것은 아리스토텔레스의 4원소설을 부정한 것으로서 아리스토텔레스의 자연철학에 대한 반론의 시작이라 할 수 있다. 또한 그가 정립한 '온도가 일정할 때 기체의 압력과 부피는 서로 반비례한다'는 법칙은 정량적인 분석을 시도하는 기계론적 철학의 우월성을 입증한 사례라 할 수 있다(그림 11.5). 이러한 조류는 18세기에도 이어졌다. 18세기 초에 발견된 '압력이 일정할 때 부피는 온도에 비례한다$V = kT$; k는 상수, T는 온도'는 샤를의 법칙과 '압력과 온도가 일정할 때 기체의 부피는 그 기체 안에 들어 있는 알갱이의 수에 비례한다$V = k'N$; k'는 상수, N은 아보가드로의 수'는 아보가드로의 법칙은 종류에 상관없이 모든 기체에 적용되는 정량적 법칙이다. 이들 기체 법칙은 이상기체 방정식$pV = nRT$; n은 기체 분자의 몰수, R은 기체상수으로 통합되어 오늘날에도 기체를 다룰 때 유용하게 사용된다.

하지만 기체에 대한 정량적인 법칙만으로는 해결되지 않는 의문점이 많이 남는다. 17세기에 있었던 게리케와 보일의 실험으로 진공 속에서는 연소도 되지 않고 동물은 질식하여 죽는다는 사실이 알려지면서 연소현상과 생명체의 존립에는 공기가 관여하

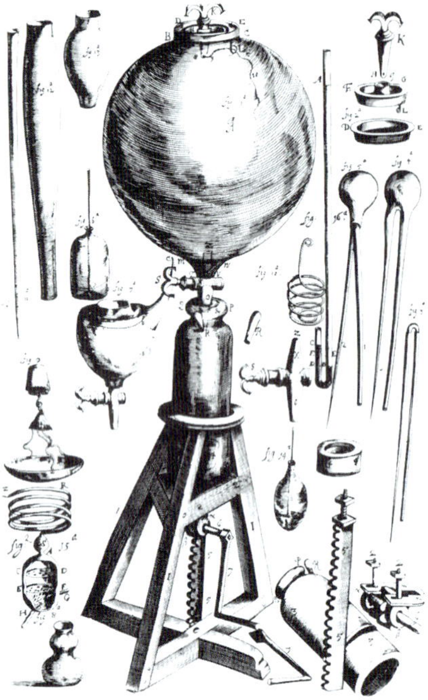

그림 11.5 보일이 기체 실험에 사용했던 진공 펌프.
출처: Wikimedia Commons.

고 있음이 확인되었다. 어떤 면에서는 2000년 동안 지속된 연금술도 물질이 대기 중에서 연소하는 과정에 대한 탐구라 할 수 있다. 이처럼 다양한 능력을 보이는 공기에 대해 그 실체를 밝히는 과정은 데카르트식의 보편적인 이론보다는 베이컨식의 실험을 통한 실증적 접근이 훨씬 유용하다는 것을 역사는 말하고 있다.

여러 가지 광물을 숯과 함께 가열하여 금속을 얻는 연금술의 과정으로 18세기까지 금, 은, 구리, 납, 아연 등 약 40여종의 금속이 알려졌다. 이 과정에서 얻어진 금속은 예외 없이 원광석보다 가벼워졌다. 반면에 금속을 공기 중에서 가열하면 원광석과 같은 물질이 얻어졌으며 이 경우에는 예외 없이 원래의 금속보다 무거운 물질이 생겼다. 따라서 이집트 시대부터 이어져 내려오는 연금술에서 얻어진 결론 중 하나는 반응 전과 후에는 반드시 무게의 변화가 있다는 믿음이었다.

17~18세기에 이르러 베커Johann Joachim Becher, 1635~1681와 그의 제자인 슈탈Georg Ernst Stahl, 1659~1734은 이와 같이 반응 과정에서 일어나는 반응물과 생성물 사이의 질량변화를 설명하기 위하여 '플로지스톤설phlogiston theory'을 주장했다. 이들은 숯이 매우 잘 타고 다 타고 남은 재의 무게는 원래 숯의 무게에 비해 매우 작게 되는 현상을 숯에는 '음의 무게' 를 갖는 플로지스톤이 많이 있으며, 연소하는 과정은 플로지스톤이 숯에서 빠져나가는 과정이라고 설명했다. 이 이론에 따르면 원광석을 숯과 섞어 가열하면 숯은 사라지고 금속이 남게 되는 현상을 숯에 있던 플로지스톤이 원광석과 합쳐져서 금속이 생성되는 것으로, 또 금속의 무게가 원광석보다 작은 이유는 플로지스톤이 음의 무게를 갖기 때문인 것으로 설명된다. 반대로 공기 중에서 금속을 가열하면 금속보다 무거운 원광석이 생기는 이유는 음의 무게를 가진 플로지스톤이 금속에서 빠져나가서 원광석이 만들어지며 이렇게 생긴 원광석은 금속보다 무거워지는 것이라고 설명된다. 물론 원광석에서 금속이 만들어지는 과정은 금속 이온과 결합된 산소가 빠져나오는 과정이고 금속을 가열하면 다시 원광석이 되는 과정은 금속과 산소가 결합하는 과정이라고 보는 오늘날의 관점에서 보면 이 이론은 전혀 잘못된 설명이다. 하지만 이때까지 연금술에서 얻은 지식들이 모두 파편적인 것이었던 것에 반해 이 플로지스톤설은 모든 연소 과정에 대해 일관된 설명을 제시하는 최초의 통합적 이론이라는 점에서 역사적 의미가 있다고 할 수 있

다. 이러한 이유로 이 이론은 당시의 많은 자연철학자들에게 대체로 합리적인 생각으로 받아들여졌다.

산소 등 기체의 정체와 화학 반응에 대한 제대로 된 이해를 하게 되는 과정에서 이 플로지스톤설은 극복해야 하는 장애물로 작용했다. 블랙Joseph Black, 1728~1799은 숯을 연소시켜 얻는 기체는 연소를 방해하고 호흡에 지장을 주며 사람이 내뿜는 호흡 속에도 이 기체가 들어 있다는 사실을 발견하고 이것을 '고정된 공기fixed air'라고 불렀다. 그는 이 '고정된 공기'에 대한 몇 가지 실험을 했다. 석회석$CaCO_3$을 가열하면 '고정된 공기'와 똑같은 기체가 발생하고 이때 얻어진 생성물생석회 CaO은 가벼워졌다$CaCO_3 \rightarrow CaO + CO_2$. 그런데 석회석을 황산$H_2SO_4$과 반응시켜 석고$CaSO_4$를 얻는 경우에는 역시 '고정된 공기'가 나오지만 생성물의 무게는 무거워졌다$CaCO_3 + H_2SO_4 \rightarrow CaSO_4 + H_2O + CO_2$. 이들 두 가지 반응 모두 석회석을 반응시켜 '고정된 공기'를 얻게 되지만, 생성물의 무게는 반응 방법에 따라 반응물보다 가볍게 되기도 하고 무겁게 되기도 한다. 이런 사실로 블랙은 플로지스톤설의 타당성에 대해 의구심을 갖게 되었다.

반대로 플로지스톤설을 뒷받침하는 실험 결과도 있었다. 캐번디시Henry Cavendish, 1731~1810는 금속 아연Zn을 황산과 반응시켜 흰색 고체와 기체를 얻었다$Zn + H_2SO_4 \rightarrow ZnSO_4 + H_2$. 이 기체는 수소$H_2$인데 이것이 아주 잘 연소되는 성질을 보이기 때문에 그는 이를 '가연성 공기inflammable air'라고 불렀다. 이 반응에서 얻은 황산화 아연$ZnSO_4$은 반응물보다 더 무거웠다. 이 반응은 겉보기로는 아연을 공기 중에서 가열해서 산화 아연ZnO를 얻는 반응과 똑같아 보였다$Zn + \frac{1}{2}O_2 \rightarrow ZnO$. 산화 아연은 아연보다 더 무겁고 황산화 아연과 같은 흰색이기 때문이다. 블랙의 실험과는 달리 캐번디시의 실험에서는 아연을 공기 중에서 가열하나 황산으로 처리하나 상관없이 반응물보다 무거운 흰색 생성물을 얻었고, 이 결과는 플로지스톤설에서 예상하는 것과 일치하는 것이었다. 블랙과 캐번디시와 같은 시기에 활동했던 프리스틀리Joseph Priestley, 1733~1810는 암모니아, 염화 수소, 산소, 질소, 탄소 산화물, 질소 산화물, 황산화물 등 7가지 종류의 기체를 분리하여 명성을 얻은 과학자이다. 그는 산화 수은HgO을 숯과 섞지 않은 채 공기 중에서 가열하여 액체금속인 수은을 얻었다$HgO \rightarrow Hg + \frac{1}{2}O_2$. 생성물로 얻은 수은의 무게는 반응에 사용한 산화 수은보다 작았다. 그는 플로지스톤설을 굳게 믿고 있었기 때문에 이 관찰 결과를 산화 수은에 플로지스톤이 결합하여서 수은이 생기는 것으로 생각했고, 그 플로지스톤은 공기에서 들어온 것으로 해석했다. 이러한 생각에서 이 반응에서 발생한 기체는 '플로지스톤이 없는 공기dephlogisticated air'라고 불렀으며 이 기체는 연소를 도와주고 동물의 호흡에도 도움을 준다는 사실을 알게 되었다. 이제 금속인 수은을 다시 높은 온도로 가열하자 다시 붉은색 고체인 산화 수은을 얻게 되었으며 질량은 증가했다. 이 역시 수은과 결합되어 있던 플로지스톤이 빠져나간다는 플로지스톤설의 논리를 뒷받침해 주는 결과라고 할 수 있다.

여러 종류의 기체가 발견되었지만, 많은 사람들이 이들은 서로 성질이 다른 공기라고만 이해하고 있던 상황에서 이들 기체의 실체를 정확하게 파악한 사람은 프랑스의 라부아지에Antoine Lavoisier, 1743~1794다(그림 11.6). 그는 공기가 대기압과 같은 압력을 나타낸다는 사실로부터 공기가 무게를 가질 것이라고 추론했고, 블랙의 실험에서 제기된 플로지스톤설에 대한 의문에 동조했다. 그는 프리스틀리가 산화 수은을 갖고 한 실험을 똑같은 방법으로 하면서 기체가 빠져나가지 못하게 밀폐된 용기를 사용했다. 이 실험으로 그도 프리스틀리의 실험에서와 마찬가지로 산화 수은을 얻었다. 하지만, 반응 전후의 용기와 용기 안에 들어 있는 물질의 무게는 변하지 않는다는 것을 알게 되었다. 그는 용기에 있는 기체가 물질의 연소를 방해하고 호흡을 어렵게 하는 성질이 있으며, 그 양은 처음 용기에 들어 있던 공기의 80% 정도인 것을 알아내었다. 다음으로 그는 산화 수은이 들어 있는 용기를 진공으로 만든 후 가열하여 수은을 얻는 반응에서 나온 기체를 분석해서 이 기체의 양이 원래 수은을 반응시킬 때 썼던 공기의 20% 정도고, 이 기체가 연소를 돕고 호흡할 수 있는, 프리스틀리가 발견한 '플로지스톤이 없는 공기'와 같다는 것을 확인했다. 그는 처음 실험에서 발견한 기체를 '질소nitrogen', 나중 것을 '산소oxygen'라고 이름 붙였다. 그는 또한 이 산소와 캐번디시가 발견한 '가연성 공기'를 반응시키면 물이 얻어진다는 것도 알아내었다. 탈레스 시절부터 원소의 하나로 인정되었던 물이 사실은 원소가 아니라 화합물이었던 것이다.

라부아지에는 앞서 설명한 실험을 통하여 반응 전후의 질량은 불변하다는 사실을 처음으로 확인했다. 이로서 2000년 이상 굳게 믿어져 왔던 '반응 전후에 반드시 질량은 변한다'는 연금술의 오류를 불식시키고 동시에 기체도 질량을 가지는 물질의 한 종류라는 사실을 확립하고 100년간 지속되어 온 플로지스톤설이 허구라는 것도 입증되었다. 이것이 바로 현재 우리가 알고 있는 '질량보존의 법칙the law of mass conservation'의 출현 과정이다. 또한 라부아지에는 공기는 산소와 질소의 혼합물이며 물은 수소와 산소의 화합물임을 확인하여 물과 공기가 원소라고 한 아리스토텔레스의 주장이 틀렸음을 보였다. 더 나아가 그는 이 반응 과정을 통하여 수은 원소와 산소 원소가 합치면 산화 수은이 되고 산화 수은을 가열하면 수은과 산소 기체가 생성되는 사실에서 화학 반응은 원소의 이합집산 현상임을 밝혔다. 1789년 라부아지에는 저서 《화학요론Traité élémentaire de chimie, 영어명 Elements of Chemistry》에서 산소, 질소, 수소 등을 포함해서 33가지 원소에 대해 기술했다. 2000년 넘게 내려온 아리스토텔레스의 4원소설이 공식적으로 무너지고 현대적인 원소 개념이 나타난 것이다. 하지만 그의 33개 원소 중에는 빛

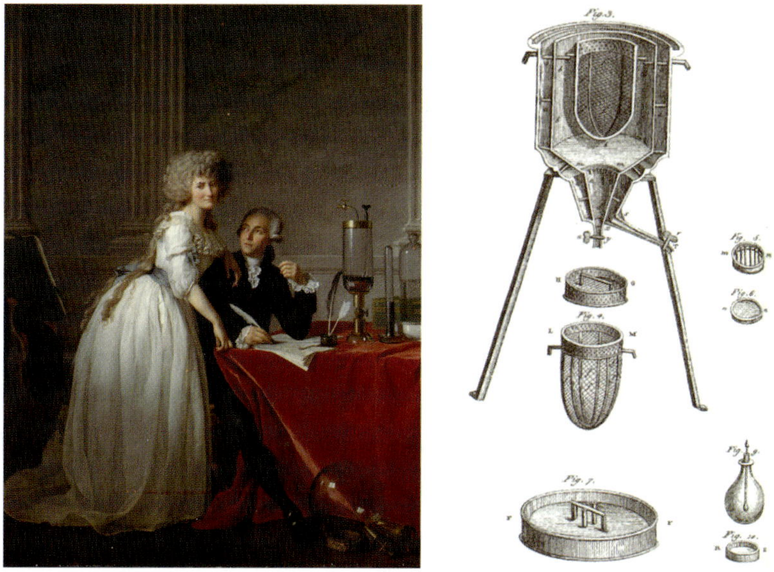

그림 11.6 '라부아지에와 그의 부인', 다비드(Jacques-Louis David, 1748~1825)작(왼쪽). 라부아지에의 부인이 그린 것으로 알려진 라부아지에의 실험 도구 그림(오른쪽).
출처: Wikimedia Commons.

과 불이 질량이 없는 원소로 들어 있었다. 이와 같은 라부아지에의 원소에 대한 관점은 1803년 돌턴John Dalton, 1766~1844이 원자론을 제안하는 바탕이 되었으며, 19세기에 원자와 같은 미시세계에 대한 접근을 가능하게 하는 길잡이가 되었다.

4. 지질학의 태동

오늘날 우리가 알고 있는 지질학에 관한 지식의 상당 부분은 산업혁명의 여파로부터 나온 것이라 할 수 있다. 증기기관의 발명으로 증기기관은 물론 증기기관으로 움직이는 공장의 기계와 증기기관차와 증기선이 대대적으로 만들어졌다. 이들 기계를 제작하기 위해서는 철이 많이 필요했고 증기기관을 움직이기 위해서는 석탄 역시 많이 필요했기 때문에 광산을 깊이 파고 들어가고 철도를 놓고 운하를 뚫는 대규모의 토목 공사를 하면서 지층과 화석 등 새로운 지질학적 사실들이 발견되기 시작했기 때문이다. 지층이 오랜 시간에 걸쳐 형성되었다는 사실과 함께 각 지층에서 발견되는 화석 자료는 진화론의 근거가 되었다. 하지만, 오늘날 우리가 알고 있는 지질학적 지식과 진화론은 19세기에 확립된 것이고 18세기에는 아직 이들 분야의 씨앗이 만들어졌다고 할 수 있을 것이다.

18세기 말에서 19세기 초에 지구의 표면이 어떠한 과정으로 만들어졌는가에 대한 논쟁이 치열하게 있었다. 오늘날에는 이를 격변설catastropic theory와 동일과정설uniformitarian theory로 구분하여 설명한다. 격변설의 시작은 베르너Abraham Gottlob Werner, 1749~1817의 수성론水成論, neptunism이고 동일과정설의 시작은 허턴James Hutton, 1726~1797의 화성론火成論, plutonism이라 할 수 있다.

18세기 당시 지층의 조성에 관한 일반적인 시각은 지층의 아래 부분은 화강암granite이나 편마암gneiss과 같은 단단한 암석으로 이루어져 있고 윗부분은 석회암limestone이나 사암sandstone과 같은 무른 암석으로 이루어져 있으며 중간부분은 윗부분과 아랫부분의 중간적 조성으로 이루어져 있다는 것이었다. 독일의 베르너는 초기의 지구 표면은 원시 바다에 잠겨 있었고 시간이 지나면서 점진적인 침적 현상이 일어나서 단단한 암석이 먼저 침강하고 무른 암석이 나중에 침강하여 현재와 같은 지층구조를 조성했다고 주장했다. 이 이론으로 그는 높은 산 위에서 발견되는 조개의 화석 등을 설명할 수 있었다. 하지만 그는 화산의 분출현상은 땅속에 있는 석탄이 연소되는 것으로 설명했으나 석탄이 연소되는 원인에 대하여는 설명하지 못했다. 더 나아가 이 수성론은 침적이 일어난 다음 지표면에 남아 있어야 하는 물이 어디로 갔는가에 대한 설명을 할 수 없었다. 바닷물이 많기는 하지만, 수성론이 성립하기 위해서는 훨씬 많은 물이 필요했을 것이기 때문이다. 또한 암석이 물에 잠겨 있으면 갈려서 작은 입자로 바뀌었어야 하는데, 반대로 거대한 암석이 존재한다는 점도 수성론에 대한 반론의 근거가 되었다.

이에 반해 허턴은 지구는 초기에는 불덩어리였으며 지표면부터 안쪽으로 서서히 냉각되면서 지층이 형성되었고 그 안쪽에는 아직까지도 용광로의 쇳물과 같이 여러 물질이 녹아 있는 용융 상태라는 주장을 했다. 그는 용융 상태에서 서서히 냉각되면서 침적현상이 일어나 단단한 암석은 아래층에 생기고 무른 암석은 위층에 분포한다고 했다. 이 이론에 따르면 화산의 분출은 땅속에 있는 용융 상태의 물질이 나오는 것이라고 자연스럽게 설명할 수 있고, 물의 양에 대한 문제도 지표가 냉각되면서 많은 양의 물이 땅속으로 들어가 지하수를 이루어서 지표면에 물이 많지 않은 것처럼 보이는 것이라고 설명할 수 있다. 화산이 폭발할 때 나오는 기체의 80%가 수증기라는 점은 이 이론을 뒷받침하는 근거가 되었다. 더 나아가 수성론에 대한 반례로 제시된 거대한 암석의 존재에 대한 문제는 화성론에 대해서는 문제가 될 수 없었다. 허턴은 이와 같은 냉각현상은 시작도 끝도 없이 진행되고 있는 자연현상이라고 주장했으며, 이 주장은 후일 오늘날 정설로 받아들여지고 있는 동일과정설로 이어졌다.

수성론과 화성론 사이의 논쟁과는 별도로 스미스William Smith, 1769~1839는 지층에 대한 또 다른 지질학적 주장을 했다. 그는 저서 《편성된 화석으로 확인되는 지층Strata identified by organized fossils》에서 '지층누증의 법칙地層累重法則, Law of Superposition'과 '지층동정법칙地層同定法則, Law of strata identified by fossils'을 주장했다. 즉 지층의 아래층은 위층보다 더 오래 전에 형성된 것이며 지층에서 발견되는 화석은 해당 지층이 만들어질 때 있었던 생명체의 것이라는 것이다. 오늘날의 시각에서 보면 당연한 것이지만, 이 주장은 지층형성이 점진적인 침강현상으로 이루어진다는 것과 함께 지층의 성분과 화석이 된 생명체는 그 지층이 형성되던 시기의 기후 등 환경적 상태를 반영한다는 논리적인 결론을 이끌어내 지각의 역사와 함께 생명의 역사를 추적할 수 있는 중요한 이론적 근거를 제공하는 것이었다.

5.

전기 에너지의 발견

전기 에너지는 18세기의 과학이 후대에 준 커다란 선물이라고 할 수 있다. 현대 문명 속에서 살고 있는 우리의 주변을 돌아보면 운송 수단과 취사에 사용되는 화석에너지를 제외하면 거의 모든 곳에서 전기에너지를 사용하고 있다는 것을 알 수 있다. 전기에너지만큼 수송, 저장, 그리고 사용량을 조절하기 쉬운 에너지가 없기 때문이다. 만약 전기에너지가 없었다면 우리가 오늘날과 같은 일상생활을 누릴 수 없었을 것이며, 현대 문명을 대변하는 대도시가 이루어지거나 유지될 수 없었을 것이다. 어떤 면에서 보면, 인간의 역사를 최초에 불을 발견하고 이용한 이후로 지속적으로 보다 강력하고 편리한 에너지원을 찾아 온 과정으로 볼 수도 있다. 하지만 에너지가 편리함과 잠재적으로 재앙을 함께 담고 있다는 점에서 현재 우리가 누리는 에너지의 풍요가 과연 축복인지 아닌지는 좀 더 두고 보아야 할 것이다. 여하튼 오늘날의 우리의 삶의 모습을 규정짓는 데 있어서 전기에너지는 필수불가결한 것이 되었고, 그 시작은 18세기에 있었다는 점에서 역사가 현재에 주는 영향을 새삼 느끼게 된다.

인류가 전기에 대해 경험하기 시작한 것은 무척 오래된다. 마찰을 일으키면 정전기가 생긴다는 것은 고대 그리스 시대에도 알려졌었다. 또한 전기와 밀접한 관계를 갖는 자성도 고대 그리스 시대부터 알고 있었다. 그러나 이들의 중요성을 깨닫지 못하고 단지 신비스러운 현상 정도로만 여겼었다. 16세기 말 길버트가 전기와 자기에 대해 연구를 했으나, 광범위한 관심을 끌지는 못했었다. 18세기에 들어서 1733년에 뒤

페Charles Du Fay, 1698~1739는 정전기에는 두 가지 종류의 전하가 있으며 같은 전하끼리는 서로 반발하고 다른 전하끼리는 서로 잡아당기는 성질이 있으며, 자기도 비슷한 성질이 있다는 것을 알게 되었다. 그는 이들의 유사성으로부터 전기와 자기 사이에는 상관관계가 있을 것이라고 했다.

이탈리아의 의사 갈바니Luigi Galvani, 1737~1798는 전기에 대한 근육의 반응을 알아보기 위해 개구리의 다리에 서로 다른 두 가지 금속을 동시에 접촉시킬 때 다리가 움직인다는 사실을 발견하고 이를 생체전기라고 불렀다(그림 11.7). 사실 이 현상은 금속마다 갖는 서로 다른 전위차 때문에 일어나는 현상이라서 생체전기라고 한 그의 해석은 틀린 것이다. 하지만 지금도 이러한 원리를 이용하여 서로 다른 두 종류의 금속 전극으로 이루어진 전지를 갈바니 전지라고 부른다. 이탈리아의 볼타Alessandro Volta, 1745~1827는 전기와 전지에 대한 연구로 많은 업적을 남겼다. 그는 서로 다른 금속만으로도 전기가 발생하는 것을 밝혀, 갈바니의 생체전기 이론이 틀렸다는 것을 증명했고, 아연과 구리 전극을 이용한 볼타 전지를 개발했다. 또한 그는 단위전기량이 얻을 수 있는 일의 양을 측정하는 전압계를 발명했다. 현재 전압의 단위로 사용되는 볼트Volt, V는 그의 이름에서 유래된 것이다(그림 11.8). 덴마크의 외르스테드Hans Christian Ørsted, 1777~1851은 전기와 자기의 연관성에 대하여 연구했다. 그는 우연히 전선에 전류가 흐를 때 전선 주위에 있는 나침반의 바늘이 남북이 아닌 방향을 가리키는 것을 발견하고 이에 대한 연구를 하여 전선에 전류가 흐를 때 전선 주위로 자기장이 형성된다는 것을 밝혔다. 1820년에는 프랑스의 물리학자 앙페르André M. Ampère, 1775~1836도 전류가 흐르고 있는 전선들 사이에 인력 또는 척력이 작용하며 전류가 흐르고 있는 전선은 자석과 마찬가지로 철을 잡아당긴다는 사실을 발견하고 전기장 내에서 자기장이 발생한다는 전자기 이론을 개발했다. 오늘날 우리가 사용하는 전류량의 단위인 암페어A는 그의 이름에서 유래된 것이다. 프랑스 물리학자 쿨롱Charles A. Coulomb, 1736~1806은 아주 작은 힘도 잴 수 있는 비틀림 저울torsion balance을 발명하고, 이것을 이용해서 전하로 대전된 구 사이의 힘에 대한 연구를 통해 서로 다른 전하 사이에는 인력이 작용하고 같은 전하끼리는 척력이 작용한다는 것과 그 힘의 세기는 거리의 제곱에 반비례하고 전하량의 곱에 비례한다는 쿨롱의 법칙을 알아냈으며, 자기에 대해서도 비슷한 현상이 일어난다는 것을 발견했다. 오늘날 전기량의 단위로 사용되는 쿨롱C은 그의 이름에서 유래된 것이다. 독일의 옴George Simon Ohm, 1789~1854은 오늘날 알고 있는 저항에 대한 원리인 옴의 법칙을 알아내었다.

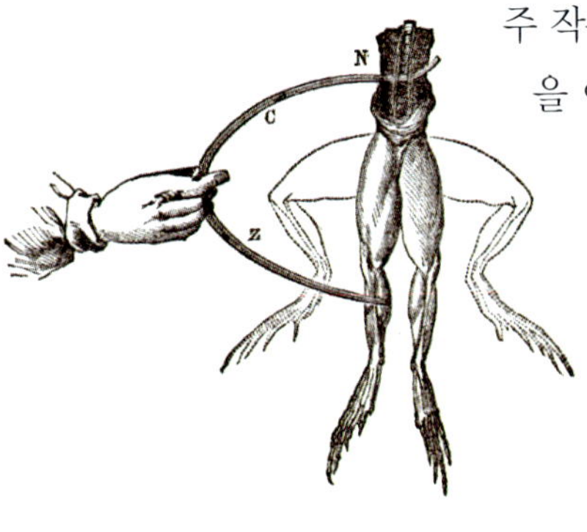

그림 11.7 갈바니의 동물전기 실험.
출처: Wikimedia Commons.

그림 11.8 나폴레옹에게 전기에 대해 설명하는 볼타. 베르티니(Giuseppe Bertini, 1825~1898) 작.

영국의 데이비Humphrey Davy, 1778~1829는 염화칼륨KCl에 전기를 통하자 이것이 녹으면서 불이 붙는 현상을 관찰했다. 염화칼륨은 녹는점이 770°C로 상온에서는 고체인 물질이다. 이 물질이 녹는다는 것은 매우 높은 온도가 발생한 것을 의미하여, 불이 붙는 것은 이렇게 녹은 염화칼륨이 전기분해되어 칼륨 금속이 생기며 이 칼륨이 공기 중의 산소와 반응한 것으로 이해된다. 그는 이 현상을 보고 물질을 구성하고 있는 원소들이 전기와 밀접한 관계가 있음을 알았으며, 이 방법을 이용해서 나트륨, 칼륨, 마그네슘, 칼슘 등 금속원소들을 얻었다. 데이비의 제자였던 패러데이Michael Faraday, 1791~1867는 1833년 화학 반응에 관여하는 전자 1몰을 생성시키기 위해서는 96,500 쿨롱의 전기량이 필요하다는 것을 알아내었다. 오늘날 이 양을 1 패러데이F라 하여 전기화학 분야에서 사용하고 있다. 그는 자기에 대해서도 많은 업적을 남겼다. 1845년에는 자석 주위의 공간에는 자기장이 존재하며 그 자기력의 방향은 자석 주위에 철가루를 뿌렸을 때 철가루가 만드는 줄무늬 모양과 같은 것임을 알아냈다. 또한 물질의 자기적 성질은 반자성反磁性, diamagnetism과 상자성常磁性, paramagnetism으로 나눌 수 있으며, 이는 물질 안에 형성되는 자기력의 방향과 공간에 생기는 자기력의 방향과의 관계로부터 알 수 있다고 했다. 즉 반자성은 물질 안의 자력 방향이 공간의 자력 방향과 반대되는 경우이고 상자성은 물질과 공간의 자력 방향이 서로 같은 경우다. 또한 그는 편광된 빛의 편광면이 자기장에 의해 회전된다는 사실을 발견하고 빛이 자기장의 영향을 받아 파동으로 변한다고 생각했다. 이 발견은 훗날 빛을 전자기파electromagnetic wave로 파악하는 단서가 되었다.

이상으로 전기에 대한 거의 모든 중요한 발견과 개념들이 18세기 말에서 19세기 중반 사이에 이루어졌다는 것을 확인했다. 하지만 전기에너지가 우리의 일상생활로 들어오기 위해서는 아직 몇 가지 추가적인 발견과 발명이 필요했다. 그들은 19세기 후반과 20세기의 몫으로 남겨졌다.

6.

18세기의 과학사적 의의

18세기에는 데카르트의 기계론적 철학의 세계관이 17세기의 눈부신 성공에 힘입어 확고한 자연관으로 자리 잡으면서 여러 분야에서 많은 새로운 지식들을 축적하는 사상적 동력으로 작용했고, 그 결과 과학기술이 사회발전의 추진력으로 부상했다. 또한 18세기는 17세기에 혁명적 발전을 보았던 물리학과 생물학과는 달리 아직 어둠 속에서 헤매던 화학 분야에서 라부아지에의 업적을 통해 연금술의 허구성과 아리스토텔레스 자연철학의 비합리성을 극복하고 현대의 화학으로 발전하는 터전을 마련하는 화학혁명이 일어났던 시기였다. 여러 가지 원소가 분리되어 원소에 대한 개념이 새로이 만들어졌고 질량불변의 법칙을 정립하여 물질의 변화 과정에는 반드시 무게의 변화가 항상 수반된다는 2000년간 내려왔던 잘못된 믿음에서 해방되었다.

또한 18세기는 산업혁명을 통해서 과학기술이 국가와 사회 경제에 직접적인 영향을 줄 수 있다는 것을 직접적으로 확인한 시기였다. 과학기술의 사회적 위상이 높아졌고 이전까지는 거의 볼 수 없었던 국가와 사회에 대한 과학기술의 소명감 역시 높아졌다는 점에서 오늘날의 과학기술의 위상이 형성되기 시작한 시기라 할 수 있다.

제 12 장

문명사회로의 동력으로 등장하는 19세기 과학기술

18세기 중반 영국에서 일어난 산업혁명의 거센 파도는 유럽 대륙으로 퍼져 도처에서 폭발적인 변화가 일어났다. 특히 새로운 동력원으로 등장한 증기기관은 공업과 교통을 혁명적으로 변화시켰다. 1830년 영국의 맨체스터와 리버풀을 잇는 철도 개통, 1843년 템스강 터널 개통, 1883년 미국 뉴욕의 브루클린 다리 건설 등은 이 당시 산업과 교통의 발전상을 대표하는 사례이다. 이들 사례로부터 이 당시 시멘트 등 건축 자재와 건축 기술의 발전 수준을 가늠할 수 있다.

이러한 변화의 흐름에서 과학기술 분야도 예외일 수 없었다. 19세기는 과학과 기술의 다양한 분야에서 수많은 중요한 업적이 만들어진 시기이고, 이들 업적을 통해 현대의 문명사회를 건설하는 토대가 이루어진 시기이다. 이전 세기에 과학이 국가 산업 발전에 미치는 영향을 체감한 후로 과학에 종사하는 인구가 급격히 늘어났다. 그리고 사회와 과학의 발전은 다양한 분야에서 전문지식을 갖춘 전문가 집단을 만들어냈다. 1840년대를 거치면서 이전까지 자연현상에 대한 인식과 해석을 하는 학문으로 폭넓은 뜻으로 사용되면 '자연철학'이라는 용어는 전문적인 지식이 강조되는 '과학science'이라는 용어로 대체되었다. 오늘날 과학은 합리적이고 체계적으로 전문지식을 다루는 학문 영역을 뜻하는 개념으로 받아들여져서 자연과학은 물론 인문, 사회 관련 분야에도 널리 적용되고 있는데, 그 뿌리가 여기에 있다.

이 당시 프랑스의 École Polytechnique 1794년 설립, 영국의 Royal Polytechnic Institution 1837년 설립, London Polytechnic으로도 불림, 독일의 Technische Hochshule 1745년

최초 설립 이후 다수가 있음 등 과학기술의 각 분야의 전문가 양성을 목적으로 하는 교육기관이 각국에서 설립되었다. 이는 당시의 학문의 세분화와 지식의 전문화의 흐름을 반영한 것으로 볼 수 있다. 영국의 경우 폴리테크닉에서 가르쳤던 과학의 수준이 옥스퍼드 대학이나 캠브리지 대학보다 더 높았다고 한다. 하지만 이들은 영국 교회의 영향 하에 있었기 때문에 성직자만이 교수자가 될 수 있었고 인체 해부가 금지되는 등 학문적 발전에 기여하기에는 많은 제약이 있었다. 대학 교수의 급여는 수강생의 수로 정해졌기 때문에 교수들이 연구를 수행하는 것도 한계가 있어서, 영국의 과학 발전은 몇 사람의 손에 의해 이루어졌고 그 중 많은 수는 학문 연구가 아닌 직업을 가진 사람들이었다. 하지만 독자적인 정체성을 갖고자 했던 스코틀랜드에서는 교회의 영향을 받지 않는 대학이 있었고, 이들이 19세기 영국의 과학 발전에 중심적인 역할을 하게 되었다. 프랑스에서는 1789년에 일어난 시민 혁명 이후 1870년 안정적인 공화정이 나타날 때까지 80년 동안 혁명과 반동의 혼란기가 있었다. 나폴레옹이 집권한 19세기 초반에는 École Polytechnique를 중심으로 국가적 지원에 힘입어 과학 발전을 선도했지만, 중반기를 넘어서면서 대학들이 관료주의적으로 변하면서 연구 활동이 많이 위축되었다. 독일은 19세기까지 300개 가까운 작은 나라들로 쪼개져 있어서 영국과 프랑스에 뒤처져 있었다. 교육도 많이 뒤처져서 19세기 초에 활동했던 독일 과학자 중에는 프랑스 등 외국에서 교육을 받은 사람들이 많이 있었다. 1809년 가장 큰 나라인 프로이센Preussen에서 교육부 장관 훔볼트Wilhelm von Humboldt 1767~1835가 베를린 대학Humboldt University of Berlin을 세운 것을 시작으로 적극적으로 고등교육의 개편에 나섰다. 다른 나라에서도 따라서 대학을 세워 대학의 숫자가 많아지자 서로 유능한 교수를 스카우트하는 경쟁이 일어났다. 화학자 리비히Justus von Liebig, 1803~1873는 기센 대학Universität Gießen에서 처음으로 교육과 연구를 병행할 수 있는 환경을 조성했고, 이 모형이 독일의 다른 대학에서도 받아들여졌다. 이때부터 대학의 재정은 국가가 부담하지만 교육과 연구는 교수의 자율에 맡기고 학생들도 수강 내용과 범위를 학생 스스로 정하는 독일 특유의 '학문의 자유Academic Freedom'의 전통을 시작했다. 이후 많은 과학자들이 자발적으로 응용과학뿐만 아니라 기초과학 분야에도 참여하면서 선진국과의 격차를 줄이기 시작하여 19세기 후반에서 20세기 초반에는 과학기술 분야의 선도자로 나서게 되었다. 한편 광활한 영토를 차지했지만, 산업 발전의 역사가 짧은데다 인구가 적은 미국은 19세기에는 효과적으로 산업 발전을 이끌기 위해 실용적이고 대량생산이 가능한 응용과학과 기계화에 주력했고 과학 교육 역시 기초과학보다는 응용과학을 중시했기 때문에 20세기 후반에 들어서 선도적인 위치에 오르기 전까지는 과학 분야에서의 세계적인 위상이 그리 높지는 않았었다.

17세기 이후 과학혁명과 발전을 이끌었던 기계론적 철학은 19세기에는 과학기술의 발전에 힘입어 주도적인 사조로 부상했다. 수학자 라플라스Pierre-Simon Laplace, 1749~1827는 "우주의 모든 입자의 위치와 속도를 안다면 우주의 미래를 예측할 수 있다"는 결정론적 주장을 했는데, 이는 뉴턴 철학에 대한 확신을 반영한 것이고 당시의 사조를 대변하는 것이다. 이러한 관점의 자연관은 독단이나 신비성을 용납하지 않는다는 점에서 유물론적이라 할 수 있으며, 마르크스Karl Heinrich Marx, 1818~1883의 유물론적 역사관도 이러한 시대적 상황에서 나온 것이다. 실증주의 철학자 콩트Auguste Comte, 1798~1857는 관념적인 자연철학과 낭만주의 철학은 물론 절대적인 신의 존재와 능력으로 자연현상을 이해하려는 종교철학에 반대하고 자연현상에 내재하는 규칙성을 바탕으로 하는 과학적 접근 방식이 모든 현상에 적용될 수 있는 가장 올바른 방법이라고 주장했다. 그는 실존하는 물체와 그 운동이 자연현상의 근원이며 이러한 세계관이 새로운 철학적 시각의 중심이 되어 결정적인 논리를 이끌어내야 한다고 주장했다. 맬서스Thomas Robert Malthus, 1766~1834의 인구 이론은 콩트의 이념과 일맥상통하는 것이다. 19세기의 중요한 업적 중 하나인 다윈Charles Robert Darwin, 1809~1882의 진화론의 영향으로 스펜서Herbert Spencer, 1820~1903의 사회 진화론이 출현했다. 그는 실체를 파악하는 데 있어서 정적인 면에 치중하면 아주 조금씩 변천해 가는 동적인 진화의 섭리를 이해할 수 없다고 하면서 단순성에서 복잡성으로 진화하는 것은 우주의 모든 것에 적용되는 보편적인 법칙이며 사회 현상도 그에 속한다고 했다. 그는 또한 실체의 근원에 대하여, 종교적인 범주에 속하는 것을 과학적 접근방식으로 설명이 불가능한 영역으로 구분하여 종교를 과학에서 분리시키고자 했다.

물론 기계론적 철학에 대한 사상계와 종교계에서의 반발도 적지 않았다. 19세기 전반에 나타난, 모든 것의 근원에 자아가 중심이 되며 실증적인 것보다 이성적이고 형이상학적 인식의 타당성을 강조하는 헤겔Georg Wilhelm Friedrich Hegel, 1770~1831의 절대적 관념철학과 시인 괴테Johann Wolfgang von Goethe, 1749~1832의 낭만주의적 세계관은 이러한 흐름의 한 단면이라고 할 수 있다. 예를 들어 괴테는 태양광이 7가지 색의 빛이 합쳐져서 백색으로 보인다는 뉴턴의 주장에 반대하여 태양광을 애초부터 백색의 한 가지 색의 빛이라는 주장했는데, 이로부터 이들은 관찰된 현상을 분석적이고 실증적으로 보지 않고 대신에 관념적이고 보편적인 철학의 원리로 설명하려고 했다는 것을 알 수 있다. 이외에도 지구가 수십억 년 전에 탄생했다는 지질학자들의 주장이나 인간이 유인원에서부터 출발하여 진화했다는 것을 시사하는 진화론은 지구가 약 7000년 전에 창조되었고 인간은 절대능력을 가진 신의 피조물이라는 성서의 내용에 근거한 종교적 시각에서는 도저히 받아들일 수 없는 것으로서 당시의 신학자들로부터 맹렬한 공격을 받았다. 종교계의 거센 반발에 직면하여 다윈이 자신의 진화론의 전 과정은 역시 신의 섭리에 의하여 이루어진 것으로 생각할 수 있다고 첨언했다는 사실에서 이 당시 과학과 종교 사이의 갈등이 얼마나 심각했는가를 짐작할 수 있다. 이 모든 어려움을 극복하면서 19세기 과학기술은 비약적인 발전을 이룩했다.

1.
천체에 대한 탐구

19세기 천체탐구에 있어서 가장 의미 있는 성과는 아마도 1838년 베셀Friedrich Wilhelm Bessel, 1784~1846이 항성의 연주시차를 측정한 일일 것이다(그림 12.1). 일찍이 브라헤가 코페르니쿠스의 지동설을 증명하기 위해 연주시차를 측정하고자 했지만 실패한 적이 있었다. 베셀이 거둔 성공은 19세기의 발전된 광학기기와 천체관측 시설 덕분이다. 이로써 지구가 공전하고 있다는 사실과 함께 우주가 광대하게 크다는 사실을 확인했고, 오랫동안 끊이지 않았던 지동설에 대한 논쟁을 종식시켰다.

베셀은 자신이 61-Cygni라고 이름붙인 항성에 대한 연주시차를 측정하여 지구로부터 이 항성까지의 거리를 10.3광년으로 계산했다. 광년은 천문학에서 거리를 나타내는 단위로서 1광년은 빛이 1년 동안 진행하는 거리이다. 빛의 속도가 300,000 km/초이므로 지구에서 달까지의 거리 384,000 km는 빛으로 1초 남짓의 시간이 걸리고 태양에서 지구까지의 거리 1.496×10^6 km는 8.5초 정도 걸린다. 빛으로 태양에서 가

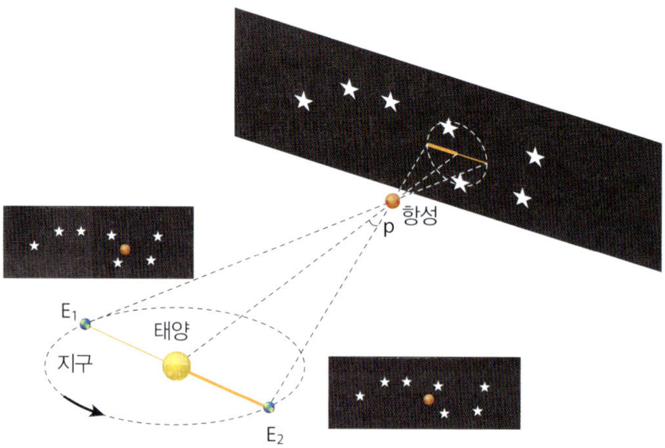

그림 12.1 항성의 연주시차가 나타나는 원리.

장 먼 행성인 명왕성까지는 6시간 걸린다는 것을 생각하면 빛으로 10.3년 걸리는 항성 61-Cygni는 우리의 상상을 뛰어넘는 먼 곳에 있는 별이다. 항성이 지구에서 멀수록 그 항성이 보이는 연주시차가 작아진다. 오늘날에는 측정 방법이 매우 정밀해져서 이 방법으로 100광년 멀리 있는 항성에 대해서도 측정이 가능하고, 실제로 이 방법으로 지구로부터 항성까지의 거리를 측정한다.

19세기에는 천체탐구에 새로운 분석 방법 두 가지가 도입되어서 망원경만으로는 볼 수 없는 것을 볼 수 있는 길을 열었다. 이 두 방법 모두 화학과 물리학의 발전이 있었기 때문에 가능한 것이다. 하나는 천체에서 오는 빛을 사진으로 찍는 사진법이고 다른 하나는 분광학이다. 다게르Louis-Jacques-Mandé Daguerre, 1787~1851가 1839년에 발명한 사진술이 천체 관측에 사용되면서 글이나 손으로 그린 그림으로만 기록되었던 천체 관측 자료가 사진으로 만들어지게 되었다. 곧 태양과 달은 물론 항성과 혜성 등 다양한 천체에 대한 자료가 사진 자료로 만들어졌다. 천체 사진은 이전보다 훨씬 편리하게 그리고 객관적으로 별의 밝기를 측정하는 길을 열었고 순간적으로 지나가는 천문 현상을 오랫동안 관찰하고 비교할 수 있는 길을 열었다. 물리학자 키르히호프Gustav Robert Kirchhoff, 1824~1887와 화학자 분젠Robert Wilhelm Eberhard Bunsen, 1811~1899은 금속을 높은 온도로 가열하면 원소마다 고유한 스펙트럼이 나온다는 사실을 발견하고 이를 이용한 화학 분석법인 원소분광법을 개발했다. 이 방법은 바로 천체에서 오는 빛으로부터 천체를 구성하는 원소를 알아내는 방법으로 활용되었다. 그리고 천체도 지구를 구성하는 원소로 이루어졌다는 사실을 확인하여 아리스토텔레스가 주장했던 천상의 원소 또는 제5원소의 이론이 틀렸다는 것이 확인되었다. 19세기 천문학자들은 물리학의 발전으로 알려지기 시작한 빛의 성질을 이용하여 천체에 대한 스펙트럼을 연구하여 천체의 온도와 조성, 운동 특성 등에 대해 알아내기 시작했다.

2.
19세기 생물학 혁명

생명과학은 '19세기 생물학 혁명Revolution in biology in the 19th century'이라는 말이 있을 정도로 19세기에 큰 성과를 거두었다. 거시적으로는 진화론이 있었고 미시적으로는 세포설과 이와 연관된 세균설이 있었다.

앞서 설명한 것처럼 진화론이 성립되기 위한 바탕은 18세기 이전부터 쌓이기 시작했다. 우선 종의 개념이 논의되어 뷔퐁이 제시한 '좋은 부모를 닮은 자손을 만들 수 있는 개체의 집합'이라는 정의가 받아들어졌다. 그리고 화석 자료를 통해서 종이 사라지기도 하고 새로운 종이 나타나기도 한다는 사실도 받아들여졌다. 허튼과 베르너가 제시한 지표면의 형성에 대한 이론들은 지구의 역사가 매우 길다는 것을 깨닫게 했고 또한 지각의 변화와 생물학의 변화 속도가 매우 느려서 한두 세대 동안의 관찰로는 인지할 수 없을 정도라는 것도 받아들여졌다.

다윈의 시대에는 진화론이 광범위하게 퍼져서 생물계뿐만 아니라 지질과 같은 비생물계 그리고 더 나아가서 인문사회분야에까지 영향을 미치고 있었다. 라이엘Charles Lyell, 1797~1875은 전 세기의 지질학을 더욱 발전시켜 지층 형성 등 지표면의 변천 과정에 대한 이론을 정립했다. 심지어 미국의 인류학자 모건Lewis Morgan, 1818~1881은 문화의 발달과정에 대해서도 진화론과 일맥상통하는 주장을 했다.

이런 배경으로 생물이 진화를 한다는 것은 19세기 초의 과학자들 사이에서는 정설로 받아들여지고 있었다. 문제는 그 원인이 무엇이냐에 대한 것이었다. 18세기 말 라마르크는 부모가 획득한 형질을 자손이 물려받아서 진화가 이루어진다는 용불용설을 주장했지만, 별다른 호응을 얻지는 못했다. 다윈의 조부인 에라스무스 다윈도 생물과 지구의 변화를 포함한 일반론적인 진화론을 제시하기도 했다.

오늘날 우리가 알고 있는 진화론이 정설로 받아들여지는 데 다윈이 한 기여는 바로 진화가 어떤 과정으로 이루어지는가 하는 문제에 대해 자연선택설을 제시했다는 점이다. 사람을 보아도 알 수 있듯이, 한 종에 속하더라도 개체마다 서로 다른 형질을 갖는다. 어떤 형질을 갖는 개체는 주변 환경에 잘 적응하여 자신을 닮은 자손을 많이 만들고 반대로 다른 어떤 형질을 갖는 개체는 환경에 적응하지 못해 자손이 별로 없는 일이 생길 수 있다. 환경의 영향이 지속되면, 이런 일이 대를 이어서 일어날 것이므로 결국 처음 세대의 어느 개체는 대가 끊겨서 그 개체를 닮은 자손이 더 이상 없게 되고 다른 개체는 그 자손의 수가 많이 불어서 그 개체의 형질이 그 종의 특징이 되는 일이 일어날 수 있다. 지역에 따라서 환경의 영향이 서로 다르므로 처음에는 한 종으로 시작했더라도 서로 다른 지역에서 각자의 진화과정을 겪은 자손들은 서로 아주 다른 특징을 보일 수도 있고 심지어는 공통의 자손을 만들 수 없는, 즉 서로 다른 종이 될 수도 있다. 이런 주장을 담은 흔히 《종의 기원》으로 알려진 다윈의 저서의 원래 제목은 《자연선택 또는 생존경쟁의 선택에 의한 종의 기원에 대하여On the origin of species by means of natural selection or the preservation of favoured races in the struggle for life》이다(그림 12.2). 앞서 설명한 자연선택설의 내용이 이 제목에 잘 요약된 것을 알 수 있다. 《종의 기원》에는 자연의 영향뿐 아니라 인간이 만든 환경의 영향으로 종이 바뀌는 수많은 사례도 들어 있다. 예를 들어, 어느 사람이 가축이나 작물을 키우면서 자신이 선호하는 형질을 갖는 것만

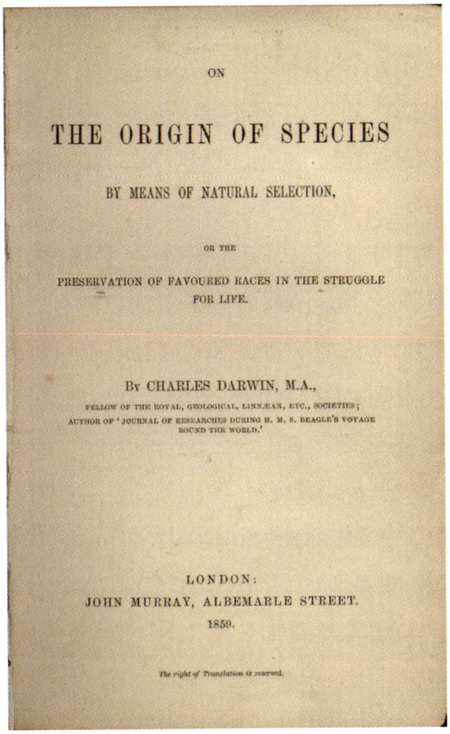
ON

THE ORIGIN OF SPECIES

BY MEANS OF NATURAL SELECTION,

OR THE

PRESERVATION OF FAVOURED RACES IN THE STRUGGLE FOR LIFE.

BY CHARLES DARWIN, M.A.,

FELLOW OF THE ROYAL, GEOLOGICAL, LINNÆAN, ETC., SOCIETIES;
AUTHOR OF 'JOURNAL OF RESEARCHES DURING H. M. S. BEAGLE'S VOYAGE ROUND THE WORLD.'

LONDON:
JOHN MURRAY, ALBEMARLE STREET.
1859.

The right of Translation is reserved.

그림 12.2 다윈의 '종의 기원' 표지.
출처: Wikimedia Commons.

선별하여 키우면 시간이 지나면서 그 사람의 가축이나 작물은 다른 사람의 것과는 다른 특징을 갖게 된다는 식이다. 즉 인공적이든 자연적이든 환경의 영향으로 종이 바뀔 수 있다는 것과 그러한 과정에 대한 설명, 그리고 이런 주장을 뒷받침하는 수많은 사례를 들어서 진화와 진화의 동력으로서 자연선택설에 대한 확고한 논증을 한 것이다.

다윈이 이 책을 발표하게 된 배경에 대한 일화가 있다. 그가 자연선택설을 생각하게 된 계기가 되었던 비글Beagle호 여행은 1831년부터 1836년에 있었지만, 그가 《종의 기원》을 출간한 것은 1859년으로 20년이 넘는 시간차가 있다. 그의 건강 상태가 나빴던 것 등도 이유가 되겠지만, 무엇보다도 종교계의 시각이 부담스러웠던 것으로 이해된다. 그러던 중에 1858년 월러스Alfred Russel Wallace, 1823~1913가 자신과 똑같은 생각을 담은 논문 원고를 그에게 보내자, 이에 자극을 받아서 《종의 기원》을 쓴 것이다. 《종의 기원》의 서문에는 보다 자세한 내용을 담은 책은 나중에 발표할 것이고 《종의 기원》은 그 책의 초록abstract이라는 대목이 나오는데, 이것으로 보아서 월러스의 논문이 그를 다급하게 만들었을 것이라고 추정된다. 하지만 '초록'인 《종의 기원》은 무려 800쪽이 넘는 방대한 저서이다. 그리고 그가 약속한 보다 자세한 내용을 담은 책은 나오지 않았다. 이런 사실로부터 자연선택설의 우선권은 월러스에게 가야 하고 다윈의 업적을 그리 중요하지 않은 것으로 볼 수도 있을 것이다. 하지만 만약 다윈의 《종의 기원》이 없이 월러스의 논문만 발표되었다면, 진화론과 자연선택설이 쉽게 정설로 받아들여지는 데 더 많은 시간이 필요했을지도 모를 일이다. 왜냐하면, 다윈은 지렁이, 산호초 등 다양한 생명체에 대한 생태학적인 연구로 이미 명성이 높았었던 생물학자였기 때문에 그의 권위가 주는 영향이 컸을 것이며, 월러스의 짧은 논문만으로는 수많은 증거를 담은 방대한 저서 《종의 기원》만큼 설득력이 없었을 수도 있기 때문이다.

과학사에는 월러스와 다윈의 경우와 같이 여러 사람이 각자 독자적으로 연구하여 서로 비슷한 결론을 비슷한 시기에 낸 일이 여럿 있다. 이런 경우를 과학사에서는 '동시적 발견'이라 한다. 아마 뉴턴과 라이프니츠Gottfried Wihelm Leibnitz, 1646~1716가 각자 독자적으로 미적분학을 개척한 일이 가장 오래된 예가 될 것이다. 이런 경우에 우선권을 두고 논쟁이 일어나는 것이 보통이다. 그러나 다윈과 월러스의 경우에는 1858년에 두 사람의 공동명의로 자연선택설을 주장하는 첫 번째 논문이 나와서 이런 문제는 없었다.

다윈이 자신의 진화론을 이루는 과정에서 그가 젊은 시절에 했던 세계탐구여행은 결정적인 영향을 주었던 것으로 보인다. 그는 에든버러Edinburgh 대학에서 의학을 공부하다가 신학을 공부하기 위해 캠브리지 대학으로 옮겼다. 둘 다 의사인 부친이 권해서 일어난 일이다. 하지만 그는 캠브리지에서도 박물학에 관심이 많았으며 거기에서 박물학자인 헨슬로John Henslow, 1795~1861 교수를 만나게 되었다. 대학을 졸업하고 헨슬로의 추천으로 마침 세계탐사여행을 떠나는 비글호에 오르게 되었다(그림 12.3). 출발하는 그에게 헨슬로는 라이엘의 저서 《지질학의 원리》를 선물했다. 비글호는 1831년 영국을 출발하여 브라질, 페루, 갈라파고스Galapagos 군도, 뉴질랜드, 오스트레일리아, 그리고 다시 남미 대륙을 거쳐 1836년 영국으로 귀환했다. 여행에서 수집한 자료들을 정리하면서 그는 화석과 그 화석이 발견된 지층과의 상호관계를 토대로 진화의 여러 가지 상황을 파악할 수 있었다. 특히 갈라파고스 군도 탐사에서 가져온 자료를 통해서 자연환경이 진화에 영향을 준다는 사실을 뒷받침하는 많은 증거를 얻을 수 있었다.

갈라파고스 군도는 적도에 위치한 에콰도르Equador 본토에서 서쪽으로 약 800 km 떨어진 곳에 위치한 21개의 크고 작은 섬들로 이루어져 있다. 지각의 팽창으로 본토로부터 떨어져 나간 후 화산 용암의 분출로 생겨났으며 섬과 섬 사이가 아주 먼 곳은 80 km나 된다. 이곳은 북미대륙 연안에서 유입되는 난류와 남극에서 남미대륙 연안을 따라 유입되는 한류가 합류하면서 여러 종류의 생태계가 존재하는 곳이다. 따라서 육지와 바다의 생태계가 에콰도르 본토와 갈라파고스 군도 사이에 차이가 나는 것은 물론

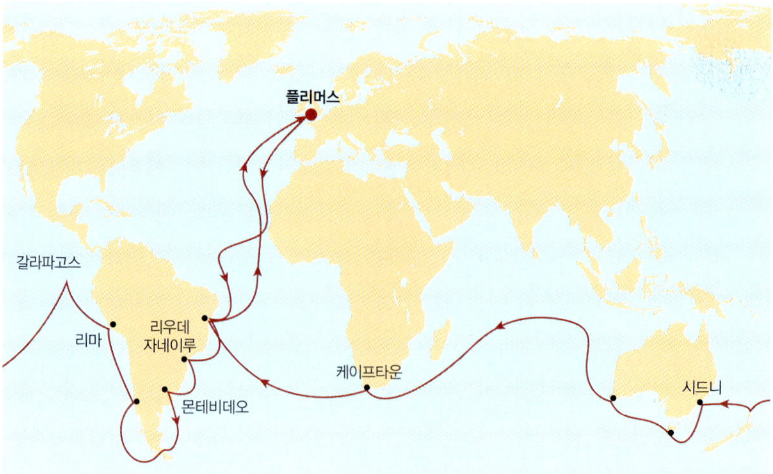

그림 12.3 비글호의 항해 경로.

이고 갈라파고스 군도의 섬과 섬 사이에서도 차이점이 발견된다. 예를 들어 갈라파고스 군도에 서식하는 거북이는 무게가 250 kg나 되어 본토에 서식하는 90 kg 정도의 거북이에 비하여 아주 거대한데 이는 섬에는 먹이도 풍부하고 먹이를 약탈하는 자도 없기 때문이다. 또한 거대한 거북이 사이에서도 토양이 메마르고 선인장이 많은 섬의 거북이는 목이 길고 풀이 많은 섬의 거북이는 목이 짧아 목의 길이만으로도 어느 섬의 것인지 알 수 있다. 갈라파고스 군도에는 먹이가 많고 천적이 없어서 새들의 날개가 많이 퇴화되었다. 뜸부기는 날개가 필요 없을 정도가 되었고, 가마우지도 물에서 먹이를 사냥할 때에 물을 갈겨 칠 때만 날개를 쓴다. 다윈은 갈라파고스 섬 안에서 각각의 먹이의 서식 환경에 따라 14종의 부리가 다른 형태의 조류를 분류하기도 했다(그림 12.4).

헉슬리Thomas H. Huxley, 1825~1895나 헤켈Ernst Heckel, 1834~1919와 같은 생물학자들은 이와 같은 다윈의 진화론을 적극적으로 받아들였다. 이들은 해부학적으로 유인원의 골격 구조가 원숭이들보다 인간에 더 가깝다는 사실을 상기시키기도 했다. 하지만 생물학자 오언Richard Owen, 1804~1892과 지질학자 아가시Louis Agassiz, 1807~1873 등 진화론에 대해 반대의 의견을 가진 과학자도 있었고, 특히 종교철학자들은 성서에 나오는 창조론에 근거하여 자연에 있는 모든 종은 조물주가 창조한 것이므로 종이 변할 수 없다는 주장으로 맹렬히 반대했다.

비록 《종의 기원》이 종이 변한다는 사실과 그 과정을 설득력 있게 설명했지만, 왜 그런 일이 일어나는지에 대해서는 적절한 설명을 하지 못했다. 그 설명을 위해서는 유전자gene의 개념이 있어야 했는데, 다윈의 시대에는 유전자에 대해 알려진 것이 없었던 것이다. 유전자의 존재와 기능에 대한 실마리는 멘델Gregor Mendel, 1822~1884이 처음 열었다. 수도사인 그는 수도원 정원에 두 가지 다른 콩을 교배하여 심었더니 그 자손에서는 이들이 일정한 비율로 나온다는 것을 발견했다(그림 12.5). 그는 이 사실을 1865년과 1869년 두 차례에 걸쳐 《브륀 자연과학협회지Verhandlungen des naturforschenden Vereins Brünn》라는 동호인 잡지에 발표했다. 하지만, 이 논문이 발표될 당시에는 아무도 관심을 기울이지 않았었다. 그가 주류 생물학자가 아니었고 그가 논문을 발표한 학술지 역시 주류가 아니었던 점 그리고 그의 연구 방법이 당시에는 익숙

그림 12.4 다윈의 《비글호 항해기(The Voyage of the Beagle)》에 나온 핀치. 핀치는 참새과에 속하는 새의 종이다.
출처: Wikimedia Commons.

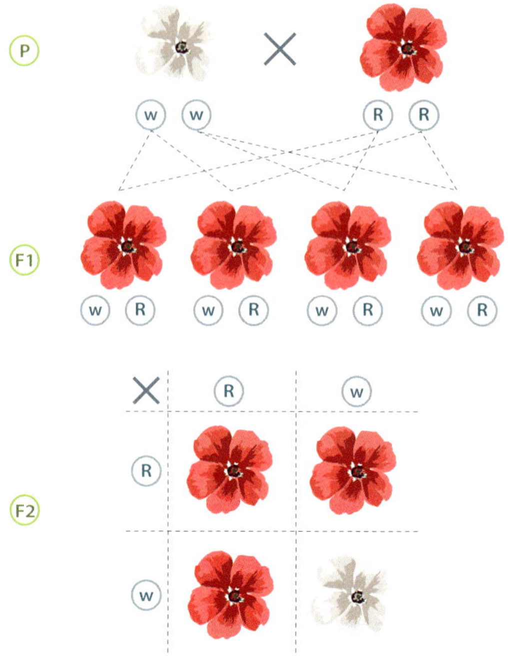

그림 12.5 멘델의 유전 법칙. 수 세대에 걸쳐 붉은 꽃 또는 흰 꽃만을 피우는 것이 확인된 순종 부모 세대(P)를 교배한다. 자식 제1세대인 F1에는 모두 붉은 꽃이 핀다. 이로써 붉은 꽃을 피우는 유전형질이 흰 꽃을 피우는 유전형질에 비해 우성임을 알 수 있다. 한편, F1을 다시 교배하여 얻은 자식 제2세대인 F2에서는 붉은 꽃과 흰 꽃이 3:1의 비율로 나타난다. 이는 열성인 흰꽃 인자가 사라진 것이 아니라 자식 세대의 유전인자 안에 잠들어 있는 것이기 때문이다. 여기서 실제 나타난 꽃의 색인 "표현형"과 이것을 유전시키는 형질인 "유전자형"을 구분하게 된다. 붉은 꽃의 유전형을 R, 흰 꽃의 유전형을 w라 하면, 순종 우성인 붉은 꽃(RR), 유전형이 혼합된 붉은 꽃(Rw), 순종 열성인 흰 꽃(ww)으로 구분된다. 따라서 표현형의 비인 3:1은 RR:Rw:ww의 비인 1:2:1로 표현될 수 있다.

하지 않았던 통계적인 것이라서 쉽게 받아들여지기 어려웠을 것이라는 점, 그의 논문 제목이 〈작물의 잡종 교배에 대한 실험〉이라는 제목으로 발표되어서인지 유전에 대한 것이라기보다는 교배에 대한 것으로 받아들여졌던 점 등이 그 원인일 것이다. 멘델의 발견은 35년 뒤에 재발견되어서 세상에 알려졌다. 네덜란드의 더프리스Hugo de Vries, 1848~1935, 독일의 코렌스Carl Correns, 1864~1933, 오스트리아의 체르마크Erich Tschermak von Seysenegg, 1871~1962가 1900년을 전후하여 서로 독립적으로 멘델과 같은 결과를 얻어 논문을 준비하면서 멘델의 연구 결과에 대해 알게 된 것이다. 더프리스는 달맞이꽃으로 실험하면서 멘델이 발견하지 못한 것도 발견했다. 그는 원인을 알 수는 없었지만, 부모와는 아주 다른 새로운 형질을 갖는 개체가 나타나고 그 자손들이 이 형질을 물려받는 경우가 아주 드물게 있다는 것을 발견한 것이다. 즉 그는 돌연변이를 처음으로 발견한 것이다. 그는 돌연변이가 일어나는 경우, 대부분은 개체에게 좋지 않은 형질이 나오지만, 드물게는 개체에게 득이 되는 형질이 나오기도 하는 것도 관찰했다.

오늘날에는 세포에 들어 있는 DNA의 구조와 화학적 특성으로 멘델의 유전 법칙과 돌연변이가 어떻게 일어나는지를 잘 설명할 수 있다. 하지만 비록 1880년대에 염색체chromosome가 발견되었고 1869년에 세포의 핵에는 핵산nucleic acid이라는 화학물질이 있다는 것이 밝혀졌지만 19세기 말에는 아직 이들이 유전과 관련된다는 것조차 파악하지 못한 상태였다. 어떻게 DNA가 유전정보를 담고 어떻게 DNA를 통해서 개체의 유전형질이 후손에게 전달되는지를 이해하게 된 것은 염색체가 수정 과정에서 어떻게 작용하는지, DNA가 염색체의 주요 성분이라는 사실, 그리고 DNA의 화학적 구성이 밝혀지고 나서 이와 함께 DNA가 이중나선 구조를 갖는다는 사실이 밝혀지게 되는 1953년에 되어서야 가능하게 된 것이다.

19세기 생물학 분야에서 있었던 또 다른 중요한 업적으로 세포설과 균에 대한 개념을 확립한 것을 들 수 있다. 진화론이 장대한 시간 동안 일어난 생물학의 거시적인 측면에 대한 것이라면, 세포와 균에 대한 연구는 사람의 눈에는 보이지 않는 생물학의 미시적인 측면에 대한 것이다. 즉 19세기 생물학의 발전은 일상생활 속에서 사람의 눈으로 볼 수 없는 매우 크거나 매우 작은 세계에 대해 눈을 뜨게 되면서 이루어졌다고 할 수 있다. 어떤 면에서는 생물학의 미시적 분야에서의 발전은 현미경을 이용한 관찰을 통해 동식물의 분류학이 더욱 정교해지고 생명체의 구성과 발생 과정의 비밀을 하나씩 밝혀내면서 이루어진 것이므로 17세기에 레이우엔훅이 현미경을 발명하면서부터 이미 예견되었던 일이었다고 할 수 있을 것이다.

세포설은 '모든 생명체는 세포와 세포 작용의 생성물로 구성되어 있다'와 '모든 세포는 세포에서 생긴다'는 두 가지 명제로 요약할 수 있다. 이러한 결론에 도달하기까지는 여러 과학자의 연구 성과가 필요했지만, 슐라이덴Matthias Schleiden, 1804~1881, 슈반Theodor Schwann, 1810~1882, 피르호Rudolf Virchow, 1821~1902 등 세 명의 독일 과학자가 결정적인 기여를 했다. 먼저 슐라이덴이 1838년에 '모든 식물 조직은 세포로 구성되어 있다'고 발표했다. 직후에 동물 세포에 대해 연구하던 슈반이 슐라이덴을 만나서 대화하던 중 자신이 동물 세포에 대해 관찰한 것과 슐라이덴이 식물 세포에 대해 관찰한 것이 매우 유사하다는 것을 깨닫고 1839년에 슐라이덴의 주장을 동물 세포까지 확장한 첫 번째 명제를 발표했다. '세포는 살아있는 세포로부터 만들어진다'는 세포설의 두 번째 명제는 일반적으로 피르호가 주장한 것으로 알려져 있다. 하지만 역사학자 바인딩Paul Weinding에 따르면, 이 결론은 폴란드 출신 유대인인 독일의 레마크Robert Remak, 1815~1865의 업적인데, 피르호가 그의 결과를 자신의 것인 것처럼 발표한 것이라고 한다. 피르호가 자신의 결론을 라틴어로 요약한 'Omnis cellula e cellua all cells come from cells'라는 문구도 프랑스 과학자 라스펠Francois-Vincent Raspail, 1794~1878이 만든 것인데 피르호가 퍼뜨린 것이라고 한다. 레마크는 유대인이었기 때문에 정교수에 오르지 못하는 등의 차별을 받았고, 이런 신분적인 약점 때문에 피르호에게 그의 업적을 빼앗기는 일이 있었을 것이다. 하지만 피르호는 세포설 말고도 백혈병 등 여러 가지 병을 발견하는 등 수 많은 업적을 내고, 특히 복잡한 생명현상은 각 조직과 기관에 있는 다양한 세포의 분업으로 이루어지는 것이므로 세포가 비정상적인 상태가 되면 질병이 생긴다는 세포병리학을 주장하여 병리학의 아버지로 추앙받는 사람이기도 하다. 한편 피르호는 생물학에서 중요한 몇 가지 문제에 대해서는 틀린 주장을 펴기도 했다. 그는 다윈의 진화론을 받아들이지 않았고, 당시에 발견된 네안데르탈인의 화석도 변형된 인류의 화석이라고 주장했다. 또한 질병의 원인에 대해서도 병균이 염증을 일으키는 것이 아니라 염증이 생긴 조직이 균이 살기 좋은 환경을 제공한다고 주장했다. 심지어 전염병의 원인도 병균이 문제가 아니라 빈곤이 문제이므로 사회적인 해결책을 찾아야 한다고도 했다.

질병의 원인이 되는 병균 등 미생물의 존재와 특성을 알아내는 과정에서는 '미생물학의 아버지'로 불리는 프랑스의 파스퇴르Louis Pasteur, 1822~1895, 독일의 콘Ferdinand Julius Cohn, 1828~1898과 코흐Robert Heinrich Hermann Koch, 1843~1910 등이 결정적인 역할을 했다. 사실은 눈에 보이지 않는 생명체가 존재할 것이라는 생각은 무척 오래 전부터 있어왔다. 특히 병이 생기고 전염병이 퍼지는 현상의 원인을 작은 생명체 때문이라고 한 주장은 기원전 2세기 문헌에서도 보인다. 하지만, 19세기 이전까지는 미생물의 존재에 대해서는 단지 의심만 할 수 있을 뿐 아무런 증거를 잡을 수 없었다. 19세기에 들어서 고배율 현미경이 개발되면서 비로소 미생물의 존재를 눈으로 확인하고 이들의 작용을 이해할 수 있게 된 것이다.

파스퇴르는 미생물에 대한 연구를 시작하기 전에는 화학 분야에 대한 연구를 했었다. 그는 1848년 술에서 만들어지는 결정이라는 뜻에서 주석산酒石酸이라고도 부르는 타타르산이 자연에서 얻는 것과 실험실에 합성한 것이 화학적 조성은 같지만, 빛과 상호작용하는 특성이 서로 다르다는 사실을 알게 되었고 그 원인을 찾기 위한 연구를 했다. 그는 합성한 주석산을 현미경으로 들여다보면서 주석산 결정을 모양에 따라 일일이 손으로 분리하여, 합성한 주석산에는 조성은 같지만 광학적 성질이 정반대인 이성질체異性質體, isomer가 섞여 있다는 것과 이 중 하나가 자연에서 생기는 것과 같은 것이라는 것을 밝혀냈다.

그가 미생물에 관심을 갖게 된 것은 1856년부터이다. 사탕무를 발효시켜 알코올을 얻는 과정에서 알코올에 신 맛이 섞이는 일이 있어 이를 해결해달라는 부탁을 받고 연구를 시작하여, 1857년에 알코올을 생성하는 효소와 산을 만들어 신 맛을 내는 효소가 있다는 것을 발표했다. 이전에 베르셀리우스Jöns Jakob Berzelius, 1779~1848와 리비히 등 이름 있는 화학자들이 발효는 물질의 분해 과정이라고 주장했었는데, 이들이 틀렸다는 것을 보인 것이다. 더 나아가 그는 맥주, 와인, 우유 등 음료가 상하게 되는 과정에도 미생물이 관여한다는 것을 알게 되었고, 미생물이 파괴되도록 음료를 60~100°C로 가열하여 음료를 상하지 않고 오래 보관할 수 있는 방법을 개발했다. 이러한 경험으로 그는 동물의 질병도 미생물에 의한 것일 것이라는 생각을 갖게 되었고, 이 생각을 바탕으로 수술실과 수술 도구의 살균법을 개발했다. 당시까지는 균의 발생 원인에 대해 '용액이 있으면 미생물이 저절로 생겨난다'는 자연발생설spontaneous generation이 받아들여지고 있었다. 이에 반대되는 입장인 '생명체에서 생명체가 나온다'는 균이론germ theory of disease이 있었지만, 별로 힘을 얻지 못하고 있었다. 파스퇴르의 발효에 대한 연구 결과들은 균이론을 뒷받침하는 결과였다. 이 두 주장 사이의 논쟁이 커지자, 그는 용액을 끓인 후 더운 공기를 불어넣으면서 용기를 닫으면 용액에 미생물이 생기지 않는 것을 보였다. 그리고 용기 뚜껑을 열어 공기와 함께 먼지가 들어가면 미생물이 생기는 것도 보였다. 더 나아가 그는 S자 모양의 긴 유리관을 용기에 연결해서 공기는 출입하지만 먼지가 용기로 들어갈 수 없도록 하면 미생물이 못 자란다는 것과 이 상태에서 용기를 기울여 용액이 유리관 끝에 있는 먼지와 닿게 하면 미생물이 자라는 것을 보여 자연발생설에 오류가 있음을 증명했다(그림 12.6). 그는 백신을 이용한 면역법도 개발하여 가금家禽콜레라, 탄저병, 광견병 등에 대한 예방 백신을 개발했다. 그가 균을 분리할 수

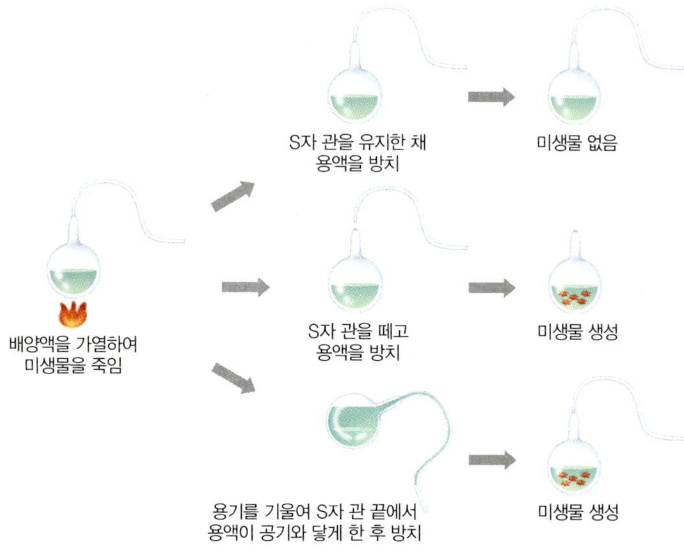

그림 12.6 파스퇴르의 S자 관을 이용한 미생물 발생 실험.

있었던 배경에는 아주 작은 세공細孔의 세라믹 필터가 있었다. 이것은 기기의 발달이 과학 발전에 기여를 한 또 하나의 업적이라고 할 수 있다. 또한 그는 균이 생물의 소화 기능에 도움을 준다는 것도 알아내었다. 이와 같이 그는 생물과 식품에 대한 발효, 부패 및 분해 등에 대한 미생물의 역할을 밝혔고 더 나아가 균과 병의 원인의 연관관계를 밝힘으로써 치료의학과 예방의학의 터전을 마련해서 미생물학의 학문적 기반을 개척한 찬란한 업적을 남겼다. 프랑스는 이러한 그의 업적을 기리기 위하여 1888년 파리에 파스퇴르연구소를 설립했다. 이 연구소는 현재까지 생명과학 분야에서 많은 업적을 남기고 그 권위를 자랑하고 있다.

파스퇴르 이후 19세기 미생물학의 발전은 코흐, 베링, 에를리히 등이 이끌었다. 코흐는 의사로서 1880년 베를린의 왕실보건원 책임자로 초빙되었고 1891~1901년에는 베를린 대학에서 특히 전염병에 대한 연구에 몰두하여 현대 미생물학의 발전에 공헌했다. 1882년 당시 공포의 대상이었던 폐결핵 균의 성질을 연구하여 면역제를 개발했고 1883년에는 콜레라 균을 발견했다. 미생물학자이자 혈청血清학자이며 위생학자이기도 했던 베링Emil Adolf von Behring, 1854~1917은 1890년 디프테리아 치료혈청을 발견하여 혈청치료법의 창시자로 불린다. 그는 전염병에서 살아남은 사람이나 동물의 혈청을 다른 사람이나 동물에게 주입하면 면역효과를 나타낸다는 사실을 알아내었다. 혈청학자이며 약학자이기도 했던 에를리히Paul Ehrlich, 1854~1915는 화학요법chemotherapy이라는 용어를 처음으로 사용했고, 나중에는 이 방법의 창시자로 인정받는 사람이다. 그는 박사학위 과정에서 유기염료를 이용해서 세포를 선택적으로 염색하는 방법에 대한 연구를 수행했다. 그리고 박테리아도 선택적으로 염색할 수 있다는 사실을 알게 되었다. 그는 이 발견에서 영감을 얻어 인체에는 무해하면서 균만 선택적으로 죽이는 물질을 염료로부터 얻을 수 있겠다는 생각에서 연구를 시작했고, 그 결과 화합물을 이용해서 생물체에 침입한 병균을 소멸시키는 방법을 개발하는 데 성공했다. 대표적으로 그는 1901년 염료인 메틸렌블루methylene blue를 이용하여 말라리아를 치료했으며, 1907년에는 트리판레드trypan red 염료를 적당히 쓰면 뇌막염 치료에 효과가 있다는 것을 발견했다. 또한 1910년에는 나선형 균을 처치하는 특성이 있어 당시 유럽에서 가장 치명적인 병의 하나였던 매독 치료에 특효를 보이는 유기금속화합물 아르스페나민arsphenamine을 제조했다. 이 화합물은 살바르산Salvarsan 또는 606호라는 이름으로 상품화되기도 했다. 에를리히가 연 화학요법의 전통은 말라리아 치료에 효과가 있는 파마퀸pamaquine, 1926, 메파크린mepacrine, 1930 등의 약품 개발로 이어졌다. 이러한 업적 덕에 독일은 이 시기를 거치면서 이미 앞서 있었던 염료 산업을 토대로 19세기 말에서 20세기 초에 약학 분야를 급성장시키는 주역이 되었다.

이상으로 19세기 생물학의 발전 과정을 살펴보았다. 이 시기에 생물학에서는 생물이 진화한다는 사실을 확립했고 그 과정에 대한 이해를 하는 단초를 마련했으며, 이전까지는 보이지 않아서 알 수 없었던 미생물의 존재와 역할에 대한 이해를 처음으로 하게 되었다. 분명 19세기를 거치면서 생물학은 완전히 다른 학문 분야로 탈바꿈했다. 이러한 이유에서 19세기는 가히 생물학의 혁명의 세기라 할 만하다.

3.

흘러간 시간 속에 묻혀버린 자원과 역사를 증언하는 지질학

지질학은 이미 18세기에 지하자원의 발굴이라는 관점에서 당시 유럽의 산업화를 뒷받침하는 필수적인 학문으로 발전했다. 19세기에는 지질학의 창시자로 알려진 라이엘의 저서 《지질학의 원리Principles of Geology》가 출간되면서 확고한 이론적인 바탕 위에 성립된 학문 분야로 발전하여 생물학 분야의 진화론과 인문.사회과학의 인류학과 고고학의 발달에 실증적인 근거를 제공해 주는 역할을 했다(그림 12.7).

라이엘은 영국의 킹스 칼리지 런던King's College London의 지질학 교수로 재직했다.

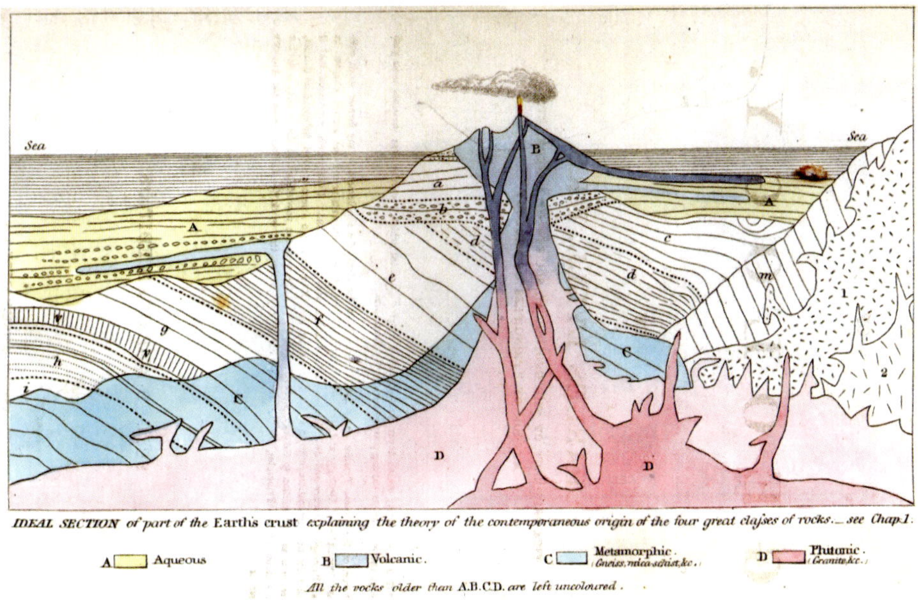

그림 12.7 라이엘의 《지질학의 원리》에 나오는 지각 내부에 대한 설명 그림. 이 그림에서 A는 수성암, B는 화산암, C는 변성암, D는 신성암을 나타낸다.

출처: Wikimedia Commons.

그는 1828~1833년에 3권으로 된 《지질학의 원리》를 출간하면서 허턴의 화성설과 지구 표면이 자연적 여건에 따라 지속적으로 변천해 간다는 그의 진화론적 지질학을 정리했다. 제1권에서는 화성설에서 주장하는 점진적 침적현상과 기후변화의 영향을 받으면서 형성되는 지층, 지질 및 지형에 대한 내용들을 다루었고, 제2권에서는 일시적인 수력이나 풍력과 같은 외적인 강력한 힘의 작용 또는 지진과 같은 내적인 힘의 작용으로 지질학적인 변화를 초래하는 동력지질학動力地質學 분야를 다루었다. 비생명체를 다룬 제1권과 제2권과 대비하여, 제3권에서는 바다의 산호초와 같은 생물체에 의하여 이뤄지는 지질학을 다루었다.

자연과학의 다른 학문 분야에 비해서 지질학은 사회경제적 상황과 영향을 주고 받는다. 이미 앞에서 18세기 산업혁명과 지질학의 발전이 서로 깊이 연관되어 있다는 것을 살펴보았다. 즉 산업혁명이 지하자원의 개발을 통해서 지질학의 발전을 이끌었다면, 지질학이 보다 풍부한 지하자원의 개발을 가능하게 하여 산업혁명을 지속하게 한 것이다. 19세기에는 산업혁명의 결과로 삶의 질이 향상되고 풍요로워져 흘러간 시간 속에 묻힌 인류의 조상에 대한 흔적과 역사적 사실에 대한 관심을 가질 수 있을 정도가 되었다. 그 결과로 인류학과 고고학이라는 학문 분야가 등장했다. 이들 분야에서는 모든 연구 대상에 대하여 우선적으로 지질학적 확인을 한 후에 인류학과 고고학의 학술적 고증으로 이어진다. 따라서 이들 학문의 태동과 발전은 19세기의 사회상에 더해서 지질학의 발전이 그 밑바탕에 있었다고 할 수 있다. 지질학은 서로 다른 방법으로 인지된 역사를 통일된 척도로 비교할 수 있는 길을 열어주었다. 예를 들어, BC 10000년경의 시대가 지층 기준으로는 홍적세洪積世, Pleistocene에 해당하고, 기후의 관점에서는 제3빙하기이며 역사적으로는 구석기가 끝나는 시점에 해당한다는 사실은 모두 지질학적 연구의 결과에 근거한 결론이다. 19세기 과학의 가장 위대한 업적의 하나인 진화론 역시 화석과 지층의 상관관계를 밝힌 지질학의 뒷받침이 필요했었다.

인류학은 현재의 인류에 이르기까지 인류가 거쳐 온 과정을 비교적 소상히 추적할 수 있는 길을 열어주었다. 그 결과 오늘날의 우리는 인류가 처음 집단을 이룬 시기와 장소, 그리고 이들이 이후에 이동해 간 시기와 장소 등에 대한 내용을 빙하기와 간빙기 등 환경의 변화와의 관계 속에서 진화론적인 시각에서 뿐 아니라 문화사적 측면에서도 이해할 수 있게 되었다. 예컨대 고고학적 증거는 북아메리카의 인디언, 중앙아메리카의 마야족, 남아메리카의 잉카족은 각자 독립적인 고유문화를 가졌던 것을 보여주지만, 이들이 모두 중앙아시아에서 발원한 몽골-알타이Mongol-Altai 족의 후손으로 한국 사람과 같은 뿌리를 가지며, 이들의 직접 조상은 빙하기 말기인 BC 30000년경에 얼어붙은 베링Bering 해를 넘어서 아메리카 대륙으로 들어갔다는 설명은 인류학 연구의 성과로 나온 것이다.

인류가 만든 문화적 유산에 대한 연구를 하는 고고학에서는 고증을 위한 고적 발굴이 필수적이다. 묻혀 있는 고적에 대한 정보는 대개 성서나 호메로스의 작품과 같은 서술이나 전설에 의존할 수밖에 없는데, 이러한 기록에 나온 장소와 대상이 현시점의 어디의 무엇에 대한 것인지가 불확실한 어려움이 있었다. 이러한 난관을 이기고 고고학은 19세를 통해 많은 역사적 유산을 발굴해내었다. 가장 대표적인 사례는 이탈리아의 도시 폼페이Pompeii의 발굴일 것이다. 폼페이는 79년 8월 24일 부근에 있는 베수비오Vesuvio 화산 폭발로 순식간에 완전히 매몰되었다. 이 사건은 플리니우스Gaius Plinius Caecilius Secundus, 61~112가 타키투스Publius Cornelius Tacitus, 55~117에게 보낸 편지 2통에 있는 내용으로 후세에 전해 왔으나 매몰된 폼페이가 정확히 어디에 있는지에 대해서는 아무도 알 길이 없었다. 1594~1600년 이곳의 추기경 도메니코Domenico가 이 부근에 수로를 만들면서 매몰된 도시의 일부를 발견했지만, 그것이 폼페이의 유적이라는 것을 알지는 못했다. 폼페이 유적에 대한 본격적인 발굴이 시작된 것은 약 200년 후인 1815~1832년의 일이다. 이곳에 사원, 광장, 유흥가, 목욕탕 등의 유적이 있다는 것이 알려지면서 1860년에 피오렐리Giuseppe Fiorelli, 1823~1896가 본격적인 발굴을 하여 오늘날의 폼페이 유적의 모습을 만들었다. 그는 유적의 원형을 보전하기 위하여 폐허의 여러 곳에 구멍을 뚫고 그 구멍으로 석고액石膏液을 주입하여 굳게 하는 방법을 사용했다. 얻어진 여러 석고상에서 재해가 있었던 당시의 참혹했던 상황을 생생하게 보여주는 동물과 사람의 모습들과 당시의 나무로 만들어졌던 물건들에 대한 자료를 얻을 수 있게 되었다.

1798년 이집트를 침공한 나폴레옹 군이 1799년 나일강 하류의 삼각주에 있는 도시 라시드에 성을 쌓으면서 발견한 로제타 석그림 2.4 참조은 이집트 상형문자를 해독하는 길을 열었다. 이 비석의 상단에는 이집트의 상형문자, 중간에는 흘려 쓴 민용문자 그리고 하단에는 그리스 문자가 새겨져 있어서 이들을 서로 비교하여 상형문자를 해독할 수 있게 된 것이다. 이를 바탕으로 19세기에는 이집트 무덤과 사찰에 대한 발굴과 고고학적 연구가 활발히 진행되었다. 이와 더불어 19세기에 있었던 대표적인 고고학의 업적으로 롤린슨Henry Rawlinson, 1810~1895과 그로테펜트George F. Grotefend, 1775~1853가 쐐기문자를 해독한 일, 그 결과로 메소포타미아의 유적 발굴과 연구가 활발해진 것, 슐리만Heinrich Schliemann, 1822~1890이 트로이Troy 유적을 발굴하여 미케네 문명을 조명하게 되었고, 이를 통해 비로소 고대문명에 대한 실상에 접근할 수 있게 된 것 등을 들 수 있다. 이러한 업적들은 지질학의 발전과 다방면으로 발전된 과학기술의 영향을 직·간접적으로 받은 결과라고 할 수 있다.

4.

농화학의 발달과 합성화학의 시작

18세기에 라부아지에가 플로지스톤 개념을 부정하고 질량불변의 법칙과 원소의 개념을 확립한 바탕 위에 돌턴의 원자론으로 근대화학의 터전이 마련되었던 19세기는 화학이 과학 발전의 선도적인 역할을 한 시기이다. 화학 분야 중에서 가장 먼저 발전한 것은 농화학農化學, agricultural chemistry이다. 농화학은 농업 생산과 관련되는 화학적 문제를 연구하는 학문이다. 농화학이 19세기에 발전하게 된 배경에는 산업자본주의가 발달하면서 풍요로운 삶에 대한 욕구가 커지고, 따라서 식량과 직결되는 농산물의 증산과 질적 향상에 대한 필요성이 대두되었기 때문일 것이다.

농경의 생산수단은 토지이고 토지가 농작물을 생산하는 원리는 지력地力에 있다. 동양에서는 은·주나라 시대의 파종법과 삼포제, 한나라 시대의 구전법 등의 예에서 보듯이 이미 오래전부터 농업 생산성을 높이기 위한 방법을 알아내서 시행했지만, 서양에서는 19세기에 이르러서 과학적인 방법으로 이 문제에 대한 답을 알아내었다.

19세기 농화학의 주된 관심사는 농산물의 증산에 필요한 비료를 개발하는 것과 농작물의 주성분들이 형성되는 원인을 규명하는 것 두 가지 방향이었다. 영국의 로이스John Bennet Lawes, 1814~1900는 1842년 인산염燐酸鹽, phosphate이 식물 성장에 중요하며 부족할 경우 식물이 성장을 멈추고 결국 죽는다는 사실을 알아내고 과인산염過燐酸鹽, superphosphate을 비료로 사용할 것을 주장했다. 그는 길버트Joseph Henry Gilbert, 1817~1901와 함께 질소, 인산, 칼륨, 나트륨, 마그네슘 등의 비료 효과에 대한 실험을 했으며 호기성균이 가용성의 질소 화합물인 질산염을 생성한다는 것을 확인했다. 이들은 또한 생물이 부패할 때 암모니아 냄새가 나는 사실로부터 식물에는 질소 성분이 필요하다는 것을 알게 되었고, 이로부터 암모늄염이 비료 역할을 한다는 사실을 알아내었다. 이로서 질소, 인, 칼륨의 비료의 3요소가 알려지게 되었다. 비록 질소가 비료로서 중요하다는 것은 알게 되었지만, 질소를 포함한 비료를 대규모로 생산하는 것은 1908년 독일의 하버Fritz Haber, 1868~1934가 공기에서 얻은 질소와 수성가스나 물 분해로 얻는 수소를 고온 고압에서 반응하여 암모니아를 합성하는 방법을 개발한 이후에나 가능하게 되었다.

식물이 성장하고 열매를 맺는 데 필요한 성분이 알려지면서 이들의 역할과 기능에 대한 연구가 전개되었다. 1772년에 프리스틀리는 동물이 호흡을 통해서 내보내는 기체는 공기를 나쁘게 하여 촛불도 꺼지게 하고 동물을 죽게도 하지만 식물은 반대로 공기를 정화한다고 했다. 식물이 공기를 정화하는 과정을 구체적으로 규명한 사람은 리비히Justus von Liebig, 1803~1873다. 그는 1840년 저서 《농학과 생리학에 응용되는 유기화학

Die organische Chemie in ihrer Anwendung auf Agricultur und Physiologie》에서 식물의 동화작용으로 탄수화물과 단백질과 같은 영양물질이 형성되고 이들을 동물이 섭취하여 다시 자연으로 되돌려 보낸다고 했다. 그리고 이 과정을 통해서 탄소와 질소 성분이 자연에서 순환하며, 자연에 존재하는 총량은 보전된다고 했다(그림 12.8).

동화작용이란 식물의 잎에 있는 엽록소chlorophyll가 태양에서 오는 빛을 흡수하고 그 에너지를 이용하여 이산화탄소와 물을 탄수화물과 산소로 변환하는 과정을 가리킨다. 이렇게 생성된 탄수화물은 식물을 먹이로 하는 동물의 몸속에서 호흡으로 들어오는 산소와 반응하여 다시 이산화탄소와 물로 분해되면서 동물이 살 수 있는 에너지를 제공한다. 이 과정에는 동물의 몸속에 있는 미생물과 효소가 관여한다. 이 모든 과정을 탄소순환이라 한다. 질소의 동화작용은 아미노산의 축합체인 단백질을 통해서 이루어진다. 공기 중의 질소가 토양에 흡수되어 미생물의 작용으로 질산염을 거쳐 암모늄염으로 환원되었다가 이산화탄소와 물이 있는 조건에서 아미노산을 형성된다. 단백질은 식물의 성장에 필수적인 영양소다. 그러나 토양에 흡수되는 질소의 양이 매우 작아서 자연 상태에서는 식물의 성장이 제약을 받게 된다. 이것이 질소 성분을 비료의 형태로 토양에 공급해 주어야 하는 이유다. 식물에서 형성된 단백질은 동물이 섭취하거나 식물의 부패 등 분해 과정을 거쳐 암모니아 형태로 자연으로 되돌아가는 질소순환을 이룬다. 리비히는 이와 같은 사실로부터 비료의 요소인 질소, 인산, 칼륨 등이 부족할 때는 식물이 살 수 없다고 주장했다. 1842년에는 《생리학과 병리학에 응용되는 유기화학

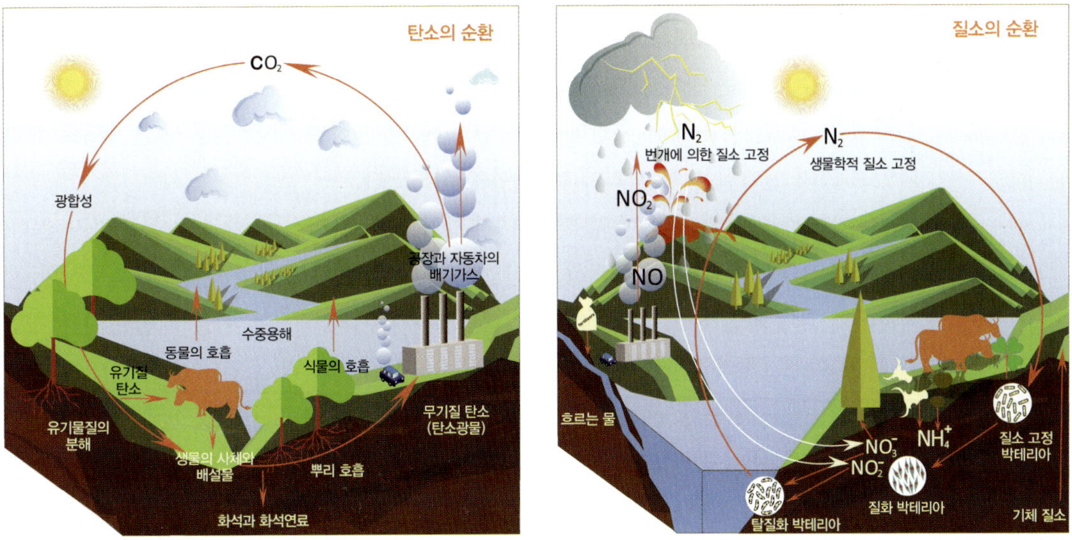

그림 12.8 탄소(왼쪽)와 질소(오른쪽)의 순환도.

Organische Chemie in ihrer Anwendung auf Physiologie und Pathologie》라는 저서에서 탄수화물이나 단백질과 같은 유기물질이 식물에 미치는 생리학적, 병리학적 영향에 대하여 언급하고 비료의 역할의 중요성을 강조했다.

이와 같은 동화작용은 이산화탄소나 물과 같은 무기물질에서 전분이나 섬유와 같은 유기물질이 생성된다는 것을 의미한다. 그러나 19세기에는 무기물과 유기물에 대해 오늘날과는 다른 정의가 받아들여지고 있었다. 물을 예로 들면, 얼음에 열을 가하면 물이 되고, 물은 수증기가 된다. 그리고 수증기는 온도가 낮아지면 물이 되었다가 얼음이 된다. 이처럼 온도에 따라 상태가 변하지만, 온도를 조절하면 원상태로 되돌아가는 것을 무기물이라 정의했고 여기에는 금속과 광석 등이 포함된다. 반대로 나무나 전분처럼 열을 가하면 기체로 분해되므로 다시 온도를 내렸을 때 원래의 상태로 되돌아가지 않는 것을 유기물이라 정의했다. 더 나아가 유기물은 생물체내에 있는 생명력 같은 것에 의하여 형성된다고 생각했다. 베르셀리우스와 같은 당시에 저명한 화학자 다수가 이러한 생각을 갖고 있었다. 따라서 당시의 시각에서는 무기물에서 유기물이 형성된다는 것은 상상할 수 없었던 것이다. 하지만, 리비히는 이미 여러 가지 실험 결과로 무기물에서 유기물이 만들어진다는 것을 확신하고 있었다. 사실은 그의 동료 뵐러Friedrich Wöhler, 1800~1882가 1828년 무기물인 시안산 암모늄ammonium cyanate NH_4OCN을 이용하여 소변에 섞여 있기 때문에 유기물로 분류되는 요소Urea $(NH_2)_2CO$를 합성하고 1845년 콜베Adolph W. H. Kolbe, 1818~1884가 무기물인 수산화나트륨NaOH과 일산화탄소CO를 6기압, 130도에서 가열하여 유기물인 개미산 염$HCOO^-Na^+$을 합성하여 당시의 무기물과 유기물 사이의 구분 방식에 오류가 있다는 것은 이미 증명되었지만, 아직 이 문제에 대해 논쟁이 있었던 시기였다. 리비히는 이 설명이 시사하는 것처럼 무기물에서 유기물이 만들어질 수 있다는 것에 대해 확신이 있었고, 이후 이러한 가능성에 대한 많은 연구를 수행했다. 그 결과 19세기 후반에는 유기화합물의 합성에 대한 연구가 급속도로 진전되었고 그의 실험실은 이 시기에 이 분야를 선도했다.

유기합성 연구의 급속한 발전은 19세기의 정치.사회적 상황과도 무관하지 않다. 19세기는 전제군주제도가 붕괴하고 산업화가 진전되면서 산업자본주의로 무장한 제국주의가 대두되던 시기였다. 국가나 개인 모두 자본의 축적에 힘을 기울이던 시기였던 만큼 이윤가치가 발생하는 상품 개발은 바람직한 사회적 소명이었다. 자연에 존재하는 것은 물론 자연에 존재하지 않더라도 인간사회에 유용한 것을 만들어서 상품화할 수 있다면 이는 곧 사회적 소명을 다 하면서 동시에 부와 연결되는 길이었다. 화학에서는 염료의 합성이 이러한 사회적 요구에 부응하는 방법이었다.

이 분야의 개척자라고 할 수 있는 독일의 호프만August W. v. Hoffmann, 1818~1892은

1858년 콜타르에서 보라색 염료를 추출하여 마젠타Magenta라는 상품명으로 판매하여 큰 성과를 거두었다. 호프만의 제자인 영국의 퍼킨William Henry Perkin, 1838~1907은 1856년 처음으로 보라색 아닐린 염료를 합성하여 모브Mauve라는 상품명으로 판매하여 많은 부를 축적했다. 그가 1868년에 합성한 쿠마린coumarin은 독성이 있음이 밝혀진 1954년까지 화장품과 식품첨가물로 널리 사용되었다. 1869년에는 그레베Karl Graebe, 1841~1927가 빨간색 알리자린alizarin 염료를 합성했고 1880년에는 보라색 인디고indigo 염료를 합성하여 독일이 유기합성의 중심지가 되었다.

19세기 유기합성의 또 다른 중요한 성과로 폭발물의 발견을 들 수 있다. 1846년 쇤바인Christian Schönbein, 1799~1868이 나이트로셀룰로스nitrocellulose를 합성했고, 1847년에는 소브레로Ascanio Sobrero, 1812~1888가 나이트로글리세린nitroglycerine를 합성했다. 나이트로셀룰로스는 쇤바인이 질산과 황산을 혼합한 산을 흘린 것을 헝겊으로 닦은 후 이를 불에 말리려고 하는 순간 폭발이 있어나며 헝겊에 불이 붙는 것을 보고 착안하여 최초의 합성 폭발물로 개발되었으나, 폭발을 제어하기 힘들어서 널리 사용되지는 못했다. 1865년에는 파크스Alexander Parkes, 1813~1890는 셀룰로스에 반응하는 질산의 양을 작게 하여 폭발성이 없는 최초의 합성수지라고 할 수 있는 셀룰로이드celluloid를 개발했고 이는 바로 필름 등에 사용되었다. 1886년 노벨Alfred Bernhard Nobel, 1833~1896은 나이트로셀룰로스와 나이트로글리세린을 1:1 비율로 섞어 수송에는 비교적 안전하나 폭발력이 강한 다이너마이트 검dynamite gum이라는 무연화약을 개발했다. 다이너마이트는 산업에 널리 이용되었으며, 노벨은 막대한 부를 얻었다. 그가 유언으로 매년 인류 문명 발달에 학문적으로 기여한 사람에게 상을 주라고 하여 1901년부터 시작된 것이 노벨상이다.

5.
열역학과 근대문명을 창출한 에너지 활용기술의 발달

18세기 산업혁명은 물을 매개로 하여 열에너지를 기계적 에너지로 바꾸는 증기기관을 산업 활동에 사용한 결과이다. 19세기에는 증기기관의 효율을 높이는 것이 중요한 과제로 대두되었고, 자연히 많은 과학자가 열에 대해 관심을 갖게 되었다. 이러한 배경에서 열에 대한 과학인 열역학thermodynamics이 탄생했다.

인류의 역사에서 불의 발견과 사용을 1차 산업혁명으로 꼽을 만큼 불과 열은 인류 문명에서 필수불가결한 존재이다. 따라서 열의 본질에 대한 관심은 오래 전부터 있었던 것으로 보인다. 열역학 이론이 정립되기 전까지 열의 본질에 대해 두 가지 상반되는 관점이 있었다. 하나는 열을 물체를 구성하는 입자의 운동에서 나오는 것이라고 보는 관점이고, 다른 하나는 칼로릭caloric이라는 입자가 있어 이 입자가 많고 적음에 따라 물체의 온도가 달라진다고 보는 관점이다. 불을 뜨겁고 건조한 특성을 갖는 원소라고 한 아리스토텔레스는 이 칼로릭 이론과 비슷한 주장을 한 셈이다. 열을 입자의 운동으로 보는 관점은 12세기 중에 나타났고, 베이컨과 후크 등이 이 관점을 옹호했다. 하지만, 18세기 후반에는 여러 가지 원소가 발견되면서 열 역시 입자의 하나일 것이라는 주장이 힘을 얻고 있었다. 라부아지에는 그의 저서 《화학요론》에서 산소, 수소, 질소와 함께 빛과 칼로릭을 33개의 기본 원소로 소개했고 19세기 초 베르셀리우스도 양전기, 음전기, 자성, 빛, 칼로릭을 질량이 없고 보이지 않는 원소라 했다. 이러한 논쟁을 종결지은 사람은 독일과 영국에서 활동했던 톰슨Benjamin Thompson, 1753~1814이다. 그는 대포를 제작하면서 포신을 깎는 과정에서 나오는 열에 대하여 고찰하면서 열이 입자가 될 수 없다는 결론을 얻어 열은 입자의 운동에서 나온다는 오늘날의 관점을 확립했다.

현대 열역학에서 에너지energy는 핵심적인 개념이다. 오늘날에는 일상적으로 이 용어를 사용하고 있지만, 19세기 중반까지만 해도 에너지의 개념은 존재하지 않았었다. 에너지는 일을 할 수 있는 잠재력으로 정의된다. 에너지는 운동에너지, 위치에너지, 열에너지 등으로 형태를 바꿀 수 있고 그런 여러 가지 형태의 에너지는 열이나 운동하는 물체 등으로 우리의 일상에서도 확인할 수 있는 것이지만, 에너지 그 자체는 매우 추상적인 개념이라서 그 존재를 파악하는 것은 매우 어려운 일이었다. 에너지의 개념이 만들어지는 과정은 열이 운동으로 변환될 수 있다는 것을 파악하는 것에서부터 시작되었다. 1842년 독일의 의사 마이어Julius Robert Mayer, 1814~1878가 이러한 주장을 처음으로 했다. 그는 음식이 동물의 체온을 유지하기 위해서도 필요하고 몸을 움직이기 위해서도 필요하다는 점에서 착안하여 열과 운동이 같은 근원에서 나온다고 주장했다. 줄James Prescott Joule, 1818~1889은 운동으로 한 일이 열로 변환하는 것을 직접 측정하여 열을 측정하는 단위인 칼로리cal와 물체의 운동으로 한 일을 측정하는 단위인 줄J 사이의 관계가 1 cal = 4.18 J라는 것을 알아내었다. 이로써 열과 운동에 의한 일이 동등한 것이라는 것이고 더 나아가 열이 일로 그리고 반대로 일이 열로 변환될 수 있다는 것을 보였다. 사실은 이와 비슷한 결론을 내린 사람들이 이들 외에도 여러 사람이 있었다. 과학사학자 쿤은 마이어와 줄 외에도 헬름홀츠Hermann von Helmholtz, 1821~1894 등 최소한 10명이 10년 안팎의 시간적 차이를 두고 각자의 독자적인 연구의 결과로 비슷한 결론에 도달했었다는 것을 확인하고는 이와 같은 현상을 '동시적 발견simultaneous discovery'이라고 이름 지었다. 동시적 발견은 과학의 발전이 뉴턴이나 아인슈타인 같은 천재 몇 명이 쌓은 업적의 결과인지 아니면 시대적 상황의 요구에 의해서 자연적으로 나타나는 현상인지에 대한 논쟁에서 후자 쪽의 주장을 뒷받침하는 사례라 할 수 있다.

열역학의 또 다른 핵심적인 개념은 엔트로피entropy이다. 이 역시 매우 추상적인 개념이라서 그 존재를 파악하는 일은 매우 어려운 과정이었다. 그 시작은 일이 100% 열로 변환될 수 있는 반면 열이 일로 변환되는 것은 그 효율이 낮다는 것을 확인하는 것이었다. 열을 이용해서 동력을 만드는 증기기관의 경우, 열에너지의 일부분만이 증기기관의 동력이 되고 나머지는 외부로 버려진다는 것이다. 이에 대한 최초의 단서는 프랑스의 카르노Sadi Carnot, 1796~1832가 1824년에 쓴 〈불의 동력에 관한 고찰Réflexions sur la puissance motrice du feu〉라는 제목의 논문에서 나온다. 그는 증기기관의 효율은 열을 공급하는 열원熱源의 온도와 기관이 일을 한 후 열을 방출하는 열원의 온도차에 의하여 결정되고 그 온도차가 클수록 열손실은 적게 되고 기관의 효율은 높아진다는 것을 논증했다. 이는 오늘날에도 받아들여지는 주장이지만, 이 논문이 발표되었을 때는 별로 관심을 끌지 못했다가 1850년 독일의 물리학자 클라우지우스Rudolf Clausius, 1822~1888가 이 논문의 내용을 인용한 프랑스의 공학자 클라페롱Benoît Paul Émile Clapeyron, 1799~1864의 논문을 통해서 이 이론을 재발견하면서 그 진가가 알려지게 되었다. 이 이론과 관련해서 클라우지우스가 '엔트로피'라는 물리적 양을 고안한 것이 '엔트로피'의 시작이다. 이후 엔트로피는 몇 번 그 개념이 확장되어서, 오늘날에는 계가 갖는 무질서한 정도를 나타내는 척도로 보는 시각도 있으나, 이는 아직도 논쟁 중이다.

클라우지우스는 열역학을 2개의 법칙으로 체계화했다. 제1법칙은 에너지 보존의 법칙이라고도 하며 에너지의 변환과 변환 과정에서 에너지의 양이 변하지 않음을 나타내는 것이다. 이 법칙은 18세기에 라부아지에가 확립한 질량보존의 법칙에 비추어 질량과 에너지의 속성에서 공통점이 있다는 것을 시사하는 것으로 받아들여졌다. 이후 20세기 초에 아인슈타인이 $E = \Delta mc^2$ c는 빛의 속도 $3 \times 10^8\ \mathrm{m \cdot s^{-1}}$, Δm은 질량변화량라는 식으로 에너지와 질량물질 사이도 서로 변환이 가능하다는 것이 밝혀졌으므로, 이 사실까지 포함하면 이 두 법칙은 '질량과 에너지 보존의 법칙'으로 통합할 수 있게 되었다. 열역학 제2법칙은 엔트로피의 법칙이라고도 하며, 에너지 변환 과정에서 우주의 엔트로피는 줄어들지 않는다는 것이다. 현대 열역학에는 이 두 가지 법칙에 제0법칙'A와 B의 온도가 같고, B와 C의 온도가 같으면 A와 C의 온도도 같다'과 제3법칙'절대 온도 0도에서 완벽한 결정성 물질의 엔트로피는 0이다'을 더해서 총 4개의 법칙이 있지만, 추가된 것은 논리적 완결성을 위해서 필요한 것이고 열역학의 핵심적인 내용은 클라우지우스가 확립한 제1법칙과 제2법칙에 다 들어 있다.

19세기에는 열역학의 이론적 발전과 더불어 열을 이용하여 동력을 만드는 기관의 발전도 이루어졌다. 산업혁명이 지속되면서 처음에는 대량생산을 위한 공장과 광산의 동력에 대한 요구가 컸었지만, 점차적으로 수송수단을 위한 동력에 대한 요구가 증가하게 되어서 이 분야에서의 기술적 발전이 비약적으로 이루어졌다.

증기기관차의 에너지효율은 10~15%에 불과하며 출력도 2,000마력 정도밖에 안 된다. 증기기관차의 효율을 높이기 위하여 많은 개선책들이 많이 시도되었으나 큰 효과를 거두지는 못했다. 1859년 벨기에의 르누아르Étienne Lenoir 또는 Jean J. Lenoir, 1822~1900가 에너지효율 30%, 출력 3,000마력으로 증기기관보다 월등한 디젤기관을 발명하여 내연기관의 시대를 열었다. 그러나 이 디젤기관은 불완전연소를 하기 때문에 배출물이 환경오염을 일으키는 등의 문제점을 보였다. 1879년에는 독일의 지멘스Ernst von Siemens, 1816~1892가 에너지 효율 80% 정도, 출력 10,000마력 정도로 향상된 전기기관차를 개발했다. 1885년 벤츠Karl Friedrich Benz, 1844~1929가 자동차를 개발함으로써 수송기술은 철로와 도로로 확장되게 되었다. 오늘날 우리의 일상생활에서 수송이 차지하는 비중을 생각하면, 증기기관에서 출발하여 내연기관과 전기기관으로 에너지를 응용한 기술의 발전이 우리 사회에 미치는 영향의 크기를 느낄 수 있다. 이렇게 19세기는 기술이 인류 사회에 미치는 영향력이 커지기 시작한 시기라 할 수 있다.

6.

전기와 빛의 활용

19세기에 발달된 과학기술 중에 기계를 움직이는 동력만큼 현대 문명에 큰 영향을 미친 것으로서 전기와 전자기파를 이용한 장거리 통신을 들 수 있다. 전기의 사용에 대해 살펴보면, 1837년에 갈바니 전지를 이용해서 전기기관차가 발명되었고, 상용으로 개발된 것은 앞서 언급한 것처럼 1879년에 지멘스가 처음으로 했다. 다른 한편으로는 1830년대에 모스Samuel F. B. Morse, 1791~1872가 계전기electrical relay를 개발하여 전신telegraph으로 장거리 통신의 길을 열었다. 이후 1880년대에는 벨Alexander Graham Bell, 1847~1922 등이 전화기를 발명했다. 발명왕 에디슨Thomas Edison, 1847~1931이 1876년 전화기에 대한 특허를 처음으로 등록했다고 하나, 그는 전화기의 개발 자체에는 큰 기여를 하지 않을 것으로 알려져 있다. 대신 그는 축음기1877, 발전기와 전등1880을 발명했고, 1882년에는 발전소를 설립하여 뉴욕에 전기를 공급하기 시작했다.

전자기파는 라디오와 TV 방송 송수신과 무선전화 통신 등으로 현대 문명사회에서는 필수적인 것이 되었다. 19세기는 전자기파에 대한 탐구가 이루어졌던 시기이다. 1800년 허셜은 태양의 흑점을 연구하면서 빨간색 필터를 통과한 태양광이 온도를 높인다는 사실을 발견했다. 그리고 프리즘을 통과한 태양광 중에는 가시광선 외에도 빨간색을 넘어서는 눈에는 보이지 않는 빛도 있다는 것을 알고 이를 적외선infrared이라고 했다. 1801년 리터Johann W. Ritter, 1776~1810는 염화은AgCl을 종이에 발라 만든 감광지를 이용하여 태양광 중 보라색 너머에 있어 역시 눈에는 보이지 않는 빛에 의해서 염화은이 분해되는 것을 확인하고 이 광선을 자외선ultraviolet이라 했다. 1864년 맥스웰James Clerk Maxwell, 1831~1879은 이전까지 알려져 있던 전기와 자기의 발생, 전기장과 자기장, 전하 밀도와 전류 밀도의 형성 등에 내용을 정리한 '맥스웰 방정식Maxwell's equations'이라고 불리는 4개의 편미분 방정식을 유도했다. 이 방정식은 전기와 자기는 전자기력에 의해 나타나는 현상이라는 것과 빛도 전자기파의 하나라는 것을 의미한다. 즉 적외선, 가시광선, 자외선 등 서로 다른 파장을 갖는 빛은 모두 빛이 진행하는 주위에 전기장과 자기장을 형성하고, $\lambda f = c$ λ는 파장, f는 진동수, c는 빛의 속도의 관계를 충족한다. 더 나아가 이 방정식은 전자기파가 물질을 전달할 수는 없으나 에너지를 전달할 수 있다는, 즉 복사 에너지의 가능성을 시사했다. 1888년 헤르츠Heinrich Hertz, 1857~1894가 적외선보다 파장이 긴 라디오파를 발견했고, 이를 이용해서 페선던Reginald Aubrey Fessenden, 1866~1932은 1906년 소리를 무선으로 송수신하는 방법을 개발하여 라디오의 시대를 열었다(그림 12.9).

빛에 대한 이해가 깊어지면서 다른 과학 분야의 발전에도 활용되었다. 사진술이

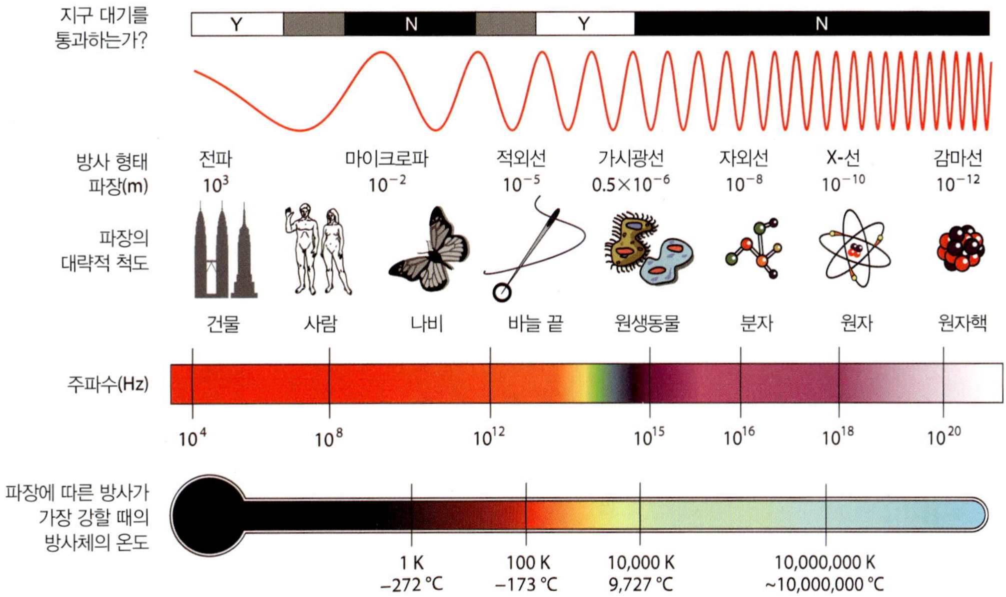

그림 12.9 전자기파 스펙트럼.

출처: Wikimedia Commons.

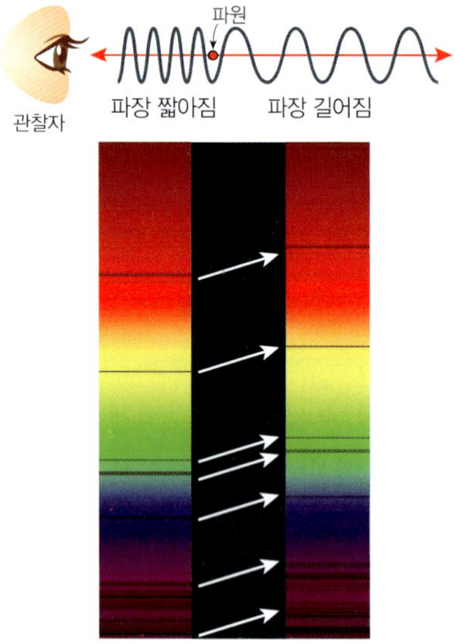

그림 12.10 도플러 효과. 파동을 만드는 물체가 관찰자에 가까이 가면 파동의 파장이 줄어든다. 태양에서 나오는 빛의 스펙트럼(왼쪽)에 비해 먼 천체에서 오는 빛의 스펙트럼(오른쪽)은 파장이 길게 나타난다.

천체 관측에 도입된 것은 앞서 언급했다. 이외에도 천체사진술은 별의 원근 관계와 별의 온도 측정 등에도 사용되었다. 특히 1845년 도플러Christian Doppler, 1803~1853가 발견한 도플러 효과는 천체사진술과 결합하여 천체의 움직임을 연구하는 데 매우 유용했다. 도플러 효과는 빛이나 소리와 같은 파동을 발생하는 물체가 관찰자 쪽으로 움직일 때는 그 파동의 파장이 짧아지고 관찰자에서 멀어질 때는 파장이 길어지는 현상이다. 천체에서 오는 빛의 진동수가 어느 쪽으로 이동하는가를 사진술로 알아냄으로써 천체의 움직임에 대한 정보를 얻을 수 있는 방법이 생긴 것이다(그림 12.10). 빛은 원자의 정체를 알아내는 데에도 사용되었다. 앞서 설명한 분광법으로 미지 시료에 들어 있는 원소의 종류는 물론 그 양까지도 알아낼 수 있어 오늘날에도 물질 탐구에 활용되고 있다. 이 방법으로 얻은 원소의 선 스펙트럼은 20세기에 들어서 원자의 비밀을 탐구하는 데 중요한 단서를 제공하게 된다.

7.
물질의 본질—원자의 비밀탐구 시작

고대 그리스 시대부터 시작한 물질의 본질에 대한 탐구는 18세기 말 라부아지에가 화학적인 방법으로는 더 이상 나눠질 수 없는 것이 원소이며 화합물은 원소의 조합이라는 개념을 정립하여 오늘날의 관점에 가까운 모습을 갖추었지만, 아직도 원자atom와 원소element에 대한 구분, 원자의 구성과 구조, 그리고 어떻게 원자들이 결합하여 화합물을 만드는가 등의 문제에 대한 답을 만들지는 못했다. 결론적으로 말하면 이 모든 문제에 대한 답은 20세기가 되어서야 완전한 형태로 얻게 되었고 19세기는 그 답을 얻기 위해 필요한 실험적 증거를 확보하고 초보적인 개념과 설명을 형성하는 시기였다고 할 수 있다.

우선 모든 물질은 원자로 이루어져 있고, 화학 반응을 원자 사이의 결합의 변화라는 것을 받아들이기 위해서는 변화무쌍해 보이는 화학 반응을 원자의 개념으로 일목요연하게 설명할 수 있는 이론이 필요했다. 19세기 초에 제시된 돌턴John Dalton, 1766~1844의 원자론이 그 역할을 했다. 돌턴의 원자론은 (1) 모든 원소는 더 이상 나눌 수 없는 매우 작은 입자인 원자로 이루어지고, (2) 한 원소의 원자는 모두 같은 크기, 같은 질량, 같은 성질을 가지며, (3) 원자끼리 서로 정수의 비율로 결합하여 화합물을 이루며, (4) 화학 반응에서 원자는 서로 결합하거나 떨어지거나 재배열한다로 요약할 수 있다.

돌턴의 원자론은 모든 내용이 다 관찰된 사실에 근거했다는 점에서 이전의 원자론과 차이가 있다. 예를 들어 원자는 더 이상 쪼갤 수 없는 입자라는 주장은, 비록 물질을 원자 수준까지 쪼개보지는 못했지만, 고체가 물에 녹으면 고체 입자를 볼 수 없는 등의 관찰된 사실에서 나온 것이다. 일정한 부피의 물질의 질량은 그 물질의 비중이므로 이는 그 물질의 고유한 물리적 성질이어야 한다. 따라서 일정한 부피에 대해 한 가지 원소는 일정한 질량을 보일 것이고 서로 다른 원소는 다른 질량을 보일 것이라는 추론이 가능하다. 그리고 화학 반응이 원자들의 이합집산에 의한 것이라는 것과 화합물에서 원자들이 정수의 비례 관계를 갖는다는 주장은 예를 들어 일산화탄소CO와 이산화탄소CO_2에 들어 있는 탄소와 산소의 성분비가 각각 1 대 1과 1 대 2라는 실험적 결과를 반영한 것이다. 돌턴은 원자론에서 화합물이 단순히 원자들을 혼합하여 이루어지는 것이 아니라 원자들의 이합집산에 의하여 이루어지는 것이라는 것을 밝혔지만, 어떻게 이합집산의 과정이 진행되는지에 대해서는 명확한 답을 갖지 못했다. 그럼에도 불구하고 그는 이러한 원자론을 바탕으로 그 때까지 알려진 원소들을 정리하고 이들의 원자량에 해당하는 값을 구할 수 있었다. 하지만 아직은 그의 노력이 완성을 볼 수 없었다. 왜냐하면, 그가 얻을 수 있는 값은 서로 다른 원소 사이의 상대적인 질량에 대한 것이었고, 그나마 아직까지는 화합물과 화학 반응에 대한 이해가 불완전했기 때문이다. 예를 들어 $H_2 + Cl_2 \rightarrow 2HCl$의 반응에 대해 생각해보면, 수소 1 L와 염소 1 L가 반응하여 2 L의 HCl이 생성되지만, 돌턴의 원자론으로 생각하면 이 반응은 $H + Cl \rightarrow HCl$이 되어 생성되는 HCl의 부피가 1 L가 되어야 한다. 즉 수소와 염소는 원소 상태에서 원자 두 개가 결합한 분자를 이루고 있으나 돌턴의 시대에는 아직 이를 알지 못했었던 것이다.

이 문제에 대한 해결은 아보가드로Amedeo Avogadro, 1776~1856가 제시했다. 그는 같은 부피의 용기에 들어 있는 기체 입자의 수는 기체의 종류에 관계없이 일정하다는 당시로서는 매우 과감한 가설을 제시하고 이 가설을 바탕으로 많은 화학적인 문제에 대한 설명을 할 수 있었다. 하지만 처음에 아보가드로가 이 이론을 제시했을 때는 아무런 관심을 끌지 못했고, 나중에 1860년에 카니자로Stanislao Cannizzaro, 1826~1910가 그의 논문을 발견하고는 적극적으로 그 내용을 세상에 알리자 별 저항 없이 쉽게 받아들여졌다. 위에서 언급한 $H_2 + Cl_2 \rightarrow 2HCl$의 반응을 다시 예로 들면, 아보가드로의 이론에서는 H_2나 H나 모두 기체이므로 이들의 입자 수도 같은 부피의 용기에 들어 있으면 같아야 한다. 따라서 돌턴의 방식으로는 해결할 수 없었던 반응물과 생성물 사이의 부피의 관계를 단순하게 H나 Cl 대신 H_2와 Cl_2를 반응물로 생각하면 해결될 수 있었던 것이다.

18세기에 이어서 19세기에는 특히 19세기 초에는 새로운 원소들이 많이 발견되어 1817년에는 알려진 원소의 수가 50개를 넘었다. 특히 18세기 말에 발명된 볼타 전지가 과학 탐구에 널리 보급되면서 전기분해의 방법이 새로운 원소 발견에 많은 기여를 했다. 볼타 전지는 구리와 아연과 같이 서로 다른 금속을 전해질 용액을 사이에 두고 쌓으면 만들 수 있다. 이 때 이들을 여럿 쌓으면 더 높은 전압의 직류 전기를 얻을 수 있다. 1800년에 볼타 전지가 영국에 소개되자마자 니콜슨William Nicholson, 1755~1815은 이를 이용해서 물을 분해하고 수소와 산소를 얻었다. 영국의 데이비는 이를 보다 더 적극적으로 활용해서 1807년에는 칼륨을, 1808년에는 바륨, 스트론튬, 칼슘, 마그네슘, 붕소 등을 발견했다. 원소들의 물리적 화학적 특성을 보면 서로 비슷한 내용들이 보이므로 이들에 대한 규칙성을 찾고자 하는 시도가 나타났고, 1869년 러시아의 멘델레예프Dmitri Ivanovich Mendeleev, 1834~1907가 당시에 알려진 56개의 원소의 성질들 사이에 주기성이 있다는 것을 발견했다. 즉 원소들을 질량이 제일 작은 것에서 시작해서 커지는 순서로 나열하면 비슷한 성질의 원소가 8번째마다 나타나는 것이다. 1871년 그는 첫 줄에 질량이 작은 리튬부터 시작하여 8번째 원소인 네온까지 배열하고 9번째 원소 나트륨부터 16번째 원소인 아르곤을 그 다음 줄에 나열하는 식으로 63개의 원소들을 나열한 멘델레예프의 주기율표週期律表, Periodic table를 발표했고, 이것이 오늘날 사용되는 주기율표의 시작이 되었다(그림 12.11). 사실은 영국의 뉴랜드John Alexander Reina Newlands, 1837~1898가 멘델레예프보다 앞선 1864년에 '옥타브 법칙Law of Octaves'을 주장했지만, 전혀 관심을 끌지 못했었고, 멘델레예프가 주기율을 발표한 같은 해인 1869년에는 독일의 마이어Julius Lothar Meyer, 1830~1895도 같은 주장을 했었다. 오늘날 멘델레예프가 주기율표의 아버지라고도 불리는 이유는 그가 주기율표를 발표하면서 그 때까지 발견되지 않았던 갈륨, 게르마늄 등의 원소가 있을 것이라는 예상과 함께 이들의 원자량 등을 예측했었는데, 발표 후 20년 안에 이들 원소가 발견되었고 이들의 원자량이 그의 예측과 잘 맞았기 때문이다. 주기율의 발견은 동시적 발견의 또 다른 사례라 할 수 있다.

전기분해의 방법으로 여러 원소가 발견되면서 원자와 전기와의 관계에 대한 관심이 생겨나는 것은 자연스러운 일이었을 것이다. 하지만, 19세기 중반까지는 전기가 전자의 흐름이라는 사실은 물론 전자의 존재 자체에 대해 알려진 것이 없었다. 전자의 존재와 특성에 대한 이해는 당시에는 방전관放電管, discharge tube이라고 불렀던 진공관이 개발되어 이를 이용한 연구를 하는 과정에서 얻게 되었다. 최초의 방전관은 1855년 독일의 플뤼커Julius Plücker, 1801~1868와 가이슬러Heinrich Geissler, 1814~1879가 밀폐된 관의 양쪽에 전극을 부착하고 수은펌프를 이용해서 관 내부를 진공으로 만든 것이다. 이들은 관

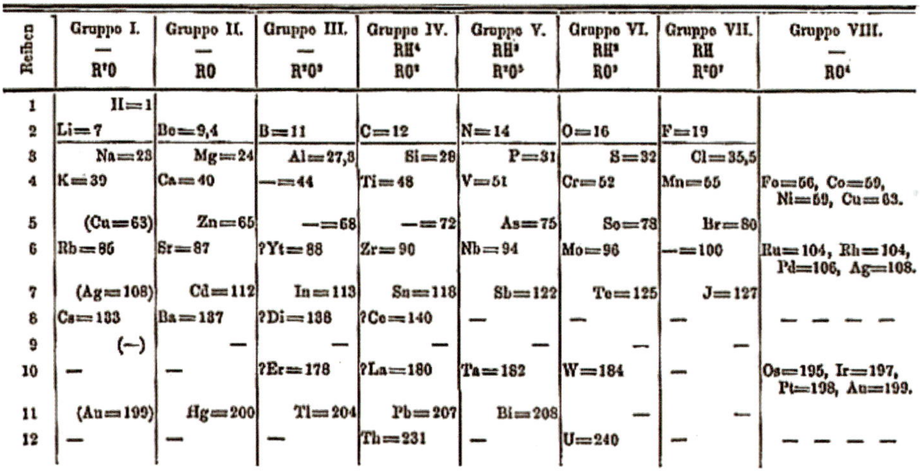

Reihen	Gruppe I. — R^2O	Gruppe II. — RO	Gruppe III. — R^2O^3	Gruppe IV. RH^4 RO^2	Gruppe V. RH^3 R^2O^5	Gruppe VI. RH^2 RO^3	Gruppe VII. RH R^2O^7	Gruppe VIII. — RO^4
1	H=1							
2	Li=7	Be=9,4	B=11	C=12	N=14	O=16	F=19	
3	Na=23	Mg=24	Al=27,3	Si=28	P=31	S=32	Cl=35,5	
4	K=39	Ca=40	—=44	Ti=48	V=51	Cr=52	Mn=55	Fe=56, Co=59, Ni=59, Cu=63.
5	(Cu=63)	Zn=65	—=68	—=72	As=75	Se=78	Br=80	
6	Rb=85	Sr=87	?Yt=88	Zr=90	Nb=94	Mo=96	—=100	Ru=104, Rh=104, Pd=106, Ag=108.
7	(Ag=108)	Cd=112	In=113	Sn=118	Sb=122	Te=125	J=127	
8	Cs=133	Ba=137	?Di=138	?Ce=140	—	—	—	— — — —
9	(—)	—	—	—	—	—	—	
10	—	—	?Er=178	?La=180	Ta=182	W=184	—	Os=195, Ir=197, Pt=198, Au=199.
11	(Au=199)	Hg=200	Tl=204	Pb=207	Bi=208	—	—	
12	—	—	—	Th=231	—	U=240	—	— — — —

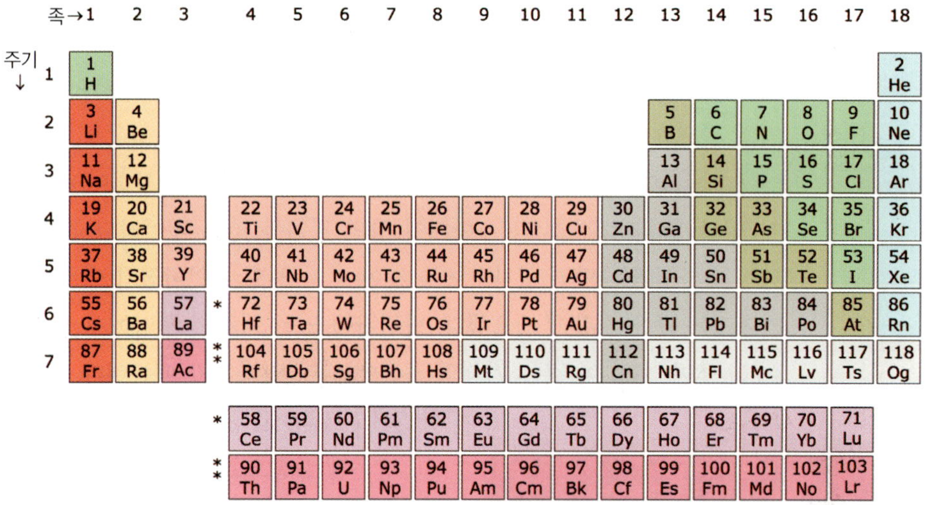

주기↓ 족→	1	2	3		4	5	6	7	8	9	10	11	12	13	14	15	16	17	18
1	1 H																		2 He
2	3 Li	4 Be												5 B	6 C	7 N	8 O	9 F	10 Ne
3	11 Na	12 Mg												13 Al	14 Si	15 P	16 S	17 Cl	18 Ar
4	19 K	20 Ca	21 Sc		22 Ti	23 V	24 Cr	25 Mn	26 Fe	27 Co	28 Ni	29 Cu	30 Zn	31 Ga	32 Ge	33 As	34 Se	35 Br	36 Kr
5	37 Rb	38 Sr	39 Y		40 Zr	41 Nb	42 Mo	43 Tc	44 Ru	45 Rh	46 Pd	47 Ag	48 Cd	49 In	50 Sn	51 Sb	52 Te	53 I	54 Xe
6	55 Cs	56 Ba	57 La	*	72 Hf	73 Ta	74 W	75 Re	76 Os	77 Ir	78 Pt	79 Au	80 Hg	81 Tl	82 Pb	83 Bi	84 Po	85 At	86 Rn
7	87 Fr	88 Ra	89 Ac	**	104 Rf	105 Db	106 Sg	107 Bh	108 Hs	109 Mt	110 Ds	111 Rg	112 Cn	113 Nh	114 Fl	115 Mc	116 Lv	117 Ts	118 Og
				*	58 Ce	59 Pr	60 Nd	61 Pm	62 Sm	63 Eu	64 Gd	65 Tb	66 Dy	67 Ho	68 Er	69 Tm	70 Yb	71 Lu	
				**	90 Th	91 Pa	92 U	93 Np	94 Pu	95 Am	96 Cm	97 Bk	98 Cf	99 Es	100 Fm	101 Md	102 No	103 Lr	

그림 12.11 멘델레예프의 주기율표(위). 오늘날의 주기율표(아래).
출처: Wikimedia Commons.

의 압력을 충분히 낮춘 후 전극 사이에 충분히 높은 전압을 가하면 관을 통해서 전극 사이에 전류가 통하는 것을 발견했다. 또한 이때 관 안에서는 빛이 나오고 음극에 가까운 쪽의 유리벽에서도 빛이 나오는 것을 관찰했다. 이들은 유리벽에서 빛나는 점의 위치가 외부에서 가하는 자기장에 의해 움직인다는 것도 확인했다.

1870년 영국의 크룩스William Crookes, 1832~1919는 방전관을 이용한 실험을 계속하여, 빛이 음극에서 나오는 무엇인가에 의한 것이라는 것을 알게 되어 이를 음극선cathode ray이라 불렀다(그림 12.12). 그는 이 음극선의 경로에 얇은 금판을 두면 판이 빨갛게 달궈지고, 작은 풍차를 놓으면 풍차가 회전하며, 경로에 놓인 물체의 그림자가 생긴다는 것을 관찰하고는 음극선이 전하를 띤 입자의 흐름이라고 생각했다. 처음에는 그의 주장이 받아들여지지 않았지만, 아일랜드의 스토니George Johnstone Stoney, 1826~1911가 그의 주장을 받아들여 이 입자를 1874년에는 electrine이라고 불렀다가 1891년부터는 electron이라고 불렀다. 음극선이 음의 전하를 띠는 입자라는 것을 증명한 사람은 영국의 톰슨Joseph John Thomson, 1856~1940이다. 그는 1897년에 이 입자는 가장 작은 원소인 수소 원자보다 1/1000 이하로실제로는 수소 질량의 1/1840 가볍고 음의 전하를 띠고 있으며 어느 원소에서 나오든 상관없이 동일한 질량 대 전하 값e/m; e는 입자의 전하량, m은 입자의 질량을 갖는다는 것을 발표했다. 이로써 전자는 모든 원자를 구성하는 기본적인 입자라는 사실이 밝혀졌다. 물질을 계속 쪼개면 더 이상 쪼갤 수 없는 가장 작은 알갱이를 얻게 될 것이라고 생각했었고 이것을 원자라고 불렀었는데, 전자의 발견은 이러한 믿음을 흔드는 사건이었다.

원자를 쪼개서 음의 입자가 나온다면 이에 대응하는 양의 입자도 있어야 한다. 양의 전하를 갖는 입자도 방전관 연구를 통해서 발견되었다. 최초의 발견은 1886년 독일의 골드슈타인Eugen Goldstein, 1850~1930이 구멍이 뚫린 음극으로 이루어진 방전관을 이용한 실험을 하다가 이 음극쪽에서 빛이 나는 것을 관찰하여서 이루어졌다. 그는 이 빛이 음극선의 입자와는 반대인 양의 전하를 띠는 것이라고 결론지었다. 이 경우에는 음극선과는 달리 입자의 e/m 값이 여러 가지로 얻어졌기 때문에 그 정체를 밝히기까지는 많은 시간이 필요했다. 방전관에 있는 기체의 원자에서 전자를 떼어낸 이온이 그 정체인데, 이 값은 기체의 종류에 따라 달라지기 때문이다. 골드슈타인이 발견한 입자는 e/m 값이 가장 큰 양성자수소 이온, H^+였다.

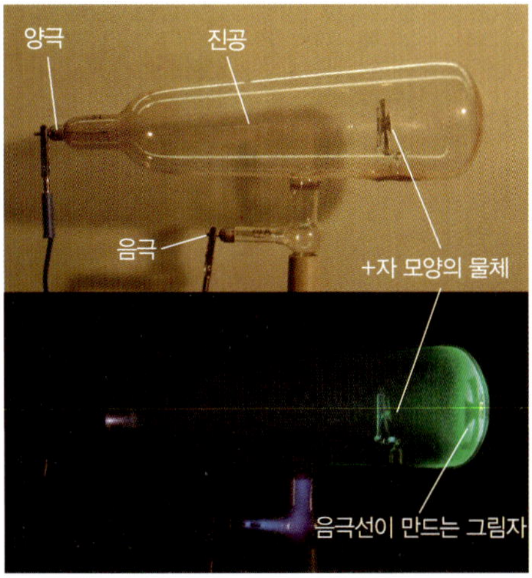

그림 12.12 크룩스의 방전관(위)과 음극선이 만들어 내는 그림자(아래).

출처: Wikimedia Commons.

방전관 실험으로 전자와 여러 원자의 e/m 값은 측정할 수 있었지만, 이것만으로는 e나 m의 값을 알 수는 없다. 둘 중 하나의 절대값을 알아아내야 이 둘을 알 수 있는 것이다. 이 문제는 1904년에 톰슨이 브라운관 TV의 브라운관의 원리를 이용하여 e/m의 절대치를 알 수 있는 방식을 개발하여 알아내었고, 1908년에 밀리컨Robert A. Millikan, 1868~1953이 전자의 전하 즉 e의 값을 측정하여 해결했다.

전자와 양성자의 발견으로 이들이 한 원자 안에서 공존한다는 것이 받아들여졌다. 이제 문제는 어떻게 양성자와 전자가 원자 안에서 공존하는가 하는 것으로 바뀌었다. 하지만 이 문제에 대한 궁극적인 답은 양자역학이 나온 1926년까지 기다려야 했다. 양자역학이 개발되기 전에 원자 안에 양성자와 전자가 어떻게 배열되어 있는가 하는 원자의 구조에 대한 답이 나왔어야 했는데, 이 역시 1911년에야 확립된 것이다. 오늘날 일반적으로 받아들여지는 원자의 모형을 보면, 원자의 가운데에 작은 원자핵이 있고, 그 주위를 전자가 돌고 있다. 원자핵의 크기는 매우 작아서 직경이 10^{-15} m 정도고, 전자가 차지하는 공간은 이보다 매우 커서 직경이 10^{-10} m다. 원자핵에는 +의 전하를 띠는 양성자와 전하가 없는 중성자가 있다. 양성자 하나의 전하량은 전자 하나의 전하량과 같지만 부호가 반대이므로 한 원자 안에는 같은 수의 양성자와 전자가 있어야 한다.

원자핵에 대한 연구도 19세기 말에 시작되었다. 그 출발점은 원자핵 자체에 대한 것이 아니라 방전관의 음극선 실험이었다. 독일의 뢴트겐Wilhelm Röntgen, 1845~1923은 음극선에 노출되면 형광을 나타내는 물질에 대한 탐구를 하면서 음극선이 닿을 것 같지 않은 곳에 놓인 감광지에서 형광이 나타나는 것을 우연히 관찰했다. 이 형광은 방전관의 전원을 끄면 사라지고 켜면 다시 나타났다. 심지어는 옆방에서도 형광을 관찰할 수 있었다. X-선을 최초로 발견한 순간이다. 바로 그는 7주 동안 정신없이 이 X-선에 대해 연구해서 이것이 주변의 전자기장에는 영향을 받지 않고 물질을 이온화시키는 등 강한 에너지의 전자기파라는 것을 밝혀내고 1895년 말에 이에 대한 발표를 했다. 프랑스의 베크렐Henri Becquerel, 1852~1908은 원래 형광과 인광에 대해 연구를 하고 있었다. X-선의 발견과 성질에 대해서 들은 그는 그가 연구하고 있던 형광에서도 X-선이 나올 수도 있겠다는 생각에서 그가 갖고 있던 여러 가지 형광 물질을 감광지와 함께 검정색 종이로 싼 다음에 햇빛에 노출시켜 보았다. 종이를 현상해 보니, 다른 형광 물질은 형광을 냈다는 증거를 보이지 않았지만, 우라늄의 화합물과 함께 있었던 종이에서는 빛이 나왔다는 증거를 볼 수 있었다. 그는 다른 형광 물질에 대해서도 조사를 했고, 그 결과 우라늄을 포함하는 물질들은 모두 빛을 낸다는 것을 관찰했다. 그러던 중 무척 흐린 날에도 같은 실험을 했는데, 햇빛이 있을 때와 같은 결과를 얻게 되었다. 여태까지는 태양의 빛이 검정색 종이를 뚫고 우라늄 화합물에 닿으면 이 화합물이 형광을 내는 것으로 생각했었는데, 그런 것이 아니라 햇빛과 상관없이 우라늄 화합물에서 X-선과 같은 빛이 나오는 것이다. 그리고 바로 프랑스의 퀴리Marie Curie, 1867~1934가 토륨도 우라늄과 같은 종류의 빛을 내놓는다는 것을 발견했다. 1898년에는 세 번째로 빛을 내는 원소인 폴로늄을 분리했고, 4년 뒤에는 라듐을 분리했다.

X-선과 우라늄과 토륨 등의 원소에서 나오는 빛을 통틀어 방사능radioactivity이라고 한다. X-선은 방전관의 전극 사이에 걸린 높은 전압에 의해 매우 빠른 속도로 가속된 전자가 전극의 표면에 부딪히면서 전극을 구성하는 원자의 안쪽에 있는 전자를 떼

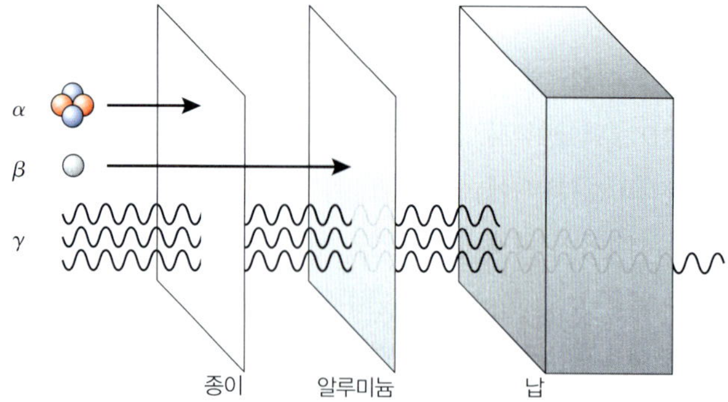

그림 12.13 방사선을 구성하는 세 가지 입자와 이들의 투과 특성. α-선은 종이를 투과하지 못하며, β-선은 알루미늄 막을 투과하지 못하고, γ-선은 납판을 통과하지 못한다.

어내고, 그 결과로 생긴 불안정하게 된 원자가 안정한 상태로 바뀌는 동안에 내놓는 매우 짧은 파장의 전자기파이다. 우라늄 등의 방사성 원소에 나오는 방사능에는 α-선, β-선, γ-선의 세 가지가 있는데, α-선은 He^{2+} 이온인 α-입자의 흐름이고, β-선은 전자의 흐름, γ-선은 파장이 X-선보다 짧은 전자기파이다(그림 12.13). 그러나 19세기 말에는 이들 방사선이 어떻게 생성되는지 그리고 이들이 어떠한 성질을 갖는지에 대해서는 알려진 것이 거의 없었다. 러더퍼드와 소디는 1902년 발표한 논문에서 방사능을 원자핵이 분열되어 다른 원소의 원자핵으로 바뀌면서 내놓은 에너지의 형태라는 주장을 했다.

19세기를 거치면서 물질의 본질로서 원자의 위치가 확고하게 되었고 원자의 구성과 구조 등 원자의 여러 가지 성질에 대해 알게 되었다. 하지만 아직은 어떻게 원자가 서로 상호 작용하여 다양한 화합물을 이룰 수 있는지에 대한 마땅한 설명이 나타나지 않았다. 경험적으로 원소들의 화학적 특성에 대한 지식을 쌓았지만, 이러한 파편적인 지식을 통괄하여 설명할 수 있는 이론적 틀이 없었던 것이다. 사실은 원자를 구성하는 원자핵과 전자가 서로 반대의 전하를 갖고 있으면서 어떻게 서로 떨어져 있을 수 있는지에 대한 설명 자체가 이루어지지 않았었다. 이에 대한 설명을 하려면 뉴턴 역학을 벗어난 완전히 새로운 체계가 필요하다는 것이 밝혀진 것은 20세기에 들어서였다.

8.

19세기의 과학사적 의의

과학사의 관점에서 보면 19세기는 17세기부터 시작한 근대 과학이 20세기의 현대 과학으로 이행하는 전환점이 되는 시기이다. 이는 단순하게 자연에 대해 쌓은 지식의 양이 많아지고 수준이 높아졌다는 것만을 근거로 한 것이 아니고 인간의 사고방식과 생활 방식, 그리고 인류 문명과의 연관성 면에서 과학이 차지하는 위상 역시 19세기를 거치면서 커다란 변화를 겪었다는 뜻이다.

사실 17세기에 일어난 과학혁명은 베이컨의 실증적 사상과 데카르트의 기계론적 철학이 그 원동력이 되었다고는 하지만, 일반 사회는 물론 과학계에서도 이전의 사고방식이 완전히 사라지고 새로운 사고방식이 그 자리를 차지한 것은 아니었다. 고대 그리스의 철학, 특히 아리스토텔레스와 플라톤의 철학은 과학혁명기는 물론이고 그 이후에도 과학자들의 자연관에 영향을 미쳤다. 18세기까지만 해도 아리스토텔레스의 4원소설이 영향을 미쳤고, 19세기에도 진화론이나 세균론 등 생물학 분야에 도입된 새로운 개념에 대한 과학계가 보인 초기의 반응, 물질을 유기물과 무기물로 구분하면서 물질의 근원과 생명체와의 연관성에 대한 믿음 등은 이전의 사고방식에 젖은 인간이 새로운 개념을 받아들이는 것이 얼마나 어려운가를 잘 보여준다. 그럼에도 불구하고 1840년을 전후하여 자연을 다루는 학문을 가리키는 이름이 자연철학에서 자연과학으로 대체되었다는 것은 고대와 중세의 사조가 그 비중이 약해지고 새로운 사조의 영향력이 훨씬 강해졌다는 것을 의미한다고 할 수 있을 것이다.

19세기를 거치면서 과학은 인간 사회와의 관계가 이전보다 훨씬 더 밀접해졌고, 이러한 경향을 20세기를 지나 21세기에도 지속되고 있다. 과학적 원리를 활용한 각종 기기장치가 산업을 이끌게 되었고 일상생활에서도 이들이 하는 역할이 크게 되었다는 것도 그 한 단면일 것이다. 반대로 과학에 대한 사회적 정치경제적 요구가 나타나면서 과학 활동의 방향과 정도에도 영향을 주는 사례가 19세기부터 나타나기 시작했다. 19세기 후반에 크게 발전한 유기화학이 합성염료를 요구하는 사회경제적인 상황에서 진작되었던 것은 대표적인 사례라 할 수 있으며, 각종 치료제와 예방법 등 의약학의 발전 역시 비슷한 관점으로 볼 수 있다.

또 다른 측면에서 보면, 19세기 과학 탐구의 결과로 인류의 사조에 큰 영향을 준 사례도 많이 있었다. 이미 코페르니쿠스의 지동설로 그 위상이 흔들렸던 기독교적 사고방식과 교회의 권위는 다윈의 진화론으로 또 한 번 도전을 받았다. 더 나아가 고대 그리스 시대부터 있었던 유물론은 19세기 과학기술의 발달로 힘을 얻게 되었고, 그 결과로 20세기에는 공산주의 진영과 자유주의 진영의 대립이 나타나게 되었다.

제 13 장

20세기 전반기의 과학

과학은 20세기를 거치면서 이전 시대와는 비교도 할 수 없을 정도로 엄청난 발전을 이루었다. 20세기 과학은 다뤄야 하는 내용도 많고, 20세기 전반과 20세기 후반의 과학 발전의 양상이 무척 다르기 때문에 이 두 시기를 구분해서 이 단원에서는 20세기 전반의 과학에 대해 서술하고자 한다.

20세기 전반의 과학은 한 마디로 뉴턴 역학의 패러다임에서 상대성 이론theory of relativity과 양자 역학quantum mechanics의 패러다임으로 전환되는 시기였다고 할 수 있다. 오늘날 상대성 이론은 빛처럼 매우 빠르고 항성과 행성처럼 매우 큰 대상의 특성을 설명할 때 사용되는 이론이고 양자 역학은 원자나 전자와 같이 매우 작은 대상의 특성을 설명할 때 사용되는 이론이다. 이들은 모두 우리가 일상생활에서 경험하는 크기와 속도를 갖는 대상에 대해서는 뉴턴 역학으로 수렴한다. 따라서 이들 새로운 패러다임의 개척은 뉴턴 역학으로 설명할 수 없는 대상에 대해 설명하고 예측할 수 있는 길을 열어서 21세기 현대 과학이 있도록 한 매우 중요한 사건이라고 할 수 있다.

생물학에서는 19세기 말 발견된 멘델의 법칙으로 종의 발생과 유전에 대한 합리적 설명이 가능해진 상태에서 20세기를 맞아 유전자의 실체와 기능에 대하여 집중적인 연구가 이루어졌다. 그 결과 1953년에 밝혀진 DNA의 구조를 통해 유전의 비밀이 밝혀졌다. DNA를 임의로 조작해서 새로운 종을 만들 수 있는 오늘날의 생물학이 있기 위해서는 20세기 초반에 있었던 생물학의 발전은 필수적인 과정이었다.

두 차례의 세계대전은 여러 가지로 과학과 과학 사회에 영향을 미쳤다. 19세기를 거치면서 과학 발전을 이끌었던 독일은 두 차례의 세계 대전을 겪으면서 주도권을 미국에 넘겨주게 된다. 많은 유능한 과학자들이 폭압적인 나치정권을 피해 독일을 떠나 미국에 정착했기 때문이다. 제2차 세계대전을 종식한 원자폭탄은 과학과 전쟁 사이의 상호 관계를 상징적으로 보인 사례이다. 즉 전쟁은 과학자들에게 과학을 이용해서 살상 무기를 만들 것을 요구하고 과학자들은 자신들의 국가를 위한 봉사로써 과학을 이용했던 것이다. 원자폭탄 이외에서 제2차 세계대전 중에는 전쟁물자와 무기의 개발과 생산에 과학기술이 많이 동원되었다. 제2차 세계대전 직후에 나타난 냉전 시대는 과학을 이용한 군사적 경쟁을 더욱 가속화했다.

1.
빛과 에테르와 상대성 이론

빛의 본질에 대한 호기심은 고대 그리스 시대부터 있어 왔다. 근대로 넘어오면서 사람들의 빛의 본질에 대한 견해는 크게 두 가지로 나뉘었다. 하나는 빛은 입자로 이루어졌다는 생각이었고, 대표적으로 뉴턴이 이런 생각을 가졌었다. 다른 하나는 호이헨스가 대표적인 사람인데, 그는 빛은 파동이라고 생각했었다. 오늘날 '영의 실험'으로 잘 알려진 영국의 영Thomas Young, 1773~1829이 1803년 빛은 파동이라는 주장에 힘을 실어주는 실험 결과를 발표했다. 그는 한 광원에서 나오는 빛을 슬릿slit, 아주 좁은 틈을 이용해서 둘로 나눈 후에 이들을 더 진행시키면 간섭무늬를 만든다는 것을 보였다. 즉 슬릿을 통과한 빛이 직선으로 진행하지 않고 좌우로 퍼진다는 것을 보였다(그림 13.1). 이러한 실험 결과는 입자의 거동으로는 설명할 수 없고, 빛이 파동의 성질을 가져야만 설명될 수 있는 것이다.

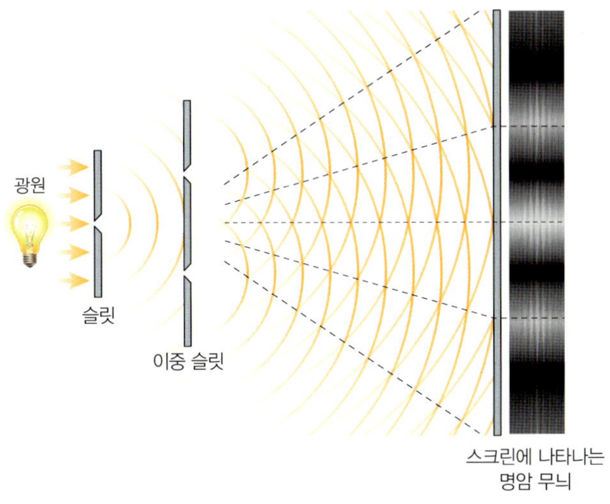

그림 13.1 영의 이중 슬릿 실험.

19세기의 과학자들은 에테르라는 물질이 공간을 채우고 있을 것이라는 믿음을 갖고 있었다. 에테르라는 이름은 아리스토텔레스가 달 아래의 지상 세계에 있는 모든 물체의 근원은 4원소이지만, 달 너머 천상은 에테르로 채워져 있다고 한 것에서 나왔을 것이다. 일찍이 뉴턴이 서로 떨어져 있는 물체 사이의 힘인 중력의 원인에 대해서 언급하면서 물체 사이에는 에테르가 채워져 있을 것이라고 한 적이 있었다. 사람들이 빛이 파동이라는 것이 받아들여진 후에는 빛이 공간을 통과하기 위해서는 공간을 채운 매질이 있어야 한다고 생각했고, 그 매질로서 에테르의 개념이 사용되었다. 전자기학 이론을 정립한 맥스웰 역시 전기장과 자기장의 효과가 먼 거리까지 미치기 위해서는 매질이 필요하다는 생각에서 에테르가 공간을 채우고 있어야 한다고 생각했다. 그는 에테르를 통해서 퍼져나가는 전기장의 속도를 계산하여 그 값이 빛의 속도와 같다는 결론을 얻어 빛도 전자기파의 한 종류라는 중요한 결론까지 얻었었다. 이와 같이 에테르 이론은 19세기 말까지는 상당한 성공적으로 자연 현상을 설명할 수 있는 개념이었다. 적어도 1888년 헤르츠Heinrich Rudolf Hertz, 1857~1894가 라디오파를 발견해서 맥스웰의 전자기학의 타당성을 한층 더 굳게 했을 때까지는 에테르에 대한 믿음이 흔들릴 것 같지 않았다.

이러한 에테르의 존재를 부정하는 연구 결과는 에테르에 대해 믿음을 바탕으로 지구의 공전 속도를 측정하고자 하는 시도에서 나왔다. 미국의 마이컬슨Albert Abraham Michelson, 1852~1931은 1881년 매우 정밀한 간섭계를 개발했다. 이 간섭계는 외부에서 빛을 받아들인 다음 이를 두 갈래로 나누어 서로 수직되는 방향으로 보냈다가 거울을 이용하여 이들을 다시 합치면 이들이 갖게 되는 경로차에 의해서 간섭 현상을 보이도록 한 장치이다. 만약 이 두 빛의 경로가 전혀 없으면 이들은 보강 간섭을 보일 것이고, 조금이라도 차이가 있다면 부분적인 상쇄 간섭을 보일 것이다. 마이컬슨은 이 두 빛 중 하나를 지구의 공전 또는 자전 방향과 일치시키면 그 빛은 진행하는 동안에 지구를 둘러싼 움직이지 않는 에테르의 영향을 받을 것이고 이와 수직인 빛은 그 영향을 받지 않을 것이므로 이들의 간섭 현상을 분석하면 지구의 공전과 자전 속도 등에 대한 정보를 얻을 수 있을 것이라고 생각했다. 1887년 마이컬슨과 몰리Edward Williams Morley, 1838~1923는 매우 정교한 간섭계를 이용하여 이 실험을 했으나, 에테르에 대한 지구의 움직임에서 나올 것이라고 기대한 빛의 속도의 변화를 측정하지 못했다. 어느 쪽 방향으로 측정하든 빛의 속도에는 변함이 없었던 것이다. 에테르의 존재를 믿는다면 지구가 돌고 있지 않다는 해석을 내려야만 했다. 하지만, 지구가 움직인다는 것은 이미 지동설로 정설이 되어 있는 상황이었다.

아일랜드의 피츠제럴드George Francis FitzGerald, 1851~1901와 네덜란드의 로렌츠Hendrik Antoon Lorentz, 1853~1928가 서로 독립적으로 물체가 움직일 때 수축한다는 가정을 바탕으로 마이컬슨과 몰리의 결과를 정당화할 수 있는 이론을 개발했다. 마이컬슨의 간섭계도 지구와 함께 움직이고 있으므로 지구의 진행 방향 쪽으로 간섭계가 수축할 것이고 그러면 이 방향으로 오는 빛의 속도가 실제보다 느린 것으로 측정되었을 것이므로 이 방향으로 오는 빛은 측정값 보다 빠른 것이 될 것이라는 말이다. 로렌츠는 더 나아가 운동하는 물체의 질량도 변한다고 했다. 그는 이러한 주장을 설명하기 위해 그의 이름을 딴 시공간에서의 좌표 변환 방법인 로렌츠 변환Lorentz transformation을 제시했다.

1905년 같은 문제에 대해 아인슈타인은 빛의 속도는 관찰자의 위치나 운동에 상관없이 일정하다는 전제로 이론을 전개해서 로렌츠가 주장하는 내용들을 모두 포함하면서도 훨씬 간단한 설명을 제시했다. 그는 이 해에 〈움직이는 물체의 전기동역학On the electrodynamics of moving bodies〉과 〈물체의 관성은 그 물체에 담긴 에너지양의 영향을 받을까?Does the inertia of a body depend on its energy content?〉라는 제목의 논문 두 편을 발표했다. 이들 논문에 담긴 이론은 오늘날 우리가 상대성 이론이라고 부르는 아인슈타인의 두 가지 이론 중 하나인 특수 상대성 이론이다.

오늘날 상대성 이론은 다양한 방식으로 설명된다. 예를 들어, 지나가는 기차 안에서 밖을 바라보는 사람과 플랫폼에서 그 기차를 바라보는 사람 이렇게 두 사람의 입장에서 보면 둘 다 서서 움직이지 않는 것은 자신이고 상대방이 움직이는 것으로 인지하게 된다(그림 13.2). 이들은 각자 정지해 있는 자신의 위치를 기준으로 좌표계를 정하고 그 좌표계로 상대방의 움직임을 설명한다. 즉 절대적인 좌표계의 기준점이 없는 것이다. 반면, 뉴턴 역학은 물체의 움직임을 기술할 때 모든 물체의 위치와 움직임을 하나의 좌표계, 즉 절대 좌표계로 설명한다. 에테르를 통과하는 지구에 대해서도 에테르가 움직이지 않고 있으므로 에테르의 절대 좌표를 기준으로 지구의 움직임을 설명하고자 한 것이다. 또 다른 예로, 위의 정류장의 예에서 기차가 플랫폼을 지날 때 두 사람이 서로 마주서게 되는 순간을 생각해보자. 마침 플랫폼에는 서 있는 사람의 양쪽에 전등이 하나씩 있어 두 사람이 마주하는 순간에 전등 둘이 동시에 켜졌다고 하자. 플랫폼에 서 있는 사람은 이 둘이 동시에 켜졌다고 할 것이다. 하지만, 기차 안에 있는 사람이 보기에는 기차가 진행하는 방향의 등이 먼저 켜지고 뒤쪽의 것이 나중에 켜진 것으로 인지하게 될 것이다. 물론 기차가 거의 빛의 속도로 엄청나게 빠르게 진행할 경우에 대한

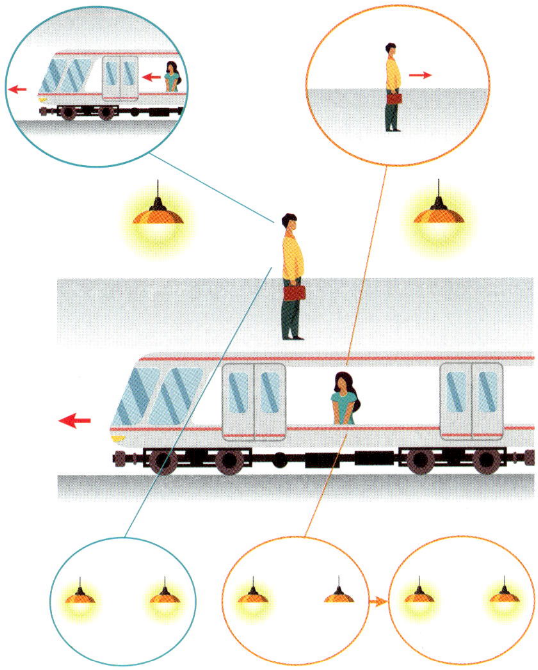

그림 13.2 아인슈타인의 상대성 이론을 설명할 때 자주 사용되는 움직이는 기차와 관찰자.

것이므로 우리의 경험과는 잘 맞지 않는다. '둘 중 누가 맞는가?' 하는 질문에 대한 답은 위의 예에서 두 개의 좌표계가 모두 맞는 것처럼 '두 사람의 관찰이 모두 맞는다'이다. 즉 관찰자의 운동에 따라서 플랫폼의 전등은 동시에 켜진 것이기도 하고 순차적으로 켜진 것이기도 하다. 즉 두 사건이 동시에 일어났는가 아닌가에 대해 절대적인 답이 없다는 것이다. 위의 두 가지 예는 '공간과 시간에 대해 절대적인 기준이 없다'는 말로 요약될 수 있다. 이 점이 절대적인 기준을 생각하는 뉴턴 역학과 근본적으로 차이나는 점이며, 이러한 이유로 아인슈타인의 이론을 상대성 이론이라고 한다.

우리가 일상생활에서 감각적으로 느끼는 대상에 대해서는 뉴턴역학으로 모든 것을 설명할 수 있다. 상대성 이론은 빛의 속도에 가깝게 빠르게 움직이는 경우에나 뉴턴역학과 큰 차이를 보이는데, 우리의 일상생활에서 그렇게 빠른 속도를 느끼기는 불가능하다. 빛의 속도는 초속 300,000 km이다. 이에 비해 시속 300 km인 KTX 기차는 초속 0.08 km이다. 따라서 상대성 이론에 따른 결론 중에는 일상적인 경험과는 동떨어진 것도 많이 있다. 대표적으로 시간과 에너지에 대한 것이 그렇다. '아인슈타인 시계'라는 것이 있다. 이 시계는 서로 마주 보는 거울 두 개로 이루어져 있다. 거울 사이에서 빛이 반사해서 한 번 왕복하는 데 걸리는 시간으로 시간을 측정한다고 생각하자. 이 왕복하는 데 걸리는 시간은 정지한 상태의 관찰자나 움직이는 상태의 관찰자 누구에게나 똑같이 느껴질 것이다. 하지만, 정지 상태의 관찰자의 입장에서 보면 움직이는 물체에 있는 시계는 더 늦게 가야 한다. 왜냐하면, 움직이는 물체에 있는 거울은 물체와 함께 움직이므로 빛이 반사한 후 반대편 거울에 닿기까지 진행해야 하는 거리가 정지한 경우보다 더 길어지기 때문이다. 빛은 어느 경우나 항상 같은 속도로 진행한다. 따라서 정지한 상태의 관찰자가 보기에는 움직이는 상태의 시간은 자신의 시간보다 느리게 진행하는 것처럼 관찰하게 된다. 이는 움직이는 물체에서 정지 상태를 보아도 마찬가지이다. 이 논의는 유명한 $E = mc^2$ 식으로까지 연결된다. 일정한 힘 F으로 등가속 운동하는 물체에 대한 가속도 $a = \Delta v/\Delta t$ Δv = 속도의 변화; Δt = 흐른 시간를 생각하면, 물체가 느끼는 Δt보다 외부 관찰자가 느끼는 Δt가 더 길게 되므로 가속도 a는 더 작은 값으로 관찰하게 된다. 하지만 이 물체에 대한 F는 일정하므로 $F = ma$ m = 물체의 질량 식에서 m 값이 증가해야 한다. 이 때 물체의 정지 질량정지 상태의 질량과 관찰자가 느끼는 질량의 값의 차이를 Δm이라 하면 이는 $\Delta m = E_{kin}/c^2$ E_{kin} = 물체의 운동에너지; c = 빛의 속도로 계산되며, 이 관계가 $E = mc^2$으로 표현된 것이다. 이 식은 물체의 질량과 에너지가 서로 변환 가능함을 보이는 것이다. 이미 라부아지에가 질량보존의 법칙을 정립했고, 클라우지우스가 에너지보존의 법칙을 정립했다는 것은 앞서 설명했다. 하지만, 아인슈타인의 결론은 질량과 에너지는 동등한 것이고 보존되는 것은 질량과 에너지의 총합이라는 것이 된다. 이를 질량-에너지 보존의 법칙이라고도 부른다. 질량-에너지 보존의 법칙은 원자폭탄이나 원자력 발전 등 핵분열과 태양에서 오는 에너지의 원천과 수소폭탄 그리고 미래의 에너지라고 하는 핵융합을 설명하는 기본 원리가 된다.

아인슈타인은 1915년 일반상대성 이론이라고 부르는 이론을 발표했다. 이 이론에서는 시공간의 문제를 주로 다루었고, 중요한 결론 중에는 중력의 원인과 효과에 대한 내용이 들어 있다. 즉 빛이 중력의 영향을 받아 진행 방향이 휘게 된다는 것이다. 이 논문에서 아인슈타인은 자신의 예상을 검증할 수 있는 방법을 제시했다. 그 중 하나는 멀리서 오는 별 빛이 태양을 스쳐 지나면 진행 방향이 휘게 되므로 이를 측정하면 될 것이라고 한 것이다. 1919년 영국의 에딩턴Arthur Stanley Eddington, 1882~1944은 개기 일식에 맞춰 서아프리카에 가서 황소자리의 별에서 오는 빛을 측정하여 아인슈타인의 예상이 맞는다는 것을 확인했다.

2. 양자론의 출현

21세기를 사는 우리들에게 20세기 전반에 있었던 과학의 업적 중 가장 영향력이 큰 것을 꼽으라면 단연 양자역학 이론의 개발이 될 것이다. 물론 상대성 이론도 우리가 사는 우주에 대해 보다 깊은 이해를 하도록 했고 무시무시한 파괴력의 핵무기와 에너지원으로 사용되는 원자력 등으로도 영향을 주고는 있지만, 양자역학의 결과물은 다양한 형태로 21세기를 사는 우리들의 일상생활의 곳곳에 깊이 들어와 있기 때문이다.

양자역학은 뉴턴 역학의 패러다임을 대체하는 새로운 패러다임으로 받아들여지고 있다. 과학사학자 쿤의 설명에 따르면 새로운 패러다임이 나타나기 위해서는 이전의 패러다임으로 설명할 수 없는 새로운 사실들이 여럿 누적되는 과정이 필연적으로 선행된다고 한다. 양자역학의 대두는 이런 설명이 잘 맞는 사례가 된다. 양자역학이 나타나는 과정은 단선적인 연구의 진전이 아니라 여러 분야에서 서로 연결되는 것 같지 않은 사실들이 확인되고 이들이 결국은 양자역학으로 설명되는 매우 복합적인 과정이다. 뉴턴역학을 대체할 양자역학이 개발되기 이전에 양자역학과 관련되는 다양한 개념들 특히 에너지의 양자화와 원자의 구조 등에 대한 논의를 양자론이라 한다. 우선 양자론이 대두되는 과정을 살펴보기로 하자.

앞서 살펴본 것처럼 19세기 중반 이후 물리학자들의 관심을 끌었던 방전관을 이용한 실험은 여러 가지로 새로운 사실을 보여주었다. 그리고 19세기 말에 양자론의 바탕

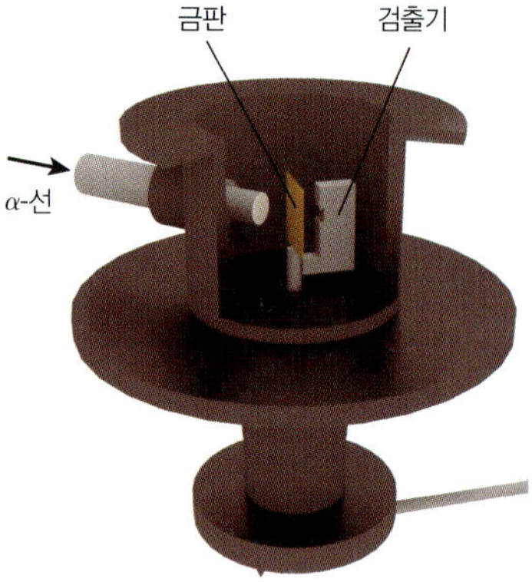

그림 13.3 러더퍼드가 α-선 실험에 사용했던 장비의 모형도.
출처: Wikimedia Commons.

이 되는 중요한 결과들이 나오기 시작했다. 1897년 톰슨은 방전관에서 만들어진 전자의 전하 대 질량e/m 값을 측정하고 이 값으로부터 전자의 질량은 가장 작은 원소인 수소의 2000분의 1 정도라는 것을 확인하여 이전부터 제기된 전자의 존재를 실험적으로 확립했다. 그리고 방전관 실험으로 수소를 포함한 여러 기체 원자들의 이온도 관찰되었다. 뢴트겐이 방전관 실험에서 X-선을 발견한 것도 역시 19세기 말에 이루어진 일이었다.

베크렐과 퀴리 부부가 시작한 자연 방사능 연구 역시 양자론이 나타나는 바탕을 만들었다. 러더퍼드는 우라늄에서 나오는 방사선에 최소한 두 가지 서로 다른 것이 섞여 있다는 것을 1899년에 알아내고는 이들을 각각 α-선과 β-선이라 이름 지었다. 이중 β-선이 전자의 흐름이라는 것은 1900년에 베크렐이 밝혔고, α-선이 He^{2+} 이온의 흐름이라는 것은 러더퍼드가 1903년부터 1908년까지 축적한 연구 결과를 통해서 확인되었다. α-선의 본질을 밝힌 러더퍼드는 이것을 이용한 여러 가지 실험을 했고 그 과정에서 원자의 구조에 대한 단서를 얻어냈다. 1909년 그의 학생 가이거Hans Geiger, 1886~1845에게 α-선을 얇은 금판에 충돌시키는 실험을 하도록 지시했다(그림 13.3). 그리고 대부분의 α-선은 금판을 통과해서 직선 운동을 한다는 것과, 그 비율은 아주 작지만, 직선 운동에서 벗어나는 α-선도 있다는 것을 알아내었다. 마침 새로 온 학생 마스덴Ernest Marsden, 1889~1970에게 이 실험에서 직선 운동에서 벗어난 α-선에 대해 알아보도록 했는데, 소수이지만 진행 방향이 90도 이상 꺾인 것은 물론 완전히 반대 방향으로 튕겨져 나오는 것도 있다는 것을 확인했다. α-선은 He^{2+} 이온의 흐름인데 He^{2+} 이온은 가장 작은 원자의 H^+ 이온보다 4배 무거운 입자다. 그러므로 이렇게 빠르게 흐르는 무거운 입자를 정반대 방향으로 튕겨나가도록 한다는 것은 이보다 훨씬 무거우면서 He^{2+}와 같은 양의 전하로 대전된 입자가 금 원자 안에 있다는 뜻이다. 더구나 대부분의 α-선이 직선 운동을 한다는 것은 금 원자의 대부분의 공간은 비어 있어서 α-선이 지날 때 아무런 저항을 받지 않는다는 것을 뜻한다. 이러한 사실들을 바탕으로 러더퍼드는 원자 질량의 거의 전부를 차지하는 양의 전하를 갖는 원자핵이 원자의 전체 직경의 100,000분의 1에 해당하는 아주 작은 부분만을 차지하고 나머지 공간은 질량이 훨씬 작은 음의 전하를 갖는 전자가 차지하는 마치 태양계와 같은 원자 모형을 제시했다(그림 13.4).

하지만 이 원자 모형은 α-선 산란 실험 결과를 훌륭하게 설명하지만, 고전 역학적으로는 성립할 수 없는 문제점을 갖고 있었다. 뉴턴 역학에 따르면, 입자가 원운동을 하

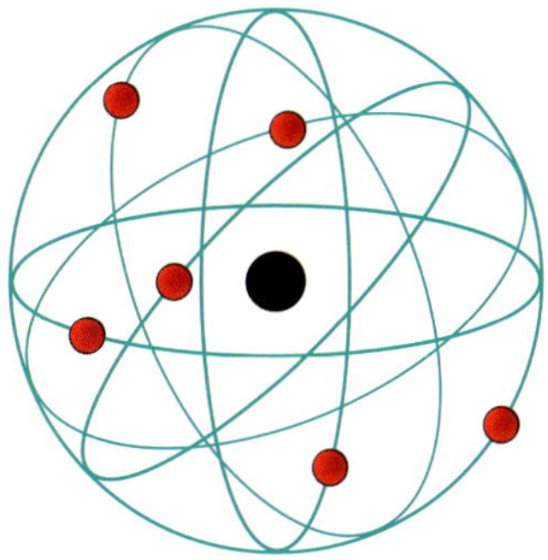

그림 13.4 러더퍼드의 원자 모형.

는 것은 매 순간 가속되는 과정이다. 따라서 이는 전자가 원운동을 하면서 운동에너지를 잃고 원자핵에 빠져들어 가야 한다는 것을 뜻한다. 즉 러더퍼드의 모형은 원자가 안정적으로 서로 분리된 원자핵과 전자를 갖고 있는 것을 설명할 수 없었던 것이다. 이 문제는 1913년 덴마크의 보어가 오늘날 우리가 보어의 원자 모형이라고 하는 새로운 모형을 제시하여서 해결되었다. 보어의 원자 모형을 설명하기 위해서는 두 가지의 추가적인 배경에 대한 설명이 필요하다. 원자의 스펙트럼과 에너지의 양자화에 대한 것이다.

앞서 본 것처럼 19세기 중반에 원소의 분광법이 개발되었다. 금속 원소를 불꽃으로 가열하면 원소마다 특징적인 선스펙트럼을 얻게 된다. 방전관이 개발된 후에는 방전관에 기체를 채워 기체 원자의 선스펙트럼을 얻었다. 1885년 스위스의 수학자 발머Johann Jakob Balmer, 1825~1898는 수소의 선스펙트럼에서 나오는 여러 빛의 파장 사이에 수학적인 관계가 있다는 것을 밝혔다. 이는 잘 알려진 수소의 선스펙트럼 중 발머 계열에 대한 것이다. 이후 리만Lyman 계열, 파쉔Paschen 계열, 브라켓Brackett 계열 등 추가적인 수소의 선스펙트럼에 대한 발견이 1906년부터 1953년까지 보고되었지만(그림 13.5), 이들은 모두 가시광선 영역 밖의 파장에 대한 것이고, 발머 계열만은 가시광선 영역의 것이다. 발머는 이 식으로 그 때까지 발견되지 않았던 스펙트럼 선의 위치를 정확하게 예측했다. 이후 1888년 스웨덴의 리드버그Johannes Rydberg, 1854~1919가 발머의 공식을 보다 포괄적인 형식으로 바꾼 공식을 제시했고 이 식으로 수소의 모든 스펙트럼 선의 위치를 설명하고 예측할 수 있었다. 하지만, 그는 이 공식이 성립되는 원인에 대해서는 적절한 설명을 제시할 수 없었다.

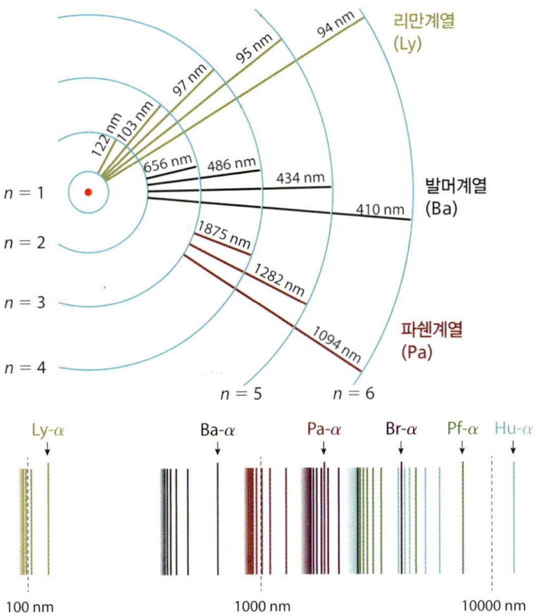

그림 13.5 수소의 여러 가지 분광 계열.

에너지의 양자화의 개념은 독일의 플랑크가 흑체 복사black body radiation의 스펙트럼을 설명하기 위해 도입한 가설이었다. 흑체 복사란 물체가 빛을 흡수하거나 내놓는 다른 메커니즘이 없이 오로지 온도에 의해서 빛을 내놓는 현상을 말한다. 용광로의 쇳물이 밝은 주황색으로 빛나는 것에서 볼 수 있듯이 물체의 온도가 높으면 그 물체에서 빛이 나오고 그 빛의 스펙트럼은 그 물체의 온도를 반영한다. 19세기 말 과학자들은 이런 성질을 보이는 이상적인 물체를 흑체라고 불렀고 그 스펙트럼을 설명할 방법을 찾고 있었다(그림 13.6). 1893년 독일의 빈Wilhelm Wien, 1864~1928이 흑체 복사의 스펙트럼에서 가장 센 빛의 파장은 흑체의 절대 온도에 반비례하는 것을 밝혔다. 그의 모형은 흑체 복사 스펙트럼 중 짧은 파장 영역은 잘 설명했으나, 긴 파장 영역은 실험치에서 크게 벗어났다. 1900년 영국의 레일리John William Strutt Rayleigh, 1842~1919와 진스James Hopwood Jeans, 1877~1946가 새로운 모형을 제시했는데, 이번에는 긴 파장 영역은 잘 설명할 수 있었지만, 짧은 파장 영역은 잘 맞지 않았다. 이 문제를 독일의 플랑크Max Planck, 1858~1947가 해결했다. 흑체 복사 스펙트럼을 모든 파장 영역에 걸쳐서 잘 설명할 수 있는 모형을 제시한 것이다. 이 모형에는 매우 중요한 전제가 하나 있었다. 즉 흑체에는 에너지를 흡수하고 내놓는 공명자resonator가 있어 이것이 높은 온도의 열에너지를 빛으로 바꾸는 작용을 하는 것으로 생각하고는 이 공명자가 가질 수 있는 에너지 상태가 양자화되어 있다는 가정을 한 것이다. 이런 공명자의 에너지 상태를 수식으로 쓰면 $E = nh\nu$로 나타낼 수 있다. 여기에서 E는 공명자의 에너지, ν는 공명자가 내놓는 빛의 진동수이고, h는 상수인데 6.634×10^{-34} J/s로 계산되고 나중 사람들은 이를 플랑크 상수라고

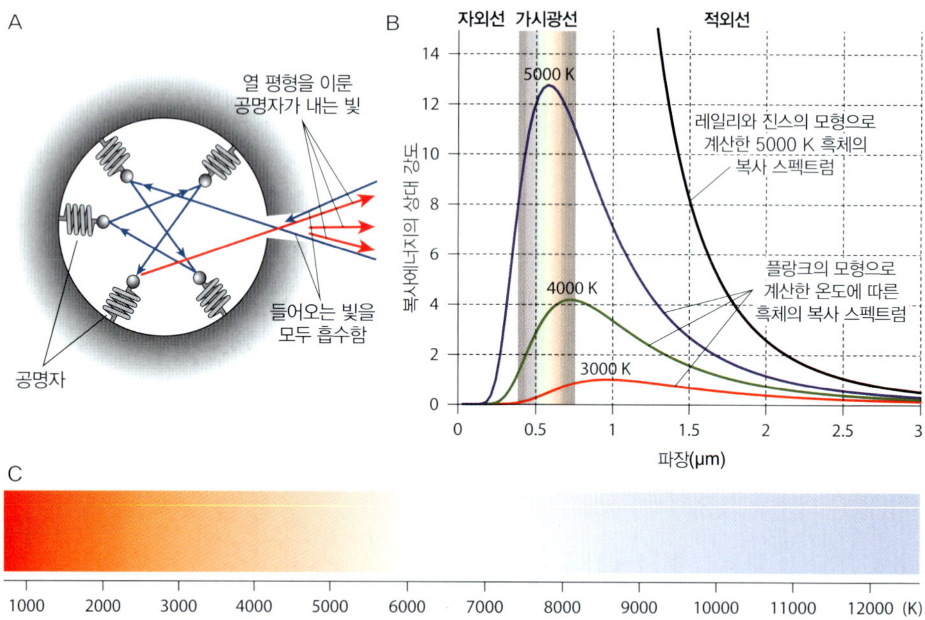

그림 13.6 흑체와 흑체 복사: 흑체의 구조와 흑체와 빛 사이의 상호작용(A). 흑체 복사 스펙트럼. 흑체의 온도가 높을수록 복사선의 강도가 세지고 최고점의 위치가 짧은 파장으로 이동한다(B). 흑체의 온도에 따른 흑체 복사선의 색깔 변화(C).

출처: Wikimedia Commons.

한다. 에너지의 양자화의 의미는 이 식의 n에 들어 있다. n은 1, 2, 3, ... 등의 자연수이다. 즉 공명자가 갖는 에너지는 $h\nu$, $2h\nu$, $3h\nu$, ...와 같이 $h\nu$의 배수에 해당하는 값만 가능하고, $0.2h\nu$와 같은 값은 있을 수 없다는 것이다. 일상생활의 경험으로는 이런 양자화를 상상하기 어려우므로 비유적으로 설명해 보자. 경사면에 놓인 물체의 예를 들어서 생각하면 물체의 위치를 조금씩 바꿔서 그 위치에너지를 연속적으로 늘이거나 줄일 수 있다. 하지만, 그 경사면이 작은 계단으로 이루어진 것이라면, 위치에너지는 어느 계단 하나와 그 다음 계단에 해당하는 값은 있지만 그 중간에 해당하는 값은 있을 수 없게 된다(그림 13.7). 일상생활에서 보는 물체는 이 계단의 크기에 비해 너무 크기 때문에 계단의 존재가 측정에 아무런 영향을 주지 못하지만, 전자와 같이 아주 작은 입자의 경우에는 상대적으로 그 계단의 존재가 갖는 의미가 크게 될 것이다. 이와 같은 에너지의 양자화의 개념은 볼츠만Ludwig Eduard Boltzmann, 1844~1906이 통계열역학을 개발하면서 도입된 것이었지만, 플랑크는 이에 대해서는 별 의미를 두지 않고 흑체 복사 스펙트럼을 유도하기 위해서 도입한 것이었다.

이 에너지 양자화가 사실임이 받아들여진 것은 아인슈타인이 이 개념으로 광전효과photoelectric effect를 설명한 1905년 이후의 일이다. 광전효과는 방전관의 전극에 빛을 쬐면 전류가 흐르는 현상을 말한다. 1902년 독일의 레나르트Philipp Eduard Anton von Lenard, 1862~1947는 쬐어 주는 빛의 세기는 음극선의 에너지에 영향을 주지 않고, 특정 파장보다 짧은 파장의 빛을 쬐어야만 광전효과를 볼 수 있고 파장이 짧아지면 음극선의 에너지가 커지는 것을 관찰했다. 이 현상에 대해 마땅한 설명이 없었던 것을 아인슈타인이 양자화의 개념으로 설명한 것이다. 아인슈타인은 빛을 입자광자 또는 광양자, photon로 보고 광자가 갖는 에너지는 플랑크가 가정한 것처럼 $E = h\nu$로 나타낼 수 있다고 생각했다. 그리고 이 조건을 이용하여 진동수가 높은 광자는 에너지가 높은 입자이므로 전극 표면에 충돌하면 전극에 구속된 전자를 떼어낼 수 있는 능력이 있고, 진동수가 낮은 것은 그러지 못한다는 설명을 했다. 이로서 빛과 전자의 에너지의 양자화에 대한 정당화를 한 것이다. 또한 이 설명은 빛의 본질에 대한 오랜 논쟁에서 19세기로 접어들면서 빛은 파동이라는 주장이 힘을 얻고 있던 상황을 반전시켰다. 아인슈타인은 이전까지 있었던 두 갈래의 주장을 결합하여 빛은 파동의 성질과 입자의 성질을 동시에 갖는다는 주장을 한 것이다. 이 주장은 이후에 여러 실험과 이론 연구의 결과 정설로

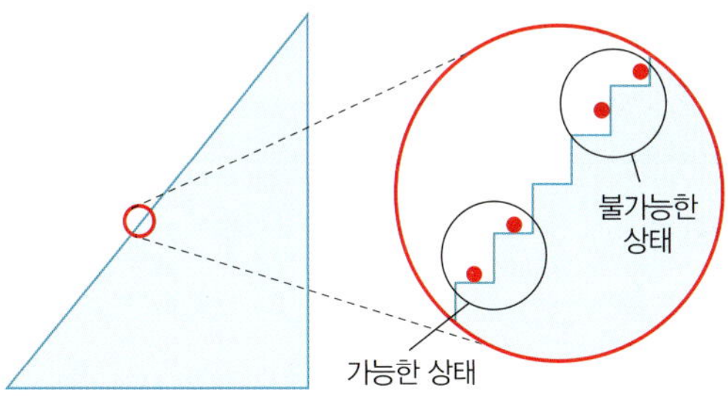

그림 13.7 양자화의 개념을 설명하는 예. 경사면이 확대해서 보면 실제로는 계단처럼 되어 있는 경우를 생각하자. 이 계단이 있는 것을 몰랐을 때는 경사면을 따라 이동하는 물체의 위치 에너지는 연속적으로 변화하는것으로 파악하게 된다. 그러나 계단이 있다면 위치 에너지는 불연속적이라서 계단과 계단 사이의 중간에 해당하는 위치 에너지 값을 가질 수 없게 된다.

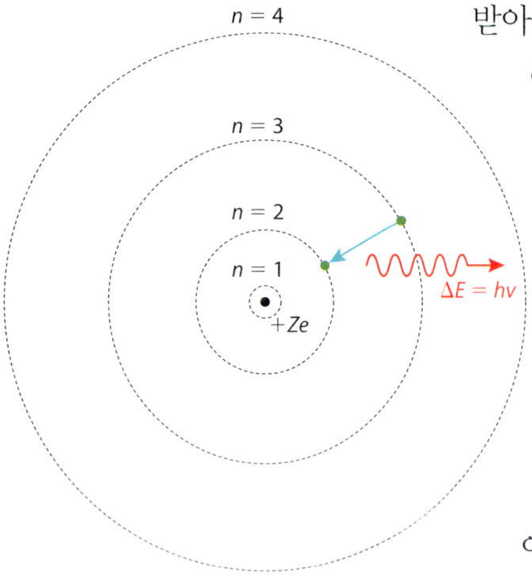

그림 13.8 보어의 원자 모형.

받아들여져서 '빛의 이중성wave-particle duality'이라고 불린다. 더 나아가서 드브로이Louis de Broglie, 1892~1987가 입자도 파동의 성질을 가질 수 있다는 주장을 하여 현재는 빛과 입자 모두 파동과 입자의 두 가지 성질을 갖는 것으로 받아들이고 있다.

1913년 덴마크의 보어Niels Bohr, 1885~1962는 러더퍼드의 원자구조, 에너지의 양자화, 그리고 수소 원자의 선 스펙트럼 등의 내용을 모두 포함하는 수소 원자 모형을 제시했다(그림 13.8). 그는, 뉴턴 역학적 발상에 근거하여, 전자가 핵 주위를 돌면서 조화로운 운동을 하고 있는 것은 마치 태양과 행성들 사이에 만유인력이 작용하는 것과 같은 현상으로 생각하고, 만유인력을 정전기적 힘으로 대체하여 원심력mv^2/r; m = 질량, v = 속도, r = 거리과 정전기적 인력e^2/r^2; e = 전자와 원자핵의 전하, r = 거리이 서로 같다는 전제로부터 모형을 만들어서 수소의 선스펙트럼에 대한 리드버그의 식을 유도해 낼 수 있었다. 오늘날 물리와 화학 교과서에도 보이는 이 모형에 따르면, 수소 원자의 전자는 마치 행성이 태양 주위의 일정한 궤도를 돌고 있는 것처럼 핵 주위의 일정한 궤도를 돌고 있다. 이 때 전자가 돌 수 있는 궤도는 그 에너지 준위가 불연속적으로 양자화되어 있다. 전자는 한 궤도에서 다른 궤도로 옮겨갈 수 있는데, 이렇게 옮겨가는 과정에서 궤도의 에너지 값에 따라서 에너지를 흡수하거나 내놓는다. 수소의 선스펙트럼은 전자가 방전관의 전기에너지를 받아 높은 에너지 준위로 올라갔다가 원래의 에너지 준위로 내려가면서 그 에너지 차이에 해당하는 진동수의 빛을 내놓는 것으로 잘 설명할 수 있고, 이 모형으로 리드버그의 실험식을 유도할 수 있다. 하지만 보어의 원자모형은 수소 이외의 다른 원소의 원자에 대해서는 선스펙트럼을 잘 설명하지 못했다. 이 문제는 양자역학이 개발된 후에 해결되었다.

3.

새로운 패러다임—양자역학의 출현

1905년 아인슈타인이 광전효과를 설명한 후 빛이 입자로서의 특성도 가진다는 추가적인 실험 결과도 발표되어 1920년대에는 빛의 이중성에 대해 의문을 제기하는 사람은 없게 되었다. 1924년에 프랑스의 드브로이는 반대로 입자가 파동의 성질을 가질 수는 없을까 하는 문제에 대한 이론 논문을 발표하면서 물질파matter wave의 개념을 제시했다. 즉 입자도 진행하면서 파동의 성질을 보이며 그 파장은 $\lambda = h/mv$ h = 플랑크 상수; m = 입자의 질량; v = 입자의 속도로 계산된다는 것이다. 드브로이는 순전히 이론적인 입장에서 물질파의 가능성을 제기한 것이지만, 나중에는 여러 실험의 결과로 물질파의 존재가 확인되었고, 오늘날에는 이 원리를 이용한 전자현미경 등의 분석 장비가 개발되어 널리 활용되고 있다. 물질파의 파장이 입자의 질량에 반비례하므로 우리 눈에 보이는 물체의 물질파는 현대 과학으로는 측정할 수 없을 정도로 아주 작은 파장을 갖는다. 하지만, 질량이 매우 작은 전자의 물질파 파장은 원자의 크기에 해당하는 값을 갖게 된다. 즉 전자는 빛과 마찬가지로 입자와 파동의 이중성을 갖고, 전자를 입자가 아닌 파동으로서 파악해야 하는 경우가 있다는 것을 의미한다.

1924년 독일의 하이젠베르크Werner Karl Heisenberg, 1901~1976는 전자와 같이 매우 빠른 속도로 움직이는 아주 작은 입자에 대해서는 그 위치와 속도를 동시에 정확하게 아는 것이 불가능하다는 불확정성원리不確定性原理, uncertainty principle를 발표했다. 불확정성원리는 수식으로 나타내면 $\Delta x \cdot \Delta p \geq h/4\pi$가 된다. 여기서 Δx는 입자의 위치에 대한 불확정한 양uncertainty, Δp는 입자의 운동량에 대한 불확정한 양, h는 플랑크 상수다. 이 수식을 보면 입자의 위치와 운동량에 대한 불확정성의 곱이 $h/4\pi$보다 작을 수는 없으므로, 입자 위치의 불확정성을 줄이면 운동량의 불확정성이 커지고 반대로 운동량의 불확정성을 줄이면 위치의 불확정성이 커진다. 따라서 위치와 운동량 모두의 불확정성을 함께 줄일 수는 없다는 말이 된다. 이 원리는 입자에 대한 측정을 하는 과정을 생각하면 이해하기 쉽다. 물체를 관찰하는 것은 그 물체에 자극을 주고 그 물체가 자극에 대해 반응한 결과를 신호로 얻는 과정이다. 우리가 눈으로 물체를 보는 것은 그 물체에 쬐인 빛이 물체에서 반사해서 우리 눈에 들어오기 때문이다. 이때 빛은 물체에 자극을 주고 물체는 빛을 반사해서 자극에 대해 반응한 것이다. 일상적인 물체는 빛을 쬐어도 그 영향이 거의 없지만, 전자처럼 작은 입자는 빛을 쬐면 빛의 영향을 받을 수밖에 없다. 즉 측정하는 행위 때문에 관찰 대상을 교란시키는 것이 된다. 따라서 전자와 상호작용한 빛을 우리가 검출해서 전자의 상태를 알려고 한다면, 그 방법의 한계 때문에 불확실한 부분이 생길 수밖에 없다. 반면 뉴턴 역학에서는 $\Delta x \cdot \Delta p$ 값이 0이 될 수 있다고 본다. 즉 입자의 위치와 운동량을 동시에 정확하게 알아낼 수 있다는 것이다. 보어의 원자 모형은 일정 부분 성공을 거두었지만, 이 모형에서는 전자가 일정한 에너지를 갖고 일정한 궤도를 돌고 있는 것으로 보기 때문에 전자의 위치와 그 위치에서의 속도를 정확하게 알 수 있으므로 불확정성 원리에 위배되는 것이다. 불확정성원리에 따르면 원자 안의 전자의 위치를 정확하게 묘사할 수 없다.

하이젠베르크는 이 원리에 따라서 작은 입자의 운동은 확률적으로 가장 높은 영역을 설정하고 그 영역에 대한 내용으로 이해할 수밖에 없다고 생각하고 1926년 행렬역학을 개발했다. 같은 해에 오스트리아의 수학자인 슈뢰딩거Erwin Schrödinger, 1887~1961는 드브로이의 물질파의 개념에 따라 전자의 거동을 파동으로 기술하는 파동역학을 개발했다. 여기서는 전자가 존재할 수 있는 확률이 높은 영역에 대한 계산의 가능성을 제시했다. 이와 같은 과정을 거치면서 하이젠베르크와 슈뢰딩거는 전자가 확률적으로 가장 많이 머물러 운동하고 있는 영역에 대하여 궤도함수orbital라는 개념을 도입하여 각각 자기의 논리로 전자가 존재할 수 있는 에너지 준위를 계산하여 모든 원소의 스펙트럼과 대조하여 합리적으로 해석할 수 있는 성과를 이룩했다. 이들은 10년 가까이 서로 자기의 논리가 옳다고 주장했으나 후일 이들의 주장은 접근 방법에서 차이가 있을 뿐 본질적으로는 서로 같은 내용을 담고 있다는 것이 확인되었다.

하이젠베르크의 행렬역학과 슈뢰딩거의 파동역학이 개발되기 바로 전인 1925년에는 파울리Wofgang Pauli, 1900~1958가 배타원리Exclusion principle를 발견했다. 이 원리에 따르면 한 원자에 속한 전자들은 서로 완전히 똑같은 상태를 가질 수가 없다. 이들의 결론을 합치면 멘델레예프가 발견한 원소의 주기성을 잘 설명할 수 있게 된다. 이로서 전자와 같은 미시적인 대상을 다루는 양자역학의 패러다임이 시작되었다. 양자역학으로 원자 안에 있는 전자의 거동에 대해 이해를 한 다음에는 어떻게 원자들이 결합하여 분자가 되며, 분자들이 보이는 다양한 거동과 특성을 설명할 수 있게 되었다.

4.
핵물리학의 발전—거대한 양날의 칼

19세기를 거치면서 원자의 존재가 확실해졌고, 20세기 초에는 원자를 구성하는 입자인 원자핵과 전자의 존재를 알게 되었다. 이제 과학자들의 관심은 원자핵의 구성에 대한 것까지 미치게 되었다. 물론 원자핵 안을 들여다 볼 수 있는 방법이 생겼기 때문이다. 베크렐과 퀴리 부부가 발견한 우라늄과 토륨의 자연방사선으로 나오는 알파선이 그것이다. α-선이 He^{2+} 이온의 흐름이라는 것은 앞서 설명했다. 전자선인 β-선에 비해서 질량이 크고 전하량도 두 배이므로 α-선을 원자핵과 충돌시키면 러더퍼드의 실험에서처럼 α-선의 진행 방향만 영향을 받는 것이 아니고, 원자핵도 쪼개질 수 있다.

1902년 토륨의 방사선을 연구하던 러더퍼드와 소디Frederick Soddy, 1877~1956는 보통 방사선의 세기는 시간이 지나면서 약해지는 데 반해서 오히려 시간이 지나면서 방사선의 세기가 강해지는 것을 관찰했다. 이들은 이 현상을 설명하기 위해 토륨이 방사선을 내면서 토륨보다 더 센 방사선을 내는 원소로 바뀐다는 가설을 제시하고 이 원소를 토륨 X라 불렀다. 납을 금으로 만드는 연금술이 불가능한 것으로 받아들여졌던 시기에 한 원소가 다른 원소로 바뀐다는 무척 과감한 주장을 한 것이다. 하지만 이들은 현대판 연금술의 단서를 처음으로 관찰한 것이다. 보다 구체적인 증거는 역시 러더퍼드의 연구실에서 얻어졌다. 1914년 α-선의 운동에 대해서 연구하던 마스던이 α-입자보다 더 멀리 날아가는 입자가 있음을 발견하고 이것이 수소 입자라는 것을 밝혔다. 이후 1919년 러더퍼드는 이 현상이 α-입자가 공기 중의 질소와 충돌하여 산소의 동위원소와 수소를 만드는 과정이라는 설명을 제시했다. 즉 질소 원자에서 산소 원자를 만든 것이다. 이 설명에는 동위원소의 개념이 들어 있는데 이것은 1912년 소디가 제안한 것이었다. 동위원소란 원자량이 서로 다르지만 화학적으로는 같은 원소를 가리키는 말이다. 산소를 예로 들면, 산소 원자의 대부분은 원자량이 16이지만, 원자량이 17이나 18인 산소 원자도 있다. 이들을 모두 산소의 동위원소라 한다. 이들은 모두 양성자의 수는 8로 같지만, 중성자의 수가 각각 8, 9, 10으로 서로 다르다. 원자의 화학적 성질은 양성자 수가 결정하므로 이들은 화학적인 방법으로는 서로 분리할 수 없다. 하지만 이때만 해도 중성자가 아직 발견되지 않았던 시기이다. 러더퍼드는 1920년 원소의 원자번호와 원자량의 관계에서 원자핵 안에 양성자와 같은 질량을 갖고 중성을 띠는 입자가 있을 것이라는 예상을 했다. 하지만 그는 중성자를 양성자와 전자가 결합한 상태로 보았다. 즉 예를 들면 산소-16의 원자핵에는 양성자가 16개 있고, 이 중 8개는 전자와 결합한 상태로 있는 것으로 본 것이다. 이미 원자핵의 크기가 매우 작다는 것이 알려졌으므로 서로 정전기적 반발을 하는 전자 8개가 원자핵 안에 있다는 말이 되므로 큰 설득력이 없었다. 더구나 중성자가 있다는 다른 증거가 없었다.

중성자가 발견된 것은 러더퍼드가 중성자가 있을 것이라고 주장한 지 10년이 지나서였다. 1930년 독일의 보테Walther Bothe, 1891~1957가 α-선을 베릴륨에 쬐면 '매우 강한 γ-선'이 나온다고 발표했다. 1932년 퀴리 부부의 딸Irène Joliot-Curie, 1897~1956과 그의 남편Jean Frédéric Joliot-Curie, 1900~1958인 졸리오-퀴리 부부가 보테의 실험을 반복하면서 이 강한 γ-선이 납을 통과한다는 것과 수소가 많이 포함되어 있는 물질을 통과하도록 했더니 양성자가 매우 많이 생기는 것을 관찰했다. 이러한 성질은 이 방사선이 γ-선이 아닌 다른 것이라는 것을 뜻하는 것이고 실제로는 중성자라는 것을 뜻한다. 하지만 중성자의 정체를 밝히는 것은 영국의 채드윅James Chadwick, 1891~1974이 조금 더 빨랐다. 그는 보테의 실험에서 나오는 방사선을 파라핀을 통과하도록 하고, 거기에서 나오는 수소 입자의 속도를 측정했고, 측정값이 중성자가 있다고 가정할 때 예상되는 값과 잘 일치하는 것을 보여서 중성자의 존재를 증명한 것이다. 이들이 관찰한 중성자는 빛의 속도의 1/10 정도로 엄청나게 빠른데다가 중성자의 질량이 크기 때문에 중성자 선의 에너지는 매우 크다. 더구나 중성자는 전하가 없으므로 양의 전하를 갖는 원자핵에 접근하기가 쉽기 때문에 원자핵에 충돌하면 핵변환을 일으키기 쉬울 것이라 예상되었다.

중성자의 정체가 밝혀지자 이제 중성자를 이용한 핵변환 연구가 이루어졌다. 1934년 이탈리아의 페르미Enrico Fermi, 1901~1954가 중성자를 여러 원소에 조사하는 실험을 하던 중에 우라늄에 대해 실험하다가 최초로 우라늄의 핵분열을 관찰했다. 하지만, 이들은 자신들이 얻은 것은 당시에는 가장 큰 원소로 알려진 우라늄보다 더 큰 원소라고 믿었다. 그리고 많은 과학자들이 우라늄보다 더 큰 원소를 인공적으로 합성하는 연구에 몰두했다. 독일의 한Otto Hahn, 1879~1968의 연구진도 초우라늄trans-uranium 합성 연구를 수행했다. 이 과정에서 그는 우라늄에 중성자를 조사하면 바륨이 생성되는 것을 확인했다. 그런데 이것은 당시의 과학자의 눈에는 아주 이상한 일이었다. 원자번호 92인 우라늄이 방사선을 내놓으면서 토륨원자번호 90, 악티늄89, 라듐88, 폴로늄84 등의 방사성 원소로 변하면서 최종적으로는 납82이 되면서 방사성 붕괴가 끝난다. 원래 한은 자신들의 실험에서 라듐이 나올 것이라 예상했는데, 라듐은 발견되지 않고 라듐과 화학적으로 거의 비슷한 바륨만 얻게 된 것이다. 바륨은 원자번호 56으로 우라늄에서 납으로 가는 과정에서 나오는 원소보다 훨씬 작은 원소이므로, 도저히 바륨이 나오는 것을 설명할 방법이 없었던 것이다. 그는 이 사실을 한동안 함께 일했고 당시에는 나치의 핍박을 피해 스웨덴으로 피난해 있던 마이트너Lise Meitner, 1878~1968에게 알렸고, 그녀는 마침 같이 있었던 조카인 물리학자 프리시Otto Robert Frisch, 1904~1979과 함께 한의 실험 결과에 대한 이론적인 해석을 제시했다. 이들이 제시한 해석은 우라늄의 원자핵이 원자번호 56인 바륨과 원자번호 36인 크립톤으로 나뉜다는 것이었다. 이 두 원소의 원자 번호를 더하면 우라늄의 원자번호인 92와 같게 된다(그림 13.9). 즉 이들은 우라늄의 핵분열에서 양성자의 수가 변하지 않는다고 본 것이다. 그리고 이들은 아인슈타인의 $E = mc^2$ 식을 이용해서 우라늄 원자 하나가 분열할 때 2억 전자볼트eV의 에너지가 나온다고 계산했다. 보통 물질이 연소할 때

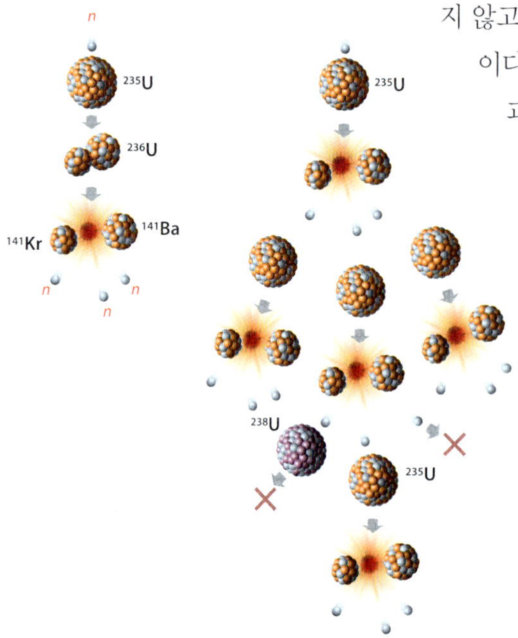

그림 13.9 우라늄-235의 핵분열 과정. 왼쪽 그림처럼 우라늄-235에 중성자(n)가 충돌하면 우라늄-235는 크립톤-93과 바륨-141로 붕괴되면서 중성자 3개를 내놓는다. 오른쪽 그림은 이들 중성자가 다른 우라늄-235의 핵분열을 유도해서 연쇄적으로 핵분열 반응이 일어나는 과정을 보인다. 여기에서 생성되는 중성자를 없애면 다음 우라늄-235의 핵분열을 억제할 수 있고, 이것이 원자핵발전에서 원자로의 반응을 제어하는 원리이다.

나오는 열량은 원자 하나당 1~2 eV인 것을 생각하면 억 배나 더 높은 에너지가 나오는 것이다. 이때 m은 질량 결손이라고 하며 핵분열 전의 원자의 무게와 핵분열로 생성되는 원자의 무게의 차이가 된다.

프리시는 보어를 만나서 이 사실에 대해 알렸고, 마침 미국에 강연을 떠나던 보어는 미국의 과학계에 이 사실을 알렸다. 보어는 1939년 핵분열에 대한 이론을 발표했다. 그는 원자량이 짝수인 원자는 안정하고 홀수인 것은 불안정하다는 가설을 바탕으로 천연 우라늄의 대부분을 차지하는 우라늄-238은 핵분열을 하지 않고 이보다 1/140로 훨씬 적은 양의 우라늄-235가 핵분열을 한다고 설명하였다. 우라늄-235는 중성자를 하나 받아 우라늄-236이 되는데, 이 우라늄-236는 매우 많이 들뜬 상태가 되어서 분열된다. 과학자들은 우라늄의 핵분열 과정에서 중성자가 나오는가에 대한 연구를 했다. 만약 중성자가 나온다면, 우라늄의 핵분열은 연쇄적으로 일어날 수 있다는 의미하는 것이기 때문이다. 무솔리니의 치하를 피해 미국에 있던 페르미와 프랑스의 졸리오-퀴리 부부가 우라늄의 핵분열에서 중성자가 나온다는 사실을 실험으로 확인했다.

이제 핵분열을 이용해서 엄청나게 큰 파괴력을 갖는 무기를 만들 수 있다는 것을 인지한 몇몇 물리학자들은 독일이 핵폭탄을 만들게 되는 상황을 걱정하게 되었다. 이들은 당시 미국에 있던 아인슈타인에게 미국 대통령 루즈벨트에게 이 사실을 알리도록 했다. 그러나 당시까지 2차 대전에 참전하지 않고 있었던 미국은 이에 대해 즉각적인 행동을 보이지 않다가, 1941년 12월 8일 일본의 진주만 공격을 받아 전쟁에 참전하게 된 후에 맨해튼 프로젝트Manhattan project라는 암호명으로 원자탄 개발에 본격적으로 착수했다. 핵폭탄을 만들기 위해서는 우라늄-235의 농도를 천연 우라늄의 1/140에서 1/20 정도로 농축시키거나 플루토늄이 필요했다. 이를 위해서 미국의 여러 장소에 원자탄의 원료를 추출하고 농축하는 공장을 건설했고, 원자탄 개발 연구는 뉴멕시코New Mexico 주의 사막지대인 로스알라모스Los Alamos에서 물리학자 오펜하이머J. Robert Oppenheimer, 1904~1967의 지휘로 진행되었다. 1945년 7월 16일 실전용 우라늄 원자탄이 뉴멕시코 사막에서 처음으로 시험되어 엄청난 파괴력을 확인했고, 바로 8월 6일과 9일에 일본 히로시마와 나가사키에 원자탄을 투하하여 제2차 세계대전의 종식을 보게 되었다.

전쟁을 마치고 보니, 미국이 핵폭탄을 만들도록 한 원인이었던 독일에서는 핵폭탄을 만들지 않았던 것이 확인되었다. 원자탄을 만드는 데 필요한 우라늄 추출과 농축 과정은 막대한 자금과 시설을 필요로 하고, 또한 기폭장치 등 관련되는 기술에 대한 연구가 뒷받침되어야 하는데, 전쟁을 빨리 종결시키고자 했던 독일로서는 재정적으로나 시간적으로 원자탄 개발 연구를 수행할 수 있는 형편이 되지 않았던 것이다. 핵폭탄의 개발은 제2차 세계대전 직후에 맞게 된 동서 냉전 시대에 양 진영을 핵으로 무장하게 만드는 새로운 국면으로 이어지게 되었다.

5.
생물학에서 생명과학으로

유전학의 관점에서 보면 20세기 전반의 생물학은 1953년 DNA의 구조가 밝혀져서 19세기에 제기된 진화론과 유전에 대한 생물학적 메커니즘을 확인할 수 있도록 한 여러 가지 배경 지식을 쌓은 시기라 할 수 있다. 20세기에 접어든 시점에서는 비록 19세기 후반에 멘델이 발견한 유전 법칙으로 진화가 일어나는 원인에 대한 설명을 할 수 있는 바탕은 마련했지만, 아직 세부적인 내용에 대해서는 많은 것을 알 수 없는 상태였다. 사실은 유전의 비밀을 갖고 있는 핵산은 이미 1869년 스위스의 미셔Johannes Friedrich Miescher, 1844~1895가 발견했고, 1882년 독일의 플레밍Walther Flemming, 1843~1905이 세포 분열 중인 세포를 염색해서 관찰하다가 세포 분열 과정에서 가는 실 모양의 물체가 생성되는 것을 발견하고 이를 염색될 수 있는 물체라는 뜻으로 염색체染色體, Chromosome라 이름 지었으며, 1887년 벨기에의 베네덴Édouard Van Beneden, 1846~1910이 염색체의 수가 종마다 다르며 생식 세포의 염색체의 수는 체세포의 염색체의 수의 1/2이라는 것을 발견했으며, 멘델의 유전 법칙을 재발견한 더프리스가 1901년 돌연변이 현상을 보고하는 등 20세기로 접어들기 전에 이미 유전의 메커니즘을 이해하는 데 필요한 상당한 지식이 쌓여 있었지만, 아직까지는 이들은 파편적이었고 전체를 엮어내려면 훨씬 더 많은 지식이 필요했다(그림 13.10).

20세기에 들어서 미국의 모건Thomas Hunt Morgan, 1866~1945은 초파리를 대상으로 한 다양한 연구를 통해 유전에 대한 중요한 성과를 거두었다. 초파리는 생식 속도가 빠르고 염색체의 수가 4개뿐이라서 유전현상을 연구하기 매우 유리한 대상이었다. 그는 염색체가 유전 인자를 전달한다는 증거를 얻고 돌연변이 현상을 관찰했고1907, 성별에 따라서 발현되는 유전형질이 다를 수 있다는 것을 발견하여 유전형질이 서로 연결되어 있다는 것을 알아냈고1910, 그렇지만 가끔씩은 서로 연결된 유전형질이 개별적으로 유전되는 현상도 발견했다1911. 그는 제자 스터티번트Alfred Sturtevant, 1891~1970와 함께 1911년 성별에 따라 구별되어 유전되는 유전형질 5가지를 밝혀내고 최초의 유전지도를 만들었다. 이 결과에 따르면 유전인자들은 마치 서로 긴 사슬로 연결된 것처럼 보였고, 실 모양을 한 염색

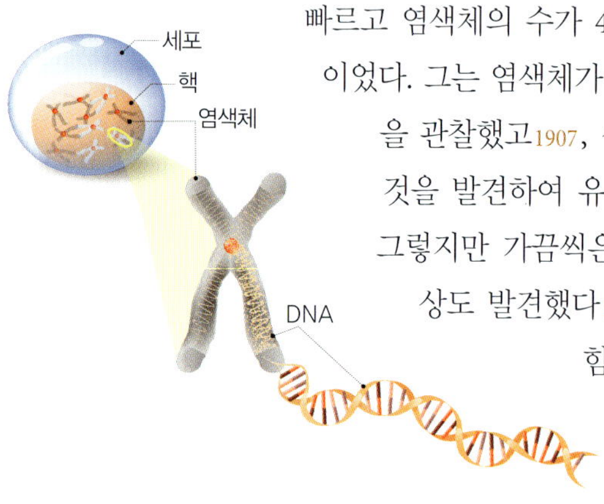

그림 13.10 세포, 핵, 염색체, DNA의 관계.

체가 이런 특성을 보일 가능성이 높은 것으로 해석했다. 모건의 제자 멀러Hermann Joseph Muller, 1890~1967는 1926년 초파리에 X-선을 쬐어 엄청난 수의 돌연변이가 생기는 현상을 관찰했다. 이미 X-선이 매우 강한 에너지를 갖는 방사선이라는 것이 알려져 있었으므로 이 현상은 X-선으로 염색체에 화학적 변형이 일어나고 변형된 염색체를 받은 개체가 돌연변이로 탄생했다는 것을 의미하는 것이다.

잘 알려진 것처럼 염색체에는 DNA가 들어 있지만, 이외에도 단백질을 포함하여 여러 가지 물질이 섞여 있다. 이러한 이유로 20세기 전반의 대부분의 과학자들은 유전정보는 DNA가 아니라 염색체에 들어 있는 단백질에 있다고 믿고 있었다. 이에 캐나다 태생의 미국 유전학자 에이버리Oswald Theodore Avery Jr. 1877~1955는 1944년 폐렴쌍구균pneumococcus을 연구하여 DNA가 유전정보를 갖고 있다는 결정적인 증거를 제시했다. 폐렴쌍구균에는 표면이 매끄러운 S-형과 표면이 거친 R-형이 있는데, 이는 R-형에는 매끄러운 탄수화물 껍질을 만드는 효소가 없기 때문이다. 그는 죽은 S-형 균에서 추출한 DNA, 단백질, 탄수화물을 분리하고 이들 중에서 DNA가 들어 있는 용액에 R-형 균을 배양하면 S-형 균과 같이 표면이 매끄러운 균이 발생하고, 이 형질이 그 다음 세대에서도 발현된다는 것을 보인 것이다. 이로써 유전의 비밀을 갖는 대상은 염색체 안에 들어 있는 DNA라는 것이 확실해졌다. 과학자들은 DNA의 기능과 구조에 대해 연구하기 시작했고, 그 결실로 1953년 왓슨과 크릭에 의해 DNA의 구조가 밝혀지게 되었다.

하지만, DNA에 대한 이해하는 과정이 위에서 설명하는 것처럼 단순하지는 않았다. 위에서의 설명은 세포생리학적인 관점에서만 본 과정이라 할 수 있고, DNA에 대한 이해를 위해서는 화합물로서 DNA의 특성에 대한 이해 역시 필요했던 것이다. DNA는 deoxyribose nucleic acid의 약자고 인산, 당糖의 한 종류인 디옥시리보스, 유기염기의 세 가지 물질이 인산-디옥시리보스-염기의 순서로 조합되어 있다. 또 다른 핵산으로 RNA가 있는데, RNA는 디옥시리보스 대신 리보스ribose를 갖는 점과 들어 있는 염기의 종류가 DNA와 다르다. 이러한 DNA의 화학적 특성은 러시아 태생의 미국 생화학자 레빈Phoebus Levene, 1869~1940이 밝혀냈다. 그는 1909년 핵산에 들어 있는 리보스를 분리했고, 1929년에는 디옥시리보스를 분리했다. 그는 또한 DNA와 RNA가 인산-당-염기의 순서로 결합되어 있다는 것도 밝혀냈다.

왓슨과 크릭이 밝힌 DNA 구조는 DNA 결정에 대한 X-선 회절 자료를 분석하여 얻어진 것이다. 즉 결정에 X-선을 쬐어 X-선이 결정에 규칙적으로 배열된 원자들과 상호작용하여 만드는 회절 자료를 분석하여 결정 안에 있는 원자의 위치를 찾아내는 결정구조 분석법을 이용한 것이다. 이 방법은 오늘날 수많은 물질의 결정구조를 밝혀서 물질과 화합물의 구조를 확인하는 데 사용되고 있으며, 특히 효소 등 다양한 생물학적 물질의 구조를 밝혀내서 생물의 신비를 알아내는 데 혁혁한 공을 세웠다. 이 방법은 1912년 독일의 라우에Max von Laue, 1879~1960와 영국의 브래그 부자William Henry Bragg, 1862~1942; William Lawrence Bragg, 1890~1971가 결정성 물질에 조사된 X-선이 회절한다는 것을 밝히면서 개발되기 시작했다. 브래그의 지도를 받은 버날은 이 방법을 이용해서 흑연 등의 결정 구조를 분석한 후에 1930년대에는 비타민 등 유기 분자의 결정 구조를 밝혔으며, 1934년에는 단백질 펩신의 구조를 밝혀냈다. 1936년에 러시아의 벨로체르스키Andrey Belozersky 1905~1972가 순수한 단백질을 분리하는 방법을 개발했고, 이듬해 영국의 아스버리William Astbury, 1898~1961는 DNA의 결정에 적용하여 DNA 결정도 X-선 회절을 한다는 것을 확인했지만, 회절 자료에 대해 잘못된 해석을 내렸다.

방사성 동위원소를 이용하여 생물체의 신진대사를 추적하는 방법도 20세기 전반기에 개발되었으며, 이 방법으로 연구한 결과도 유전인자가 단백질이 아니라 DNA에 있다는 사실을 뒷받침하는 중요한 근거를 제시했다. 즉 단백질에 들어 있는 황을 방사성 동위원소인 황-35로 치환하고 DNA에 있는 인을 인-32로 치환하여 단백질과 DNA가 유전 과정에 어떻게 관여하는지 확인하는 실험을 통해서 DNA가 유전에 관여한다는 것을 밝힌 것이다. 이 방법은 일찍이 1913년에 그 가능성이 제시되었지만 방사성 동위원소를 쉽게 구하기 어려워서 널리 사용되지 못하다가, 1931년 미국에서 설치된 입자가속기를 이용하여 인공방사성 동위원소를 비교적 쉽게 만들기 시작하면서 널리 사용되기 시작한 것이다.

앞서 현미경의 발명과 발전이 생물학의 발전에 얼마나 큰 영향을 미쳤는지는 19세기의 생물학의 발전 과정을 통해서 확인했다. 20세기 전반에 있었던 X-선 회절분석법의 개발과 인공방사성 동위원소의 제조 등의 예에서 볼 수 있듯이 생물학의 발전은 더 이상 생물학의 독자적인 발전이 아니라 물리학과 화학 등 다른 학문 분야의 발전과 함께 이루지게 되었다.

20세기 전반의 생물학의 발전은 인간의 건강과 생명을 보호하는 의학과 갑자기 늘어난 인구를 받쳐 줄 식량 문제 해결에도 기여했다. 독일의 에를리히가 염료 중에서 인체에는 영향이 적지만 박테리아를 선택적으로 죽이는 약을 찾고자 노력하여 1907년에는 트리판 레드라는 염료가 아프리카 잠병에 효과가 있다는 것을 밝혔다. 그리고 1909년에는 비소 화합물로 매독 약을 개발했다. 하지만 이들 약은 모두 인체에도 영향을 주었기 때문에 매우 조심스럽게 다루어야만 했었다. 1932년 도마크Gerhard Domagk, 1895~1964는 빨간색 염료에서 설폰아마이드Sulfonamide를 추출하여 연쇄상구균streptococci에 감염된 쥐에 주입했더니 균만 죽고 쥐에는 아무런 영향을 주지 않는 것을 발견했다. 이 약은 프론토질Prontosil이라는 이름으로 널리 사용되었다. 이후 과학자들의 노력으로

2차 세계대전까지 비슷한 약이 4가지가 더 발견되었다.

19세기에 파스퇴르가 어떤 박테리아의 배설물은 다른 박테리아를 죽인다는 사실을 알아낸 후, 토양에도 유익한 박테리아와 곰팡이가 많이 있으나 병원성 박테리아는 별로 없다는 사실이 알려졌다. 이런 사실로부터 토양에 있는 유익한 박테리아의 배설물이 병원성 박테리아를 죽이는 효과가 있을 것이라는 생각에 미생물에 대한 관심이 높아졌으나 토양에 있는 미생물은 워낙 그 종류가 다양해서 이 분야의 성과는 한동안 진전이 없었다. 영국의 플레밍Alexander Fleming, 1881~1955은 1922년 눈물 속에서 항생제의 역할을 하는 효소인 라이조자임lysozyme을 발견했다. 그는 1928년 우연히 연쇄상구균을 배양하던 접시에 박테리아가 죽어 둥근 반점이 만들어져 있는 것을 발견하고, 이로부터 박테리아를 죽이는 물질을 분리하여 이를 페니실린penicillin이라 불렀다. 페니실린은 죽일 수 있는 박테리아가 있지만, 죽이지 못하는 것도 있으며 더 중요하게는 백혈구를 손상하지 않는 것이 확인되어 항생제로 널리 사용되었다. 그 후 2차 대전이 발발하자 플로리Howard Florey, 1898~1968와 체인Ernst Chain, 1906~1979은 부상자 치료에 사용할 목적으로 페니실린을 대량 생산하는 방법을 개발하여 전쟁 중 수많은 인명을 구해낸 성과를 거두었다. 페니실린의 발견으로 다른 항생제를 발견하고자 하는 노력도 이루어졌다. 토양에 있는 박테리아에서 항생 물질을 찾고자 하는 노력은 프랑스의 뒤보Rene Jules Dubos, 1901~1982가 그라미시딘gramicydin과 타이로시딘tyrocydin의 두 가지 항생제를 발견하는 성과로 나타나기 시작했다. 1943년에는 왁스만Selman A. Waksman, 1888~1978이 스트렙토마이신streptomycin을 발견했고 이듬해에는 뒤가Benjamin Duggar, 1872~1956 등이 오레오마이신auromycin을 발견했다. 이후로도 다양한 종류의 항생제가 토양에서 발견되었고 곰팡이를 이용해서 생산되었다.

20세기에 접어들면서 인구가 폭발적으로 늘어나기 시작했다. 자연히 식량 생산의 문제가 대두되었다. 통계적으로 보면 지나간 반세기 동안 식량 생산은 10% 정도 증가한 데 반해 인구는 30% 넘게 증가했다. 그런데 생산되는 식량의 총량 중 25%는 해충이 먹고 25%는 균의 작용으로 부패하여 버리고 나머지 50%만 식량으로 공급되었다. 이런 사실에 주목하여 스위스의 뮐러Paul Müller, 1899~1965는 1939년 이미 알려져 있던 DDTDichlorodiphenyltrichloroethene의 강력한 살충 효과에 주목하고 이를 살충제로 사용할 것을 주장했으며, 실제로 1950년에는 아프리카 대륙에 날아든 메뚜기 떼를 막아 농작물의 피해를 막는 공헌을 하기도 했다. 이로써 농약 사용으로 식량증산이 가능해져 인류는 굶주림에서 해방될 수 있는 길을 찾았다. 또한 DDT는 벼룩, 이 등 전염병을 옮기는 해충을 처치해서 많은 사람을 질병에서 구한 공로도 있었다. 이러한 이유로 뮐러는 1948년 노벨 생리의학상을 타기도 했다. 이와 같은 농약의 중요성이 알려지면서 그 효능에 따라 살충제, 살균제 그리고 제초제로 구분되면서 급속도로 발전을 하여 많은 농약들이 개발되었다. 하지만 농약 중에는 살포 후 오랫동안 자연적으로 분해되지 않는 것도 있고, 또 농약을 잘못 사용하거나 과다하게 사용하여 환경을 오염시키는 부작용도 크다는 것이 알려졌다. 한 때 식량증산과 전염병 퇴치의 공로를 거두었던 DDT도 해충뿐만 아니라 익충과 토양 미생물까지 모두 죽이는 부작용이 있다는 것이 알려져서, 1972년부터는 세계적으로 생산이 금지되었다.

생명과 생물에 대한 탐구는 19세기까지는 생물체의 형태, 구조 및 기능 등 생물체 자체를 그 대상으로 삼았던 것에서 확장하여 20세기에는 생명 현상의 본질을 추구하고 더 나아가 그 지식과 결과물을 인류 복지를 위해 활용하는 방향으로 발전했다. 생물학에서 생명과학으로 변모한 것이다.

제 14 장

20세기 후반 이후의 과학기술

단순히 시간의 길이를 기준으로 보면 20세기 후반은 1951년 이후부터 시작되어야 하는 것이겠지만, 역사적 맥락에서 보면 1945년 제2차 세계대전이 끝난 시점부터 시작된 것으로 보는 것이 더 적절하다. 왜냐하면, 많은 점에서 전쟁 후의 세계는 전쟁 전의 세계와 달랐기 때문이다. 전쟁 직후부터 세계는 미국을 중심으로 하는 자본주의 세력과 소련을 중심으로 하는 공산주의 세력으로 양분되어 서로 대립하는 냉전 시대를 맞게 된다. 양 진영은 서로 군사적, 정치적 우위를 차지하기 위해 경쟁을 하게 되었고, 그 결과 원자폭탄, 미사일, 전투기 등 엄청난 파괴력을 갖는 무기를 비축하는 군비 경쟁을 하게 되었고, 우주 개발 등 거대한 과학기술 분야에서 국가적 차원의 경쟁이 일어났다. 당연히 이러한 정치적 상황은 20세기 후반의 과학기술의 발전 과정에 상당한 영향을 미치게 되었다. 다른 한편으로는 전쟁 중에 전쟁 물자의 개발과 생산을 위해 대대적으로 투입되었던 자금과 인력 등 과학기술 연구 역량이 전쟁 후에는 전후 복구 사업과 산업 사회의 발전에 투입할 수 있게 되어 가히 폭발적이라 할 만큼 과학기술의 연구 성과가 쌓이게 되었다. 더구나 전쟁 이전에는 상상도 못할 수준의 거대한 투자를 통해 연구 인프라가 구축되어 전후의 과학기술의 발전의 밑바탕을 이루게 되었다. 또한 수많은 독일의 과학자들이 전쟁 전후에 나치 정권의 억압을 피해 외국으로 도피했고, 전쟁 후에도 승전국인 미국과 소련으로 이주했으며 이 중 상당수는 미국에 정착하여 전후의 과학기술 발전에 많은 기여를 하게 되었다.

두 번의 세계대전을 겪으면서 상당한 피해를 입었던 유럽과는 달리 직접적으로 전쟁의 피해를 입지 않아 막강한 국력과 경제력을 갖추게 된 미국을 중심으로 한 자본주의 진영에서는 군비 경쟁과 산업 발전의 두 방면 모두에서 발전을 이끌 수 있었다. 반면 소련을 위시한 공산주의 진영에서는 빈약한 경제력 때문에 국가방위산업에만 치중할 수밖에 없는 처지가 되었다. 그 결과 방위산업 분야에서는 양대 진영이 경쟁관계에 있었으나 평화적인 산업 분야에서는 자본주의 진영이 독주하는 상황이 전개되었다.

20세기 전반에 확인한 원자의 실체와 거동에 대한 지식은 제2차 세계대전 동안 전쟁무기 개발은 물론 과학기술의 모든 분야에서 발전의 길을 열어 주었으며, 특히 합성화학, 생명공학, 통신산업 등의 분야에도 결정적인 역할을 했다. 이로써 20세기 후반의 반세기는 과학기술의 모든 분야에서 질과 양 두 가지 면에서 이전 시대에서는 상상도 할 수 없었던 경이적으로 비약적인 발전을 이룩하여 현재와 같은 고도로 발달한 문명을 가능하게 했다.

1.

삶의 패턴을 완전히 바꿔 놓은 석유화학

20세기 후반의 초기 약 20년은 합성화학 기술로 만든 합성고무와 플라스틱이 일반인의 일상생활에 대변혁을 만들어 낸 시기라고 할 수 있다. 이는 대대적인 연구 개발과 시설 투자가 있었기 때문에 가능한 것이었는데, 이러한 배경에는 참혹했던 두 차례의 세계대전이 있었다. 19세기 중반에 있었던 미국의 남북전쟁 이후로 고무는 전쟁을 수행하는 데 반드시 필요한 물자가 되었다. 자동차의 타이어뿐 아니라 가스 마스크, 구명정, 비행기 등 전쟁에 필요한 여러 가지 장비에 필수적으로 고무가 들어가기 때문이다. 제1차 세계대전 중에는 고무의 원료를 생산하는 동남아시아의 대부분을 영국이 장악하고 있었기 때문에 독일은 전쟁을 치르는 동안 부족한 고무를 충당하기 위해 메틸고무라는 합성 고무를 대량으로 생산했다. 영국과 같은 연합국에 가담했던 러시아도 대대적으로 메틸고무를 생산했다. 메틸고무는 1차 대전이 일어나기 전에도 이미 자동차 산업이 발달하면서 고무 부족 현상이 나타나자 이에 대응하기 위해 독일과 러시아에서 제품화되어 있었다. 하지만, 전쟁이 끝나자 천연고무에 비해 값은 비싸고 질은 형편없이 떨어지는 메틸고무는 바로 사라졌다. 제2차 세계대전 중에는 고무 공급에 대한 양상이 다르게 나타났다. 이번에는 주축국의 하나인 일본이 동남아시아를 장악했기 때문이다. 미국이 2차 대전을 치르면서 고무 부족 사태를 겪게 되어 합성 고무의 연구 개발과 대량 생산에 나섰다. 그리고 그 사이에 고무를 비롯한 고분자에 대한 학문적 이해의 수준이 달라졌기 때문에 높은 품질의 고분자 물질이 많이 개발되었다. 그 결과 제2차 세계대전을 마친 세계에는 다양한 플라스틱 제품이 밀려들어와 금속과 목재 등 전통적으로 사용되던 많은 재료의 자리를 대신하게 되었던 것이다

고분자polymer 또는 macromolecule는 작은 분자가 반복되면서 서로 공유 결합으로 연결되어서 이루어진 분자량이 큰 분자를 가리킨다. 이 때 반복되는 작은 분자를 단위체monomer라 한다. 일반적으로는 고분자는 실처럼 단위체가 1차원적 사슬을 이루지만, 이런 사슬과 사슬 사이를 공유 결합으로 연결하여 2차원적 또는 3차원적 구조로 만들 수도 있다. 천연고무는 아이소프렌isoprene이 사슬을 이룬 구조를 갖는다. 천연고무는 탄성이 있기는 하지만 끈적이기 때문에 특별한 활용 방법이 없었는데, 여기에 황을 넣으면 끈적이는 성질이 없어지고 탄성이 생긴다는 것을 미국의 헤이워드Nathaniel Hayward, 1808~1865가 1834년 발견했다. 이에 더해 열을 가하는 방법을 미국의 굿이어Charles Goodyear 1800~1860와 영국의 핸콕Thomas Hancock, 1786~1865이 서로 독자적으로 개발하여 상업화했다.

최초의 합성고무는 1909년 독일의 베이어Bayer 연구소의 호프만Fritz Hofmann, 1866~1956이 아이소프렌을 중합하여 합성했다. 이어서 1910년에는 러시아의 레베데프Sergei Vasiljevich Lebedev, 1874~1934가 뷰타디엔을 중합하여 고분자 합성에 성공했다. 앞서 언급한 제1차 세계대전 중에 러시아에서 있었던 대규모 합성고무 생산은 이 방법을 이용한 것이다. 1930년 미국의 듀퐁Du Pont사의 캐로더스Wallace Hume Carothers, 1896~1937가 천연고무보다 우수한 내화학성과 내열성을 가진 네오프렌neoprene을 개발하여 많은 곳에서 사용되었다. 캐로더스는 1935년에는 폴리에스터와 나일론도 개발했다. 독일에서는 1935년에 부나Buna 고무라고 하는 합성고무를 여러 종 개발했는데, 이들은 두 종류의 단위체를 중합한 최초의 공중합 고분자이다.

고분자에는 고무와는 다른 성질을 갖는 것이 많이 있고, 그 중 우리 생활에서 많이 사용되는 것으로는 플라스틱이 있다. 최초의 플라스틱은 1907년 미국의 베이클랜드Leo Henricus Arthur Baekeland, 1863~1944가 개발한 베이클라이트Bakelite라는 열경화성 플라스틱이다. 베이클라이트는 단단하고 보기에도 좋아서 전화기, 라디오, 각종 주방용품 등의 틀에 사용되다가, 1940년경에 보다 좋은 품질의 플라스틱이 개발되어 대체되었다.

이상에서 보는 것처럼 고분자에 대한 연구는 학문적인 연구보다는 산업적 활용성이 이 분야의 연구를 이끌었다. 고분자에 대해 올바르게 화학적인 해석을 내린 사람은 독일의 스타우딩거Hermann Staudinger, 1881~1965이다. 그는 1922년 고분자는 단위체가 공유 결합으로 서로 연결된 사슬 구조의 분자라는 오늘날의 정의와 같은 의견을 제시했다. 하지만 그의 의견은 당시 영향력 있는 화학자들이 받아들이지 않아서 한동안 무시

그림 14.1 우리 일상생활에서 사용되는 석유화학 제품들.

되었다가, 나중에야 받아들여졌다. 당시 화학계의 주류는 고분자를 단위체 분자들이 서로 엉켜 있는 상태로 보았던 것이다. 사실은 이보다 앞선 1907년에 로이흐스Friedrich Leuchs, 1879~1945가 아미노산 *N*-카복시안하이드라드amino acid *N*-carboxyanhidride를 여러 가지로 합성하고 이들의 반응을 관찰하는 중에 분자량의 큰 물질을 얻고 스타우딩거와 같은 설명을 제시했으나, 그의 지도 교수인 피셔Hermann Emil Louis Fischer, 1852~1919가 강한 반대 의견을 갖고 있어서 더 이상의 진전을 보지 못했었다.

합성고무와 고분자를 합성하는 데 사용되는 단위체는 대부분 석유화학 공정에서 나오는 것이다. 석유는 탄소와 수소가 결합한 여러 형태의 분자로 이루어져 있는데, 이들을 분리하거나 비교적 간단한 공정으로 변환하며 수십 종의 유기화합물을 얻을 수 있다. 이들은 석유 공급이 충분하면 대량으로 생산 가능하기 때문에 다양한 물질의 원자재로 사용된다. 달리 말하면, 석유화학 공정이 발달하면서 석유에서 직간접으로 얻는 화합물을 이용한 각종 화합물을 생산하는 산업이 발전할 수 있는 계기가 마련되었다고 할 수 있다. 1950년대 이후 생산된 합성섬유, 합성수지, 합성고무, 합성세제 등 석유화학 제품들은 보편적으로 저렴하며 가볍고 흡습성이 없어 부식되지 않고 탁월한 전기절연성 그리고 강인성 등 다양한 긍정적인 특성 때문에 낮은 녹는점과 인화점 및 통기성이 없는 부정적인 성질이 있음에도 불구하고 순식간에 기존의 의식주에 사용되던 천연물들을 대체했다(그림 14.1). 그 결과로 산업 구조에 많은 영향을 주기도 했다. 예를 들어, 1950년대 말까지 세계시장의 70%를 차지했던 멕시코산 선인장으로 만든 천연섬유 밧줄은 나일론이 나타나면서 퇴출되었다. 또한 종이, 목재, 요업 제품, 금속재 등 전통적인 재료들이 상당 부분 합성수지로 대체되었으며, 세제, 접착제, 냉매, 스프레이, 화장품, 페인트 등 생활용품과 농업혁명을 일으킨 살충제, 제초제, 인조비료 등 농화학 제품과 약과 의료용품도 석유화학 공정의 발전의 결과로 등장하게 되었다. 석유화학의 발전은 농경을 위한 토지의 수요를 줄이는 효과를 가져와서 도시화를 촉진하는 역할을 했다. 비료, 살충제, 제초제 등이 사용되면서 경작지 단위 면적당 농산물의 생산성이 증가해서 식량 생산에 필요한 농지의 면적이 줄어들게 된 것은 물론이고, 인공 섬유가 등장하면서 천연 섬유 경작에 필요했던 농지, 트랙터가 소, 말 등의 가축을 대체하면서 가축을 키우는 데 필요했던 목초지, 석유로 난방을 하면서 땔감을 공급했던 삼림 등이 다른 용도로 사용 가능하게 되었기 때문이다. 최근에는 브라질 등을 중심으로 석유 고갈에 대비해서 옥수수 등으로 바이오 디젤을 생산하여 석유를 대체하는 산업이 일어나고 있어, 반대로 농지의 확장이 요구되고 있다. 어떤 의미에서건 석유 산업은 인류의 삶과 산업의 패턴에 폭넓고 깊은 영향을 주고 있는 것만은 확실하다고 할 수 있다.

2.
DNA의 구조가 연 새로운 길

20세기 전반을 통해서 유전형질을 전달하는 물질은 DNA라는 사실과 DNA의 구성 성분이 디옥시리보스, 인산, 유기염기라는 점 등을 확인한 과정은 앞에서 설명했다. 20세기 후반을 열면서 생물학 분야에서는 DNA의 구조를 밝히고, 이 구조로부터 DNA가 어떻게 유전형질을 전달하는지를 밝혀내었고, 이로부터 유전자 조작을 통해서 새로운 생명체를 탄생시키는 신의 영역에 도전하는 학문 분야로 변천하게 되었다.

DNA의 구조를 밝힌다는 것은 이 분자의 화학적 구조를 밝힌다는 것을 의미한다. 즉 DNA를 구성하고 있는 원자들이 화학 결합의 법칙에 맞게 배열되어 있으면서 동시에 측정 자료에 맞도록 배열된 구조를 찾아야 한다는 것이다. 이미 20세기 전반에 X-선을 결정성 물질에 쬐이면 X-선이 회절한다는 사실은 확립되었고, 더 나아가 이 회절하는 패턴을 분석하여 물질의 결정 구조를 구할 수 있는 방법이 개발되었다. 그 결과 이미 여러 가지 화합물의 결정 구조를 통해서 화합물을 이루는 원자와 원자 사이의 거리와 결합각 등에 대한 정보가 축적되었다. 그리고 이러한 결합 거리와 결합각에 대한 정보로부터 화학 결합의 특성에 대한 이해가 훨씬 정교하게 되었다. 이러한 작업을 한 대표적인 인물로 미국의 폴링Linus Pauling, 1901~1994을 들 수 있다(그림 14.2). 그는 《화학결합론Nature of Chemical Bondings》이라는 책에서 이러한 내용을 집대성했다. 이 책의 내용은 오늘날의 화학의 수준에 비추어도 손색이 없을 정도로 화학 결합에 대해 정확한 내용을 담고 있다. 실제로 DNA 구조를 보면 여러 원자 사이의 공유 결합도 있지만, 유기염기 사이의 수소 결합이 이 분자가 유전정보를 저장하고 전달할 수 있는 능력을 갖게 된 핵심적인 내용인데, 이러한 해석은 화학 결합에 대한 이해가 없었다면 불가능한 일이었다.

그림 14.2 폴링. 화학 결합의 개념을 완성하여 화학의 발전에 기여한 미국의 화학자.
출처: Nobel Foundation

DNA에 대한 관심이 높아져서 이의 구조에 대한 연구도 여러 군데에서 진행되었다. 폴링도 이 연구에 참여했다. 그는 1951년에 단백질의 구조

그림 14.3 DNA의 화학적 구조를 밝힌 공로로 1962년 노벨 생리학상을 수상한 수상자. 왼쪽부터 왓슨, 크릭, 윌킨스.
출처: Nobel Foundation

가 나선 구조α-helix와 판상 구조β-sheet를 갖는다는 것을 X-선 결정구조 분석으로 밝혔다. 그리고 DNA도 비슷하게 나선 구조를 가질 것이라는 의견을 갖고 있었고, 실제로 DNA에 대한 X-선 회절자료를 3중 나선 구조로 해석했다. 폴링과 경쟁하던 연구진이 영국에도 있었다. 케임브리지 대학의 윌킨스Maurice Wilkins, 1916~2004와 프랭클린Rosalind Franklin, 1920~1958은 1953년에 DNA의 결정에 대해 매우 좋은 X-선 회절 자료를 얻었으나 이에 대한 해석을 하지 못하고 있었다. 이 대학의 물리학과를 졸업하고 대학원에 진학한 크릭Francis Crick, 1916~2004도 X-선 결정분석을 전공하려 했으나 교수들과의 경쟁이 될 수 있는 분야에 대한 전공이 허용되지 않는 영국의 관습 때문에 그 뜻을 이루지 못하고 있었다. 마침 미국에서 생물학을 전공한 왓슨James Watson, 1928~이 박사후 연구원으로 오자, 두 사람은 의기투합하여 DNA의 구조에 대한 연구를 진행했다(그림 14.3). 이들은 폴링의 화학결합론에 근거한 결합거리와 각도를 적용하여 몇 개의 DNA 모형을 만들고 이들의 구조에서 예상되는 X-선 회절 패턴을 유추하는 작업을 했다. 그리고 폴링의 3중 나선 구조는 윌킨스와 프랭클린의 자료와 일치하지 않으며 자신들이 만든 모형 중 2중 나선 구조 모형이 정확히 잘 맞는다는 것을 확인했다. 이 모형에는 디옥시리보스가 인산을 매개로 사슬을 만들고, 이런 사슬 두 개가 서로 나선처럼 꼬여 있다. 그리고 두 사슬의 중간에는 디옥시리보스에 결합된 유기 염기가 상대 사슬의 유기 염기와 수소 결합을 하면서 쌍을 이룬 형태를 갖는다. 쌍을 이루는 염기들은 서로 수소 결합을 잘 할 수 있는 것들이다. 즉 아데닌adenine은 티민thymine과 쌍을 이루고 구아닌guanine은 시토신cytosine과 쌍을 이룬다. 이로써 비로소 DNA 구조가 규명되었다(그림 14.4).

이제 DNA의 성분과 구조가 밝혀졌으므로 남은 과제는 DNA의 특성과 기능에 대해 파악하는 것이다. DNA가 유전 정보를 후손에게 물려줄 수 있는 것은 유전 정보를

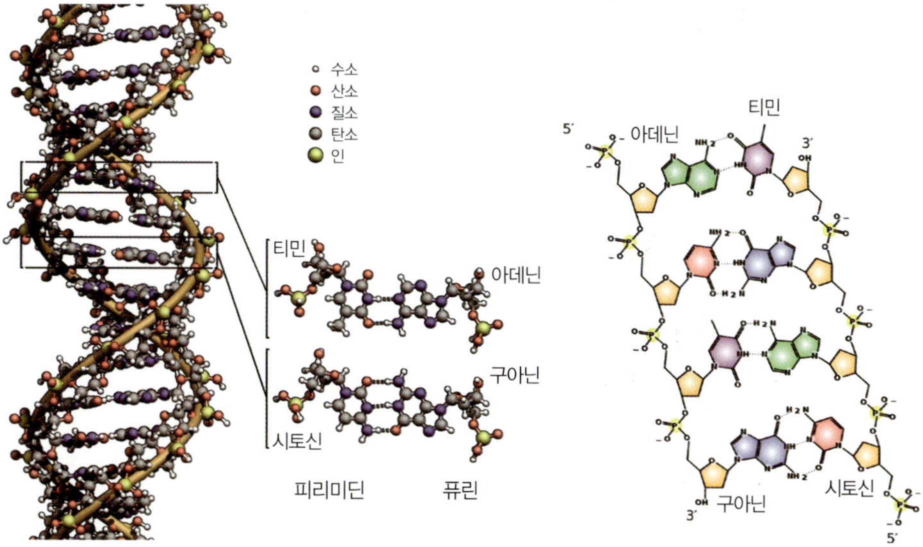

그림 14.4 DNA의 2중 나선 구조와 염기쌍 사이의 수소 결합 관계.
출처: Wikimedia Commons.

복사하는 기능이 있기 때문이다. DNA 복제는 DNA의 2중 나선 구조가 풀리면서 시작된다. 풀려서 단일 가닥이 된 DNA 위에 새로운 DNA 가닥이 만들어지는데, 새로 만들어지는 DNA의 유기염기는 원래 DNA와 유기염기와 수소 결합을 잘 하는 것이 된다. 즉 아데닌-티민과 구아닌-시토신 쌍이 만들어지고, 새로 만들어진 DNA 가닥은 원래의 것과 2중 나선 구조를 만들게 된다. 원래의 2중 나선에서 갈라져 나온 DNA 가닥 두 개가 모두 이런 과정을 거치게 되므로 결과적으로 한 쌍의 2중 나선 구조는 두 쌍의 2중 나선 구조가 되고 이들의 염기쌍의 순서는 똑같게 되는 것이다. 세포가 분열할 때는 이런 방식으로 새로 생기는 세포도 원래의 세포와 똑같은 구조를 갖는 DNA를 갖게 되는 것이다.

DNA는 우리 몸의 신진대사에서 필요한 여러 가지 효소를 만드는 데 관여한다. 효소는 20가지 아미노산이 사슬처럼 연결된 단백질로 이루어졌다. 단백질 사슬은 마치 털실 뭉치처럼 둥근 모양을 만드는데, 이 모양은 사슬을 이루는 아미노산의 종류와 순서로 결정된다. 효소의 기능은 바로 이런 단백질의 3차원 구조에서 나타나는 것이다. 단백질이 합성되는 과정에서 어떤 아미노산을 어떤 순서로 배열할 것인가에 대한 정보는 바로 DNA에 있다. 즉 DNA의 염기 서열이 단백질의 아미노산 서열을 정하는 것이다. 사실은 단백질이 만들어지는 과정은 이보다 더 복잡하다. 여기에는 DNA의 염기 서열을 복사해서 만들어지는 mRNAmessenger-RNA, 전령 RNA와 mRNA의 염기 서

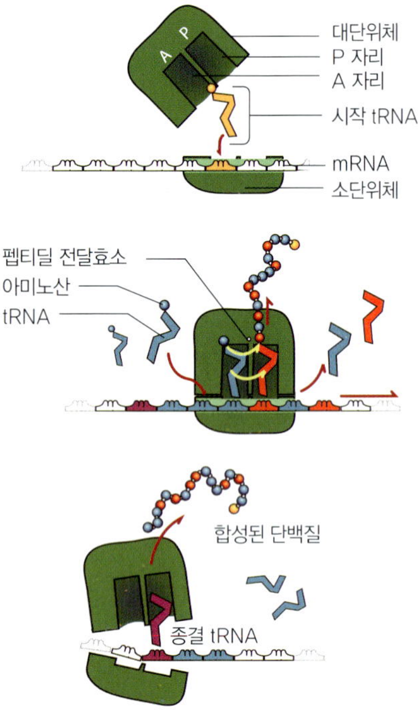

그림 14.5 DNA의 정보를 이용해서 단백질이 만들어지는 과정.
출처: Wikimedia Commons.

열이 지정하는 아미노산을 가져와서 단백질을 합성하는 tRNAtransfer-RNA, 운반 RNA도 작용하기 때문이다. DNA의 2중 나선 구조가 풀리면서 그 한 가닥에 mRNA가 DNA가 복제할 때와 비슷한 과정으로 만들어진다. 다만 RNA에는 유기 염기로 티민 대신 우라실uracil이 있기 때문에 아데닌에 대응하는 염기는 우라실이 들어가는 점이 DNA 복제와 다르다. 이렇게 DNA의 정보를 복사한 mRNA가 효소 리보좀ribosome을 관통해서 지나가는 동안 리보좀에 들어 있는 tRNA가 mRNA에 결합하고 동시에 tRNA에 붙어 있는 아미노산이 옆에 있는 아미노산과 결합하는 일이 반복되면서 특정한 아미노산 서열을 갖는 단백질이 만들어진다. tRNA는 한쪽으로는 mRNA에 결합하고 다른 쪽에는 아미노산과 결합할 수 있다. 그리고 mRNA와 결합하는 자리에는 유기염기가 세 개 있어 mRNA의 염기 서열에 따라 결합될 수 있는 tRNA가 정해진다. 결과적으로 DNA의 염기서열이 효소를 만드는 단백질의 아미노산의 서열을 정해주고, 이로써 각 생물 개체가 생존하는 데 필요한 기능을 하는 효소가 착오 없이 만들어지는 것이다(그림 14.5).

이렇게 DNA의 구조와 기능이 밝혀지자, DNA의 구조를 조작하면 새로운 단백질을 만들거나 더 나아가 새로운 종을 창조할 수 있는 유전자 조작의 길이 열렸다. 유전자 조작은 DNA나 RNA 분자에 대해 특정한 반응을 일으키는 여러 가지 효소를 발견한 후 이들을 활용하면서 가능하게 되었다. 먼저 스페인 태생 미국의 생화학자 오초아Severo Ochoa de Albornoz, 1905~1993가 1959년 리보스를 결합하여 RNA를 형성하는 RNA 중합효소RNA polymerase를 발견했다. 이 효소는 DNA도 합성할 수 있는 것이 밝혀졌다. 1970년에는 미국의 스미스Hamilton Othanel Smith, 1931~가 특정 염기 서열을 갖는 DNA를 자르는 기능을 하는 제한 효소restriction enzyme을 발견했고, 이후 같은 기능을 하는 효소가 100여 종 더 발견되었다. 이렇게 DNA을 자르고 결합하는 효소가 발견되었으므로 이들을 활용하면 임의적으로 DNA의 염기 서열을 조절할 수 있는 방법이 생긴 것이다. 1971년부터 1973년의 짧은 기간 동안 주로 미국에서 박테리아의 DNA를 조작하는 연구가 이루어졌다. 이들의 연구 결과로 서로 다른 종의 DNA를 조합하거나 한 종의 DNA를 변형하여 특정한 기능을 하도록 하는 등 유전공학의 길이 열리게 되었다. 그리고 실제로 이런 방법으로 인슐린, 알부민, 백신, 호르몬 등 유용한 의약품을 생산할 수

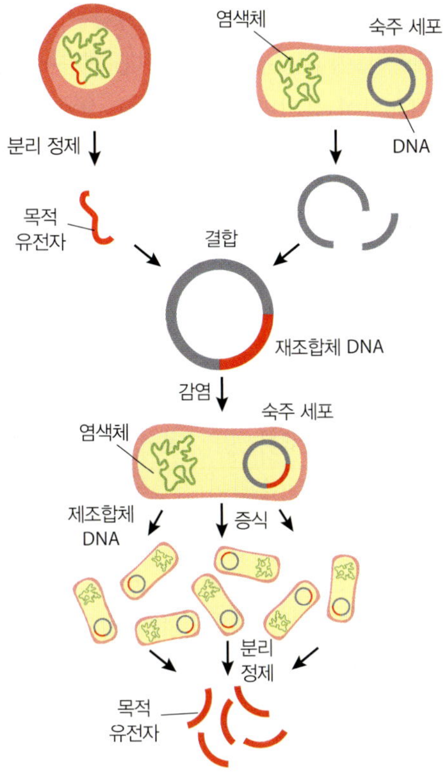

그림 14.6 유전자 조작을 하는 과정 개념도.

있는 길이 열렸다. 더 나아가 동식물의 품종 개량을 하는 육종이 더 이상 반복적으로 선택 교배를 통하지 않고도 이루어질 수 있는 길이 열렸다(그림 14.6).

유전자 조작은 여러 가지 과학을 넘어 유전자 변형 생물GMO, Genetically Modified Organism과 인간 배아 복제를 포함한 생명 복제 등 굵직한 사회적, 윤리적 논란거리를 만들어냈다. GMO 식품은 1994년 무르지 않는 토마토가 미국 식품의약청Food and Drug Adminstration, FDA의 승인을 받은 것을 시작으로 콩, 옥수수, 감자 등의 식물과 이들을 이용한 면실유, 캐놀라유 등이 시판되고 있다. GMO는 작물의 수확량을 높이고 저장을 쉽게 하는 등의 장점이 있어 저개발 국가의 기아 문제를 해결할 수 있다는 순기능도 있지만, 아직까지 인체와 자연 생태계에 어떠한 영향을 주는지에 대한 정확한 이해가 없기 때문에 자칫하면 커다란 재앙을 가져올 수도 있다는 조심스러운 시각도 있다. 특히 GMO 식품이 쥐의 면역력을 떨어뜨린다는 연구 보고도 있었기 때문에, GMO 식품의 안전성 문제는 당분간 계속해서 논란거리로 남게 될 것이다.

동물의 생명 복제는 자연적으로 일어나는 정자와 난자의 결합으로 이루어지는 것 이외의 방법으로 새로운 생명이 태어나도록 하는 것을 의미한다. 이미 20세기 초부터 도롱뇽의 수정란을 둘로 나누어 쌍둥이 도롱뇽을 만들거나1902, 개구리 수정란의 핵을 다른 개구리 태아의 체세포의 핵으로 바꾸거나1952 개구리 난자의 핵을 창자 세포의 핵으로 바꿔서 올챙이를 만드는1962 등의 연구가 수행되었다. 포유류에 대해서는 수정란을 대리모에 착상시키는 방법이 쥐1981, 면양1986, 토끼1988, 소와 돼지1989에 적용되었고, 1996년에는 생식세포가 아닌 체세포를 이용하여 복제 양 돌리가 탄생했다(그림 14.7). 이후 다른 동물에도 체세포를 이용한 복제가 성공했다는 보고가 이어졌으며, 최근에는 멸종한 매머드mammoth의 체세포의 핵을 추출하여 코끼리의 난자에 넣어 매머드를 재현하는 시도도 있었다. 인간 체세포에 대한 시도도 이미 1990년대부터 시작되었다. 인간 체세포 복제는 불임이나 유전병을 갖고 있는 부모에게 건강한 자녀를 얻을 수 있는 기회를 준다는 점을 순기능으로 볼 수 있으나, 인간 생명에 대한 정의와 이에 따른 윤리적인 여러 문제에 대한 논란도 함께 가져왔다. 또한 돌리가 폐암에 걸려 양의 평균

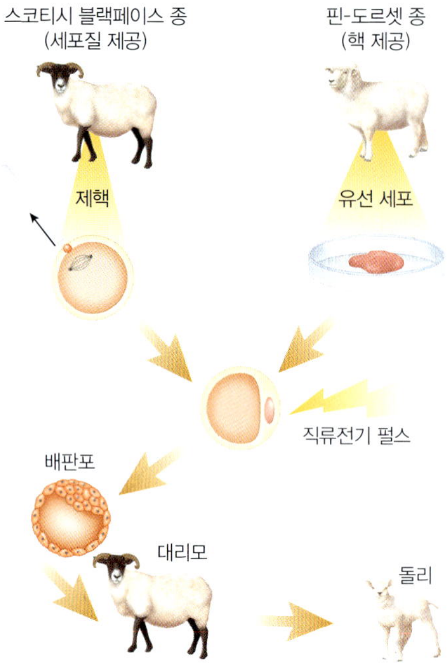

그림 14.7 체세포 복제를 이용해서 복제양 돌리를 탄생시킨 과정.

수명인 12년보다 훨씬 짧게 8년만 살고 죽었다는 점은 복제 기술의 한계를 보여주는 것이라 하겠다. 최근에는 유전자 가위를 이용하여 유전병 등의 문제를 제거한 2세를 생산하는 방법이 대두되어 역시 장단점에 대한 논란이 뜨겁다.

DNA의 염기 서열을 알아내는 기술인 중합효소연쇄반응polymerase chain reaction, PCR도 역시 핵산을 긴 사슬로 결합시키는 작용을 하는 중합효소polymerase가 발견되어 이를 활용한 것이다. 이 기술은 1983년 미국의 멀리스Kary Mullis, 1944~가 개발했다. 이 기술을 통해서 어떤 DNA라도 똑같은 DNA을 수없이 만들어낼 수 있게 되어 아주 작은 양의 DNA 시료만 있으면 그것의 염기 서열을 알아낼 수 있게 되었다. 이 기술은 범죄 수사의 유전자 검색, 신종 바이러스나 박테리아의 확인 등에 활용되고 있다. 또한 이 방법은 생물체의 DNA의 염기 서열을 알아낼 수 있으며, 실제로 많은 생물의 DNA에 대한 염기서열을 알아내어 그 생물의 유전 정보를 해독하는 데 사용되고 있다. 이렇게 얻은 유전 정보는 작물의 품종 개량 등을 위한 중요한 기초 정보를 제공한다. 또 이 기술은 1990~2003년 사이에 진행된 인간 게놈 프로젝트human genome project라 하는 사람의 유전 정보 해독 연구에도 활용되었다. 이 연구 사업은 사람의 유전자 지도를 만들어서 유전병 등의 원인되는 유전자를 확인하여 질병 예방에 도움을 주는 길을 열었지만, 동시에 사람의 개인적인 정보를 노출시킨다는 윤리적인 문제를 만들기도 했다.

최근에는 고인류의 화석에서 추출한 DNA의 유전 정보를 분석하여 인류학적인 연구에 활용하는 진화인류학Evolutionary Anthropology이라는 분야가 나타났다. 이 분야의 연구 성과로 현재 지구 곳곳에 퍼져 있는 인종들 사이의 연결 관계는 물론 예를 들어 그동안 인류학 분야에서 풀지 못했던 숙제였던 네안데르탈인과 현 인류와의 관계도 파악할 수 있게 되었다. 2008년에 시베리아의 알타이 산맥에 있는 데니소바Denisova 동굴에서 화석이 발견되었다. 여기에서 추출한 DNA를 분석한 결과, 네안데르탈인과는 다르지만 네안데르탈인과 유전자가 많이 겹치는 것으로 나타나서 이를 데니소바인으로 부른다. 데니소바인은 네안데르탈인과 같은 뿌리를 갖고, 이들의 공통 조상은 하이델베르크인으로 추정된다. 데니소바인과 네안데르탈인은 비슷한 시기에 살았으며, 인류의 조상과 교배도 하였던 것으로 보인다. 인종에 따라서 현재 인류 중에는 DNA가 데

그림 14.8 현재 인류의 진화 계통도.

니소바인 또는 네안데르탈인과 수 퍼센트 겹치는 것으로 나타났기 때문이다. 이러한 자료를 바탕으로 현 인류의 계보를 정리하면 그림 14.8과 같다.

유전공학의 역사는 아직도 반세기도 되지 않는 분야이다. 하지만 생물과 인간의 생존과 직결된 분야이고, 특히 21세기 인류의 중요한 난제인 인구와 식량 문제, 질병 문제 등에 대하여 해답을 제공할 수 있는 잠재력이 있으므로 단순한 고전적인 생물학의 범주를 뛰어 넘어 과학기술의 전방위적 시각에서 공동으로 탐구해야 할 대상이라 할 수 있다.

3. 통신 수단의 발달

오늘날을 사는 우리는 컴퓨터와 스마트 폰으로 수시로 이메일, 무선전화, SNS를 하면서 서로 의사를 교환하고, 인터넷으로 여러 가지 정보를 수집하고 살고 있다. 불과 수십 년 전만 하더라도 상상도 할 수 없을 정도로 전 세계가 동시적으로 연결된 세상을 살고 있는 것이다. 이런 시대가 가능했던 것은 장거리 통신 수단이 발달했기 때문이다. 장거리 통신은 어느 한 분야의 발달이 아니라 컴퓨터의 소프트웨어와 하드웨어, 반도체 장비, 인공위성을 중심으로 다양한 과학기술 분야의 발전을 바탕으로 이루어진 기술이다. 이 중 컴퓨터와 인공위성은 제2차 세계대전이 중대한 발전의 기폭제가 되었던 것은 역사의 아이러니라 할 수 있을 것이다. 아래에서 이들 각 분야의 발전 과정을 살펴보도록 하자.

먼저 컴퓨터의 발달 과정을 보면, 더하기 빼기 등의 계산을 빠르고 정확하게 하는 목적의 계산기는 1642년부터 있었다. 프랑스의 파스칼이 세금 징수원이었던 아버지의 일을 돕기 위해 톱니바퀴와 지렛대를 이용하여 더하기와 빼기 계산이 가능한 계산기를 개발했다. 이후 1671년 독일의 라이프니츠가 파스칼의 기계를 개량하여 더하기 빼기에 더해 곱하기와 나누기도 되는 계산기를 개발했다. 이 기계는 1810년 상업적으로 생산되기도 했고, 1960년대까지 사무실과 실험실에서 사용되었다고 한다. 1832년 영국의 수학자 배비지Charles Babbage, 1791~1871는 최초로 프로그래밍이 가능한 계산기의 원리를 고안했다. 그는 천에 무늬를 넣기 위하여 개발된 장치를 보고 착안하여, 구멍을 뚫은 천공 카드를 이용하여 지정된 정보를 찾아 그에 해당하는 명령을 수행하는 '해석기관Analytical Engine'이라는 시스템을 고안해 냈으나, 이를 실제로 구현하지는 못했다. 그러나 그가 고안한 원리는 초기의 컴퓨터의 작동 원리로 사용되었었기 때문에 역사적 의미가 있다고 봐야 할 것이다.

20세기에 들어 와서 진공관을 이용하여 전자적으로 작용하는 컴퓨터가 등장했다. 이런 컴퓨터의 시작을 누가 했는지는 명확하지 않지만, 일반적으로는 미국의 물리학자 아타나소프John V. Atanasoff, 1903~1995와 그의 대학원생 베리Clifford Berry, 1918~1963가 1939~1942년 동안 개발한 ABCAtanasoff-Berry Computer라고 알려져 있다(그림 14.9). ABC는 진공관 300개로 이루어진 완전히 전자적으로 작동하는 컴퓨터였다. 독일의 추제Konrad Zuse, 1910~1995는 완전히 기계적으로 작동하는 컴퓨터 Z1 1938을 거쳐 기계식 저장 장치와 전자식 연산 장치를 갖춘 Z2 1939와 완전히 전자적으로 작동하는 Z3 1941을 연속적으로 개발했다. Z3는 프로그래밍 언어로 명령을 수행하는 최초의 컴퓨터였으나, 제2차 세계대전을 치르던 나치 정부는 이의 중요성을 인지하지 못했고, 독일이 전쟁에서 패하게 된 상황 등과 겹쳐져서 다른 컴퓨터의 발전에 영향을 끼치지는 않은 것으로 평가된다. 독일과는 달리 영국에서는 컴퓨터가 전쟁을 수행하는 데 도움이 될 것이라 생각했다. 적군의 무선 암호 통신을 해독해서 선제적으로 대응하기 위한 목적으로 콜로서스Colossus라는 진공관으로 작동하는 컴퓨터가 1943~1945년에 개발되었다. 이 작업에 참여한 튜링Alan Turing, 1912~1954은 확률적인 방법으로 암호를 해독하는 방법을 개발했고, 전쟁이 끝난 직후에는 ACEAutomatic Computing Engine와 1948년에는 맨체스터 컴퓨터Manchester Computers의 개발에 참여

그림 14.9 아타나소프-베리컴퓨터(ABC) 사진. 미국 아이오와주립대소재.

출처: Wikimedia commons

했다. 미국에서도 ENIAC Electronic Numerical Integrator and Calculator 1946, EDVAC Electronic Discrete Variable Automatic Computer 1949 등의 진공관을 이용한 전자식 컴퓨터가 차례로 개발되었다. 이렇게 여러 나라에서 여러 가지 설계의 컴퓨터가 개발되면서 점차적으로 오늘날에 사용되는 컴퓨터의 2진법 연산, 프로그램 내장식 컴퓨터stored-program computer 등의 방식이 자리를 잡게 되었다.

진공관으로 작동하는 컴퓨터는 공공 목적에 사용되면서 용량이 커져 점점 더 큰 공간을 필요로 했고 수만 개의 진공관을 사용하면서 나오는 열을 식히기 위해 냉각 시설을 작동시켜야 하는 어려움이 생겼다. 또한 진공관은 필라멘트의 수명이 짧고 필라멘트가 열을 받아 기화되면서 진공관의 진공도를 낮춰 컴퓨터의 성능을 떨어뜨리는 등의 많은 문제점이 노출되었다. 이러한 문제를 말끔하게 해결해 준 것이 1960년대 초에 개발된 실리콘 트랜지스터다. 트랜지스터는 진공관의 문제를 해소한 것에 그치지 않고 컴퓨터 기술의 비약적 발전을 가져오는 핵심적인 역할을 했다.

이제 실리콘 반도체의 출현과 발전 과정을 살펴보도록 하자. 앞서 설명한 바와 같이 전자의 존재와 성질은 1874년에 밝혀졌다. 1883년 에디슨은 얇은 금속 막을 빨갛게 가열하면 전자의 흐름이 발생하여 음극에서 양극으로 이동하는 것을 발견했다. 1904년 플레밍John A. Fleming, 1849~1945은 이 원리를 이용하여 교류를 직류로 바꾸는 정류기를 발명하고, 더 나아가 전자의 흐름이 진공에서 훨씬 더 효과적이란 점에서 착안하여 진공관을 만들게 되었다. 1907년에는 디포리스트Lee de Forest, 1873~1961가 전기신호를 증폭할 수 있는 진공관을 개발했다. 1920년대부터 보급된 라디오와 그 후에 등장한 텔레비전과 초기의 컴퓨터도 모두 진공관으로 작동했다. 1948년 미국 벨연구소의 쇼클리William Bradford Shockley Jr., 1910~1989는 1945년부터 반도체 물질을 이용하여 진공관과 같은 신호증폭을 할 수 있는 방법을 탐구하다가가 약간의 불순물이 섞인 게르마늄 결정을 이용하여 그가 찾던 소자를 만들 수 있었다(그림 14.10). 이것이 오늘날 우리가 사용하는 반도체 트랜지스터의 시작이다. 반도체 트랜지스터는 진공관과 비교하여 진공을 만들 필요가 없고, 열을 많이 내지 않기 때문에 거의 소모되지 않고 사용 중에 기능이 떨어지는 문제도 없고, 크기가 아주 작다는 등 많은 장점이 있어 순식간에 진공관을 대체했다. 1953년에는 반도체 트랜지스터로 이루어진 최초의 컴퓨터가 영국의 맨체스터 대학에서 제작되었다. 하지만 게르마늄은 희귀하고 비싼 원소라서 일반화되기에는 한계가 있었다. 오늘날의 반도체 소자는 거의 모두 실리콘을 기반으로 이루어져 있는데, 이는 실리콘이 게르마늄과

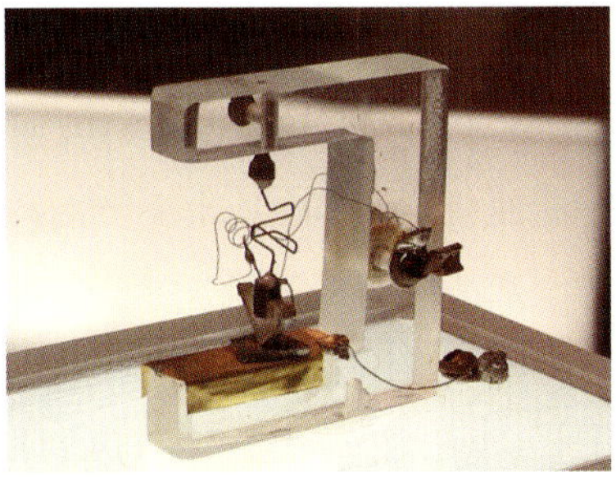

그림 14.10 게르마늄결정으로 만든 최초의 트랜지스터. AT&T Bell 연구소 소재.
출처: Wikimedia commons

같은 족에 속해서 화학적 물리적 특성이 비슷하며, 지구 표면에 매우 많이 있어 게르마늄보다 훨씬 값싼 원소이기 때문이다. 실리콘 트랜지스터는 1955~1956년 사이에 최초로 개발되었고, 이후 실리콘은 반도체 트랜지스터의 대명사처럼 되었다.

컴퓨터의 계산 속도에 가장 큰 영향을 주는 것이 트랜지스터와 같은 소자와 소자 사이의 신호 교환이라는 것이 확인되었다. 소자 사이의 거리를 줄이기 위해서는 ICintegrated circuit 기술이 개발되었다. IC 칩은 손톱만큼 작은 실리콘 결정 위에 만들어지는데, 여기에는 트랜지스터와 축전기 등 여러 개의 소자가 들어 있다. 모래로부터 추출한 실리콘을 높은 순도로 정제하고 직경 4인치 또는 그 이상이 되는 봉 모양의 결정으로 만들고 이를 얇게 자른 것을 실리콘 웨이퍼라 한다. IC 칩에 들어갈 모든 소자의 위치와 소자 사이의 배선을 설계한 다음 이를 여러 단계의 공정을 거쳐서 웨이퍼 위에 만들고 이를 작은 단위로 자른 것이 보통 우리가 보는 IC 칩이다. 이 칩에 들어가는 소자의 개수가 많으면 많을수록 같은 면적에 더 많은 기능을 넣을 수 있는데, 초기 컴퓨터 산업을 일으켰던 인텔Intel 사의 무어Gordon Earle Moore, 1929~는 1965에 향후 10년간은 IC 칩의 집적밀도가 매 2년마다 두 배씩 늘어갈 것이라는 예측하여 이를 무어의 법칙Moore's law이라고 한다. 실제로는 이 법칙은 최근까지도 지속되고 있어 1970년대에는 칩 하나에 3만 개 정도 들어가던 것이 2011년에는 26억 개가 들어갔다. 그리고 이 법칙은 반도체 소자의 수만 아니라 저장 용량 등에도 적용되는 것으로 나타났다. 직접밀도가 이 정도로 높아지면 칩에 있는 소자들의 크기는 수~수십 나노미터nanometer nm, $1\ nm = 10^{-9}\ m$로 작아져야 한다. 즉 오늘날의 반도체 산업은 나노과학기술의 시대에 접어든 것이라 할 수 있다.

오늘날의 컴퓨터를 생각하면 바로 인터넷 등을 연상할 정도로 인터넷, 이메일, 무선통신은 우리 생활에 깊이 들어와 있다. 이렇게 먼 거리의 정보를 실시간으로 얻는 것이 가능한 것은 광케이블과 통신 위성이 있기 때문이다. 1970년대에 개발된 광케이블은 유리로 만든 선인데, 굴절률이 서로 다른 두 가지 유리를 안과 밖에 두고 이들을 결합하여 만든 것이다. 안에 있는 유리가 바깥에 있는 것보다 굴절률이 높아서 케이블을 통과하는 빛은 이 두 유리의 계면에서 전반사를 하도록 설계되어 있다. 이렇게 하면 광케이블을 통해서 빛 신호를 손실 없이 매우 먼 거리까지 보낼 수 있다. 구리 등 전선을 만드는 금속은 저항이 있기 때문에 먼 거리를 지나면 신호가 약해지고 잡음이 많아지지만, 광케이블은 이런 문제가 없다. 이런 이유로 광케이블이 지구 곳곳에 깔려 있고, 우리가 사용하는 국제 통신의 대부분은 해저 광케이블이 담당하고 있다(그림 14.11). 물론 이런 성능을 나타내기 위해서는 광케이블에 사용되는 유리의 순도가 매우 높아야 하는데, 이 역시 유리 기술의 발전이 있어 가능한 것이다. 한 예로 1940년대에만 해

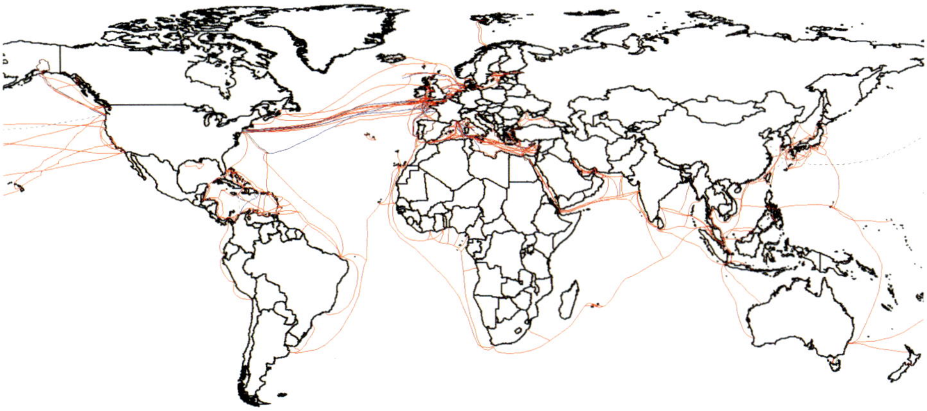

그림 14.11 전세계 광통신용 해저 케이블 분포(2007년 기준).

도 빛을 10 m 넘게 전달할 수 있는 유리가 없었다. 2010년 현재 남극을 제외한 지구의 모든 지역이 해저 광케이블로 연결되어 있다. 장거리 통신에는 광케이블과 함께 통신 위성이 활용되고 있다. 위성은 지구의 대기권 밖에 있으면서 마이크로파로 지표면의 송수신 장치와 신호 교환과 전달을 하면서 선박, 비행기, 자동차, 휴대용 단말기 등의 이동 통신, TV와 라디오의 방송 통신에 사용되고 있다. 통신 위성은 인공위성을 대기권 밖으로 쏘아 올리는 로켓의 발전이 이루어진 후에 가능했던 것이다.

4. 로켓과 우주연구

로켓의 역사는 중국에서 화약이 발명되어 유희용으로 사용되었던 것이 시작이다. 10세기에는 전쟁에 사용되기 시작했고, 몽골이 유럽을 침공할 때, 중국의 화약 기술자를 동원하여 전투에 사용하면서 유럽에 전파되었다. 이후 유럽의 여러 나라에서 산발적으로 로켓이 개발되었지만, 정확도가 떨어져서 활용성은 매우 떨어지는 수준이었다. 1923년 독일의 오베르트Hermann Oberth, 1894~1989가 《행성 사이 우주로의 로켓Die Rakete zu den Planetenraumen》을 출간하여 우주 비행의 가능성을 제시했다. 이후 1929년에는 폰 브라운Werner von Braun, 1912~1977과 함께 로켓 개발 연구를 수행했고, 제2차 세계대전 중에는 V2 로켓 개발에도 참여했다. 이들은 1930년경 물체가 지구의 중력권을 벗어나기 위해서는 출발속도가 최소 28,800 km/h이 되어야 하고 40,219 km/h이 되면 충분하다는 결론을 내렸다. 제2차 세계대전 중인 독일은 음속에 가까운 속도로 날 수 있는 분사식 로켓을 개발하는 V1 프로젝트를 수행했으나 실패했고, 이를 계속 추진하기 위해 폰 브라운에게 V2 프로젝트를 수행할 것을 명령했다. 폰 브라운이 개발한 V2 로켓은 수천 km를 날 수 있어 영국의 수도 런던이 이 로켓 공격으로 심하게 파괴되기도 했다. 전쟁이 끝나자 독일의 로켓 과학자들은 전승국인 미국과 소련으로 옮겨가서 로켓 연구를 수행하게 되었다. 이 두 강대국에서 로켓은 군사적으로는 미사일로, 평화적으로는 인공위성 발사체로 발전했다.

1957년 10월에 소련에서 최초의 인공위성 스푸트니크Sputnik 1호를 발사하여 지구 주위의 궤도를 안정적으로 돌게 하는 데 성공했다. 이후 1957년 11월부터 1961년 3월까지 스푸트니크 2호에서 10호까지 계속해서 인공위성을 쏘아 올렸다. 이에 자극을 받은 미국에서는 1958년 1월 폰 브라운의 지휘로 3단 로켓을 이용하여 인공위성 익스플로러Explorer 1호를 쏘아 올렸다. 이때부터 미국과 소련을 비롯한 여러 나라에서 다양한 목적으로 인공위성을 발사하여, 2016년 기준으로 4,000개 넘게 지구 주위를 돌고 있다고 한다. 현재 국제적으로 인정받고 있는 인공위성 발사에 성공한 나라들은 러시아, 미국을 위시하여 프랑스1965, 중국과 일본1970, 영국1971, 인도1980 등 7개국으로 이를 스페이스 클럽Space Club 7개국이라 하며 이스라엘1988, 이란2009도 성공한 바 있다. 우리나라는 1992년 우리별 1호를 쏘아 올려 스페이스 클럽에 가입하게 되었다.

우주 연구에는 크게 세 가지 방향이 있다. 첫째는 지상에서의 사용을 목적으로 하는 것이고, 둘째는 태양계 등 우주 탐사를 목적으로 하는 것이고, 셋째는 우주를 인간의 생활공간으로 이용하는 것으로 지상의 인류 문명을 우주로 확장하려는 야심찬 시도라고 할 수 있다.

인공위성 중 지상에서 사용하기 위한 것으로 통신용과 지구감시용 두 가지 종류가 있다. 이들은 사용 목적에 따라 적합한 고도와 궤도에 진입시켜야 한다. 통신위성은 우주에 있는 통신 중계탑이라고 할 수 있다. 지구의 자전 속도와 같은 속도로 고도 36,000 km의 상공을 비행하며 항상 송수신을 하는 면이 지구를 향하고 있어야 하는 고도의 정밀기술을 필요로 하는 인공위성이다. 지구에서 보면 마치 하늘의 한 자리에 정지해 있는 것 같이 보여서 정지위성이라고도 한다. 환경감시용 인공위성은 약 800 km 고도에서 지구의 전역을 관찰할 수 있도록 남북 방향으로 지구 주위를 도는 인공위성으로서 해상도가 1 m인 고성능 카메라를 장착하여 지구환경의 변화, 기상변화 관측, 태풍, 화산폭발 등의 재앙 탐지, 지구의 자원탐사와 군사용 목적으로 이용되고 있다.

우주 탐사는 1961년 4월 소련에서 발사한 보스토크Vostok 1호에 탄 가가린Yuri A. Gagarin, 1934~1968이 우주 비행을 최초로 하고, 이어 1962년 2월 미국의 글렌John Glenn,

1921~이 처음으로 궤도비행에 성공한 것이 시발점이다. 1966년 2월 소련의 무인우주선 루나Luna 9가 달 뒷면에 착륙하여 그곳의 사진을 지구에 보내서 인간이 처음으로 달의 뒷면을 볼 수 있게 되었다. 미국에서는 1967년부터 달 탐사를 위해 아폴로Apollo 프로그램이 진행되어 1969년 7월 20일 아폴로 11호를 타고 간 암스트롱Neil Armstrong, 1930~2012과 올드린Buzz Aldrin, Jr., 1930~이 달에 착륙했다. 이후 1972년 아폴로 17호를 탄 서난Eugene Cernan, 1934~을 마지막으로 모두 12명이 달 표면에 착륙하여 탐사활동을 벌였다.

1970년대에는 지구에 가장 가까운 내행성인 금성과 외행성인 화성을 탐사하기 위한 궤도비행과 착륙 시도가 소련과 미국에서 진행되었다. 여러 차례의 실패 끝에 소련의 베네라Venera 7호1970와 9호1975가 금성에 착륙하여 금성 표면의 온도는 475°C이고 대기압은 90기압이며 금성의 지표에서 50~70 km 높이에 서로 다른 3개의 두터운 구름층들이 형성되어 있는 것을 밝혀냈다. 미국의 매리너Mariner 10호1973는 금성과 수성 두 행성을 차례로 궤도비행을 하면서 탐사할 수 있도록 고안된 것으로 이 우주선이 보낸 자료를 통해서 금성의 구름 위층의 온도는 영하 23°C이며 수성의 표면 온도는 낮에는 187°C, 밤에는 영하 183°C임을 알게 되었다.

화성탐사 역시 수많은 실패를 거듭한 후 미국에서 1975년에 발사한 쌍둥이 탐사선 바이킹Viking 1호와 2호가 약 1년간의 비행 끝에 화성의 적도 부근에 연착륙했다. 로봇 팔을 이용하여 토양 시료를 채취하여 생명체가 있는지를 조사한 결과 화성에는 생명체가 없는 것으로 결론지었다. 1997년에는 지구에서 원거리 조정이 가능한 패스파인더Path Finder를 착륙시켜 여기에 타고 있던 무인 이동형 탐사차 소저너Sojourner가 화성 표면을 약 2개월 간 돌아다니며 많은 자료를 수집했다. 2007년 8월에는 30년간의 축적된 화성탐사 기술을 바탕으로 패스파인더와는 차원이 다른 고성능 기기와 기술이 가미된 피닉스Phoenix호가 발사되었다. 2008년 5월 화성의 극지방에 착륙하여 5개월간 작동하며 화성에 대한 자료를 보냈다. 화성은 지구와 비슷한 점이 많아서 과거나 현재에 생물의 존재 여부에 대한 관심이 많은 곳이다. 이에 대한 일차적인 답으로 물의 존재 여부에 대한 탐구를 했으나 아직까지 이에 대해 뚜렷한 결론은 얻지 못한 상태다.

태양계에서 목성이나 토성처럼 지구에서 먼 거리에 있는 행성에 대한 탐사는 근접비행의 방법으로 진행되었다. 이들 행성에 대한 본격적인 탐색에 앞서 목성 주변의 방사능, 먼지, 소행성 등에 대한 정보를 수집하기 위한 목적으로 규모가 작은 파이오니어Pioneer 10호와 11호를 각각 1973년과 1974년에 목성으로 보냈다. 이들은 중간에 놓인 폭 280,000,000 km의 소행성대를 충돌 없이 무사히 통과하고 목성에 도달하여 최근접

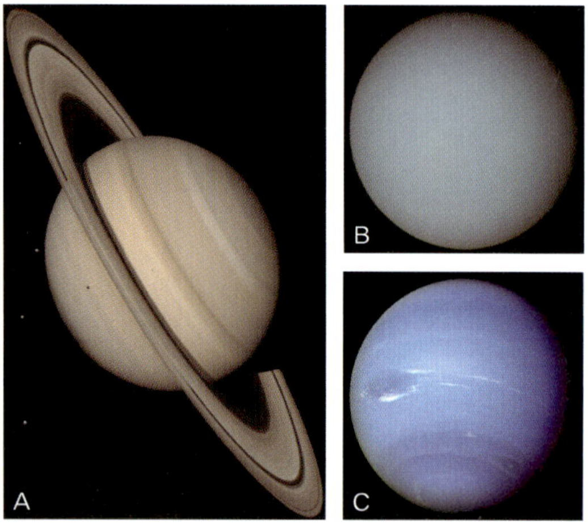

그림 14.12 보이저2호가 전송한 토성(A), 천왕성(B), 해왕성(C) 사진.
출처: Wikimedia commons

거리 130,000 km의 근접비행으로 목성과 목성의 위성들에 대한 많은 자료를 수집했다. 1977년에는 보이저Voyager 1호와 2호가 발사되었다. 1호는 1979년 목성을, 1980년에는 토성을 지나가면서 자료 사진을 전송했고, 2호는 1979년 목성을, 1981년 토성을, 1986년 천왕성을, 그리고 1989년 해왕성을 통과하면서 자료 사진을 전송했다(그림 14.12). 이들은 현재 태양계를 떠나 태양계 바깥 세계를 탐사하고 있다. 이 외에 미국과 유럽연합이 공동으로 1989년 궤도선과 대기 진입선이 결합된 탐사선 갈릴레오를 발사하여 1995년 목성에 도달했다. 갈릴레오는 보이저보다 100배 해상도가 높은 사진 자료를 전송하다가 2003년 목성의 대기권으로 폐기되었다.

우주정거장Space Station과 우주왕복선Space Shuttle은 인간의 생활권을 우주로 확장하기 위한 시도라 할 수 있다. 우주정거장은 일정한 고도에서 지구 주위를 공전하는 비행물체로서 여기에는 자체 추진력이나 착륙시설 같은 것이 없다. 우주정거장에서는 장기간 우주의 특수한 환경 속에서 인간의 적응 능력에 대한 연구와 우주환경에서만 가능한 연구를 다양하게 수행하고 동시에 우주탐사기지로서의 역할을 한다. 우주왕복선은 우주정거장과 지구와의 교통수단으로서 개발되었다.

소련이 1971년부터 1986년까지 설루트Salyut 1호부터 7호까지 진행된 설루트 프로그램과 이후 2000년까지 10여 년간 우주탐사 전진기지로서의 역할을 했던 미르Mir 프로그램으로 유인우주선 연구를 선도했다. 우여곡절도 많았으나 여러 가지 실험을 수행하고 처음으로 인간이 1년 가까이 우주에 머무는 기록을 세우는 등 나름의 큰 성과를 남기면서 많은 지식과 노하우를 축적했다. 미국의 유일한 우주정거장이었던 스카이랩Skylab은 1973년에 발사되어 1979년 수명을 다할 때까지 7년간 지구 주위의 궤도를 돌았다. 1973년과 1974년에는 총 9명의 우주인이 스카이랩에 체류하면서 태양 관측과 의학과 생리학 등의 분야에 대한 실험을 수행했다.

우주 연구는 필연적으로 막대한 자금이 필요하다. 자연히 우주 연구의 비용과 실효성에 대한 비판적인 여론이 일게 되었다. 이에 1975년 미국과 소련은 경쟁적인 우주 연구를 하지 않기로 협정을 맺고, 이 협정의 정신에 따라서 소련의 소유스Soyuz 19호와 미국의 아폴로 18호가 따로 지구 궤도에 올라간 후에 도킹하여 공동 실험을 수행하기

그림 14.13 국제 우주 정거장.

도 했다. 1990년대에 구소련이 해체되고 정치적 혼돈과 경제적 불안을 겪으면서 우주 연구는 미국과 소련 두 나라가 주도하던 방식에서 여러 나라가 함께 참여하는 국제적인 연구로 이행되었다. 1998년 미국이 주도하여 국제우주정거장International Space Station, ISS 프로그램이 만들어졌다(그림 14.13). 여기에는 미국, 러시아와 함께 유럽우주기구European Space Agency, ESA 소속 11개 국가프랑스, 영국, 독일, 이탈리아, 벨기에, 네덜란드, 덴마크, 노르웨이, 스페인, 스웨덴, 스위스와 일본, 캐나다, 브라질 등 16개 나라가 참여했다. 이 프로그램에서 러시아와 미국은 우주정거장, 우주왕복선, 우주인에 대한 부분을 담당하고 다른 나라들은 우주정거장에 필요한 모듈들을 제작하여 공급하기로 했다. 1998년 11월20일 러시아에서 우주인 3인 활동할 수 있는 공간이 있는 모듈을 발사하면서 이 프로그램은 시작되었다. 여기에 후속으로 발사된 여러 모듈이 더해지면서 우주정거장은 계속해서 확장되고 있다. 현재의 우주정거장은 본체의 길이 88 m, 태양 전지가 깔린 날개의 길이 108 m가 되며 총 중량 454톤인 거대한 시설이 되어 지상에서 육안으로도 관측이 가능할 정도이다. 우주정거장은 고도 약 350 km에서 시속 27,740 km로 매일 지구 주위를 15.78 바퀴씩 돌고 있다.

우주정거장에는 우주의 환경과 우주 물질에 대한 탐구는 물론 지상에서는 불가능한 무중력 상태에서 일어나는 현상에 대한 관찰을 할 수 있기 때문에 이러한 분야의 연구가 수행되고 있다. 예를 들어, 생물체의 생리적 현상과 태생학적 현상을 무중력 상태에서 관찰하거나 실험하여 생명체에 중력이 미치는 영향에 대해 이해할 수 있다. 무중력 상태에서 합금을 제조하면 조성이 완벽하게 균일하도록 할 수 있고 결정을 성장시키면 지상에서 얻는 것보다 더 완벽한 결정을 얻을 수 있으므로, 이렇게 보다 완벽해진 물질의 특성을 탐구하는 기회도 얻을 수 있다.

최초의 우주인 가가린부터 시작하여 지금까지 우주여행을 한 사람은 미국 337명, 소련 또는 러시아 118명, 기타 국가 101명 등 모두 556명이 된다. 우주 연구의 결과로 우리는 지금 지구촌화된 세계에 살고 있다. 앞으로 우주정거장이 인류의 삶과 미래에 어떠한 변화를 주게 될지는 두고 보아야 할 것이나, 20세기 후반에 시작된 달과 태양계, 그리고 태양계 너머의 은하계와 그 너머의 별들의 세계에 대한 탐사는 지금까지 과학을 이끌어왔던 인간의 호기심이 계속되는 한 앞으로도 계속될 것이라 예상된다.

5.
원자력 에너지

핵에너지는 원자탄과 같은 가공할 파괴력을 갖는 전쟁 무기와 함께 현대 인류의 생활에 절대적으로 필요해진 전기 에너지를 공급하는 원자력 발전도 함께 가져왔다. 원자력 발전에는 방사성 동위원소인 우라늄-235의 농도를 천연 우라늄광의 0.7%에서 3~5%로 높인 농축 우라늄이 사용된다. 국제연합 산하의 국제원자력기구International Atomic Energy Agency, IAEA는 우라늄-235의 함량 20%를 기준으로 이보다 낮으면 저농축, 이보다 높으면 고농축 우라늄으로 규정하고 이에 대한 통제와 관리를 하고 있다. 원자탄에 사용되는 우라늄의 우라늄-235 농도는 보통 90% 이상이다. IAEA는 처음에는 미국, 러시아, 영국, 프랑스, 중국에서만 저농축 우라늄 생산이 가능하도록 했다가 추가로 일본1998과 인도2007에게도 생산을 허용했다. 우리나라는 원자력 발전을 위해서는 이들 국가에서 우라늄을 구입해야 하고 다 사용한 폐연료봉도 IAEA의 통제 하에 보관해야 한다. 이는 폐연료봉에는 핵분열 반응의 부산물로 플루토늄이 생기는데, 플루토늄은 우라늄-235보다 작은 양으로 핵분열을 일으킬 수 있기 때문에 이런 플루토늄으로 원자탄을 만들 가능성이 있기 때문이다.

원자력 발전에는 지르코늄의 합금으로 된 가는 금속 관 속에 산화우라늄UO_2을 다져 넣어 만든 연료봉을 사용한다. 여기에 중성자를 쪼이면 핵분열 반응이 일어나면서 많은 양의 열이 발생하는데, 이 열로 물을 데워 수증기를 만들고 이 수증기로 터빈을 돌려 전기를 얻는 것이다. 핵분열 반응이 폭발을 일으키지 않고 안정적으로 열을 발생하도록 연료봉 주위에는 핵분열로 생기는 중성자를 흡수할 수 있는 중성자 저감제를 두고 저감제의 양을 조절하면서 핵분열 반응의 속도를 조절한다. 페르미가 1942년 흑연이 저감제의 특성을 갖는 것을 발견했고, 이후 중수D_2O, D는 수소의 동위원소, 붕소, 카드뮴 등이 이러한 기능을 하는 것이 밝혀져 요즘에는 주로 카드뮴이 사용되고 있다. 어떤 면에서는 원자력 발전은 화력 발전과 거의 비슷하고 다만 열원으로 핵분열을 이용하는 점에서 차이가 난다고 볼 수도 있다. 하지만 막대한 에너지를 방출하는 핵분열에 의존하고 있는 기술이기 때문에 원자로는 철저한 안전관리가 매우 중요하다. 1986년에 있었던 우크라이나의 체르노빌Chernobyl 원자력 발전소 사고는 원자로가 과열되어 많은 열이 발생하고, 그 결과 냉각수가 수소와 산소로 분해되어 축적된 수소가 폭발하여 일어난 것이다. 이 사건으로 백여 명이 직접적인 피폭으로 사망하고, 원자로에서 500 km 떨어진 지역까지 방사성 동위원소로 오염되었다. 2011년에 있었던 일본 후쿠시마의 원전 사고는 지진으로 원자로의 냉각 기능이 고장 나서 발생한 사건으로, 직접적인 인명 피해는 없었지만 방사능 오염 등 심각한 문제를 일으켰다.

원자로가 방사능을 누출하지 않고 안전하게 운전되더라도 방사성 폐기물의 처리는 매우 어려운 문제이다. 핵연료봉은 3~5년 정도 사용하면 교체해야 한다. 그러나 폐연료봉 안에서는 높은 농도의 방사성 물질이 들어 있다. 더구나 폐연료봉 안에서는 여전히 핵분열이 진행되기 때문에 열이 많이 나므로, 이를 냉각시켜 폭발 등의 사고가 나지 않도록 해야 한다. 핵분열로 생기는 방사성 동위원소 중에는 아이오딘-131, 스트론튬-90, 세슘-137 등이 있다. 이 중 아이오딘-131은 반감기가 8일이므로 장기적인 피폭의 문제가 적지만, 스트론튬-90과 세슘-137은 반감기가 각각 28년과 30년이 되므로 방사능의 농도가 안전한 수준까지 내려오려면 200년 이상은 생명체에 영향을 주지 않도록 안전하게 관리해야 한다. 현재 사용되는 핵폐기물 처리 방법은 해저 수백~수천 km 깊은 곳에 터널을 만들어 보관하거나 지상의 깊은 폐광에 보관하는 영구보존방식과 방사능을 완전 차단하는 구조물속에 보관하는 중간저장방식, 그리고 수조에 임시적으로 보관하는 임시보관방식으로 구분할 수 있다.

현재 전 세계적으로 가동되고 있는 발전용 원자로는 600~700기 정도이며 2030년까지 추가적으로 300기 정도가 더 건설될 것으로 추정되고 있다. 우리나라에서도 현재 22기가 가동 중이고 국내 전력수요의 약 35%를 원자력 발전에 의존하고 있다.

21세기의 인류 문명은 전기에너지 없이는 불가능하다. 전기에너지를 가장 안전하고 저렴한 방법으로 생산하는 방법은 수력발전이지만, 지구상에서 수력발전의 혜택을 누리는 나라는 노르웨이99%, 오스트리아76%, 스위스62%, 스웨덴47% 정도에 불과하며 다른 나라들은 화력발전이나 원자력 발전에 의존해야 하는 실정이다. 이 중 화력발전은 석탄이나 석유와 같은 화석연료의 양이 제한되어 있고, 지구온난화와 미세먼지 등 환경과 기후에 악영향을 미친다는 점에서 원자력 발전의 장점을 강조하는 목소리도 있다. 하지만 체르노빌과 후쿠시마의 원전 사고와 같은 원자력 발전이 갖는 잠재적 위험성과 누적되고 있는 핵폐기물의 문제 등이 있어 이 역시 완벽한 대안이 되지 못하고 있는 것이 현실이다.

장기적으로는 화력 발전과 원자력 발전을 대체하는 대체 에너지원을 개발하여 에너지 공급원을 바꿔야만 할 것이다. 대체 에너지원으로서는 태양광 발전, 태양열 발전, 조력 발전, 지열 발전, 풍력 발전, 핵융합 발전 등이 거론되고 있고 이 중에서도 특히 태양광 발전이 최근에 많이 부각되고 있다. 1960년대에 실리콘 단결정을 기반으로 하는 전자 산업이 대두되면서 이를 기반으로 하는 소자를 가공하여 빛으로 전기를 생산하는 원리도 개발되었다. 하지만, 초기의 태양광 발전은 실리콘 단결정 웨이퍼가 비싸고 발전 효율도 낮은 등 경제성의 면에서 화력 발전과 경쟁을 할 수 없을 정도여서 인공위성 등 특수한 경우에만 사용되었었다. 그러나 최근에 실리콘 단결정을 대체하면서도 높은 발전 효율을 보이는 소재가 여럿 개발되면서, 태양광 발전의 발전 단가를 획기적으로 낮출 수 있게 되었다. 또한 에너지 저장 시스템이 발달하여 태양광 발전의 단점이었던 불규칙한 전력 공급의 문제가 해결되어서 태양광 발전이 급격하게 보급되기 시작한 것이다.

핵융합 발전은 핵융합 반응에서 나오는 열을 이용하여 발전에 사용하고자 하는 개념으로, 핵분열 반응보다 훨씬 큰 에너지 생산량과 부산물로서 생명과 환경에 무해한 헬륨만 나온다는 점 등이 매우 매력적이다. 하지만 핵융합 반응을 일으키기 위해 필요한 최소 온도 10^8 K를 인공적으로 만들어야 하는 등 핵융합 발전이 실용화되기에는 아직까지 기술적인 난제가 많이 있다.

6.

현대 과학기술의 그림자

20세기 중반 이후부터 지금까지의 과학기술은 이전까지와는 비교를 할 수 없을 정도로 인류의 문명에 막대한 영향을 미쳤다. 21세기를 사는 우리들은 일상생활에서 그 영향을 항상 받고 있어 실감하기 어려울 수 있지만, 짧게는 20~30년 길게는 100년을 거슬러 올라가 그 시대의 생활상과 비교해보면 금세 깨달을 수 있다.

우리나라 인구의 대부분이 사는 도시를 보면, 집집마다 전기와 상하수도가 연결되어 있으며, 겨울에는 보일러로 난방을 하고 여름에는 에어컨으로 냉방을 한다. 한밤중에도 전기불로 도시는 대낮같이 밝고, 수시로 TV와 라디오로 세상의 소식을 접하고 오락을 즐긴다. 인터넷과 스마트폰으로 실시간으로 전 세계와 연결되어 정보를 얻고 또 정보를 생성한다. 도로망과 철도망의 발달로 국토의 한 끝에서 다른 한 끝으로 오고 가는 것이 반나절이면 충분한 것은 이미 오래 전 일이 되었고, 지금은 여객기를 이용하여 업무는 물론 여가를 즐기기 위해서 많은 사람들이 외국에 드나든다. 농업 생산성이 높아졌고 식재료의 가공, 보관, 수송 기술이 발전하여서 우리의 밥상에는 우리나라 곳곳은 물론 외국의 농수산물이 수시로 올라온다. 과거에는 일부를 제외한 국민의 대부분이 배고픔을 함께 넘겨야 하는 보릿고개가 있었지만, 지금은 오히려 배를 곯는 것이 특별한 상황이 되었으며, 더 나아가 넘치는 식재료와 음식물 때문에 음식물 쓰레기의 처리가 큰 골칫거리가 되었다. 국민의 영양 상태 향상과 함께 의학과 의술이 발달하면서 영아 사망률이 크게 낮아졌고 전염병 등 각 질병에 감염될 확률과 각종 질병에 의

한 치사율이 급격히 낮아져서 우리나라 국민의 평균 수명은 현재 80세를 넘었으며 수명 100세 시대 심지어는 수명 150세 시대를 말하는 사람이 있을 정도가 되었다.

이 모든 것이 현대 과학기술의 발전상을 반영한 것으로, 위에서 살펴보았던 석유화학, 생물학, 의학, 인공위성, 컴퓨터, 통신 기술, 원자력 발전 등이 뒷받침한 것이다. 앞으로 전개될 21세기에는 인간을 포함한 모든 생물체의 개조를 의미하는 유전자공학, 인간의 생활공간으로 변모되고 있는 우주, 에너지원으로 부각되고 있는 핵융합, 인간의 노동을 대신하는 로봇은 물론 인간의 지적 노력을 대신할 수 있는 인공지능 등의 분야가 더욱 발전하여 상상을 초월하는 새로운 문명의 시대가 열릴 것이라는 예상도 가질 만한 상황이 되었다. 실로 인간이 자연을 지배하고 모든 사람이 '인간다운 삶'을 영위할 수 있는 유토피아의 꿈이 실현되어 가는 것처럼 보인다.

하지만, 이런 과학기술의 발전의 결과가 모두 밝은 면을 갖고 있지만은 않다. 사실은 밝은 부분이 많을수록 어두운 부분도 많이 생기고 그 어두움의 깊이도 깊어지는 것처럼 보인다. 21세기 인류가 닥친 가장 중요한 문제는 아마도 인구 문제일 것이다. 21세기 초입에 있는 현재 지구상의 인구는 70억을 넘었다. 현재의 추세대로라면 22세기에는 100억~150억의 인구가 지구상에 살게 될 것이다. 영국의 산업혁명이 시작된 이후로 인구 증가가 가져올 문제점은 여러 번 지적되었다. 1800년경에는 지구상 인구가 10억 명이었고 이 숫자가 2배가 되는 데 130년이 걸렸으나, 이후로는 그 속도가 빨라져서 1974년에 40억 명이 되었고 2011년에는 70억 명을 넘었다. 2019년 UN에서 발표한 자료에 따르면 2100년의 인구는 최대 156억 명이 될 것이라고 한다(그림 14.14). 일찍이 영국의 경제학자 맬서스가 1798년에 낸 저서 《인구론An Essay on the Principle of Population》에서 인구는 기하급수적으로 증가하고 식량 생산은 산술급수적으로 증가할 것이므로 조만간에 식량 부족 문제가 일어날 것이라는 경고를 한 적이 있었다. 과학기술의 발전으로 식량 생산량이 획기적으로 증가하여 아직까지는 맬서스가 경고한 문제가 그리 심각하지 않다고 할 수 있으나, 아프리카 등지에서는 이미 식량 부족 문제가 심각한 수준으로 나타나고 있다.

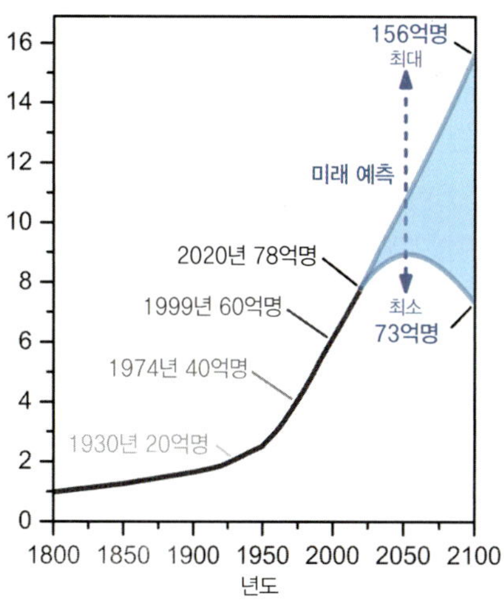

그림 14.14 2019년 UN에서 발표한 세계 인구의 변화와 추이.

어쩌면 아프리카의 기아는 정치적 불안에 따른 문제로 치부될 수도 있지만, 사실은 현재 아프리카에서 일어나는 기아 문제의 근원은 산업화에서부터 시작되었다고 할 수 있다. 일찍이 산업화를 이룬 유럽의 열강들이 각축하면서 서로 경쟁적으로 아프리카와 아시아를 식민지로 만들면서 아프리카의 비극은 시작되었기 때문이다. 보다 직접적으로는 식민지 시대를 지난 후인 1960년대에 아프리카에 들어간 의료 지원이 원인이라는 지적도 있다. 1960년대에 미국을 중심으로 하는 선진국에서는 경제적으로 낙후된 국가들에 대한 여러 가지 지원 정책을 실시했고 그 중에는 의료 지원도 들어 있었다. 이전까지는 저개발 국가에서는 출산율이 매우 높으나 전염병 등으로 사망률도 높아서 전체적인 인구의 균형이 이루어지고 있었다. 이러한 곳에 의료 지원이 들어간 결과 사망률이 급격히 낮아졌지만 출산율은 줄어들지 않게 되자, 급격하게 인구가 늘어나면서 식량 부족 등의 문제가 발생하고, 이로 인해 정치적 불안이 일어나게 되었다는 것이다. 현재는 정치적 갈등과 식량 문제가 서로 맞물려서 악순환이 진행되고 있어 아프리카의 비극이 어떻게 정리될 수 있을지는 미지수이다. 아이러니하게도 애초에 인도주의적인 입장에서 시작되었던 일이 이러한 비극을 일으킨 원인되었다는 점은 매우 중요한 점을 시사한다. 즉 사회의 발전은 어느 특정한 부분만을 손대서 이루어지는 것이 아니고, 여러 가지 인자들이 선순환으로 진행될 수 있어야만 가능하다는 것이다. 우리나라를 비롯한 아시아의 국가들도 비슷한 선진국의 원조를 받았고 특히 우리나라에서는 1960년대를 전후해서 신생아의 수가 급격히 늘어났던 것을 상기하면, 아시아의 국가들이 아프리카와는 다른 경로를 걷게 된 것은 무척이나 다행스러운 일이라 할 수 있다. 아시아에서는 아프리카와는 달리 식민지 시대 이후에 비교적 큰 규모의 국가들이 성립되면서 국가적으로 인구 정책을 추진하여 기아의 문제를 피할 수 있었다.

인구 증가의 문제는 필연적으로 식량 부족 문제와 함께 환경 파괴와 에너지 부족의 문제를 수반한다. 아프리카의 예에서 보듯이, 가장 시급한 문제는 식량 부족의 문제가 될 것이다. 1987년 발표된 UN 보고서에 따르면, 당시의 농경지 면적이 유지되고 농경지 단위 면적당 생산량이 극대화된다면 지표면에서 생산되는 식량으로 유지할 수 있는 인구는 최대 110억 명이다. 22세기에 예상되는 인구를 그럭저럭 지탱할 수 있는 양이다. 그러나 만약 농경지 면적이 줄거나 1인당 소비하는 식량의 양이 많아지게 되면 이 균형은 깨질 수밖에 없게 된다. 그리고 현재의 추이로 보아서는 이런 비극적인 전망이 단순한 가능성만은 아닐 수도 있어 보인다. 인구가 많아지면, 도시화와 산업화가 진행될 것이므로 농경지의 면적은 줄어들 수밖에 없다. 또한 경제적인 상황이 향상되면 1인당 소비하는 식량도 증가할 것이기 때문이다. 인구수가 정체된 선진국에서는 이러한 문제가 심각하지 않을 수 있지만, 현재보다는 경제적 상황이 개선될 것이라 예상되는 현재의 저개발 국가에서는 이러한 문제가 일어날 가능성이 매우 높아 보인다.

에너지 부족 문제도 머지않아 지금보다 훨씬 심각하게 닥칠 수 있는 문제이다. 현재 인류가 쓰고 있는 에너지의 80% 이상이 석유, 천연가스, 석탄 등의 화석 연료에서 나오고 있는데, 이들은 매장량이 한계가 있어서 에너지 부족 사태가 닥칠 것이라고 전망되기 때문이다. 화석 연료의 매장량과 현재의 채굴량과 비교해서 추정하는 고갈 시점은 화석 연료의 종류에 따라 서로 다르지만, 가장 오랫동안 남을 것이라 예상되는 석탄의 경우가 100년 정도인 것을 생각하면, 향후 100년 이내에는 에너지 부족 문제가 중대한 문제로 대두될 것이라는 점은 거의 확실하다. 이 역시 과학기술이 바탕이 되어 있는 산업화와 인구 증가 문제와 맞물려 있어서, 향후 에너지 소비량이 증가할 가능성이 높은 것을 감안하면 현재의 기준으로 추정하는 것보다 더 이른 시점에 닥칠 가능성도 있다. 이러한 문제 이외에도 화석 연료는 환경오염과 파괴의 주원인이 되기 때문에, 현대 문명에서 화석 연료에 대한 의존도를 줄이는 것은 현재 인류가 당면한 매우 중요한 과제이다. 현재 화석 연료를 대체하기 위한 대체 에너지 개발 연구가 전 세계적으로 활발하게 진행되고 있으나, 아직까지는 화석 연료를 완전히 대체할 수 있는 대안이 나타나지 않고 있다. 비교적 최근까지는 원자력 발전이 유력한 대안으로 받아들여졌지만, 원자력 발전이 일으키는 부작용이 심각하기 때문에 획기적인 개선책이 나오지 않는 한에서는 원자력 발전은 화석 연료의 대안이 되지 못할 것으로 보인다. 따라서 아직까지는 인류가 앞으로 쓸 에너지원 고갈의 문제와 환경오염의 문제에 대한 근본적인 해결 방안이 보이지 않는 상황이다. 인류가 사용하는 에너지양을 줄이는 것만이 유일한 답이라는 목소리도 있지만, 이러한 주장은 실현될 가능성이 매우 낮은 것으로 보인다.

환경의 문제 역시 과학기술이 가져온 어두운 면의 하나이다. 현재에도 인간의 문명이 만들어내는 온갖 오염으로 인간은 물론 모든 생명체가 공유하고 있는 지표면의 생태계에 심대한 악영향을 미쳐 왔고, 앞으로는 더 심각한 형태로 악영향을 미칠 것이라는 예상되고 있다. 인간의 문명이 만들어낸 오염은 크게 직접적으로 자연에 영향을 주는 오염과 인간 사회의 오염으로 나누어 생각할 수 있다.

자연에 영향을 주는 오염은 공기, 물, 토양에 대한 것으로 나누어 볼 수 있을 것이다. 현대 문명을 구축하고 유지하기 위해서는 산업 활동은 필수적인 것이며 이 산업 활동의 주된 에너지원은 화석연료이다. 비록 근래에 들어 원자력, 수력, 태양광 등의 대체 에너지원이 많이 개발되었지만, 아직까지는 인류가 소비하는 전체 에너지 중에서 화석연료가 차지하는 비중이 절대적으로 크다. 화석연료를 연소할 때 나오는 배출가스가 대기오염을 일으킨다는 것은 잘 알려져 있는 사실이다. 배출가스 중 주로 이산화탄소와 아황산가스가 문제시되고 있는데, 이산화탄소는 온실효과를 일으켜 지구 온난화의 문제를 가져오고(그림 14.15), 아황산가스는 산성비가 생기는 원인으로서 식물의 엽록소를 파괴하며 유익한 토양의 호기성 균을 죽인다. 또한 화석연료를 연소할 때 나

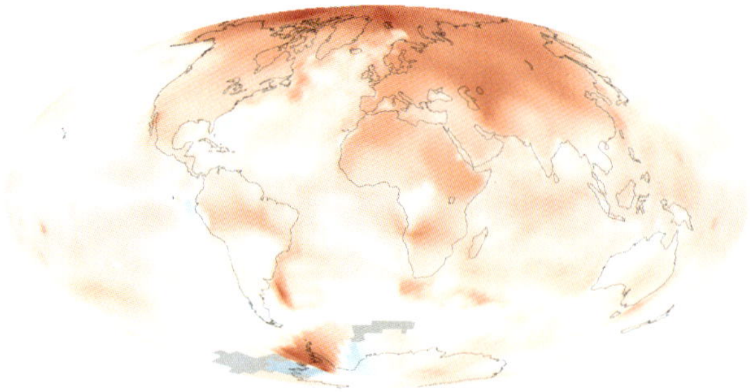

그림 14.15 1951~1980년 동안의 평균기온 대비 2000~2009년의 10년 동안의 세계기온. 온도가 높아진 지역은 붉은색으로 낮아진 지역은 푸른색으로 나타냈다.

오는 분진은 미세먼지와 스모그smog 등의 문제를 만들어 직접적으로 지표면에서 사는 여러 생명체의 건강과 목숨을 위협한다. 에어로졸 분사와 냉동기의 냉매로 많이 사용됐던 프레온은 대기의 성층권까지 올라가서 오존ozone, O_3 분자를 분해시킨다. 성층권의 오존층은 태양에서 오는 광선 중 자외선을 흡수하여 지표면에 도달하는 자외선의 양을 줄이는 효과를 갖고 있는데, 오존층이 파괴되면 지표면에 도달하는 자외선이 강해져서 많은 생물체의 생명을 위협하게 된다. 햇빛이 강한 여름철에는 내연기관이 연소하면서 내놓는 질소산화물은 산소O_2와 반응하여 오존을 만드는데, 오존은 산화력이 강한 분자라서 물건의 부식을 일으키고, 생명체가 호흡하는 경우에는 호흡 장애 등의 문제를 일으킨다.

산업 활동으로 나오는 각종 폐기물은 자연이 갖고 있는 물의 정화 능력의 한계를 넘는 과부하를 만들어 물을 오염시켜서 생태계를 위협한다. 우리의 일상생활에서 나오는 생활하수와 공장에서 나오는 폐수는 하수관을 거쳐 하천을 통해 강으로 유입되고 마지막에는 바다로 흘러가는데, 폐수의 오염도가 너무 높고 자연이 정화 능력을 갖지 않은 오염물질이 유입되어서 생태계에 엄청난 타격을 주고 있다. 우리나라에서 많이 문제가 되고 있는 적조와 녹조 현상은 근본적으로는 세제를 너무 많이 사용하여 일어나는 현상이다. 세제에 들어 있는 인산 성분은 수초와 해초의 성장에 필요한 영양분이다. 그러나 물에 인산 성분이 너무 많으면 수초와 해초의 양이 많아지고, 따라서 이들을 먹이로 하는 식물플랑크톤의 수가 급증하여 녹조와 적조 현상을 일으킨다. 플랑크톤이 많아지면 산소소모량이 증가하면서 물의 용존산소량은 낮아져서 물속에서 사는 어류가 살 수 없는 환경이 만들어진다. 또한 플랑크톤이 내놓는 배설물이 상승작용을 하면서 어류의 집단 폐사 현상이 나타나게 된다. 이런 현상은 특히 여름철에 많이 나타나는데, 이는 온도가 높으면 용존산소량이 낮아지기 때문이다. 아연, 카드뮴, 수은, 납 등의 중금속이 들어 있는 공장이나 광산 폐수와 제초제, 살충제 등 농약도 생태계를 위협하는 원인이 된다. 음식물 쓰레기 역시 심각하게 생태계를 위협하는 원인이 될 수 있다. 이상적으로는 음식물 쓰레기는 가축의 사료로 사용하거나 인공적인 발효를 통해서 분해시킬 수 있어야 하지만, 실제로는 시설의 부족이나 다른 경제적인 이유로 상당량의 음식물 쓰레기가 바다에 직접 버려지고 있는 실정이다. 비록 일정 부분은 해

그림 14.16 플라스틱 폐기물 사진.

양 생물의 먹이가 되겠지만, 역시 그 농도나 양이 한계를 넘으면 해양 생태계의 정화 능력의 한계를 넘겨 해양 생태계의 건강을 위협하게 될 것이다(그림 14.16).

산업화의 영향으로 지표면의 토양이 침해되고 있는 것도 역시 심각한 문제이다. 토양은 단순히 무기질로 이루어진 것이 아니라 각종 미생물과 미생물의 영양분이 함께 들어 있다. 식물이 토양에서 자랄 수 있는 이유는 토양에 있는 호기성균이 질소 성분을 식물이 흡수해서 영양분으로 사용할 수 있는 암모니아나 질소 산화물로 만들기 때문이다. 앞서 대기 오염으로 일어나는 산성비가 호기성균을 죽인다는 것은 설명했다. 현재는 플라스틱과 비닐 등 석유화학 제품의 폐기물과 콘크리트 등 건축자재 폐기물 등을 처리하는 방법으로 이들을 땅에 묻고 있는데, 이들은 분해되지 않고 공기가 통하지 않기 때문에 토양 미생물이 살 수 없는 상태를 만들어서 토양을 황폐화시킨다.

오늘날의 세계를 묘사하는 지구촌화는 인간 사회에 해악이 되는 것 역시 지구촌화가 되는 것을 의미한다. 과거에는 질병과 범죄는 국지적으로만 일어나는 현상이었지만, 교통수단이 발달하여 여러 사람이 활발하게 세계를 돌아다니면서, 이러한 해악도 순식간에 전 세계에 퍼지는 현상이 나타나기 시작했다. 예를 들어, 에이즈AIDS와 에볼라Ebola 출혈열 등은 1970년대에는 아프리카에만 국한된 질병이었으나 30여 년 만에 전 세계에 퍼졌고, 중증급성호흡기증후군Severe Acute Respiratory Syndrome, SARS는 2002년 중국 광동지역에서 발생하자마자 전 세계로 확산된 바 있다. 2015년에는 중동 지역에서 발생한 중동호흡기증후군Middle East Respiratory Syndrome, MERS이 우리나라에 급속히 퍼져서 충격을 준적도 있다. 2019년 중국 우한시에서 시작한 코로나바이러스감염증-19coronavirus disease 2019, COVID-19 또는 코로나 19는 이전의 바이러스보다 훨씬 전파력이 커서, 전 세계적으로 보건 상의 문제 뿐 아니라 사회경제적 문제 더 나아가 국제정치적 문제를 일으키고, 그 여파로 새로운 국제 질서를 만드는 계기가 될 것으로 전망되고 있다. 이 외에도 신종 조류 인플루엔자Avian influenza, AI가 나타나서 경제에 타격을 주는 일도 자주 일어나고, 이 AI의 변종이 사람에게도 전염되는 일이 발생할 가능성에 공포감을 일으키기도 한다.

지구촌화는 범죄의 세계화 현상도 가져왔다. 아프가니스탄, 이란, 파키스탄 지역과 라오스, 태국, 미얀마 지역에서 생산되는 아편과, 남미의 콜롬비아, 볼리비아, 페루 등의 나라에서 생산되는 코카인, 대마초와 필로폰 등의 마약은 대부분의 나라에서 강력한 제재 조치를 취하고 있지만, 끊임없이 공급되어 사회적인 물의를 일으킨다. 마약은 대부분 범죄 조직을 통해서 공급되므로 오늘날의 마약 문제는 범죄 조직의 세계화도 함축한다고 할 수 있다. 최근에는 사이버 공간을 통한 범죄가 늘고 있다. 음란물이나 마약이 인터넷을 통해서 거래되고, 도박 사이트가 운영되어서 사행심을 조장하는 등 사회질서를 흩트리는 일이 발생하기도 하며, 해킹으로 개인정보를 유출하거나 정보망을 마비시키는 등의 사이버 범죄가 일어나기도 한다. 미래의 전쟁은 총과 대포의 전쟁이 아니라 상대국의 주요 사이트를 해킹하여 정보망을 마비시키거나 거짓 정보를 퍼트려 사회를 혼란시키는 방법이 주로 사용될 것이라는 주장도 있다.

끝으로 현재 대두된 양극화의 문제를 지적하고자 한다. 현재의 인류는 과거에 비해서 비교적 커다란 국가 간 갈등이 없는 시대를 지내고 있다. 이렇게 갈등이 과거에 비해 줄어든 배경에는 과거에 비해 물질적으로 풍요로워지고 정치적으로 민주화가 많이 진전되었기 때문이다. 그렇지만, 있는 사람은 더 많이 갖게 되고 없는 사람은 더욱 적게 갖게 되는 양극화가 진행되면 사회가 불안하게 되면서 지금까지는 없었던 새로운 갈등이 일어날 가능성이 높아질 것이다. 즉 현재 진행되고 있는 양극화 현상은 미래에 인류 사회를 불안하게 만드는 원인이 될 수 있다. 양극화는 한 국가 내에서도 진행되고 있고 국가 간에서도 진행되고 있다. 따라서 미래에 오는 갈등은 한 국가 내에서도 일어날 수 있고 국가 간에서도 일어날 수 있을 것이다.

사실 인간 사회나 국가 사이의 관계가 불평등한 것은 오늘날만의 문제는 아니다. 오히려 인류의 역사 전체를 통해서 불평등은 항상 있어 왔었다. 따라서 불평등 자체를 문제 삼으면, 인간이 해결할 수 없는 문제를 지적하는 것과 다르지 않을 것이다. 하지만 과학기술이 발달한 오늘날에는 있는 사람이나 국가는 과학기술의 힘을 가질 수 있고, 없는 사람이나 국가는 과학기술의 힘을 가질 가능성이 없어 과거와 마찬가지인 상태로 있기 때문에 있는 자와 없는 자 사이의 격차가 점점 더 커진다는 점이 문제가 될 것이다. 두 차례에 걸쳐서 있었던 미국과 이라크 사이의 걸프전은 있는 국가와 없는 국가의 격차를 실감나게 보여주는 사례라 할 수 있다. 재래식 무기만으로 무장한 이라크는 인공위성과 전투기 등 최첨단 무기를 동원한 미국과의 전쟁에서 거의 속수무책이었었다.

공산진영이 붕괴된 1990년 이후로 자본주의는 지구상에서 뚜렷한 경쟁 세력이 없이 독주하는 양상을 보이고 있다. 비록 이슬람권이 이에 대해 대항하는 세력으로 있기는 하지만, 자본과 기술력의 차이가 뚜렷하여 과거 공산주의처럼 자본주의의 대안으로서 부각되는 일은 없을 것처럼 보인다. 자본주의는 자본과 함께 과학기술로 무장하고 더욱 자본주의를 공고히 하는 방향으로 나아가고 있으므로, 당분간은 양극화는 계속 진행될 것으로 보인다.

7.
다시 돌아보는 과학의 공과 과

흔히들 과학은 그 자체로서는 가치중립적이라고 한다. 즉 과학은 사실을 확인할 수 있을 뿐 옳고 그름을 판단하는 기준이 되지는 않는다는 것이다. 하지만 과학에서 밝힌 사실은 종종 우리가 옳고 그름을 판단하는 데 중요한 근거를 제시한다. 이런 점에서 인류가 겪어 온 여러 가지 사건에 대해 과학이 전혀 책임이 없다고 할 수는 없을 것이다. 사실은 종종 과학의 가치중립성에 대한 믿음으로 과학에 지워져야 할 책무는 면제되고 과학의 좋은 점만 부각되는 경우도 있는데, 이렇다면 과학의 가치중립성 자체에 대한 모순이다. 과거에는 인간이 자연에 대해 무지했었고, 무지한 상태에서 만들어진 자연관 속에 인간의 위치를 자리매김했다. 그래서 불과 600년 전 르네상스가 일어나기 전까지만 하더라도, 아니 현대 과학이 성립되기 전인 200년 전까지만 하더라도 인간은 스스로의 운명을 신이나 자연에 맡기고 자연의 일부로 살았었다. 하지만 자연의 상당 부분을 파악하고 더 나아가 이러한 자연에 대한 지식을 바탕으로 자연을 다루는 능력을 갖추기 시작한 현재에는 인간 활동의 결과는 인간 스스로뿐 아니라 자연에도 직접적인 영향을 주게 되었다. 어떤 면에서 보면, 과학의 가치중립성은 과거의 과학기술 수준이 낮아서 그 영향력이 크지 않았었기 때문에 받아들여졌던 관점이라 할 수 있다. 이제 과거와는 달리 막대한 영향을 갖춘 과학기술을 인류가 어떻게 쓰느냐에 따라서는 자연과 인간 스스로의 운명에 대한 영향을 줄 수 있게 되었기 때문에 더 이상은 과학이 가치중립적이라는 주장의 설득력은 떨어질 수밖에 없게 되었다. 실제로 과학기술이 현대 문명을 이룩한 바탕을 이루었다는 점과 함께 현대 문명을 이룩하는 과정에서 쌓인 부작용은 공과 과로서 평가를 하는 것이 맞을 것이다.

역사와 함께하는

과학이야기

이 책을 펴내며

이 책은 故주완철 교수님께서 2000년에 아드님인 주광석 교수와 함께 저술하셨던 《역사와 함께 하는 과학 이야기》의 개정판으로 준비하셨던 원고를 수정과 보완하여 정리한 것이다. 주 교수님께서 내게 원고를 넘기신 것이 2014년 봄이니, 원고를 받아 놓고 5년 넘게 묵힌 다음에야 세상의 빛을 보게 만들었다. 그 동안 이 원고가 책으로 태어나기를 바라셨던 주 교수님의 유족 그리고 관심을 가지셨던 여러분께 이토록 책 발간이 늦게 된 점에 대해서 그저 죄송할 따름이다. 나 나름대로 주 교수님의 원고를 보다 읽기 쉽고, 보다 오류가 없도록 만들어야겠다는 생각에 이런저런 자료를 찾아 확인하고, 그림을 고치는 등의 노력을 했었지만, 과연 이런 정도의 노력이 5년 넘는 세월을 정당화할 수 있을지는 자신이 없다. 나의 무능함과 게으름 외에는 달리 변명을 할 여지가 없다.

이 글의 전체의 윤곽과 이야기의 흐름은 거의 전적으로 주 교수님께서 잡으신 것이고, 나는 거기에 살을 붙인 것이라 이해하면 될 것이다. 책의 내용이 역사에 대한 것이다 보니 수많은 역사적 사실에 대한 이야기가 나오는데 그것들을 점검하고 또는 필요 시 자료를 찾아 추가하는 것은 모두 내가 해야 했던 일이니, 이들 자료 중 부정확한 것이 있다면 그것은 모두 나의 책임이다.

이 글의 원고를 마무리하고 나니, 새삼 주 교수님에 대한 여러 가지 기억이 떠오른다. 내가 소중하게 생각하는 몇 가지만 독자들과 함께 나누고자 한다. 내가 주 교수님을 처음 뵈었을 때는 1984년 내가 대학원 1학년생이었을 때다. 매주 열리는 세미나 수업에 연사로 오신 것이다. 그 당시 우리나라 대학에서는 연구를 막 시작하려는 시점이다. 외국에서 유학하고 막 들어 온 젊은 박사들이 자신들이 외국에서 했던 연구를 소개하는 것이 거의 모든 세미나의 풍경이었다. 그런데 그날의 연사는 다른 날의 연사보다 두 배는 더 연세가 있는 분이 온 것이다. 그리고는 당신이 직접 하신 연구 결과에 대해 발표했다. 구체적으로 무슨 내용이었는지는 내가 알아들을 수 있는 것이 아니었고 또 워낙 오래 전의 일이니 아무런 기억도 나지 않는다. 다만 우리나라에는 연구를 하는 사람이 거의 없다고 막연하게 생각하고 있던 차에 정년을 몇 년 앞둔 노 교수가 한국의 어느 대학에서 자신이 직접 얻은 결과를 가져와서 발표한다는 것 자체가 엄청난 충격이었다. 나중에 함께 충격을 받았을 것이라 기대되는 대학원 동기들에게 그 때의 이야기를 한 적이 몇 번 있었지만, 나와 비슷하게 생각했던 사람이 거의 없었다는 것을 알게 되었다. 아마 사람마다 갖고 있는 감수성이 그토록 다른 것일 게다. 아니면 세월이 한참 지난 뒤에 이렇게 당신의 원고를 받아서 정리하도록 한, 그래서 운명이라고 할 수밖에 없는 인연의 시작을 그렇게 느끼게 된 것인지도 모른다. 어쩌다가 내가 유학을 마치고 얻은 나의 평생 직장이 된 자리가 마침 주 교수님께서 열정적으로 연구와 교육을 하고 떠나신 성균관대학교 화학과가 되었다. 그러고는 그 후 선배 교수와 후배 교수 사이의 만남으로 주 교수님과의 인연이 이어졌었다. 내가 성대 화학과에서 거의 30년을 보내면서 줏어들은 이야기를 종합하면, 대학원 세미나에서 내가 받은 충격은 충격으로서 정당한 것이었다. 주 교수님은 당신이 재직하셨던 70년대 후반과 80년대를 온통 연구에 빠져서 보내셨던 것이다. 정말로 불가능하게만 느껴졌던 당시의 상황에서 굴하지 않고 당신의 일을 하신 것이다. 그런 분이 더 계셨겠지만, 그리 많지는 않았을 것이다. 그저 그런 분 중 한 분을 내가 직접 알고 지냈다는 사실이 감사할 뿐이다. 주 교수님은 정년퇴임을 하고 몇 년 지난 후에 다시 강의를 하러 학교에 오셨다. 그런데 그 이전까지 당신이 익숙하셨던 화학에 대한 것이 아니라 과학사에 대한 것이었다. 정말 또 한 번 내게 충격을 주셨다.

주 교수님의 과학사 강의는 꽤 오랫동안 성균관대학교에서 이어졌고, 많은 학생들이 그 수업을 들었다. 2011년 초에 문득 이렇게 연세 많은 분이 강의를 하는 경우가 또 있을까 하는 생각이 들었다. 그리고는 주 교수님의 과학사 강의를 녹화해서 기록으로 남겨야겠다는 생각이 들었다. 부랴부랴 학교의 당국자와 연락해서 충분히 준비하지 못한 상태에서 주 교수님의 과학사 강의 한 학기 분을 모두 녹화해서 KOCW Korea Open Coursee Ware: 대학공개강의에 등록했다. 어쩌면 이 강의가 대학에서 강의한 최고령 교수의 강의가 되지 않을까 하는 생각을 몇 사람들에게 이야기를 한 적이 있었다. 그 중 누군가가 직접 검색을 해서, 미국 어느 대학에서 92세 강사가 요가를 가르친다고 알려줬다. 당시 주 교수님이 88세이셨으니 아쉽게 세계 최고 기록을 만들지는 못했다. 지금도 아흔 가까운 나이를 믿을 수 없을 정도로 열정적으로 강의하는 주 교수님의 모습을 KOCW에 있는 과학사 강의 동영상에서 찾아 볼 수 있다.

사람들은 보통 나이가 들면, 자신의 옛날이야기를 한다. 그런데 주 교수님은 내가 뵈었던 20여 년 동안 항상 당신의 현재에 대한 이야기를 하셨다. 딱 한 번만 빼고. 돌아가시기 2~3년 전 함께 저녁 식사를 하던 자리에서 당신의 6.25 이야기가 나왔다. 6.25 직전 흥남비료 공장에서 일했던 일, 전쟁 중에 북한군을 피해 어느 집 마루 밑에서 숨어 지내던 일, 1.4 후퇴 때 '흥남철수작전'으로 미군 배에 실려서 남쪽으로 피난 온 일, 남쪽에 오자마자 간첩으로 몰려서 옥살이를 하다가 흥남에서 알던 누군가의 도움으로 풀려난 일, 부산에서 극적으로 헤어진 가족과 재회한 일과 어느 고무회사에 근무하면서 제품을 개발했던 일, 그러다가 나이 마흔 가까이에 독일로 유학 갔던 일 등등. 나의 앞 세대가 겪었던 기구한 이야기는 여러 번 들었지만, 그 많은 이야기가 이렇게 한 사람의 인생에 압축되어 들어갈 수 있었다는 사실에 압도되어서 그저 먹먹하기만 했던 기억이 난다.

주 교수님은 생전에 과학을 하려면 'fantasy, art, philosophy'가 있어야 한다고 여러 번 말씀하셨다. 탐구 대상에 대한 상상fantasy을 하고, 그 상상을 기술art로 구현하고, 이러한 연구의 결과를 보는 안목philosophy을 가져야 한다는 뜻으로 받아들였다. 내가 이 《역사와 함께 하는 과학 이야기》의 원고를 처음 받아 보았을 때, 나는 과학자가 아닌 역사학자 주완철 교수의 과학과 역사에 대한 상상과 그 상상을 이야기로 엮어낸 기술과 이를 통해 과학의 방향을 보는 안목을 보았다고 느꼈다. 부디 내가 그분의 글에 붙인 살이 그분의 상상과 기술과 안목을 흩뜨리는 일이 없기를 바랄 뿐이다.

권영욱 적음

찾아보기

ㅂ

ㅈ

▶ 지은이 소개

• 주 완 철

1924년 함경북도 출생
1945년 일본 제5고등학교 졸업
1946~50년 흥남중앙화학연구소 연구원
1948~50년 흥남공업대학 화학과 강사
1951년 월남
1967년 독일 뮌헨대학교 화학과 박사
1967~73년 독일 뮌헨대학교 연구원
1974~89년 성균관대학교 화학과 교수
《역사와 함께 하는 과학이야기》 저술

• 권 영 욱

1961년 서울 출생
1984년 서울대학교 화학과 졸업
1991년 미국 아이오와 주립대 화학과 박사
1991~92년 미국 AT&T Bell 연구소 박사후 연구원
1992년~현재 성균관대학교 화학과 교수
《맥스웰의 도깨비가 알려주는 열과 시간의 비밀》 번역,
《이공학을 위한 무기화학 강의》 저술

역사와 함께하는
과학이야기

2020년 9월 10일 초판 1쇄 발행
지은이 주완철, 권영욱
발행인 박 종 성
발행처 사이플러스 Science plus
우 04003 / 서울특별시 마포구 잔다리로 101
전화 332_6171 / 팩스 332_6185
등록 2005.10.20. 제 2005-00222호

ISBN 979-11-88731-12-1 93400 값 28,000원